普通高等学校“十三五”规划教材

Access 数据库教程

主　编　张丕振

副主编　顾　健　张　朋　刘　鑫

中国铁道出版社有限公司
CHINA RAILWAY PUBLISHING HOUSE CO., LTD.

内 容 简 介

本教程主要介绍了 Access 2010 数据库的基础知识和基本操作方法。全书共 8 章，主要内容包括：数据库基础知识、创建 Access 数据库和表、表的基本操作、数据查询、窗体设计、报表设计、宏、VBA 模块以及数据库应用系统开发实例。

本书内容翔实、概念清晰、逻辑性强。教材章节内容的设计采用任务驱动方式，结合全国计算机等级考试大纲的要求，采用师生均熟悉的“教学管理”数据库为教学实例展开设计，理论联系实际，为学生顺利通过全国计算机等级考试和课程设计环节，提供理论和实践上的参考。

本书配套的教辅书为张丕振主编的《Access 数据库实验指导》，供读者参考和借鉴。

本书内容通俗易懂、实例经典，适合作为高等院校 Access 数据库课程的教材和参考书，也可作为高职高专教材和全国计算机等级考试二级 Access 数据库的培训教材。

图书在版编目（CIP）数据

Access 数据库教程 / 张丕振主编. — 北京 : 中国铁道出版社，2016.1（2024.1重印）
普通高等学校“十三五”规划教材
ISBN 978-7-113-21388-6

Ⅰ. ①A… Ⅱ. ①张… Ⅲ. ①关系数据库系统－高等学校－教材 Ⅳ. ①TP311.138

中国版本图书馆 CIP 数据核字(2016)第 005782 号

书　　名：Access 数据库教程
作　　者：张丕振

策　　划：李志国　　　　**编辑部电话**：（010）83527746
责任编辑：许　璐
编辑助理：曾露平
封面设计：付　巍
封面制作：白　雪
责任校对：王　杰
责任印制：樊启鹏

出版发行：中国铁道出版社有限公司（100054，北京市西城区右安门西街 8 号）
网　　址：http://www.tdpress.com/51eds/
印　　刷：北京铭成印刷有限公司
版　　次：2016 年 1 月第 1 版　　2024 年 1 月第 6 次印刷
开　　本：787 mm×1 092 mm　1/16　**印张**：18.75　**字数**：466 千
书　　号：ISBN 978-7-113-21388-6
定　　价：42.00 元

前　言

运用计算机知识和技能来分析和解决问题是大学生必备的素质，数据库技术是计算机应用的一个重要组成部分，是高等学校非计算机专业计算机基础系列课程之一。Microsoft Access 数据库是一种小型关系数据库管理系统，具有高效、可靠、操作方便、面向对象以及强大的网络发布功能等特点，广泛应用于财务、行政、金融、统计和审计等众多领域。

本书以 Access 2010 软件环境为平台，任务驱动为主线，构建了数据库基础知识体系，全面介绍了关于数据库管理系统的各项功能、操作方法以及应用 Microsoft Access 开发数据库应用系统的基本原理与方法。

本书内容翔实、概念清晰、逻辑性强。教材章节内容的设计采用任务驱动方式，结合全国计算机等级考试大纲的要求，采用师生均熟悉的“教学管理”数据库为教学实例展开设计，理论联系实际，详细阐述了数据库应用系统实例的设计与开发过程，为学生顺利通过全国计算机等级考试和课程设计环节，提供理论和实践上的参考。

全书共分 8 章，从数据库基本理论开始，深入浅出、循序渐进地介绍了 Access 2010 各种对象的功能及创建方法。第 1 章主要介绍数据库的基础知识；第 2 章主要介绍数据库和表的基本操作；第 3 章主要介绍各种查询的创建方法、SQL 查询以及编辑和使用查询的方法；第 4 章主要介绍窗体的创建方法及应用实例；第 5 章主要介绍报表的创建与编辑等功能；第 6 章主要介绍宏的创建、运行与调试；第 7 章主要介绍 VBA 编程基础、流程控制、模块及代码调试与运行；第 8 章主要介绍应用系统实例：学生选课管理系统，包括系统分析、系统设计、系统实现以及应用系统集成。

为便于开展教学，本书还有配套指导书《Access 数据库实验指导》，以供读者参考和借鉴。本书内容通俗易懂，实例经典，适合作为普通高等学校 Access 数据库课程的教材和参考书，也可用于高职高专教材和全国计算机等级考试二级 Access 数据库的培训教材。

本书由张丕振担任主编，顾健、张朋、刘鑫担任副主编。刘勇编写第 1 章，张丕振编写第 2 章和第 3 章，张朋编写第 4 章，顾健编写第 5 章和第 6 章，刘鑫编写第 7 章和第 8 章。最后由张丕振统稿、定稿。

由于编者水平有限，书中遗漏和不妥之处在所难免，敬请读者批评指正。

编　者

2015 年 11 月

目　录

第 1 章　数据库基础知识

本章主要内容：

- 数据库的基本概念
- 关系模型与关系运算
- Access 2010 简介

数据库技术是计算机领域的一个重要分支。在计算机应用的三大领域（科学计算、数据处理、过程控制）中，数据处理约占到任务的 70%，数据库技术就是作为一门数据处理技术发展起来的。数据库技术经过 50 多年的发展，已经形成相当规模的理论体系和应用技术，应用于事务处理、情报检索、人工智能、专家系统、地理信息系统、计算机辅助设计等领域。

1.1　数据库基础知识概述

数据库可以直观地理解为存放数据的"仓库"，只不过这个仓库是在计算机的大容量存储器上。数据库技术研究的问题就是如何科学地组织、存储和管理数据，如何高效地获取和处理数据。

1.1.1　计算机数据管理技术的发展

1. 数据管理技术

（1）数据与数据处理

数据是人们用于描述客观事物的物理符号，是数据库中存储的基本对象。描述事物的符号可以是数字、文字、图形、图像、声音等多种形式，它们经过转化以后可以被计算机所处理。

（2）数据处理

随着计算机技术的发展，数据处理已成为人类进行正常社会生活的一种需求，是人们对数据进行收集、组织、存储、加工、传播和利用的一系列活动的总和。

2. 数据管理技术的发展

数据处理经过了手工记录的人工管理、以文件形式保存数据的文件系统和现在的数据库管理 3 个阶段，每个阶段各具特色。

（1）人工管理阶段

在计算机出现之前，人们运用常规的手段从事数据记录、存储和加工，也就是利用纸张来记录和利用计算工具（算盘、计算尺）来进行计算，使用大脑来管理和利用数据。

早期的计算机主要用于科学计算，外部存储器只有磁带、卡片和纸带，没有专门软件对数据进行管理。程序员编写应用程序时要安排数据的物理存储，因为每个应用程序都需要包括数据的存储结构、存取方法、输入方式等，数据只能为本程序所使用。多个应用程序涉及相同的数据时，也必须各自定义与输入各自的数据。所以，程序之间存在大量冗余数据。

人工管理阶段的特点是：计算机系统不提供对用户数据的管理功能。用户编制程序时，必须全面考虑好相关的数据，包括数据的定义、存储结构以及存取方法等；所有程序的数据均不单独保存，数据与程序是一个整体，数据只为本程序所使用；数据只有与相应的程序一起保存才有价值，导致不同的程序之间存在大量的不能共享的重复数据，浪费了存储空间。

在人工管理阶段，程序与数据之间的关系如图 1–1 所示。

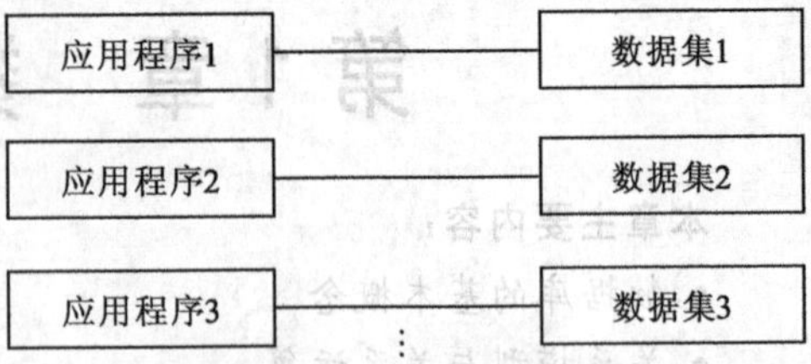

应用程序1 —— 数据集1
应用程序2 —— 数据集2
应用程序3 —— 数据集3
⋮

图 1–1　人工管理阶段

（2）文件系统阶段

20 世纪 60 年代，计算机进入到信息管理时期。这时，随着数据量的增加，数据的存储、检索和维护成为了需要紧迫解决的问题，数据结构和数据管理技术也迅速发展起来。

随着计算机技术的迅速发展，硬件有了磁盘、磁鼓等直接存储设备，软件出现了高级语言和操作系统。操作系统中有了专门管理数据的软件，一般称为文件系统。这一时期的数据处理是把计算机中的数据组织成相互独立的被命名的数据文件，并长期保存在计算机外存储器中，用户可按文件的名字对数据进行访问，可随时对文件进行查询、修改和增删等处理。

文件系统阶段的特点是：数据以“文件”形式保存在磁盘上；程序与数据之间具有“设备独立性”，程序只需用文件名就可与数据打交道；操作系统的文件系统提供存取方法；文件组织多样化，有索引文件、链接文件和直接存取文件等；文件之间相互独立，数据之间的联系要通过程序去构造。

在文件系统阶段，程序与数据之间的关系如图 1–2 所示。

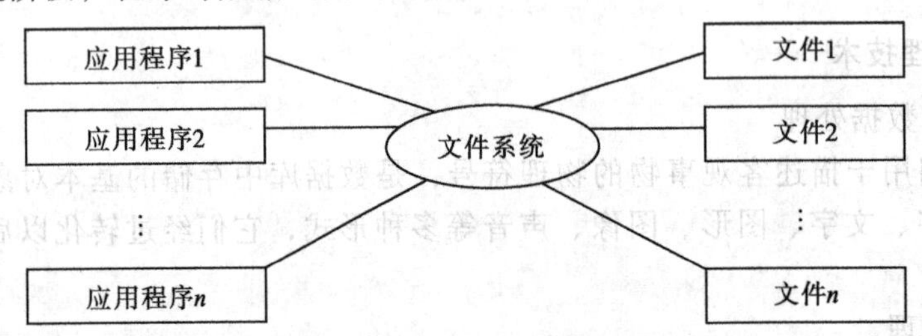

图 1–2　文件系统阶段

在文件系统阶段，一个文件基本上对应于一个应用程序，数据不能共享。数据和程序相互依赖，一旦改变数据的逻辑结构，必须修改相应的应用程序。由于相同数据的重复存储、各自管理，在进行更新操作时，容易造成数据的不一致性。

（3）数据库系统阶段

20 世纪 60 年代后期，计算机性能得到进一步提高，更重要的是出现了大容量磁盘，存储容量大大增加且价格下降。文件系统的数据管理方法已无法适应开发应用系统的需要，为解决多用户、多个应用程序共享数据的需求，出现了统一管理数据的专门软件系统，即数据库管理系统。

数据库系统阶段如图 1–3 所示。

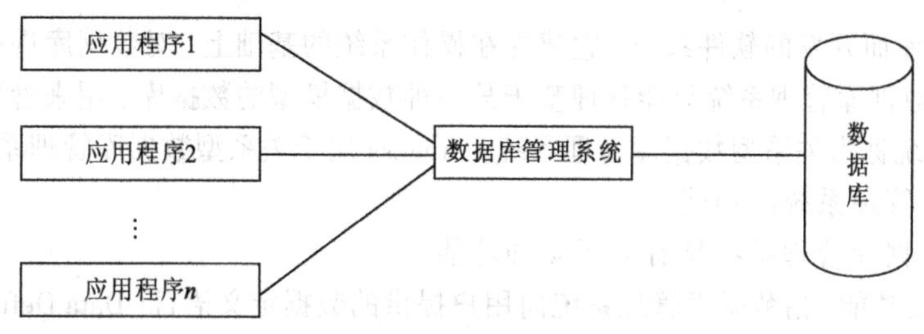

图 1-3　数据库系统阶段

数据库系统阶段的数据管理特点是：数据不再面向特定的某个应用，而是面向整个应用系统；数据冗余明显减少，实现了数据共享；具有较高的数据独立性；数据和外部存储设备中的数据之间转换由数据库管理系统实现。

数据库系统为用户提供了方便的用户接口。用户可以使用查询语言或终端命令操作数据库，也可以用程序方式操作数据库。对数据的操作不一定以记录为单位，可以以数据项为单位，增加了系统的灵活性。此外，数据库系统还提供了数据控制功能。主要包括数据库的并发控制、数据库的恢复、数据完整性和数据安全性。

从文件系统到数据库系统，标志着数据管理技术质的飞跃。20 世纪 80 年代后期，不仅在大、中型计算机上实现并应用了数据管理的数据库技术，在微型计算机上也可使用数据库管理软件，使数据库技术得到了普及。数据管理技术 3 个阶段的特点如表 1-1 所示。

表 1-1　3 个阶段数据管理技术的特点

名　称	手 工 管 理	文 件 管 理	数据库管理
数据的管理者	用户（程序员）	文件系统	数据库系统
数据的针对者	特定应用程序	面向某一应用	面向整体应用
数据的共享性	无共享	共享差，冗余大	共享好，冗余小
数据的独立性	无独立性	独立性差	独立性好
数据的结构化	无结构	记录有结构，整体无结构	整体结构化

1.1.2　数据库系统

数据库系统（Database System，DBS）是指带有数据库并利用数据库技术进行数据管理的计算机系统。数据库系统是由硬件系统、数据库、数据库管理系统、应用程序、数据库管理员和用户等构成的人–机系统。

1. 数据库

数据库（Database，DB）是指存储在计算机存储设备中的结构化的相关数据的集合。数据库中的数据不是分散、孤立的，而是按照某种数据模型组织起来的，不仅包括描述事物的数据本身，而且包括相关事物之间的关系。

数据库中的数据往往不只是面向某一项的特定应用，而是面向多种应用，可以被多个用户、多个应用程序所共享的。例如一个学校中的学生成绩表、教师任课表和教师档案表等。

2. 数据库管理系统

数据库管理系统（Database Management System，DBMS）是用来帮助用户在计算机上建立、使用和维护数据库而开发的软件系统。它建立在操作系统的基础上，对数据库进行统一的管理和控制。通常某一数据库管理系统只能管理基于某一种数据模型的数据库，用来管理关系型数据库的数据库管理系统称为关系型数据库管理系统，Access 属于关系型数据库管理系统。

（1）数据库管理系统的功能

一般地，数据库管理系统具有以下 4 种功能：

① 数据定义功能。指数据库管理系统向用户提供的数据定义语言（Data Definition Language，DDL），用于定义数据库的结构，描述数据及数据之间的联系，建立、修改或删除数据库。

② 数据操作功能。指数据库管理系统向用户提供的数据操作语言（Data Manipulation Language，DML），实现对数据库中数据的基本操作，如检索、插入、修改和删除。

③ 控制和管理功能。指数据库管理系统向用户提供的数据控制语言（Data Control Language，DCL），实现对数据库的控制和管理功能，如多用户环境下的并发控制，数据存取的安全性检查等。

④ 数据字典。指存放在系统的所有数据的定义和设置信息。例如，字段属性、记录规则和表间的关系等。数据字典提供了对数据库数据描述的集中管理手段。

（2）常用的数据库管理系统

在关系数据库领域中有许多 DBMS 系统软件，比较著名的有：dBASE、FoxBASE、FoxPro、Access、DB2、Oracle、Sybase、Informix 和 SQL Server 等。这些 DBMS 软件可分为两类：一类属于大型数据库管理系统，如 DB2、Oracle、Sybase、Informix 和 SQL Serve；另一种属于小型数据库管理系统，在微型计算机上运行，如 dBASE、FoxBASE、FoxPro、Access。

大型数据库管理系统软件需要专人管理和维护，性能比较强，一般应用于大型数据处理场所，如飞机订票系统、银行系统、通信系统等。

微型数据库管理系统功能相对简单，它们提供的数据库语言往往具有“一体化”的特点，即集数据定义语言和数据操作语言于一体，很容易掌握，使用也比较方便，因而被广泛使用。例如，本课程将要介绍的 Access 数据库管理系统就是属于这一类型。

3. 数据库系统

数据库系统（Database System，DBS）是指引入数据库技术以后的计算机系统，是一个具有管理数据库功能的计算机软硬件综合系统，它实现了有组织地、动态地存储大量相关数据的功能，提供了数据处理和信息资源共享的便利手段。

数据库系统主要由以下几部分组成，如图 1-4 所示：

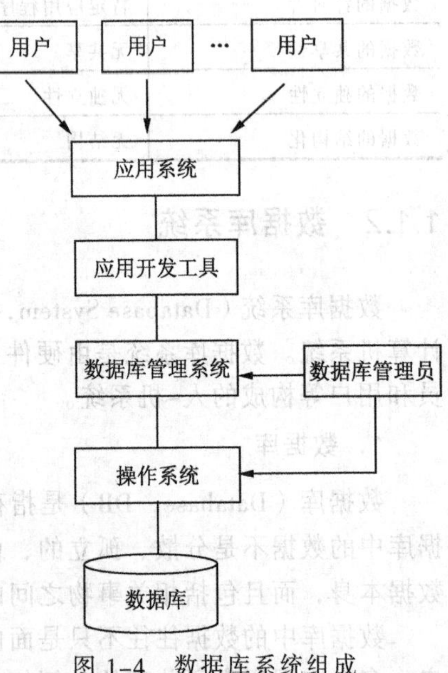

图 1-4 数据库系统组成

（1）计算机硬件系统

计算机硬件系统是指存储数据库和运行数据库系统的硬件资源，包括计算机运算器、控制器、存储器、输入设备、输出设备等。

与计算机的其他应用相比，数据库系统的计算机硬件往往要求有容量足够大的内存和外存，用来运行操作系统、数据库管理系统、应用程序及存储数据。

（2）数据库

数据库是存储在计算机存储设备上，结构化的相关数据集合。

（3）数据库管理系统

数据库管理系统软件是计算机系统软件中的一种，帮助用户创建、维护和使用数据库。数据库管理系统是数据库系统的核心。

（4）相关软件

相关软件包括操作系统、编译系统、应用开发工具软件和计算机网络软件等。目前，较大型的数据库系统通常是建立在多用户系统或网络环境中的。

（5）人员

人员包括数据库管理员和用户。负责数据库的建立、维护和管理工作的人员是数据库管理员。用户可分为两类：负责系统开发的用户为专业用户；使用系统的用户为最终用户或终端用户。

1.1.3　数据模型

数据库需要根据应用系统中数据的性质和内在联系，按照管理的要求来设计和组织。人们把客观存在的事物以数据的形式存储到计算机中，经历了把对现实生活中事物特性的认识概念化到计算机数据库里具体表示的抽象过程。

1. 实体及实体间的联系

现实世界中存在各种事物，事物与事物之间存在着联系。这种联系是客观存在的，是由事物本身的性质所决定的。

（1）实体

客观存在并且可以相互区别的事物称为实体。实体可以是实际事物，如一个部门、一本书、一名学生等；也可以是抽象事件，如一场比赛、一次考试等。同类型实体的集合构成一个实体集，如所有学生、所有课程。

（2）属性与域

实体集中每个成员所具有的描述性的性质称为属性。如学生有学号、姓名、出生年月等方面的属性描述。属性的取值范围称为域，例如，性别属性的域为（男、女）。每个属性可以取不同的值，称为属性值。属性是个变量，属性值是变量所取的值。

（3）实体型

实体名与其属性名的集合共同构成实体型。例如，学生（学号、姓名、年龄、性别、院系、年级）就构成一个实体型。

（4）实体集

同类型实体的集合称为实体集。例如，全体学生就是一个实体集。

（5）实体之间的联系

实体之间的对应关系称为联系，它反映现实世界事物之间的相互关联。例如，学生和课程是两个不同的实体，但当学生选课时，两者之间就发生了关联，建立了联系，学生选择了课程，课程被学生选学。

实体与实体之间的联系有以下 3 种类型：一对一联系、一对多联系、多对多联系。

① 一对一联系（1∶1）：对于实体集 A 中的每一个实体，在实体集 B 中都有唯一的一个实

体与之联系，反之亦然，则称实体集 A 与实体集 B 具有一对一的联系。例如，一个班级有一个班长，而一个班长只能在一个班级中任职，则班级与班长两个实体集之间具有一对一的联系。

② 一对多联系（1∶M）：对于实体集 A 中的每一个实体，在实体集 B 中都有 M（M>0）个实体与之联系，反之，对于实体集 B 中的每一个实体，在实体集 A 中都有唯一的一个实体与之联系，则称实体集 A 与实体集 B 具有一对多的联系。

例如，一个班级有 M 个学生，而一个学生只能属于一个班级，则班级与学生两个实体集之间具有一对多的联系。

③ 多对多联系（M∶N）：对于实体集 A 中的每一个实体，在实体集 B 中都有 N（N>0）个实体与之联系，反之，对于实体集 B 中的每一个实体，在实体集 A 中都有 M（M>0）个实体与之联系，则称实体集 A 与实体集 B 具有多对多的联系。

例如，学生选修课程，一个学生可以选修多门课程，一门课程也可以被多名学生选修，则学生与课程两个实体集之间具有多对多的联系。

2．数据模型简介

数据库中的数据是有结构的，这些结构反映了事物与事物之间的联系，对这种结构的描述就是数据模型。不同的数据模型以不同的方式把数据组织到数据库中，常用的数据模型有三种：层次模型、网状模型和关系模型。

（1）层次模型

层次模型以树形结构表示实体（记录）与实体之间的联系，适合表示一对多的联系。层次模型像一棵倒置的树，根结点在上，层次最高，子结点在下，逐层排列，如图 1-5 所示。层次模型有且仅有一个结点无父结点，这个结点称为根结点；层次模型中的其他结点有且仅有一个父结点。

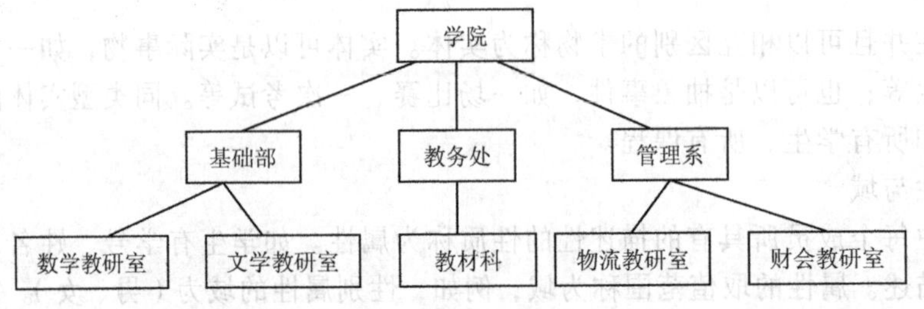

图 1-5 层次模型

（2）网状模型

用网状结构表示实体及其之间联系的模型称为网状模型，如图 1-6 所示。网状模型突破了层次模型的两点限制，允许结点有多于一个的父结点；可以有一个以上的结点没有父结点，适合表示多对多的联系。

（3）关系模型

用二维表结构来表示实体以及实体之间联系的模型称为关系模型。关系模型的本质是一张二维表，关系模型中，一张二维表就称为一个关系。如表 1-2 是学生关系，它由行（元组）和列（属性）组成。

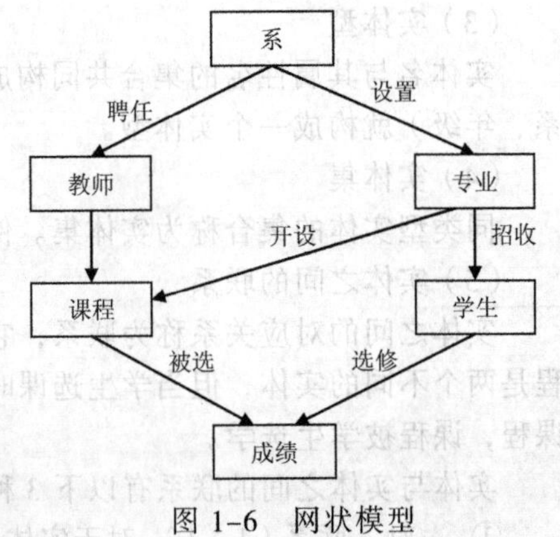

图 1-6 网状模型

表 1-2　学 生 关 系

学　　号	姓　　名	性　　别	出 生 日 期
2007011101	石秀	女	1980/7/25
2007025102	孙冬艳	女	1979/5/21
2007025303	洪丹	女	1981/2/12
2007012204	张丽	女	1982/5/4
2007013305	张晶宇	男	1979/7/9

目前，关系模型是数据库领域中最重要的一种数据模型。自 20 世纪 80 年代以来，计算机厂商推出的 DBMS 几乎都支持关系模型。关系模型是以关系数学理论为基础的。

1.1.4　关系的特点

在关系模型中对关系有一定的要求，关系必须具有以下特点：

① 关系必须规范化，属性不可再分割。规范化是指关系模型中每个关系模式都必须满足一定的要求，最基本的要求是关系必须是一张二维表，每个属性必须是不可分割的最小数据单元，即表中不能再包含表。

② 在同一关系中不允许出现相同的属性名。

③ 关系中不允许有完全相同的元组。

④ 在同一关系中元组的次序无关紧要。也就是说，任意交换两行的位置并不影响数据的实际含义。

⑤ 在同一关系中属性的次序无关紧要。任意交换两列的位置也并不影响数据的实际含义，不会改变关系模式。

1.2　关系数据库

关系模型是 3 大经典数据模型中发展较晚、发展最快、应用最为广泛的一种数据模型。1970 年，E · F · Codd 提出了数据库系统的关系模型，开创了关系数据库的方法和理论研究，为数据库技术奠定了理论基础。由于关系模型简单明了，具有坚实的数学理论基础，所以一经推出就受到了学术界和产业界的高度重视和广泛响应，并很快成为数据库市场的主流。20 世纪 80 年代以来，计算机厂商推出的数据库管理系统几乎都支持关系模型。

1.2.1　关系术语

关系数据模型的最大特点是描述的一致性，既可用表格来表示实体，又可用表格形式来表示实体与实体间的联系。

在关系数据库中，涉及的基本概念有关系、记录、字段、关键字、主码以及外码。

（1）关系

通常把一个没有重复行、重复列的二维表看成一个关系，如表 1-3 就是一个关系。在 Access 中，一个关系就是一个表。表由表结构（包含哪些字段）和数据记录两部分组成。

（2）字段

关系中的一列称为一个字段，或称为一个属性。从数据库的角度讲，数据项就是字段。一个关系中往往有多个字段，为了标记不同的字段，引出了字段名。例如，表 1–3 职工档案登记表中的编号、姓名、性别、年龄、职称、工作时间、婚否和部门都是字段名。

（3）记录

关系中的一行称为一个记录，或称为一个元组。实际上，一条记录往往是用于描述同一实体相关属性的属性值的集合。例如，表 1–3 中的第一行记录（1003、张艳艳、女、26、助教、05/24/2005、F、03）描述了张艳艳的相关信息。

（4）域

属性的取值范围称为域。域作为属性值的集合，其类型与范围具体由属性的性质及其所表示的意义确定，同一属性只能在相同域中取值。如“性别”属性的域是{男，女}，可表示为：性别={男，女}。

（5）关键字

关系中能唯一区分、确定不同记录（元组）的字段（属性）或字段组合称为关系的一个关键字，又称为码。单个字段组成的关键字称为单关键字，多个字段组成的关键字称为组合关键字。需要强调的是，关键字的属性值不能取“空值”，因为其无法唯一区分、确定元组。

（6）候选关键字

关系中可以作为关键字的字段（属性）或字段组合可能不是唯一的。凡在关系中能够唯一区分不同记录的字段（属性）或字段组合都称为候选关键字。

（7）主关键字

一个关系有多个候选关键字，若选定其中的一个作为当前标识记录的依据，则该关键字为主关键字，也称为主码。

（8）外部关键字

若某个字段不是本表的主关键字，但它却是另外一个表的主关键字，则称该字段是本表的外部关键字，也称外码。例如，表 1–3 和表 1–4 所示的职工档案登记表和部门表中，由于职工档案登记表中的“编号”字段可以唯一的标识一个记录，因此“编号”字段可以作为这个表的关键字，同时也可以指定为主关键字；“部门”字段在职工档案登记表中不能作为关键字或主码，但却是部门表中的主关键字，所以“部门”字段在职工档案登记表中是外部关键字（外码）。

表 1–3　职工档案登记表

编　号	姓　名	性　别	年　龄	职　称	工作时间	婚　否	部　门
1003	张艳艳	女	26	助教	05/24/2005	F	03
1002	李雪	女	30	助教	09/24/2000	T	01
1004	刘刚	男	38	讲师	12/24/1995	F	02
1005	王小燕	女	45	讲师	10/09/1993	T	02
1001	姜萍萍	女	45	讲师	10/09/1993	T	01
1006	陈小丽	女	38	讲师	09/27/1995	T	03
1008	刘鑫鑫	男	50	副教授	06/23/1988	T	04
1007	王英	男	39	讲师	08/09/1995	F	04

（9）关系模式

对关系的描述称为关系模式，其格式为：

关系名（属性名 1，属性名 2，…，属性名 n）

例如，部门表的关系模式可描述为：部门表（部门，部门名称，部门电话）。

关系既可以用二维表格描述，也可以用数学形式的关系模式来描述。一个关系模式对应一个关系的数据结构，也就是表的数据结构。

表 1-4　部　门　表

部　门	部门名称	部门电话
01	社科部	5821
02	信息管理系	5613
03	管理工程系	5824
04	英语系	5830

1.2.2　关系运算

在关系数据库中查询用户所需数据时，需要对关系进行一定的关系运算。关系运算主要分为两类：集合运算和专门的关系运算。集合运算将关系看成元组的集合，是从行的角度来进行的运算。

1. 集合运算

传统的集合运算是二目运算。设关系 R 和关系 S 具有相同的目 n（即关系 R 和关系 S 有 n 个属性，本例中 n=3），且相应的属性取自同一个域，如图 1-7（a）及图 1-7（b）所示，则可以定义以下三种运算：

（1）并（Union）

关系 R 和关系 S 的并运算记做 $R \cup S$，由属于 R 或属于 S 的所有元组组成，结果仍为 n 目关系，如图 1-7（c）所示。

（2）差（Difference）

关系 R 和关系 S 的差运算记做 $R-S$，由属于 R 但不属于 S 的元组组成，结果仍为 n 目关系，如图 1-7（d）所示。

（3）交（Intersection）

关系 R 和关系 S 的交运算记做 $R \cap S$，由属于 R 且属于 S 的元组组成，结果仍为 n 目关系，如图 1-7（e）所示。

专业代码	专业名称	系代码
1001	财务管理	01
1002	工商管理	01
3002	国际金融	03

（a）关系 R

专业代码	专业名称	系代码
3002	国际金融	03
3003	国际贸易	03
4001	社会工作	04

（b）关系 S

专业代码	专业名称	系代码
1001	财务管理	01
1002	工商管理	01
3002	国际金融	03
3003	国际贸易	03
4001	社会工作	04

（c）$R \cup S$

专业代码	专业名称	系代码
1001	财务管理	01
1002	工商管理	01

（d）$R-S$

专业代码	专业名称	系代码
3002	国际金融	03

（e）$R \cap S$

图 1-7　关系 R 和 S 及其三种传统的集合运算

2. 专门的关系运算

关系和关系之间可以进行各种运算，以支持对数据库的各种操作，最基本的关系运算有三种：选择、投影和连接。关系运算以一个关系或两个关系作为输入，运算的结果仍然是一个关系。

（1）选择（Select）

选择操作是指从一个关系中选出满足给定条件的记录。选择是从记录的角度进行的运算，选出满足条件的那些记录构成原关系中的一个子集。如表 1-3 所示职工档案登记表，选择所有性别为“男”的记录，则选择的结果如表 1-5 所示。

表 1-5　选 择 结 果

编　号	姓　名	性　别	年　龄	职　称	工 作 时 间	婚　否	部　门
1004	刘刚	男	38	讲师	12/24/1995	F	02
1008	刘鑫鑫	男	50	副教授	06/23/1988	T	04
1007	王英	男	39	讲师	08/09/1995	F	04

（2）投影（Project）

投影操作是指从一个关系中选择若干字段（属性）组成新的关系，投影是从字段的角度进行的运算，所得到的字段个数通常比原关系中的字段少。若投影后出现相同的行，则只能取其中的一行，即消除重复行。例如，若从表 1-3 所示的关系中，选出“姓名”和“年龄”两个字段，则投影的结果如表 1-6 所示。

表 1-6　投 影 结 果

姓　名	年　龄
张艳艳	26
李雪	30
刘刚	38
王小燕	45
姜萍萍	45
陈小丽	38
刘鑫鑫	50
王英	39

（3）连接（Join）

连接操作是指把两个关系中的记录按一定条件横向拼接，生成一个新的关系。最常用的连接运算是自然连接，它是利用两个关系中的公共字段，把该字段值相等的记录连接起来。例如表 1-3 和表 1-4 以部门代码相等为连接条件进行自然连接，连接结果如图 1-8 所示。

连接结果

编号	姓名	性别	年龄	职称	工作时间	婚否	部门	工资	照片	部门名称	部门电话
1003	张艳艳	女	26	助教	05/24/05	F	03	3100.45	gen	管理工程系	5824
1002	李雪	女	30	助教	09/24/00	T	01	3500.20	gen	社科部	5821
1004	刘刚	男	38	讲师	12/24/95	F	02	4300.80	gen	信息管理系	5613
1005	王小燕	女	45	讲师	10/09/93	T	02	5000.50	gen	信息管理系	5613
1001	姜萍萍	女	45	讲师	10/09/93	T	01	5100.00	gen	社科部	5821
1006	陈小丽	女	38	讲师	09/27/95	T	03	4300.00	gen	管理工程系	5824
1008	刘鑫鑫	男	50	副教授	06/23/88	T	04	5400.50	gen	英语系	5830
1007	王英	男	39	讲师	08/09/95	F	04	4400.40	gen	英语系	5830

图 1-8　连接结果

1.2.3　关系的完整性约束

关系的完整性是指数据的正确性、有效性和相容性，对关系模型提出的某种约束条件或规则。关系的完整性包括实体完整性、参照完整性和用户自定义完整性（域完整性）。实体完整性和参照完整性是关系模型必须满足的完整性约束条件。

（1）实体完整性

实体完整性是指表的主关键字的值必须是唯一的，且不允许取空值，即保证实体的唯一性。例如，“职工档案登记表”中的“编号”字段的值必须是唯一的（即不允许两名职工的编号相同），同时不允许“编号”的值为空。

（2）参照完整性

在两个表的一对多的关系中，“多”方表的外码字段允许重复值，但是要求外码字段的值在“一”方表中一定存在。例如，如果“职工档案登记表”（多方表）一条记录的“部门”代码值为“03”，而“部门”表（一方）中无“部门”代码值为“03”的记录，在这种情况下，关系就不满足参照完整性。

（3）用户定义完整性

实体完整性和参照完整性适用于任何关系型数据库系统，它主要是针对关系的主关键字和外部关键字取值必须有效而做出的约束。用户定义完整性则是根据应用环境的要求和实际的需要，对某一具体应用所涉及的数据提出约束性条件。这一约束机制一般不应由应用程序提供，而应由关系模型提供定义并检验。用户定义完整性主要包括字段有效性约束和记录有效性约束。例如，“选课”关系中的“成绩”字段的取值范围规定，该字段只能取 0～100 之间的值；“职工档案登记表”中“性别”字段的取值只能是“男”或“女”，不能为其他值。

1.2.4　数据库设计基础

良好的数据库设计，对今后数据库的管理和使用起到事半功倍的效果。设计一个关系数据库时，首先应分离那些需要作为单个主题而独立保存的信息，然后建立这些主题之间的关系，以便在需要时把正确的信息组合在一起。通过不同的信息分散在不同的表中，可以使数据的组织工作和维护工作更简单，保证建立的应用程序具有高效的性能。

例如，建立一个教学管理关系数据库，往往需要如下两个表，一个表用来存放学生的基本信息，包括学号、姓名、性别、专业、出生日期等字段，而另外一个表则用来保存学生各门课程的成绩，包含学号、课程名称和成绩。若要查看某一名学生的课程成绩情况，则需要在两个表中通过学号建立一个联系。因此，设计数据库时，首先需要把信息分解成不同相关内容的组合，分别存放到不同的表中，然后根据需要建立不同表间的联系。

虽然可以在一个表中同时存储学生的基本信息和成绩信息，但这样做会导致数据的冗余度太高，而且对于设计者和使用者来讲，在数据库和表的创建和管理上都将非常麻烦。

1.2.5　数据库设计步骤

（1）需求分析

设计数据库的第一个步骤是确定新建数据库所需要完成任务的目的。用户需要明确希望从数据库中得到什么信息，需要解决什么问题，并说明需要生成什么样的报表，要充分与用户交流，并收集当前使用的各种记录数据的表格与单据。

（2）确定所需要的表

要根据需求和输出的信息确定要创建的表，要考虑数据的构造方法，合理设计表的结构，使其便于输入和维护。所以，要创建易于维护的有效数据库，设置可靠的表结构是一个关键步骤。为了能够更合理地确定数据库中应包含的表，在组织数据表时，应遵循以下设计原则：

① 每个表应该只包含关于一个主题的信息。

如果每个表只包含关于一个主题的信息，那么就可以独立于其他主题来维护每个主题的信息。例如，在“教学管理”数据库中，将学生的信息和课程的信息分开保存在不同的表中，当需要修改或删除学生的信息时，就不会影响课程信息表中的数据。

② 表中不应该包含重复信息，即表不允许有相同的记录。如果每条信息只在一个表中，那么只需在一处进行更新，这样效率更高，同时也消除了包含不同信息重复项的可能性。

③ 同一表中不允许有相同的字段名。

④ 同一字段的值必须是相同的数据类型。

在数据库中，表中数据之间的关系是由记录（行）和字段（列）来表示的。属于表的主题的每个人或事物以及有关这个人或事物的数据形成一个记录，每个字段和记录必须是唯一的。

（3）确定所需要的字段

一个表包含一个主题的信息，表中的各个字段都是该主题的各个组成部分。具体来说，每个字段应满足以下要求：

① 每个字段应直接与表的主题相关，例如，“学生信息”表的各个字段可以是“学号”“姓名”和“年龄”等。

② 字段不是推导或计算出的数据，例如，若已经存在“出生日期”字段，就不应该有“年龄”字段，因为年龄可以从“出生日期”推导出来。

③ 应该包含所需要的所有信息。

④ 字段是不可分割的数据单位，如“姓名”“性别”。

（4）定义主关键字

为了区分表中的每一条记录，连接保存在不同表中的数据，需要为每个表定义一个主关键字。

（5）确定表之间的联系

将数据按不同主题保存在不同的表中，并确定了主关键字后，要通过外部关键字将相关的数据重新结合起来，也就是要定义表与表之间的联系。这样可以充分组合实际数据库的数据资源，大大降低数据库中的数据冗余。

（6）优化设计

在初步设计数据库的表、字段及表的关系后，可以创建表并添加一些样本数据记录，看看是否能从表中获得想要的结果，检查可能存在的设计缺陷和需要改进的地方，对设计进行修改，做出必要的调整，使数据库设计更合理，便于数据的使用和维护。

1.3 Access 2010 简介

Access 是 Microsoft Office 系列办公软件中的一个组件，是一种运行于 Windows 平台上的关系型数据库管理系统。它具有直观、易用，功能强大的特点，广泛应用于财务、行政、金融、统计和审计等众多领域。

1.3.1 Access 的主要特点

（1）存储文件单一

Access 中所有的数据库对象都存储在一个以.accdb 为扩展名的数据库文件中，便于用户对数据库文件的操作和应用程序的编写。在任何时刻，Access 都只能打开并运行一个数据库。

（2）兼容多种数据库格式

Access 能识别 dBASE、FoxPro 和 SQL Server 等数据库生成的数据文件，能直接导入其他 Office 软件生成的数据表、文本文件和图形等多种内容。

（3）具有 Web 网页发布功能

Access 2010 将数据应用扩展到 Web，没有 Access 客户端的用户也可以通过浏览器打开 Web 表格和报表，而所做更改会自动进行同步。也可以脱机处理 Web 数据库，更改设计和数据，然后在重新联网时将所做更改同步到 Microsoft SharePoint Server 2010。

（4）界面友好、操作方便

Access 具有图形化的用户界面，提供了近百种方便实用的操作向导，易学易用，设计过程自动化，大大提高了数据库的工作效率。

（5）支持用 VBA 编程来处理数据库中的数据

VBA（Visual Basic for Application）是基于 Visual Basic 的一种可视化的、面向对象的、采用事件驱动方式的结构化高级程序设计语言。Access 中可以使用 VBA 编程来进行数据处理。

1.3.2 安装 Access

进入 Windows 系统，将 Office 2010 的安装光盘放入光盘驱动器，双击运行光盘中的安装程序 setup.exe，打开安装向导，根据安装向导的提示信息一步一步地完成 Access 2010 的安装。如果要使用 Access 2010 的全部功能，在安装时可以选择自定义安装。在安装向导界面中，选择“安装选项”选项卡，单击“Microsoft Access”左侧的下拉箭头，在打开的下拉菜单中选择“从本机运行全部程序”选项，如图 1-9 所示，然后单击“立即安装”按钮，按提示逐步操作即可。

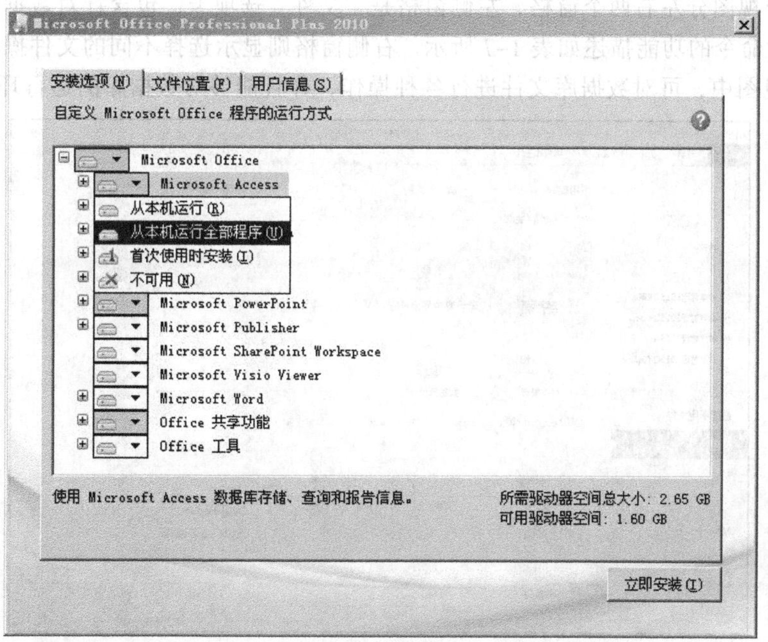

图 1-9　Microsoft Access 2010“安装选项”选项卡

如果已经安装了 Office 2010，一般来说 Access 2010 也会被安装，如果没有安装，也可以单独安装。使用“控制面板”窗口中的“添加/删除”按钮，可以单独安装、修复或删除 Access 2010 组件。

1.3.3 启动与关闭 Access

启动与关闭 Access 2010 的方式和 Office 软件包的其他软件的启动与关闭完全一样。

1．启动

（1）双击 Access 的快捷方式图标，启动 Access 应用程序。

（2）选择“开始”→“所有程序”→“Microsoft Office”选项，单击“Microsoft Access 2010”快捷方式，即可启动 Access 应用程序。

（3）按【Win+R】组合键，弹出“运行”对话框，输入“msaccess”后，按【Enter】键，启动 Access 应用程序。

2．关闭

选择“文件”→“退出”命令，或单击 Access 标题栏上的“关闭”按钮，即可退出 Access 应用程序。

1.3.4 Access 窗口界面

1．后台视图（Backstage）

首次启动 Access 时显示的界面称为后台视图，如图 1-10 所示。在打开 Access 数据库后，单击“文件”选项卡即可访问后台视图，单击“开始”选项卡或按【Esc】键返回到数据库工作界面。后台视图分左右两个窗格，左侧窗格是“文件”选项卡，包含针对数据库文件操作的相关命令，各命令的功能描述如表 1-7 所示。右侧窗格则显示选择不同的文件操作命令后的结果。在后台视图中，可对数据库文件进行各种操作，并且能够对数据库的运行环境进行配置。

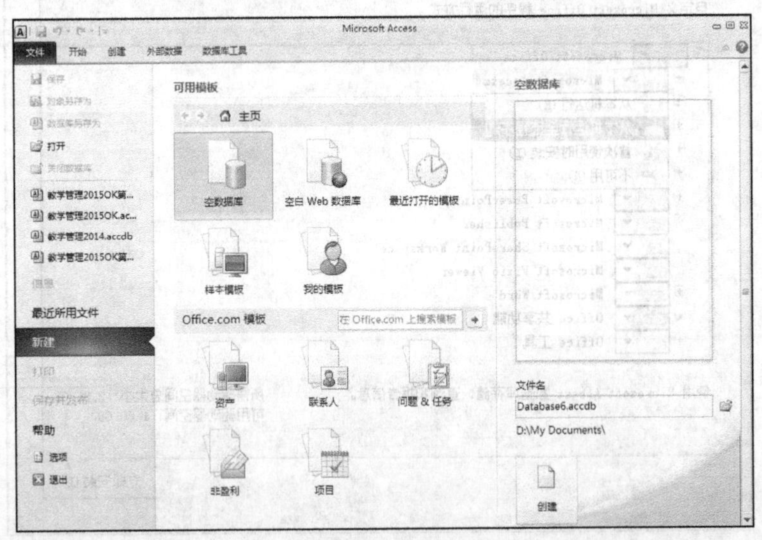

图 1-10　后台视图

表 1-7　文件操作命令

命　令	功　能
保存	保存当前打开的数据库
对象另存为	将当前选定对象另存为其他对象或对象类型
数据库另存为	换名保存当前数据库
打开	浏览并打开数据库
关闭数据库	关闭当前打开的数据库
信息	功能包括“压缩并修复”、设置“用户权限”和“设置数据库密码”
最近所用文件	显示最近使用的数据库的列表
新建	新建数据库
打印	用于打印当前选定对象
保存并发布	保存或转换当前数据库
帮助	获取帮助和支持

2．Access 的数据库工作窗口

数据库工作窗口是 Access 2010 中非常重要的部分，也称为 Access 窗口，它可以帮助用户方便、快捷地对数据库进行各种操作，创建数据库对象，综合管理数据库对象。数据库工作窗口主要由“功能区”“导航窗格”及“工作视图区”等部分组成，如图 1-11 所示。

图 1-11　Access 数据库工作窗口

（1）功能区

功能区位于 Access 数据库工作窗口的顶部，提供了 Access 2010 中主要的命令界面，将常用的菜单、工具栏、任务窗格和其他用户界面组件集中在特定的位置。

功能区可以隐藏，并可根据用户需要显示。为了扩大数据库的显示区域，Access 允许把功能区隐藏起来，若要关闭功能区可双击任意命令选项卡，打开功能区可再次双击任意命令选项卡，也可以单击“功能区最小化”按钮来隐藏或展开功能区。

（2）命令选项卡

功能区取代了 Access 2003 版本中的菜单和工具栏的主要功能，由多个选项卡组成，每个选项卡分为若干个功能组，每个功能组包含多个按钮。

Access 2010 功能区中的 5 个选项卡分别是：“文件”选项卡、“开始”选项卡、“创建”选项卡、“外部数据”选项卡和“数据库工具”选项卡，每个选项卡包含多个由相关命令组成的功能组。功能区中的大多数区域有下拉箭头，单击下拉箭头可以打开一个下拉菜单。部分

功能组的右下角区域有右下箭头按钮，单击该按钮可以打开该功能组的设置对话框。

在 Access 2010 中打开一个数据库，单击“创建”选项卡，数据库工作窗口如图 1-11 所示，从功能区中可以看到与“创建”选项卡相关的按钮组。在“创建”选项卡中包含了“模板”“表格”“查询”“窗体”“报表”和“宏与代码”等 6 个功能组，其中“表格”功能组中包括了“表”“表设计”和“SharePoint 列表”共 3 个与创建表相关的命令按钮。

（3）上下文选项卡

功能区包括主选项卡和上下文选项卡。上下文选项卡会根据用户正在使用的对象或正在执行的任务显示出与之相关的设计命令。例如，当用户在设计视图中设计一个数据表时，会出现“表格工具”下的“设计”选项卡，如图 1-12 所示。上下文选项卡具有智能功能，可根据所选对象的状态不同自动显示或关闭，给用户带来极大的方便。

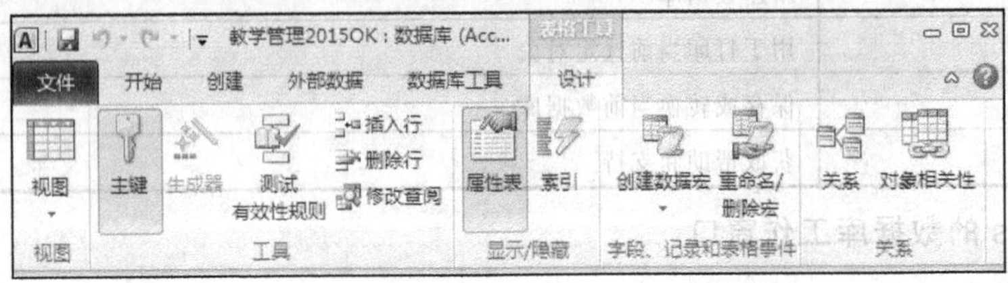

图 1-12 “设计”选项卡

（4）快速访问工具栏与控制按钮

快速访问工具栏是标题栏左边显示的一个标准工具栏，只提供了最常用命令的访问，默认状态下只有“保存”“撤销”和“恢复”三个命令，如图 1-13 所示，单击“恢复”命令右侧的下拉箭头，可弹出“自定义快速访问工具栏”对话框，允许用户增加或删除快速访问工具栏中的命令按钮。

图 1-13 快速访问工具栏与控制按钮

控制按钮位于标题栏的右侧，包括“最小化”“最大化/还原”和“关闭”三个用于窗口控制的按钮。

（5）导航窗格

导航窗格在 Access 数据库工作窗口的左侧，可以在其中使用数据库对象，如图 1-11 所示。单击导航窗格中的“最小化/还原”按钮可以展开或折叠导航窗格，但不能用打开的数据库对象覆盖导航窗格。导航窗格按类别和组来显示数据库中的对象。用户也可以自定义显示方式。单击“导航窗格”右上方的三角形按钮，即可弹出“浏览类别”下拉菜单，如图 1-14 所示。在默认情况下，新数据库使用“对象类型”类别，该类别包含对应于各种数据库对象的组。

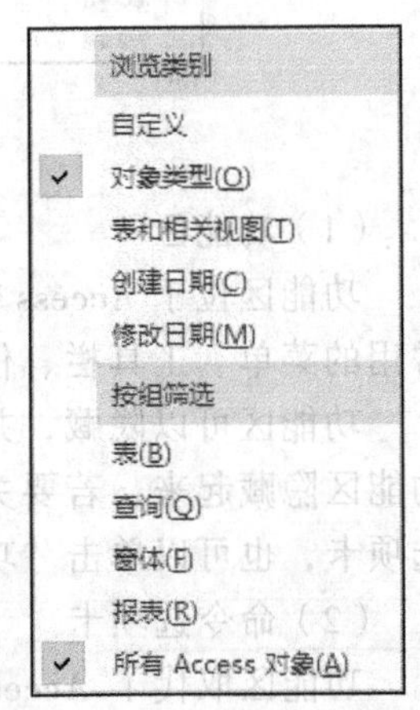

图 1-14 “浏览类别”菜单

1.3.5 Access 的数据库对象

Access 2010 数据库有 6 种对象：“表”“查询”“窗体”“报表”“宏”和“模块”，每个对象在数据库中各有不同的作用，用户通过这 6 种对象可以完成 Access 的主要功能。表是数据库中最基本的组成单位，是同一类数据的集合体，是存储数据的基本单位。报表、查询和窗体都是从表中获得数据信息，实现查找、计算统计、打印、编辑、修改表中的数据等特定功能。窗体可以提供良好的用户操作界面，通过窗体可以直接或间接地调用宏或模块，并执行查询、打印、计算等功能，还可以对数据库中的数据进行编辑修改。

1. 表

"表"对象是用来存储数据的基本单元，是数据库的核心与基础。在表中，数据以二维表的形式保存。表中的列称为字段，是一条信息在某一方面的属性。表中的行称为记录，一条记录就是一个实体的完整信息。

Access 的一个数据库中可以包含多个表，表中可以存储不同类型的数据。通过建立表间关系，可以将不同表中的数据联系起来供用户使用。

2. 查询

"查询"最常用的功能是从表中检索特定的数据。查询是数据库设计目的的体现，建立数据库之后，数据只有被使用者查询，才能体现出它的价值。查询到的数据记录集合称为查询的结果集，结果集也是以二维表的形式显示出来，但它们不是基本表，它反映的是查询的那一时刻数据表中数据的存储情况。

查询可以按照一定的条件或准则，从一个或多个表中筛选出需要操作的字段，把它们集中起来，并显示在一个虚拟的数据表窗口中。用户可以查看查询结果、或将查询结果用作窗体或报表的记录源。操作查询可以对数据执行一项任务，包括创建新表、向现有表中添加记录、更新或删除记录。

3. 窗体

"窗体"对象是数据库与用户进行交互操作的界面，其数据源可以是表或查询。"窗体"对象可以提供一种良好的用户操作界面，通过它可以直接或间接地调用宏或模块，并执行查询、打印、预览、计算等功能，甚至对表进行编辑修改。窗体是用户与 Access 数据库应用程序进行数据传递的桥梁，以便让用户能够在人性化的环境中输入或查阅数据。

4. 报表

如果要打印数据库中的数据，使用报表是最简单且有效的方法。报表用于将选定的数据以特定的版式显示或打印，是呈现用户数据的一种有效方式，其内容可以来自某个表或某个查询。在 Access 中，报表能够对数据进行多重的数据分组，并可将分组的结果作为另一个分组的依据，报表还支持对数据的各种统计操作，如求和、求平均值或汇总等。

5. 宏

"宏"对象是一系列操作命令的集合，其中每个操作都能实现特定的功能。例如打开窗体、生成报表、保存修改等。在日常工作中，用户经常需要重复大量的操作，利用宏可以简化这些操作，自动完成大量的重复性操作，从而使数据库管理和维护更加简单。

6. 模块

"模块"对象是用 VBA（Visual Basic for Application）语言编写的程序段，它以 Visual Basic 为内置的数据库程序语言。对于数据库的一些较为复杂或高级的应用功能，只依靠向导和宏来实现稍显不足，这就需要使用 VBA 代码编程来实现。

1.3.6 Access 的帮助系统

在使用 Access 的过程中，可以按【F1】功能键获得帮助信息。Access 提供了完整的帮助系统，能够帮助用户解决使用中遇到的各种问题。

1. 帮助窗口

在 Access 后台视图的“文件”选项卡中，选择“帮助”→“Microsoft Access 帮助”命令或者按【F1】功能键，可打开“Access 帮助”窗口，如图 1-15 所示。帮助窗口提供了按目录查找、按关键字查找和联机搜索的帮助方式。

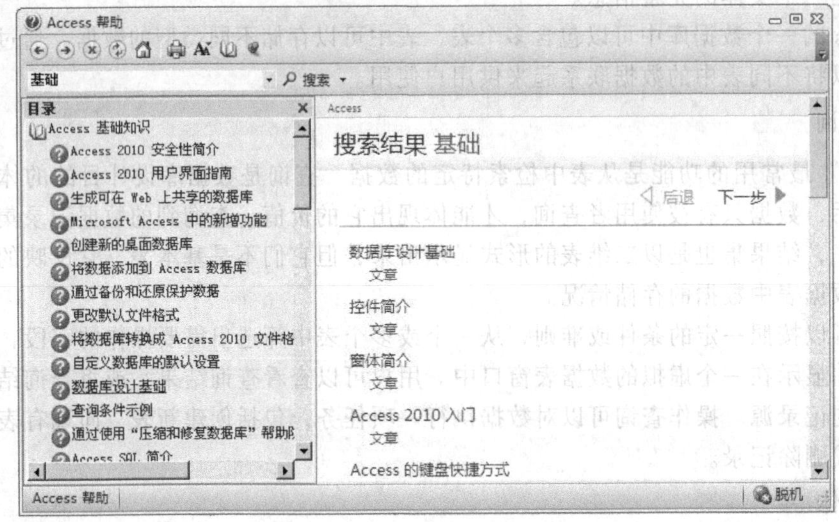

图 1-15 “Access 帮助”窗口

2. 按目录查找

如果已知要查找的帮助信息的主题，可以通过目录查找帮助信息。在帮助窗口的左窗格“目录”中选择与问题相关的选项卡。

3. 按关键字查找

如果已知要查找信息的关键字，可以通过索引查找帮助信息。在搜索框中输入要查找信息的关键字，例如输入“基础”，打开“搜索”按钮的下拉列表，如图 1-16 所示，选择可搜索的范围，单击“搜索”按钮即可查看系统提供的帮助信息。

图 1-16 “搜索”下拉列表

本章小结

Access 2010 是当今流行的关系型数据库管理系统，具有简单、方便的操作界面。数据库对象包含了表、查询、窗体、报表、宏和模块，用户可以使用系统提供的向导或者设计器来创建各种数据库对象。本章介绍了数据库系统的组成和基本概念，数据库管理系统的功能。重点讲解了关系模型的特点和关系运算，并对数据库设计方法作了较全面的描述。

习　题　1

一、选择题

1. 下列说法错误的是（　　）。

   A. 人工管理阶段程序之间存在大量重复数据，数据冗余大

   B. 文件系统阶段程序和数据有一定的独立性，数据文件可以长期保存

   C. 数据库阶段提高了数据的共享性，减少了数据冗余

   D. 上述说法都是错误的

2. 从关系中找出满足给定条件的元组的操作称为（　　）。

   A. 选择　　B. 投影　　C. 连接　　D. 自然连接

3. 关闭 Access 方法不正确的是（　　）。

   A. 选择后台视图“文件”选项卡中的“退出”命令

   B. 使用【Alt+F4】快捷键

   C. 使用【Alt+F+X】快捷键

   D. 使用【Ctrl+X】快捷键

4. 若某个字段不是本表的主关键字，但它却是另外一个表的主关键字，则称这样的字段为本表的（　　）关键字

   A. 外部　　B. 候选　　C. 辅助　　D. 次要

5. 属性的取值范围称为（　　）。

   A. 主关键字　　B. 实体完整性　　C. 域　　D. 外部关键字

6. 二维表由行和列组成，每一行表示关系的一个（　　）。

   A. 属性　　B. 字段　　C. 集合　　D. 记录

7. 数据库是（　　）。

   A. 以一定的组织结构保存在辅助存储器中的数据的集合

   B. 一些数据的集合

   C. 辅助存储器上的一个文件

   D. 磁盘上的一个数据文件

8. 关系数据库是以（　　）为基本结构而形成的数据集合。

   A. 数据表　　B. 关系模型　　C. 数据模型　　D. 关系代数

9. 关系数据库中的数据表（　　）。

   A. 完全独立，相互没有关系　　B. 相互联系，不能单独存在

   C. 既相对独立，又相互联系　　D. 以数据表名来表现其相互间的联系

10. 以下叙述中，正确的是（　　）。

    A. Access 只能使用功能区创建数据库应用系统

    B. Access 不具备程序设计能力

    C. Access 只具备了模块化程序设计能力

    D. Access 具有面向对象的程序设计能力，并能创建复杂的数据库应用系统

11. 数据库系统的核心是（　　）。

    A. 数据模型　　B. 数据库管理系统

    C. 数据库　　D. 数据库管理员

12. 下列实体的联系中，属于多对多联系的是（　　）。

A. 学生与课程　　B. 学校与正校长

C. 住院的病人与病床　　D. 职工与工资

13. 在关系运算中，投影运算的含义是（　　）。

A. 在基本表中选择满足条件的记录组成一个新的关系

B. 在基本表中选择需要的字段（属性）组成一个新的关系

C. 在基本表中选择满足条件的记录和属性组成一个新的关系

D. 上述说法均是正确的

14. 在教师表中，如果要找出职称为“教授”的教师，所采用的关系运算是（　　）。

A. 选择　　B. 投影　　C. 连接　　D. 自然连接

15. 常见的数据模型有 3 种，它们是（　　）。

A. 网状、关系和语义　　B. 层次、关系和网状

C. 环状、层次和关系　　D. 字段名、字段类型和记录

二、填空题

1. 客观存在并且可以相互区别的事物称为________。

2. 数据库技术的主要目的是有效地管理和存储大量的数据资源，包括：提高数据________性，使多个用户能够同时访问数据库中的数据；减少数据冗余以提高数据的一致性和完整性；提高数据与程序的________，从而减少应用程序的开发和维护代价。

3. 关系中能唯一区分、确定不同记录的字段或字段组合称为关系的一个________，又称为码。

4. 凡在关系中能够唯一区分确定不同记录的字段或字段组合都称为________。

5. 数据库系统是由硬件系统、________、________、应用程序、数据库管理员和用户等构成的人-机系统。

6. 实体与实体之间的联系有以下 3 种类型：一对一联系、________联系、多对多联系。

7. 任何一个数据库管理系统都基于某种数据模型。数据库管理系统所支持的数据模型有 3 种：层次模型，网状模型和________模型。

8. 两个结构相同的关系 R 和 S 的________是由属于 R 但不属于 S 的元组组成的集合。

9. 关系的完整性包括________完整性、________完整性和用户自定义完整性。

10. Access 2010 数据库有 6 种对象：________、查询、________、报表、宏和________。

第 2 章　数据库和表

本章主要内容：

- 创建数据库与数据表
- 建立表之间的关系
- 记录的添加、删除、修改等操作
- 排序与筛选记录

在 Access 2010 中，数据库由表、查询、窗体、报表、宏和模块 6 个对象组成，每个对象在数据库中的作用和功能是不同的，所有的数据库对象都存储在扩展名为.accdb 的同一个数据库文件中。

2.1　数据库的创建和基本操作

使用 Access 管理数据，需要将用户的数据存放到专门创建的 Access 数据库中，数据库中可以包含多个表以及表间的关系。

2.1.1　创建数据库

Access 2010 有两种建立数据库的方法：一种是使用 Access 提供的模板，通过简单操作创建数据库，向导会自动创建数据库中的表、查询、窗体和报表等对象；另一种是先创建一个空数据库，然后根据要求再向数据库中添加表、窗体、报表等对象。无论使用哪一种方法，在创建数据库之后，都可以在任何时候修改数据库。Access 2010 数据库文件的扩展名是.accdb。

1. 使用模板创建数据库

Access 2010 提供了 12 种可供选择的数据库模板，以方便初学者创建数据库及数据库对象，如表 2-1 所示。在 Access 提供的系统内置模板中选择一种数据库模板，然后对其进行一定程度的自定义，向导会自动创建一组表、查询、窗体和报表，同时还会创建切换面板，所建的表中不含任何数据。

表 2-1　Access 的数据模板及其用途

类　别	可选择的数据库模板
传统数据库	教职员、罗斯文、任务、事件、销售渠道、学生、营销项目
Web 数据库	慈善捐赠 Web 数据库、联系人 Web 数据库、问题 Web 数据库、项目 Web 数据库、资产 Web 数据库

【例 2-1】使用数据库模板创建“教职员 SIE”数据库，并保存在 D 盘“ACCDB 学习”文件夹中。操作步骤如下：

（1）启动 Access 2010，选择“文件”→“新建”命令。

（2）单击右侧窗格中“样本模板”按钮，选择“教职员”模板，在右侧下方的“文件名”文本框中，输入文件名“教职员 SIE.accdb”。

（3）单击文本框右侧“浏览”按钮，弹出“新建数据库”对话框，设置保存位置为 D 盘“ACCDB 学习”文件夹，如图 2-1 所示。

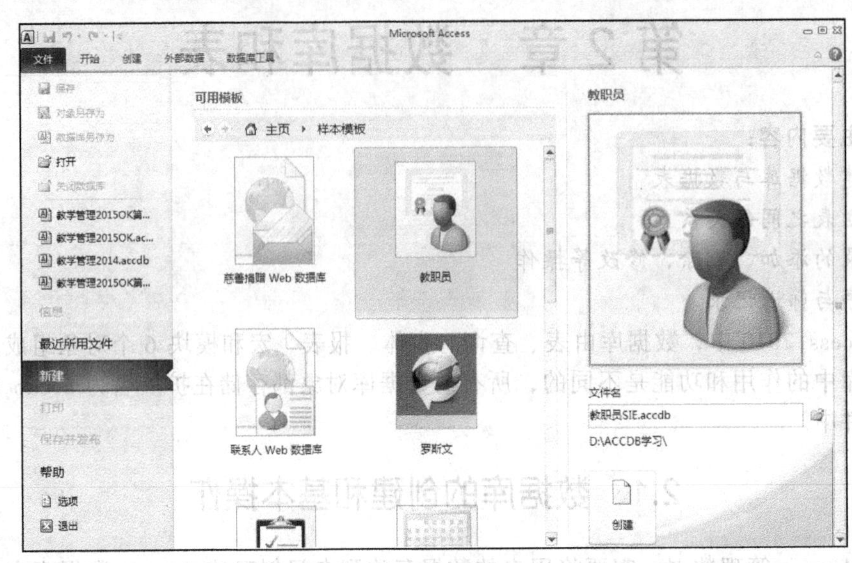

图 2-1　创建数据库

（4）单击“创建”按钮，完成数据库的创建，用户可以根据具体需要修改数据库中的各个对象，并向数据库中添加数据。

刚刚创建的数据库为打开状态，Access 自动显示此数据库。使用模板创建的数据库包含了表、查询、窗体和报表等对象，表中不含任何数据。单击导航窗格右上角的“百叶窗开/关”按钮，可以看到所建数据库及各类对象，如图 2-2 所示。在导航窗格中，单击“教职员导航”标识右侧的下拉按钮，从打开的组织方式列表中选择“对象类型”选项，可以按对象类型查看数据库中的表、查询、窗体和报表等对象，如图 2-3 所示。

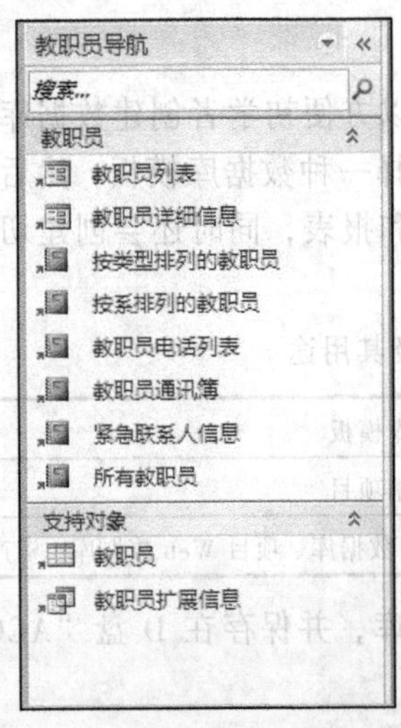

图 2-2　导航窗格-教职员导航

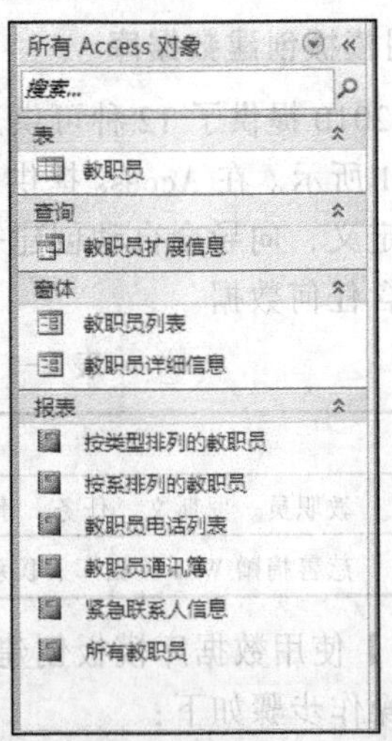

图 2-3　按对象类型查看数据库中的对象

如果 Access 提供的某个模板非常符合用户对新数据库的设计要求，就可以使用这种方法快速完成一个数据库的创建。如果没有满足要求的模板，或者要将其他应用程序中的数据导入 Access，那么最好不要勉强使用模板。

2．创建空数据库

在创建数据库中的对象之前，必须创建数据库。用户想根据自己的需要管理数据，可以先创建一个空数据库，然后逐一设计其中的对象。

【例 2-2】 创建“教学管理 2015.accdb”数据库，并保存在 D 盘“ACCDB 学习”文件夹中。操作步骤如下：

（1）选择“文件”→“新建”命令。

（2）在右侧窗格中单击“空数据库”按钮，在右侧下方“文件名”文本框中，输入文件名“教学管理 2015.accdb”。

（3）单击文本框右侧“浏览”按钮，弹出“新建数据库”对话框，设置保存位置为 D 盘“ACCDB 学习”文件夹，单击“创建”按钮。

Access 创建空数据库的同时，自动创建一个名称为“表 1”的数据表，在数据表视图中打开。在数据表视图中可见该表有两个字段，一个是默认的“ID”字段，另一个是用于添加新字段的标识“单击以添加”，如图 2-4 所示。

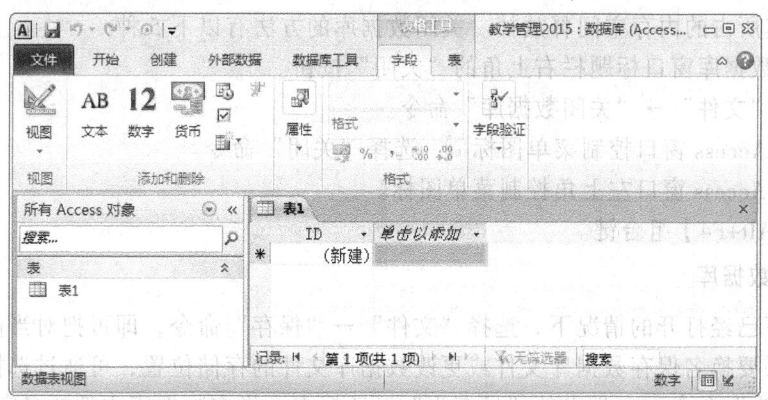

图 2-4　创建空数据库

2.1.2　数据库的基本操作

在数据库管理过程中，经常对数据库进行访问，如添加数据库对象、修改某个对象的内容等，此时需要打开数据库进行修改并保存，使用完成后要将数据库关闭。Access 同一时间只能处理一个数据库，因而每新建一个数据库或打开一个已有数据库的同时，会自动关闭正在使用的数据库。

1．打开数据库

在 Access 中打开已有的数据库有两种方法，选择“文件”→“打开”命令或者选择“文件”→“最近所用文件”命令。

【例 2-3】 使用“打开”命令打开 D 盘“ACCDB 学习”文件夹中的“教职员 SIE.accdb”数据库。

（1）在 Access 窗口中，选择“文件”→“打开”命令，弹出“打开”对话框。

（2）选择需要打开的数据库文件“D:\ACCDB 学习\教职员 SIE.accdb”。

（3）单击“打开”按钮，以共享方式打开数据库。

打开(O)
以只读方式打开(R)
以独占方式打开(V)
以独占只读方式打开(E)

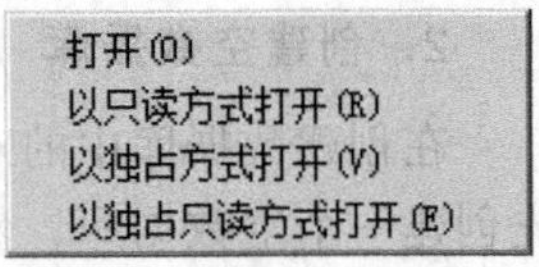

图 2-5 数据库的打开方式

说明：可以单击“打开”按钮右侧的下拉箭头，选择数据库的 4 种打开方式，如图 2-5 所示。

① 打开：以共享方式打开数据库文件，网络上的其他用户也可以再次打开这个数据库，而且可以同时编辑和访问数据库中的数据，这是默认的打开方式。

② 以只读方式打开：用户只能查看数据库中的数据，不能编辑和修改数据库，可以防止无意间对数据库的修改。

③ 以独占方式打开：可以防止网络上其他用户同时访问这个数据库文件，保证用户有效地对数据库文件中的对象进行修改。

④ 以独占只读方式打开：只能查看而不能编辑或修改这个数据库，同时防止网络其他用户同时访问这个数据库文件。

2. 关闭数据库

数据库文件操作完成后或暂时不用时，必须将其关闭。关闭数据库是将数据库从内存中清除，并将其所占的内存空间释放掉。关闭数据库的方法有以下 5 种：

① 单击数据库窗口标题栏右上角的“关闭”按钮。

② 选择“文件”→“关闭数据库”命令。

③ 单击 Access 窗口控制菜单图标，选择“关闭”命令。

④ 双击 Access 窗口左上角控制菜单图标。

⑤ 按【Alt+F4】组合键。

3. 保存数据库

在数据库已经打开的情况下，选择“文件”→“保存”命令，即可把对当前数据库的更改存盘。如果要换名保存数据库文件或更改数据库文件的存储位置，可通过选择“文件”→“数据库另存为”命令，在弹出的“另存为”对话框中，指定数据库文件的名字和保存位置，完成保存操作。如果正在修改数据库中的某个对象，也可以选择“文件”→“对象另存为”命令，将此对象在当前数据库中另存一份副本。

2.2 创建数据表

在关系型数据库中，表是用来存储和管理数据的对象，是整个数据库系统的基础，也是数据库中其他对象的操作基础。在 Access 中，表是一个满足关系模型的二维表，即由行和列组成的表格。表存储在数据库中，并以唯一的名称标识。在一个数据库中可以建立多个表，通过表与表之间的连接关系，就可以将存储在不同表中的数据联系起来供用户使用。

Access 提供 3 种创建数据表的方法：使用向导创建表、通过输入数据创建表和使用设计器创建表。这 3 种创建表的方法各有所长，用户可以根据实际需要选择适当的方法。

2.2.1 表的组成

数据表简称表，由表结构和记录两部分组成。设计数据表的结构就是确定每个表中的字段个数，字段名称、数据类型和字段属性。

1. 字段名称

每个字段均有唯一的名字，称为字段名称。命名规则如下：

（1）长度为 1～64 个字符。

（2）可以包含字母、汉字、数字、空格和其他字符，但不能以空格开头。

（3）不能包含半角句号（.）、惊叹号（!）、方括号（[ ]）和单引号。

（4）不能使用 ASCII 码值为 0～32 的 ASCII 字符。

（5）字段名称不能与 Access 中已有的属性和其他元素的名称相同。

2. 数据类型

字段的数据类型是指字段取值的数据类型，即表中每列数据的类型。数据类型决定了数据存储方式和使用方式，同时决定了数据所需存储空间的大小，以及可进行的运算和处理。Access 2010 提供了文本、数字、备注、逻辑、日期/时间等 12 种数据类型，如表 2-2 所示。

表 2-2　Access 数据类型及用途

数据类型	用途	字段大小
文本	用来存储文本或不需要计算的数字，如地址、电话号码、邮编等	最长 255 个字符
备注	保存长度较长的文本及数字，不能对备注字段进行排序或索引，如简历、注释或说明等	最多为 65 535 个字符
数字	用来存储需要计算的数值数据，含字节、整型、长整型、单精度型、双精度型、同步复制 ID 与小数等 7 种，如成绩、年龄、工资字段等	1，2，4 或 8 个字节，与“字段大小”的属性定义有关
日期/时间	表示日期和时间	8 字节
货币	用来存储货币数值，即精确到小数点左边 15 位和小数点右边 4 位，如订金、单价等	8 字节
自动编号	向表中记录自动插入的唯一顺序号(每次递增 1)或随机编号	4 字节
是/否	只接受两个不同的可选值中的一种，用户可以进行选择。例如，“是/否”“真/假”“开/关”	1 位
OLE 对象	用于存储 OLE 数据或嵌入的对象，这些对象以文件形式存在。可以是 Excel 电子表格、Word 文档、图像、声音或其他二进制数据	最大为 1 GB
超链接	以文本形式存储超链接的地址，用来链接到文件、Web 页、电子邮件地址、数据库中的对象、书签，如：http://www.sina.com.cn	最多存储 64 000 个字符
附件	用于存储所有种类的文档和二进制文件，可将其他程序中的数据附加到该类型字段中。例如可将 Excel 文档添加到该字段中	压缩附件最大 2 GB
计算	用于函数、计算、数值计算，计算时必须引用同一表中的其他字段。如工资总和、平均年龄	8 字节
查阅向导	提供了一个建立字段内容的列表，可以在列表中选择所列内容作为添入字段的内容	4 字节

3. 字段属性

字段属性是指字段特征值的集合，分为常规属性和查阅属性两类，用来控制字段的操作方式和显示方式，不同的数据类型的字段属性有所不同。字段属性包括字段的大小、格式、输入掩码、默认值和有效性规则等。

2.2.2 创建表

表由表结构和记录两部分组成，因此创建表要分为两个步骤：创建表结构和向表中输入记录。在 Access 中，可以使用设计视图和数据表视图两种方式创建表结构。

1. 使用设计视图创建表

在 Access 中，表的设计视图不仅可以创建表结构，还可以修改已有表的结构。

【例 2-4】创建“教学管理 2015”数据库中的“教师信息”表结构，说明使用设计视图创建表结构的方法。“教师信息”表结构描述如下：

教师信息（教师编号（文本，4，主键），姓名（文本，10），性别（文本，1），婚否（是/否），出生日期（日期/时间），学历（文本，5），职称（文本，5），所属院部（文本，10），移动电话（文本，14），照片（OLE 对象））

操作步骤如下：

（1）打开表设计视图

启动 Access 2010，打开“教学管理 2015.accdb”数据库，在“创建”选项卡“表格”分组中，单击“表设计”命令按钮，进入表设计视图，默认表名为“表 1”，如图 2-6 所示。

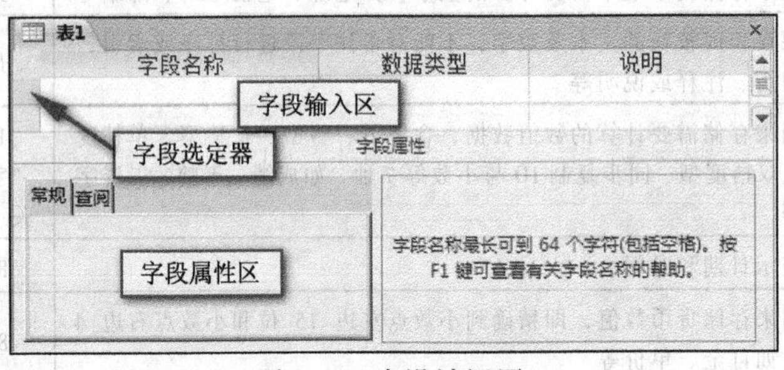

图 2-6　表设计视图

表设计视图分为上下两个部分，上半部分是字段输入区，包含“字段名称”“数据类型”和“说明”3 列，分别用来定义表字段名称、字段的数据类型，以及对该字段用途的说明性文字，在字段输入区的最左边是“字段选定器”，单击“字段选定器”将设定相应字段为当前字段；下半部分是字段属性区，用来设置字段属性，包括常规和查阅两个选项卡。

（2）定义表字段与数据类型

在表设计视图中的“字段名称”网格中依次输入每个字段的名称，单击“数据类型”网格右侧的下拉箭头，从数据类型下拉列表中选择所需的数据类型，在“说明”网格中可以输入相关说明文字，并在字段属性的常规选项卡中定义每个字段的长度和索引等信息。

例如：输入字段名“教师编号”，在字段属性区选择“常规”选项卡，将“字段大小”框中的默认值 255 改为 4，在“必填字段”框中选择“是”。同理，依次输入“教师信息”表的其他字段名称、数据类型和字段大小，如图 2-7 所示。

（3）设置主关键字

在数据设计视图中，单击选定“教师编号”字段，将其设置为主关键字有以下两种方法。

方法 1：单击功能区“设计”选项卡“工具”组中的“主键”按钮，如图 2-8 所示。

方法 2：单击右键，在弹出的快捷菜单上选择“主键”命令。

成功设置主键后，“字段行选择器”按钮上会出现一个小钥匙图标，如图 2-7 所示。

教师信息

字段名称	数据类型	说明
教师编号	文本	主关键字
姓名	文本	
性别	文本	
婚否	是/否	
出生日期	日期/时间	
学历	文本	
职称	文本	
所属院部	文本	
移动电话	文本	
照片	OLE 对象	

图 2-7　“教师信息”表设计视图

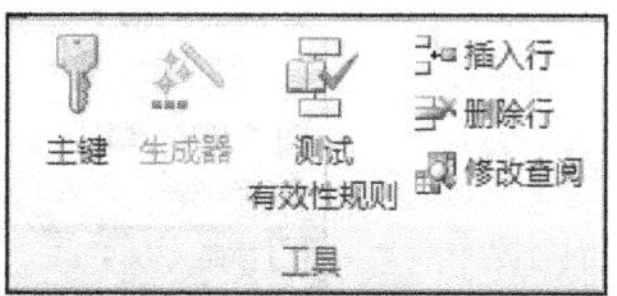

图 2-8　“工具”分组

将多个字段共同设置成主键，可按【Ctrl】键，并单击各个字段，选定要设置主键的多个字段，再单击“主键”按钮，就可将这些字段标记为主键。要取消字段的主键设置，可选择主键字段后，单击“主键”按钮，主键设置将被取消。

（4）保存表结构

单击 Access 窗口标题栏上快速访问工具栏上的“保存”按钮，或选择“文件”选项卡中的“保存”命令，弹出“另存为”对话框，输入表名“教师信息”，单击“确定”按钮，完成“教师信息”数据表结构的创建。

2．使用数据表视图创建表

数据表视图以二维表格的形式显示表中数据。在数据表视图中，即可以创建表结构，也可以进行查看、编辑、添加、删除和查找记录的操作。在数据表视图中创建表结构的过程是“先输入数据，再确定字段”，系统默认的新字段的名字为字段 1、字段 2，……，Access 会根据输入的字段值自动指定字段类型。在数据库表视图中无法设置更详细更复杂的字段属性，例如定义主键，用户可以使用设计视图进行修改和补充。

【例 2-5】在数据表视图中创建“课程信息”表结构，“课程信息”表的结构为：

课程信息（课程编号（文本，4），课程名称（文本，15），课程类型（文本，4），学时（数字，整型），学分（数字，单精度），考核方式（文本，10））

（1）打开“教学管理 2015” 数据库。

（2）单击“创建”→“表格”→“表”命令，系统将自动创建名为“表1”的新表，并在数据表视图中打开，如图 2-9 所示。

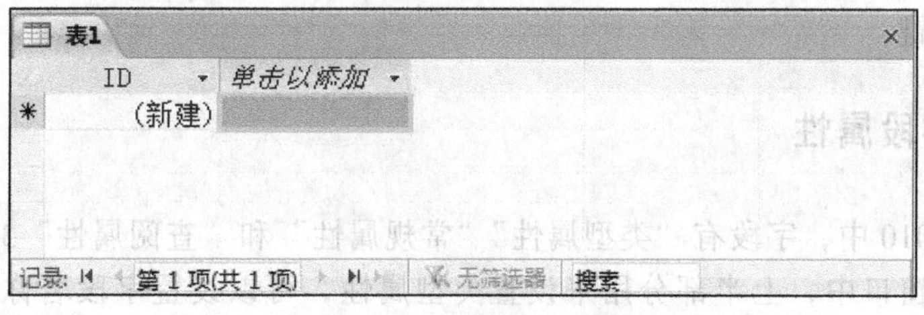

图 2-9　数据表视图

（3）选中“ID”字段，单击“表格工具”→“字段”→“属性”→“名称和标题”按钮，单击“输入字段属性”对话框，在“名称”文本框中输入“课程编号”，单击“确定”按钮，如图 2-10 所示。

图 2-10 “输入字段属性”对话框

（4）选中“课程编号”字段，单击“表格工具”→“字段”→“格式”→“数据类型”右侧组合框的向下箭头，从数据类型列表中选择“文本”类型；并在“属性”分组的“字段大小”文本框中输入大小值“4”，如图 2-11 所示。

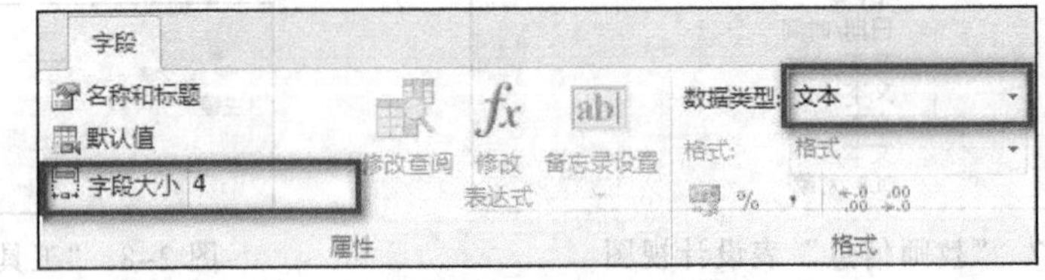

图 2-11 设置字段名称及字段大小

（5）单击“单击以添加”字段，从弹出的下拉列表中选择一种类型，Access 自动将新字段命名为“字段 1”，按照“课程信息”表结构，修改“字段 1”的名称，并设置“属性”分组的“字段大小”。

（6）单击“保存”按钮，在“另存为”对话框中输入表名“课程信息”，单击“确定”按钮，完成“课程信息”数据表结构的创建，如图 2-12 所示。

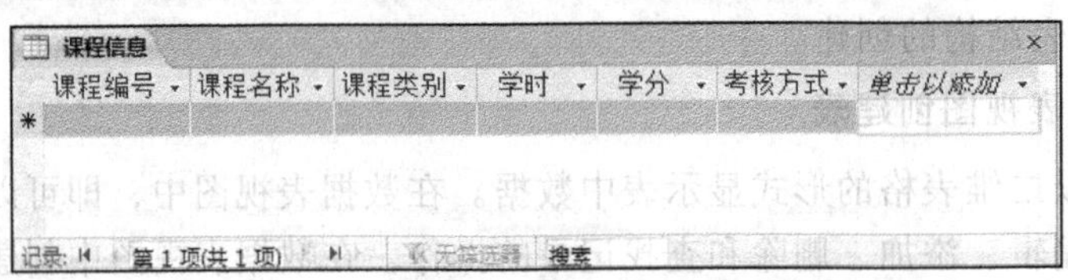

图 2-12 在数据表视图中创建表结构

在设计视图环境中，利用同样的方法完成“教学管理 2015”数据库中其余 3 个表的创建。

学生信息［学号（文本，10），姓名（文本，10），性别（文本，1），出生日期（日期/时间），所属班级（文本，10），所属院部（文本，10），是否党员（是/否），照片（OLE 对象），E_mail（超链接），备注（备注）］；“学号”为主键。

选课信息［学号（文本，10），课程编号（文本，4），成绩（数字）］；“学号”和“课程编号”为组合主键。

开课信息［课程编号（文本，4），教师编号（文本，4），开课时间（日期/时间），开课班级（文本，20），开课周次（文本，20），考核方式（文本，2）］；“课程编号”和“教师编号”为组合主键。

2.2.3 设置字段属性

在 Access 2010 中，字段有“类型属性”“常规属性”和“查阅属性”3 种属性设置。在数据表设计视图窗口中，上半部分用来设置类型属性，可以设置字段名称、数据类型和说明；下半部分由“常规”属性和“查阅”属性两个选项卡组成。表中的每个字段都有一系列的属性定义，字段属性决定了如何存储和显示字段中的数据。Access 为大多数属性提供了默认设置，一般能够满足用户的需要，用户也可以改变默认设置。字段的常用属性如表 2-3 所示。

表 2-3　字段的常用属性

属　　性	作　　用
字段大小	设置文本、数据和自动编号类型的字段中数据的范围，可设置的最大字符数为 255
格式	控制显示和打印数据格式，选项预定义格式或输入自定义格式
小数位数	指定数据的小数位数，默认值是“自动”，范围是 0～15
输入法模式	确定当焦点移至该字段时，准备设置的输入法
输入掩码	用于指导和规范用户输入数据的格式
标题	在各种视图中，显示对象的标题。如果为空，则使用字段名称
默认值	指定数据的默认值，自动编号和 OLE 数据类型无此项属性
有效性规则	一个表达式，用户输入的数据必须满足该表达式
有效性文本	当输入的数据不符合“有效性规则”时，会显示提示性信息
必填	输入记录时必须在字段中输入数据
允许空字符串	决定文本和备注字段是否可以等于零长度字符串("")
索引	指定字段是否具有索引

下面介绍常用的字段属性的设置方法。

1．字段大小

当字段数据类型设置为“文本”或“数值”时，这个字段的“字段大小”属性才可以设置。文本类型的字段宽度范围为 1～255 个字符，系统默认为 255 个字符。数字类型的字段宽度如表 2-4 所示，共有 6 种可选择的字段大小：字节、整型、长整型、单精度型、双精度型、同步复制 ID，系统默认是长整型。

表 2-4　数字字段大小说明

类　　型	范　　围	小 数 位	占 用 空 间
字节	0～255	无	1 个字节
整型	–32 768～32 767	无	2 个字节
长整型	–2 147 483 648～2 147 483 647	无	4 个字节
单精度型	-3.4×10^{38}～3.4×10^{38}	7	4 个字节
双精度型	-1.797×10^{308}～1.797×10^{308}	15	8 个字节
同步复制 ID	建立同步复制唯一标识符	无	16 字节

2．格式

格式属性用来规定文本、数字、日期和是/否型字段的数据显示或打印格式，它只更改数据的显示格式，而不改变保存在表中的数据。用户可以使用系统的预定义格式，也可以使用格式符号来设置自定义格式，不同数据类型使用不同的设置。常用数据类型的格式说明如表 2-5 所示。

表 2-5 常用数据格式设置

日期/时间型		数字/货币型		文本/备注型	
设　置	示　例	设　置	示　例	设　置	说　明
常规日期	2015-10-20 10:25:30 （默认设置）	常规数字 （默认型）	3 456.79	@	要求文本字符 （字符或空格）
长日期	2015 年 10 月 20 日	货币	¥3 456.79	&	不要求文本字符
中日期	15-10-20	美元	$3 456.79	<	使所有字符变为小写
短日期	2015-10-20	固定	3 456.79	>	使所有字符变为大写
长时间	10:25:30	标准	3,456.79	是/否型	
中时间	上午 10:25	百分比	123.00%	√	-1 表示真值：是
短时间	10:25	科学计数	3.46E+03	□	0 表示假值：否

3．输入掩码

“输入掩码”属性主要用于文本、日期/时间、数字型字段，用来定义数据的输入格式，并可对数据输入做更多的控制，以保证输入数据的正确性。输入掩码就像字段值的模板，输入的数据必须满足输入掩码的要求。

设置输入掩码的最简单的方法是使用 Access 提供的“输入掩码向导”。Access 提供了预定义输入掩码模板，对于一些常用的输入掩码，如邮政编码、身份证号、电话号码和日期等，用户直接使用即可。如果用户需要的输入掩码在预定义中没有，Access 还允许用户自己定义文本与日期的输入掩码。

自定义掩码格式：<输入掩码格式符>；<0、1 或空白>；<任何字符>

（1）常用掩码字符：Access 中，常用的输入掩码字符及含义如表 2-6 所示。

表 2-6　输入掩码属性所使用字符的含义

字　符	说　明
0	在掩码字符位置必须输入数字（0～9）
9	在掩码字符位置输入数字或空格，保存数据时保留空格位置
#	在掩码字符位置输入数字、空格、加号或减号
L	必须输入字母（A～Z），大小写均可
?	可以选择输入字母（A～Z）或空格，大小写均可
A	必须输入字母或数字，大小写均可
a	可以输入字母或数字或空格，大小写均可
&	必须输入任意字符或空格
C	可以选择输入一个任意的字符或一个空格
, . : ; - /	小数点占位符及千位、日期与时间的分隔符
!	使输入掩码从右到左显示，而不是从左到右显示
\	使接下来的字符以字面字符显示（例如，\A 只显示 A）

（2）<0、1或空白>表示是否把原样显示的字符保存到表中，如果用 0，则表示保存输入值的原意字符，如果用 1 或空白，则表示只保存输入的非空格字符；

（3）<任何字符>用来指定输入空格字符时所显示的占位字符。可以使用任何字符，默认为下画线；如果要显示空格，应使用“”将空格括起来，表示用一个空格显示。

【例 2-6】设置“教师信息”表中的“出生日期”字段的输入掩码，说明使用向导设置输入掩码的方法。

① 打开“教师信息”表，在“设计”视图中，选择“出生日期”字段。

② 单击“字段属性”→“常规”→“输入掩码”→“表达式”按钮，弹出“输入掩码向导”对话框，选择“短日期”掩码格式，如图 2-13 所示。

③ 在占位符下拉列表中，选择“*”号为占位符，单击“尝试”文本框，可在其内占位符位置按格式输入日期进行测试，如图 2-14 所示，单击“完成”按钮，系统即可自动创建输入掩码。本例中使用向导生成的默认输入掩码“0000/99/99”。

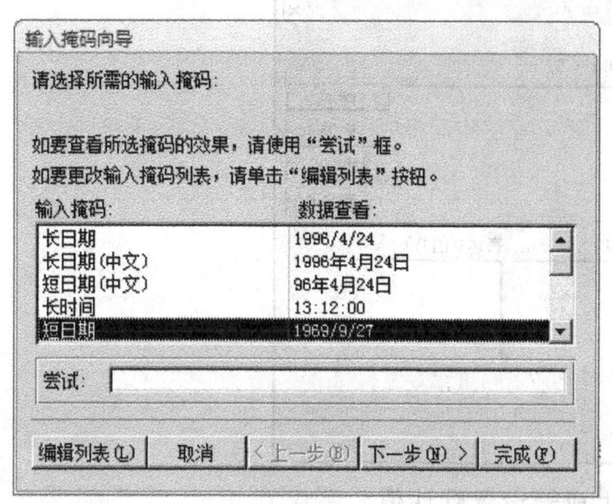

图 2-13 选择输入掩码格式

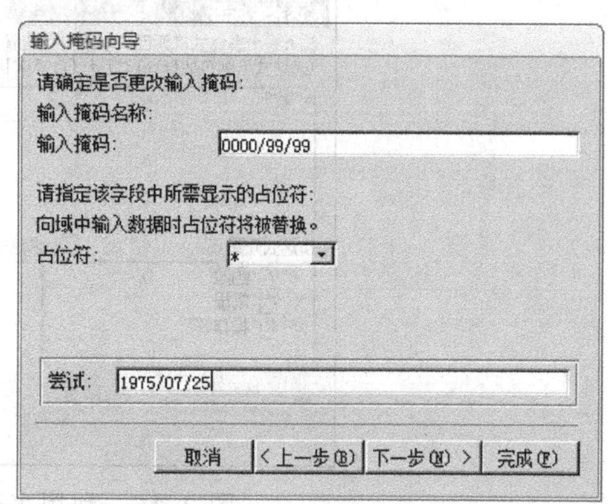

图 2-14 更改输入掩码

对于“出生日期”字段，为方便用户输入，设置时预留了年、月、日输入区域，并用输入掩码定义字符“/”分隔年、月、日，设置为 0000/99/99。在 0000/99/99 中，0 表示此处只能输入一个数，而且必须输入；9 代表此处只能输入一个数，但不是必须输入；/符号为分隔符，输入数据时直接跳过，*号为占位符，如图 2-15 所示。

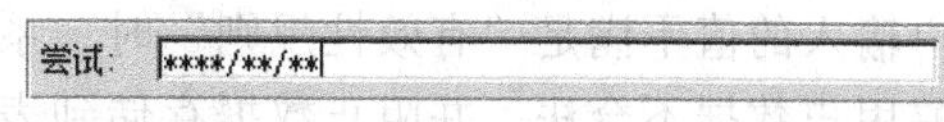

图 2-15 设置掩码后的数据输入形式

④ 直接输入掩码字符。

对文本型和日期/时间型字段的输入掩码，除了使用向导进行设置外，也可以在输入掩码属性框中直接输入用户自定义的掩码。

但对于数字或货币等类型的字段，就只能使用掩码字符直接定义输入掩码属性。例如，在“课程信息”表的“设计视图”中，选择“学分”字段，在其输入掩码文本框中直接输入掩码 00。“学时”字段的输入掩码为 00，表示在输入数据时仅接受 10～99 之间的两位整数。

如果同时定义了字段的显示格式和输入掩码，则在添加或编辑数据时，Microsoft Access 将使用输入掩码，而“格式”设置则在显示记录时决定数据的显示方式。同时使用“格式”和“输入掩码”属性时，要注意它们的结果不能冲突。

4. 设置“标题”属性

字段的“标题”属性仅在显示表中记录时起作用，数据表视图中字段的标题会取代字段名的位置，以增加数据的可读性，即在显示表中数据时，表中列的栏目名称将显示“标题”属性值，而不显示“字段名称”。字段名和字段标题可以不同，在数据库中只认识表结构中定义的字段名称，因此在书写各种表达式时要写字段名，而不是写字段的标题。

5. 设置“默认值”属性

“默认值”是字段的默认值，在增加新记录时 Access 自动将默认值直接填写到字段中，以减少用户输入数据的工作强度。“默认值”属性对取值基本相同的字段非常有用，例如，“学生信息”表中男生比例特别高，可以设置“性别”字段的默认值为“男”。在“设计视图”中，选择“性别”字段，在其默认值文本框中直接输入“男”即可；或者单击“默认值”文本框右边的“表达式”按钮，启动“表达式生成器”，输入表达式“="男"”，完成默认值属性的设置，如图 2-16 所示。

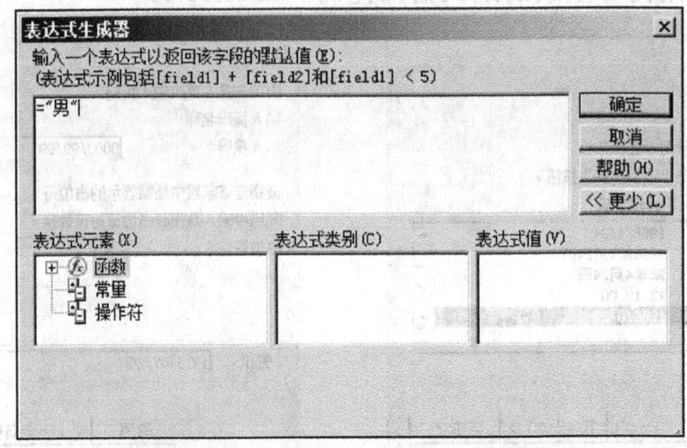

图 2-16 利用表达式生成器设置默认值

6. 设置“有效性规则”与“有效性文本”属性

“有效性规则”是一个返回逻辑值的表达式，用户输入的数据必须满足该表达式。输入数据时，当焦点离开此字段时，Access 会检测刚输入的数据是否满足“有效性规则”。当用户输入的值不满足“有效性规则”时，系统显示“有效性文本”中事先输入的提示信息，提醒用户数据不合法，并阻止数据存储到表中。只有输入的数据满足有效性规则，使表达式的值为真，系统才会允许接受输入的数据。

在 Access 中，“有效性规则”表达式由一个运算符和一个比较值构成，只有当运算符为“=”时，可省略不写。“有效性规则”表达式中常用的运算符如表 2-7 所示。

表 2-7 在“有效性规则”中使用的运算符

运算符	意义	运算符	意义
<	小于	<=	小于或等于
>	大于	>=	大于或等于
=	等于	<>	不等于
In	输入的数据必须是列表中的一个值	Between	格式：Between A and B 输入的数据必须在 A 和 B 之间
Like	必须符合与之匹配的文本，支持通配符： ? 或 _（下画线） 任意单字符 * 或 % 零个或多个字符 # 任意一位数字（0~9）	Not And Or	逻辑非 逻辑与 逻辑或

在书写“有效性规则”表达式时，数值型常量直接书写，日期常量两端一定要用#号括起来表示一个具体的日期，文本常量两端用半角英文的引号定界，空值用 null 表示，Is null 表示允许空值，表 2-8 中是关于“有效性规则”和“有效性文本”设置的示例。

表 2-8　“有效性规则”和“有效性文本”设置示例

“有效性规则”设置	“有效性文本”设置
<>90	请输入一个不等于 90 的值
0 or >=18	值必须为 0 或大于等于 18
<#1/1/2010#	输入一个 2010 年之前的日期，未来>历史
>= #1/1/2008# and <#1/1/2009#	日期必须是在 2008 年内
Like "C???"	值必须是以 C 开头的 4 个字符
Is not null	不允许为空值

【例 2-7】在“教学管理 2015”数据库中，完成下面的操作。

（1）设置学生表性别字段的值只能是“男”或“女”，默认值为男生，当用户输入数据出错时，显示信息“请输入男或女！”。

（2）设置“选课信息”表的“成绩”字段的默认值为 0，取值范围为 0～100 之间的整数，输入错误数据时，提示信息为“请输入 0～100 之间的整数！”。

操作步骤：

（1）在“设计”视图中打开“学生信息”表，选择表中的“性别”字段，单击“字段属性”→“常规”→“默认值”按钮，在文本栏中输入："男"，在“有效性规则”文本栏中输入:"男" OR "女"，并在“有效性文本”栏中输入："请输入男或女！"，如图 2-17 所示。

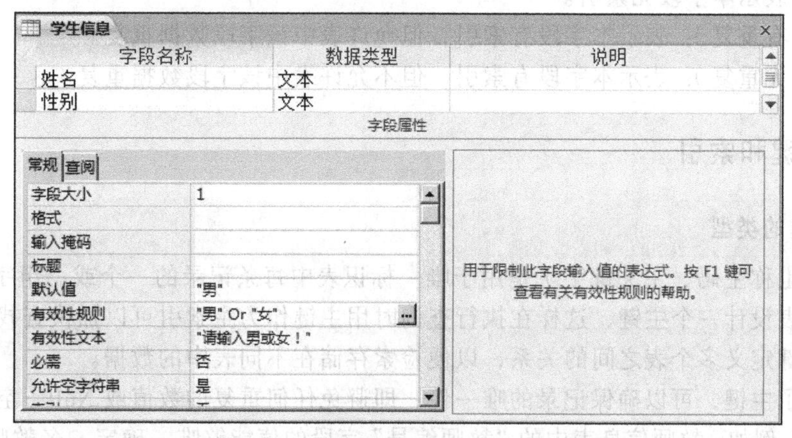

图 2-17　设置默认值与有效性规则

（2）在“设计”视图中打开“选课信息”表，选择表中的“成绩”字段，然后单击“字段属性”→“常规”→“有效性规则”按钮，在文本栏中输入：>=0 And <=100。在“有效性文本”文本栏中输入："请输入 0～100 之间的整数"，如图 2-18 所示。当成绩输入超出范围时，就会弹出“请输入 0～100 之间的整数”的提示信息窗口。

7.“必需”属性

“必需”属性指定该字段是否必须输入数据。当取值为“否”时，可以不输入数据，即允许该字段有空值。一般情况下，表中设置为主键的字段，应设置该属性为“是”，提醒用户主键字段的值不能取空值，必须输入数据。

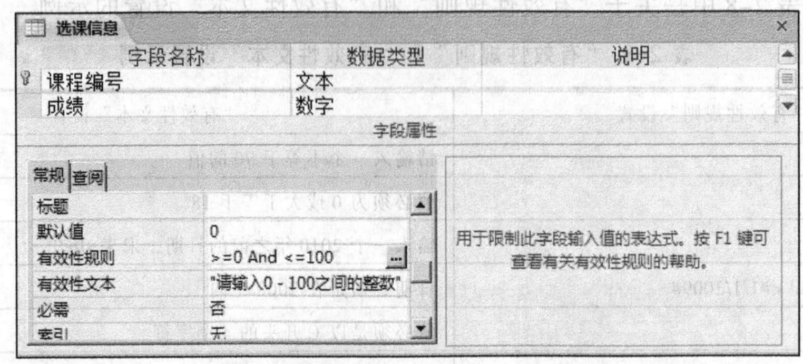

图 2-18　设置默认值与有效性规则

8.“索引”属性

索引用于提高对索引字段的查询及排序速度。按索引的功能分，索引有唯一索引、普通索引和主索引 3 种。其中，唯一索引的索引字段值不能相同，即没有重复值。如果在该字段输入重复值，则系统会提示操作错误；如果为已有重复值的字段创建索引，则不能创建唯一索引。同一个表可以创建多个唯一索引，其中一个可以设置为主索引，主索引字段称为主键，一个表只能创建一个主索引。普通索引的索引字段值可以相同，即可以有重复值。一个表可以创建多个普通索引。

“索引”属性用于设置该字段是否进行索引。索引属性有如下 3 项取值：

① 无：表示本字段无索引。

② 有（有重复）：表示本字段有索引，但允许表中该字段数据重复。

③ 有（无重复）：表示本字段有索引，但不允许表中该字段数据重复。

2.2.4　主键和索引

1. 主键的类型

主键（也称主码、主关键字）是用于唯一标识表中每条记录的一个或一组字段。Access 建议每一个表设计一个主键，这样在执行查询时用主键作为主索引可以加快查找的速度。还可以利用主键定义多个表之间的关系，以便检索存储在不同表中的数据。

表设计了主键，可以确保记录的唯一性，即避免任何重复的数值或 Null（空）值保存到主键字段中。例如，教师信息表中的“教师编号”字段的值能够唯一确定一名教师，就将“教师编号”字段定义为主键。主键有 3 种类型：自动编号、单字段主键及多字段主键。

（1）自动编号主键

创建一个空表时，在保存表之前如果未设置表的主键，Access 会询问是否需要设置一个自动编号的主键。它的作用是在表中添加一个自动编号字段，在输入记录时，自动编号字段可自动取值为连续数字的编号，并以自动编号的值来区分各条记录。

（2）单字段主键

在表中，如果某一字段的值能唯一标识一条记录，就可以将此字段指定为主键。如果选择作为主键的字段有重复值或 Null（空）值，Access 就不会将它设置为主键。

（3）多字段主键

在表中，可以将两个或更多的字段指定为主键。例如，在学生“选课信息”表中，“学号”与“课程编号”字段的值可能都不是唯一的，因为一个学生可以选多门课，而一门课可以被多个学生选择。但如果“学号”与“课程编号”两个字段组成的字段组合被指定为主键，则有唯一的值，并成为每一条记录的标识。

2．设置或取消主键

设置主键的操作非常简单，若要指定表中的某个或某几个字段作为主键，则可按以下步骤进行操作：

（1）在设计视图中打开数据表。

（2）选择将要定义为主键的一个或多个字段。若要选择一个字段，单击所需字段的“字段选定器”；如果要设置多字段主键，则先按【Ctrl】键，然后对每个所需字段单击其行选择器。

（3）单击功能区“表格工具”→“设计”→“工具”→“主键”按钮，或单击鼠标右键，从弹出的快捷菜单中选择“主键”命令。

已经将字段设置为主键后，主键指示符将出现在该行的字段选择器上。一旦建立了主键之后，添加记录时，主键字段必须要输入数据，不能为空值，且不允许主键字段中出现重复的数据。

如果要更改或取消主键的设置，在选定字段之后，再次单击表设计工具栏上的“主键”按钮。

3．创建索引

在表的字段中创建索引，有助于快速查找和排序记录。表的索引就如同书的目录，目录是以章节的顺序列出书中包含的所有主题，并显示每一个主题的起始页码，利用目录查找要比对整本书逐页翻阅快得多。表的索引可以按照一个或一组字段值的顺序对表中记录的顺序进行重新排列，从而加快数据检索的速度。

Access 将表中的主键自动创建为索引，还允许用户基于单个字段或多个字段创建索引。创建索引有两种方法：设置索引属性和使用索引对话框。索引属性只能建立单字段的索引，可以设置普通索引、唯一索引，但不能设置主索引，只能按升序索引。索引对话框功能比索引属性更强大，不但可以建立多字段索引和主索引，还能够指定索引顺序为升序和降序。

【例 2-8】按下列要求建立索引。

（1）为“学生信息”表创建普通索引（升序），索引字段为“所属院部”。

（2）为“选课信息”表创建多字段降序索引，索引名称为“学号课号，”索引字段包括“学号”和“课程编号”，并设置为主索引和唯一索引。

操作步骤如下：

（1）　为“学生信息”表创建普通索引（升序），索引字段为“所属院部”。

① 在设计视图中选择“学生信息”表的“所属院部”字段。

② 在“字段属性”的“常规”选项卡中，单击“索引”属性框，根据字段的数据值，选择“有（有重复）”选项。

（2）为“选课信息”表创建多字段降序索引，索引字段包括“学号”和“课程编号”，并设置为唯一索引。

① 在设计视图中打开“选课信息”表，单击“表格工具”→“设计”→“显示/隐藏”→“索引”按钮，弹出“索引”对话框。

② 输入索引名称“学号课号”，在字段名称列表框中选择字段为“学号”，在排序次序列表框中选择“降序”。

③ 光标定位于第二行，在字段名称列表框中选择字段为“课程编号”，在排序次序列表框中选择“降序”。

④ 在“主索引”列表框中选择“是”，在“唯一索引”列表框中选择“是”，如图 2-19 所示。

⑤ 关闭“索引”对话框，完成索引的创建。

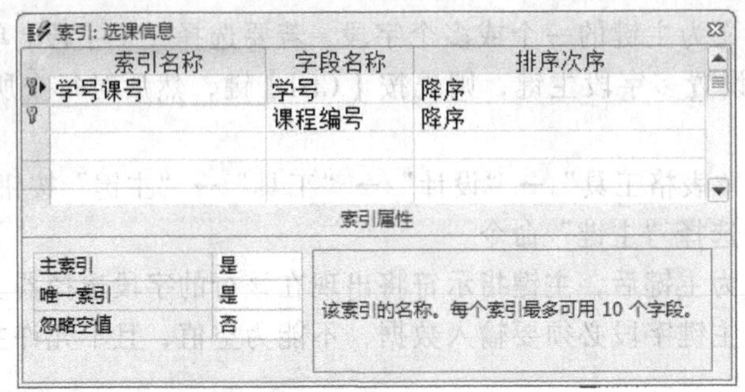

图 2-19 “索引”对话框

4. 查看与编辑索引

在“索引”对话框中既可以创建索引，又可以对已有的索引进行修改，如改变索引中任意字段的排序或更改索引属性，也可以更改索引中的字段的次序，还可以删除不需要的索引。在多字段索引中最多可以包含 10 个字段。

2.2.5 建立表之间的关系

在数据库应用系统中，一个数据库中常常包含若干个数据表，用以存放不同类别的数据集合，它们之间存在着相互连接的关系，这种数据集合间的相互连接称之为关联。表之间的记录连接是通过建立表之间的关系来完成的。

通过相关联的公共字段来建立两个表之间的关系。在两个相关表中，起着定义公共字段取值范围作用的表称为父表或主表，该字段称为主键；而另一个引用主表中相关字段的表称为子表，该字段称为子表的外键。根据主表和子表中关联字段间的相互关系，Access 数据表间的关系可分为 3 种：一对一关系、一对多关系和多对多关系。

创建表之间的关系需要打开“关系”窗口，操作方法有以下 3 种：

（1）单击“数据库工具”选项卡中“关系”分组的“关系”按钮。

（2）单击“表格工具/表”选项卡中“关系”分组的“关系”按钮。

（3）单击“表格工具”→“设计”选项卡中“关系”分组的“关系”按钮。

当创建表之间关系时，必须遵从参照完整性规则，这是一组控制删除或修改相关表数据方式的规则。参照完整性规则具体如下：

（1）在将记录添加到相关表中之前，主表中必须已经存在了匹配的记录。

（2）如果匹配的记录存在于相关表中，则不能更改主表中的主键。

（3）如果匹配的记录存在于相关表中，则不能删除主表中的记录。

1. 创建表间关系

在表之间创建关系，可以确保 Access 将某一表中的数据变化反映到相关联的表中，即对关联表实施参照完整性，当主表数据更新的同时会自动更新子表中的相关数据，包括自动级联更新相关字段和自动级联删除相关记录。在输入数据前建立表间关系可以确保输入的数据满足完整性要求，避免由于已有数据违反参照完整性原则，而导致无法正常创建关系的情况发生。

【例 2-9】以“教学管理 2015”数据库中的 5 个数据表为例，创建它们的相互关系。

（1）打开“关系”窗口和“显示表”对话框

打开“教学管理 2015”数据库，单击“数据库工具”→“关系”→“关系”按钮，系统将打开关系窗口。单击“关系工具”→“设计”→“关系”→“显示表”按钮，或者在关系窗口中单击鼠标右键，从快捷菜单中选择“显示表”命令，弹出“显示表”对话框，如图 2-20 所示。“显示表”对话框有“表”“查询”和“两者都有”3 个选项卡：

① 表：列出数据库中所有的数据表；

② 查询：列出数据库中所有的查询；

③ 两者都有：列出数据库中所有的数据表和查询。

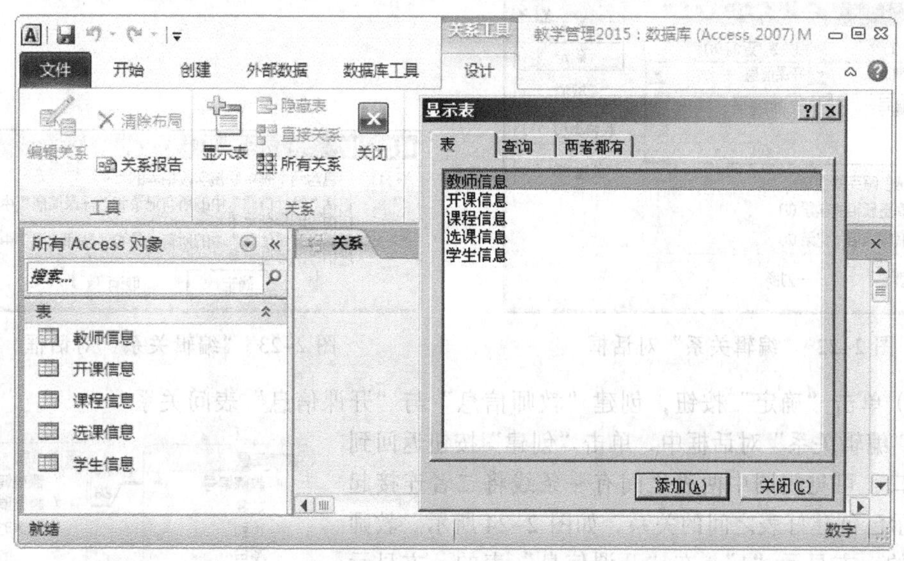

图 2-20　关系窗口和“显示表”对话框

（2）添加表或查询到关系窗口

把“教师信息”“开课信息”“学生信息”“选课信息”“课程信息”添加到“关系”窗口中，如图 2-21 所示，然后单击“关闭”按钮关闭对话框。注意不要添加一个表多次，如果重复添加“教师信息”表，则第 2 个表的名称为“教师信息_1”，此时需单击选中表，按【Delete】键，才可删除多余的表。

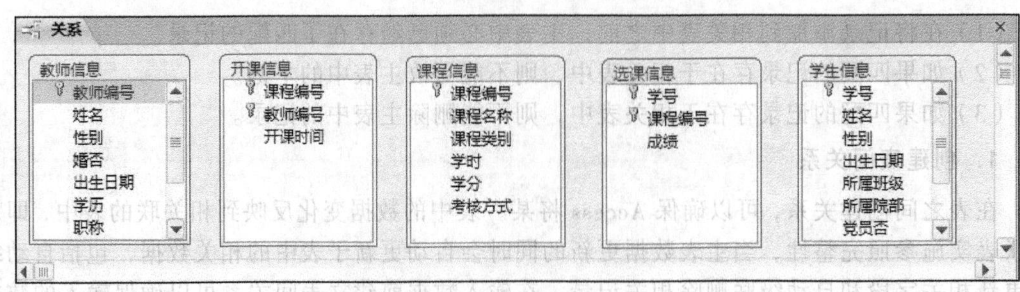

图 2-21　添加数据表

（3）打开“编辑关系”对话框

拖动“教师信息”表的“教师编号”字段至“开课信息”表的“教师编号”字段上，当释放鼠标时，系统弹出“编辑关系”对话框，如图 2-22 所示。

（4）实施参照完整性

在“编辑关系”对话框中，选中“实施参照完整性”和“级联更新相关字段”复选框，即当更新主表中字段的内容时，同步更新相关表中相关内容。若选中“级联删除相关记录”复选框，当在删除主表中某条记录时，同步删除相关表中的记录，如图 2-22 所示。

（5）选择联接类型

单击“联接类型”按钮，选择联接的方式，本例选择系统默认的设置：只包含两个表中连接字段相等的行，如图 2-23 所示。

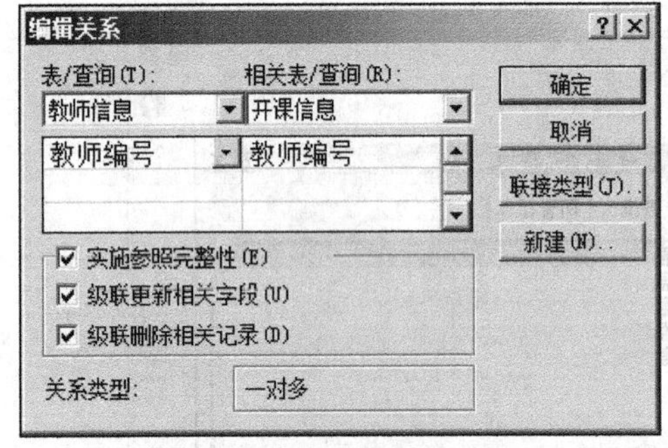

图 2-22　“编辑关系”对话框

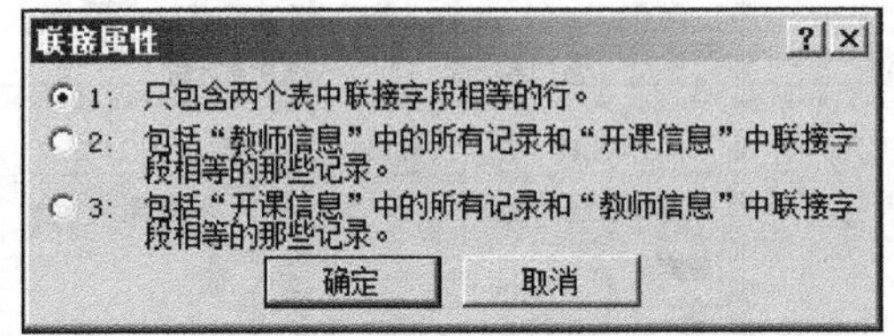

图 2-23　“编辑关系”对话框

（6）单击“确定”按钮，创建“教师信息”与“开课信息”表间关系

在“编辑关系”对话框中，单击“创建”按钮返回到关系窗口，可见视图中两表之间有一条线将二者连接起来，表示已创建好表之间的关系，如图 2-24 所示。教师信息表的一方显示“1”，在“开课信息”表的一方显示“∞”，说明两个表之间是一对多关系，即“教师信息”表中的一条记录关联“开课信息”表中多条记录。其中，“1”方通常称为主表或父表，而“多”方则称为子表。

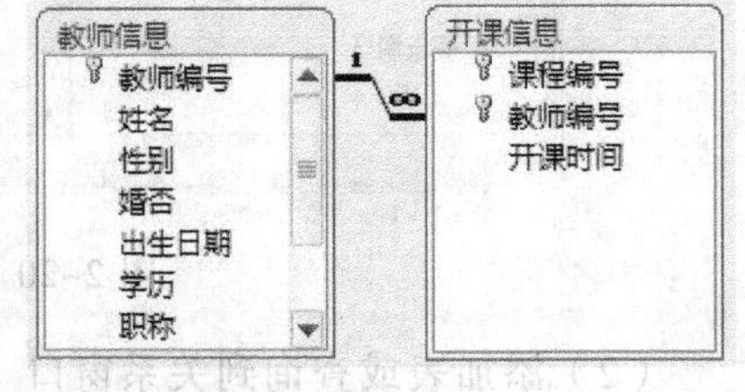

图 2-24　表间关系

（7）创建其余各表间关系

用同样的方法创建“课程信息”与“选课信息”，“课程信息”与“开课信息”，“学生信息”与“选课信息”表的关系，如图 2-25 所示。关闭“编辑关系”对话框，保存设定的关系。

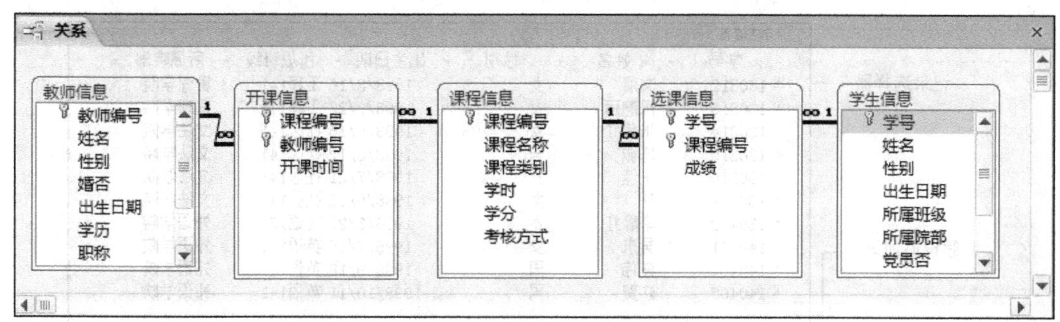

图 2-25　各表间关系

2．编辑与删除表间关系

（1）编辑关系

对已存在的关系，在关系窗口中单击关系连线，连线会变粗，然后单击鼠标右键，从快捷菜单中选择“编辑关系”命令，或双击关系连线，系统会弹出“编辑关系”对话框，可以对已有的关系进行修改。

（2）删除关系

单击关系连线后，按【Delete】键，或单击鼠标右键并从快捷菜单中选择“删除”命令，可删除表间的关联。

3．建立表关系的作用

数据库中的表在创建关系后，在执行“查询”时可自动根据关系中设置的关联来查找子表中的相关数据，在数据表视图中，显示主表数据时也会显示子表中的相关数据，如图 2-26 所示。

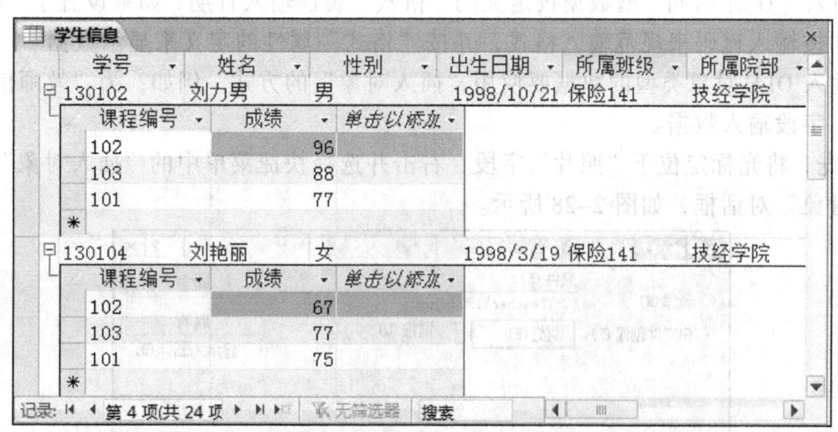

图 2-26　在主表中显示子表的相关记录

2.2.6　输入记录

对表中的记录操作要在数据表视图中完成，在导航窗格中，双击“学生信息”表名，即可在数据表视图中打开该表，图 2-27 所示为“学生信息”表的数据表视图。

学号	姓名	性别	出生日期	所属班级	所属院部
130312	文清	女	1998/8/16	工程141	管理学院
130313	田燕丽	女	1998/9/22	工程141	管理学院
130314	张佳红	女	1998/5/15	社区141	文法学院
130315	陈诚	男	1998/6/12	社区141	文法学院
130316	王佳	女	1998/7/21	社区141	文法学院
130317	叶飞	女	1998/9/12	社区141	文法学院
130402	李静红	女	1996/3/29	英语131	外语学院
140101	吴东	女	1996/7/15	英语131	外语学院
140401	任伟	男	1998/9/18	英语141	外语学院
140402	江贺	男	1998/10/11	英语141	外语学院

图 2-27 “数据表”视图

1. 数据表视图

数据表视图的主要组件说明如下：

• 记录选择器：数据表视图最左边的一列灰色按钮，用于选定记录，其中深色块指示的为当前记录。

• 假设追加记录：出现在数据表视图最后 1 条记录选择器按钮上，用于表示这是一个假设追加记录。若以只读方式打开数据库，在数据表视图中不出现假设追加记录。

• 记录定位导航器：在数据表视图的底端，用于导航记录。

2. 输入数据

（1）要输入文本、数字、货币和超链接型数据字段的数据，直接输入即可。

（2）对于“是/否”型的字段，输入数据时显示一个复选框。选中表示输入了“是（-1）”，不选中表示输入了“否（0）”。

（3）输入“日期/时间”型数据按定义的“格式”属性输入日期，如果设置了“输入掩码”属性值，则按输入掩码来规范输入格式，并按“格式”属性的定义来显示数据。

（4）输入 OLE 对象类型的数据要使用“插入对象”的方式。例如，为“教师信息”表中的“照片”字段输入数据。

① 首先，将光标定位于“照片”字段，右击并选择快捷菜单中的“插入对象”命令，弹出“插入对象”对话框，如图 2-28 所示。

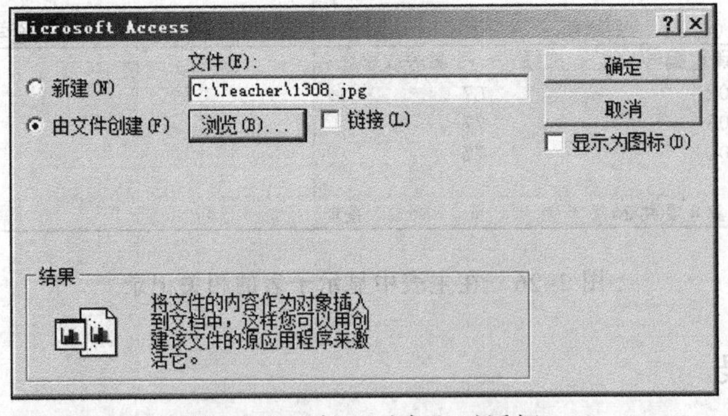

图 2-28 “插入对象”对话框

② 选择“由文件创建”选项，然后单击“浏览”按钮，在弹出的“浏览”对话框中选择存放照片的路径和文件，从“浏览”对话框中返回到“插入对象”对话框，单击“确定”按

钮，将所选的图片文件作为 OLE 对象保存在字段中。在数据表视图中看不到图片的原貌，必须在窗体视图中才能看到图片的原貌。

3. 输入“查阅向导”型数据

如果字段的内容取自一组固定的数据，可以使用“查阅向导”数据类型。“查阅向导”通过创建一个包含“一组固定数据”的查阅值列表，为用户提供输入选择项，以提高输入效率并保证输入数据的准确性。查阅字段的值列表可以来自表或查询，也可以来自指定的固定值集合。

【例 2-10】使用查阅属性设置完成下列操作。

（1）对于教师信息表，设置“职称”字段的取值为：“助教、讲师、副教授、教授”。

（2）对于学生信息表，通过创建“查阅列”的方法设置“所属院部”字段的取值为：“外语学院、文法学院、管理学院、技经学院”，各院部来自“教师信息”表。

操作步骤如下：

（1）对于教师信息表，设置“职称”字段的取值为：“助教、讲师、副教授、教授”。

① 在设计视图中打开“教师信息”表，选择“职称”字段，并单击“查阅”选择卡，在“显示控件”下拉列表框中，选择控件类型为“组合框”；

② 在“行来源类型”文本框中，输入行来源的类型为“值列表”；

③ 在“行来源”文本框中，输入行来源的值列表名称：“助教；讲师；副教授；教授”，如图 2-29 所示。

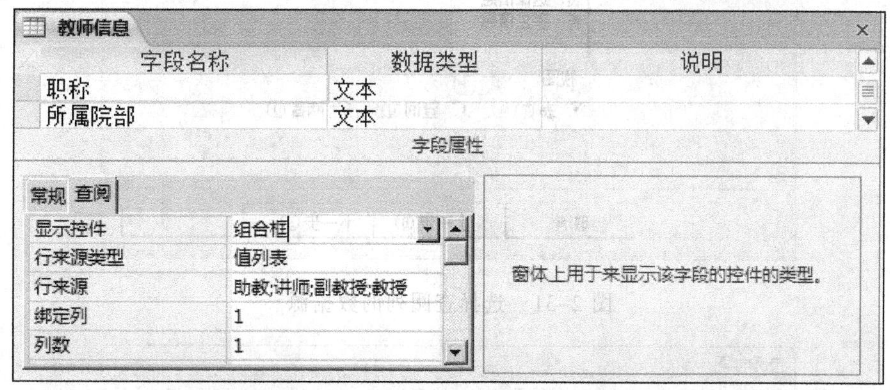

图 2-29　设置职称字段的查阅属性

（2）对于学生信息表，通过创建“查阅列”的方法设置“所属院部”字段的取值为“二级学院”表中“院部名称”字段的值。

① 在设计视图中打开“学生信息”表，单击数据类型下拉列表，设置“所属院部”字段为“查阅向导”类型，同时会弹出“查阅向导”对话框，选择“使用查阅字段获取其他表或查询中的值”选项，如图 2-30 所示，单击“下一步”按钮。

② 选择“二级学院”表为查阅列的数据源，如图 2-31 所示，单击“下一步”按钮。

③ 选择“院部名称”字段为查阅列提供数据，如图 2-32 所示，单击“下一步”按钮。

④ 为所属院部的值列表设置排序次序，如图 2-33 所示，单击“下一步”按钮，选择“隐藏键列”选项，如图 2-34 所示，再单击“下一步”按钮。

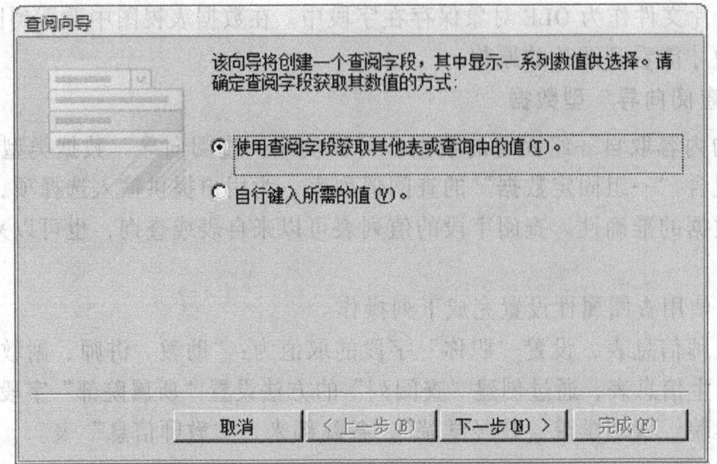

图 2-30 “查阅向导”对话框

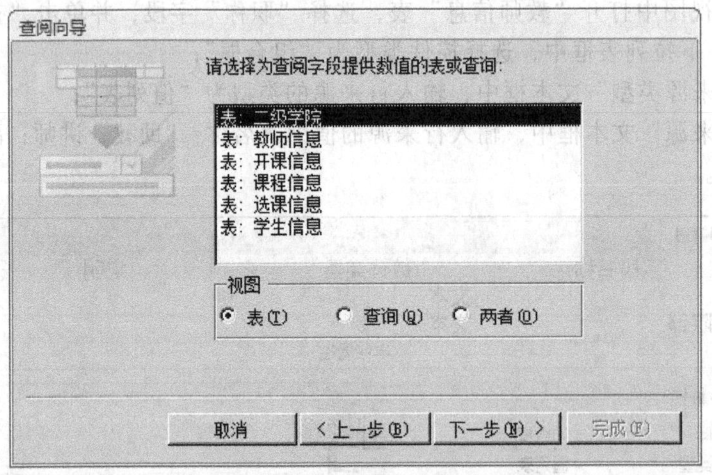

图 2-31 选择查阅列的数据源

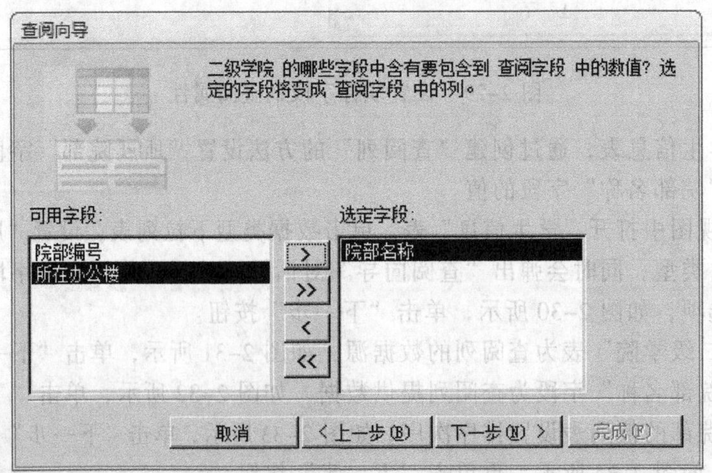

图 2-32 为查阅列选择字段

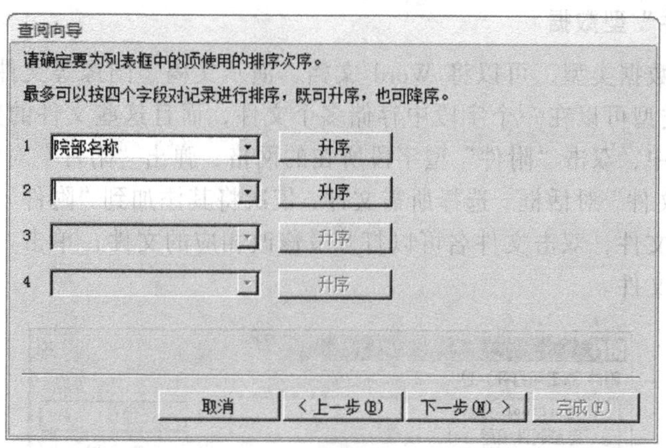

图 2-33　设置排序次序

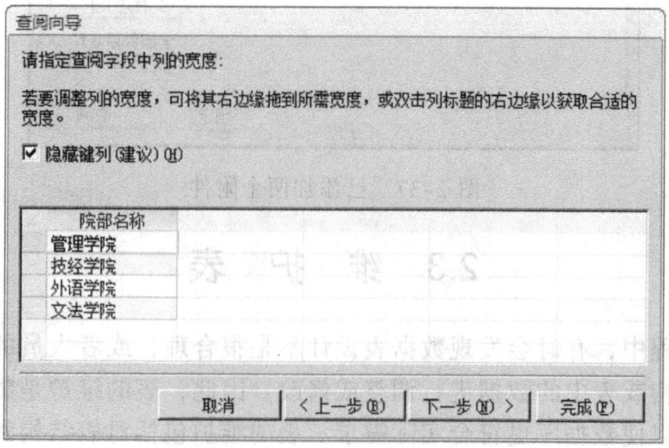

图 2-34　“隐藏键列”选项

⑤ 为查阅字段指定标签为“所属院部”，如图 2-35 所示，单击“完成”按钮，并保存对“学生信息”表结构的修改。

在数据表视图中，所属院部所在行的下拉列表中列出了可选的二级学院名称，如图 2-36 所示，用户可以选择学院名称并输入到当前记录的字段。

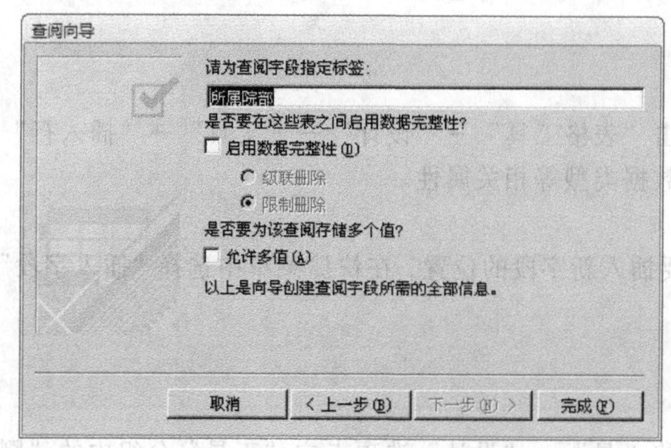

图 2-35　为查阅字段指定标签

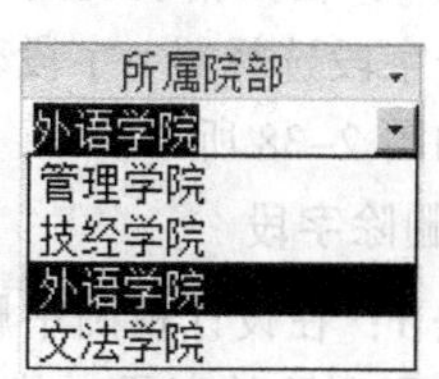

图 2-36　数据表视图中的查阅字段

4. 输入“附件”型数据

使用“附件”数据类型，可以将 Word 文档、演示文稿、图像等文件的数据添加到记录中。“附件”数据类型可以在一个字段中存储多个文件，而且这些文件的数据类型可以不同。

在数据表视图中，双击“附件”型字段所在的网格，弹出“附件”对话框，单击“添加”按钮，弹出“选择文件”对话框，选择所需文件，依次将其添加到“附件”对话框，如图 2-37 所示，附件中两个文件，双击文件名可以打开及修改相应的文件；单击“删除”按钮可以从附件中删除相应的文件。

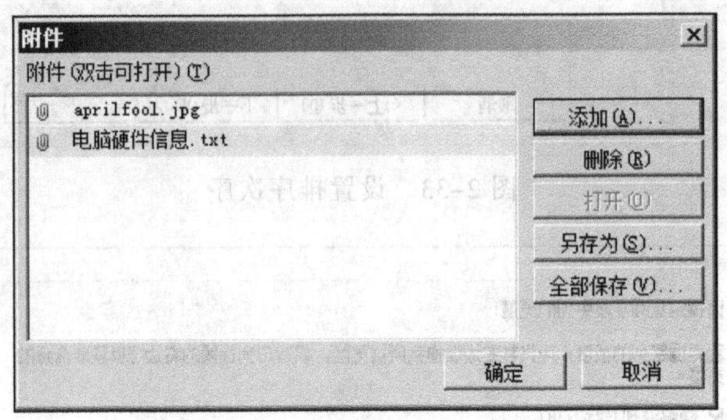

图 2-37　已添加两个附件

2.3　维　护　表

在数据管理过程中，有时会发现数据表设计不是很合理，或者人员的实际情况发生了变化，需要对表的结构或表中的数据进行调整或修改。因此，表的维护是数据库维护人员的一项日常工作，它可以使数据库更符合实际需求。表的维护包括对表结构和记录两个部分的操作。对表结构的修改操作是在表设计视图中进行的，主要包括添加字段、删除字段、改变字段顺序及更改字段名称、类型及大小属性等操作。对记录的操作是在数据视图中进行的，主要包括添加、修改、删除、隐藏与冻结记录等操作。

2.3.1　表结构操作

1. 添加字段

方法 1：在设计视图中添加字段

单击要插入新字段的位置，然后单击“表格工具”→“设计”→“工具”→“插入行”按钮，在新行上输入新字段名，再设置数据类型等相关属性。

方法 2：在数据表视图中添加字段

右击字段选择器（字段名所在行）要插入新字段的位置，在快捷菜单中选择“插入字段”命令，如图 2-38 所示。

2. 删除字段

方法 1：在设计视图中删除

单击要删除的字段，然后单击“表格工具”→“设计”选项卡中“工具”分组中的“删除行”按钮。

方法 2：在数据表视图中删除

在字段选择器上，右击要删除的字段，在快捷菜单中选择“删除字段”命令，如图 2-38 所示。

3. 重命名字段

方法 1：在设计视图中重命名

单击要重命名的字段，直接修改字段名称。

方法 2：在数据表视图中重命名

在字段选择器上，右击要重命名的字段，在快捷菜单中选择“重命名字段”命令，如图 2-38 所示。

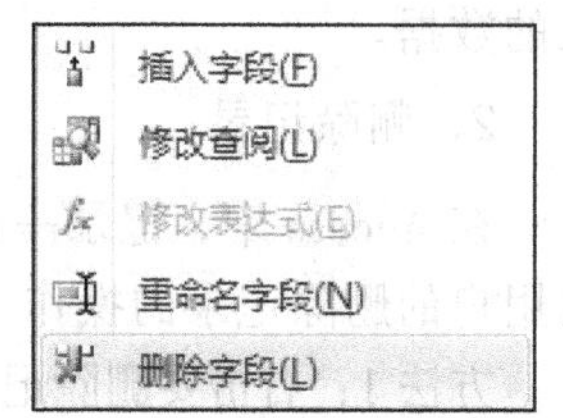

图 2-38　字段操作的快捷菜单

4. 移动字段的位置

方法 1：在设计视图中移动字段，单击并拖动“字段选定器”，把字段移动到新位置，释放鼠标即可，此操作会更改表的结构。

方法 2：在数据表视图中改变字段的显示位置，单击并拖动字段标题行中的“字段名”到新位置，释放鼠标即可，此操作不更改表的结构。

5. 修改字段的属性

有些情况下，字段所设置的数据类型已不再适合需要，需要更改已经包含有数据的字段数据类型。在使用字段的“数据类型”列将当前数据类型转换为另一种类型之前，要事先考虑更改可能对整个数据库造成的影响，因此，在对包含数据的表进行数据类型的修改之前，应先做好表的备份工作。在表设计视图中，可以方便地修改字段的数据属性。

在表“设计”视图中，通过字段区的“常规”与“查阅”选项卡，可以修改或重新设置字段的类型、大小、格式、标题等属性。

2.3.2　记录的编辑操作

在数据表视图中，可以完成表中记录的编辑操作，如添加记录、删除记录和修改记录等操作。

用户正在操作的记录称为当前记录。在数据表视图中，单击“记录选定器”的选定标记块可选定当前记录。当前记录的“记录选定器”的选定标记块呈现加深显示。最后一条记录的下边一行是假设追加记录，最左端显示新记录指示符“*”星号。

如图 2-39 所示，这是位于数据表视图左下方的“记录定位导航器”，其中包括“第一条记录”“上一条记录”“当前记录号”“下一条记录”“最后一条记录”和“新(空白)记录”等按钮，用这些按钮可以很方便地浏览并修改表中的所有记录，尤其是对于拥有大量记录的数据表是非常有用的。

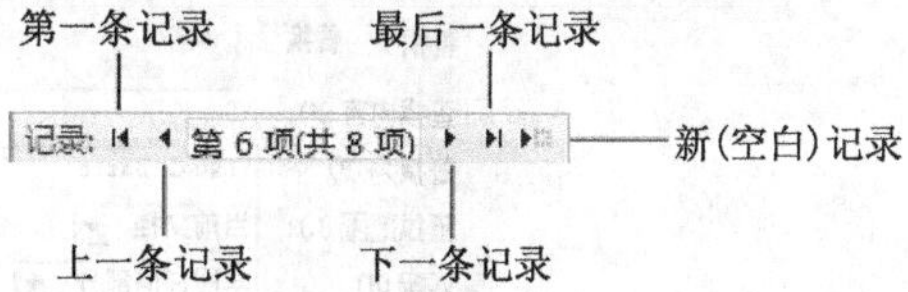

第一条记录　最后一条记录

记录: ◂◂ ◂ 第 6 项(共 8 项) ▸ ▸▸ ▸* —— 新(空白)记录

上一条记录　下一条记录

图 2-39　记录定位导航器

1. 添加记录

添加新记录就是在表的末端增加新的一行。将光标定位到位于数据表末尾的新记录，使之成为当前记录，即可添加新记录。

方法 1：单击最后 1 行的假定追加记录中的字段网格。

方法 2：单击“记录定位导航器”上的“新(空白)记录”按钮。

方法 3：右击“记录定位导航器”上的选定标记块，在快捷菜单中，选择“新记录”命令。

上述 3 种方法，都会使数据表的最后 1 行成为当前记录行，允许用户编辑并添加当前记录的数据。

2．删除记录

在 Access 中，记录一旦被删除，就不能再恢复，删除之前系统会弹出警示信息框，以确认用户的删除记录的操作。删除记录的方法如下：

方法 1：右击要删除记录所在行的“记录选定器”上的选定标记，在快捷菜单中，选择“删除记录”命令。

方法 2：单击“记录选定器”上的选定标记选定要删除的记录，按【Delete】键。

方法 3：单击“记录选定器”上的选定标记选定要删除的记录，单击“开始”选项卡中“记录”组中的“删除”按钮下方的箭头，选择“删除记录”命令。

3．修改记录

Access 数据表视图是一个全屏幕编辑器，只需将光标移动到所需修改的数据，就可以修改数据，修改完毕按回车键，即可保存修改。

当用户需要在数据库中查找所需要的特定信息或替换某个数据时，必须选择有效的操作方法。Access 提供了字段的查找和替换功能，来实现快速定位记录或成批地修改记录的数据。

（1）查找数据

方法 1：在记录定位导航器的记录编号框中输入要查找的记录号，例如输入 3，如图 2-40 所示，按【Enter】键，即可定位 3 号记录。

方法 2：在记录定位导航器的文本搜索框中输入要查找的文本，例如输入“设计”，按【Enter】键，即可定位包含“设计”两个字的第 1 条记录。再按【Enter】键，定位包含“设计”两个字的第 2 条记录，以此类推，每按一次【Enter】键，就会定位下一条满足条件的记录。

图 2-40　按记录号和指定文本查找

（2）替换数据

单击“开始”→“查找”→“替换”按钮，弹出“查找和替换”对话框，如图 2-41 所示。

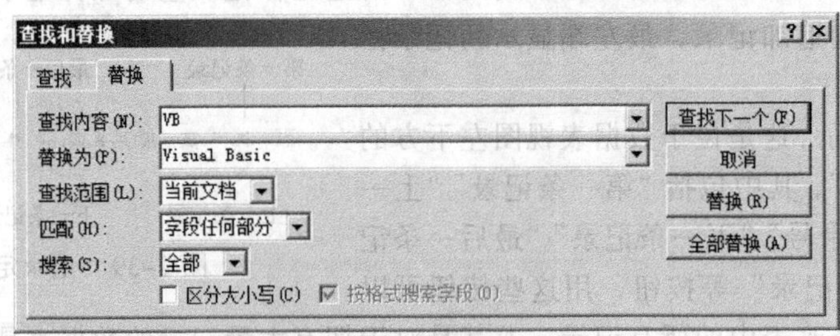

图 2-41　“查找和替换”对话框

①“查找范围”下拉列表：选择在当前字段里进行查找，或者在整个文档范围内进行查找。

②“匹配”下拉列表：描述匹配条件，有 3 个字段匹配选项可供选择：

- 整个字段：表示字段内容必须与“查找内容”文本框中的文本完全符合。

• 字段任何部分：表示“查找内容”文本框中的文本可包含在字段中任何位置。

• 字段开头：表示字段必须是以“查找内容”文本框中的文本开头，但后面的文本可以是任意的。

③“搜索”下拉列表：描述搜索范围，有 3 个选项可供选择：

• 全部：该选项表示搜索全部记录。

• 向上：该选项表示搜索范围是从当前记录逐条向上到第 1 条记录。

• 向下：该选项表示搜索范围是从当前记录逐条向下到最后 1 条记录。

④ 在“查找内容”文本框中，可以使用通配符，表 2-9 列出了通配符的功能及含义。

表 2-9 通配符的功能说明

字 符	用 途	示 例	示例功能
*	代表任意个数的字符	VB*	匹配以 VB 开头的任意字符串
?	代表任意单个字符	B?	匹配以 B 开头，长度为两个字符的字符串
[ ]	代表方括号内任意单个字符	[BL]OOK	可以匹配 BOOK 和 LOOK
!	代表任意不在方括号内的字符	[!王]*	第 1 个字不是王的字符串
-	代表范围内的任意一个字符	b[a-e]d	可以匹配 bad、bbd、bcd、bed
#	代表任意单个数字字符	2#6	可以匹配 236、256、296 等

在 Access 表中，某些字段可能未输入数据，即这条记录的字段值为空值。空值与空字符串的含义是不同的：空值是还没有值，字段中允许使用“Null”来说明尚未存储数据。空字符串是指不包含任何字符的字符串，用双引号括起来的零个字符，其长度为 0。要想查找空值应在“查找内容”列表框中输入“Null”，而查找空字符串要在“查找内容”列表框中输入""（仅输入两个英文半角的双引号）。

2.3.3 修饰表的外观

对表设计的修改将导致表结构的变化，会对整个数据库产生影响。但如果只是针对“数据表”视图的外观形状进行修改，则只影响数据在数据表视图中的显示，而对表的结构没有任何影响。实际上，可以根据操作者的个人喜好或工作上的实际需求，自行修改“数据表”视图的格式，包括数据表的行高和列宽、字体、样式等格式的修改与设定。

1. 数据字体的设定

数据表视图中的所有字体默认为宋体、常规、11 号字、黑色、无下划线。在数据表视图中更改显示字体，在“开始”选项卡中的“文本格式”功能组中单击相应的命令按钮，基本操作与 Microsoft Word 相同，如图 2-42 所示。

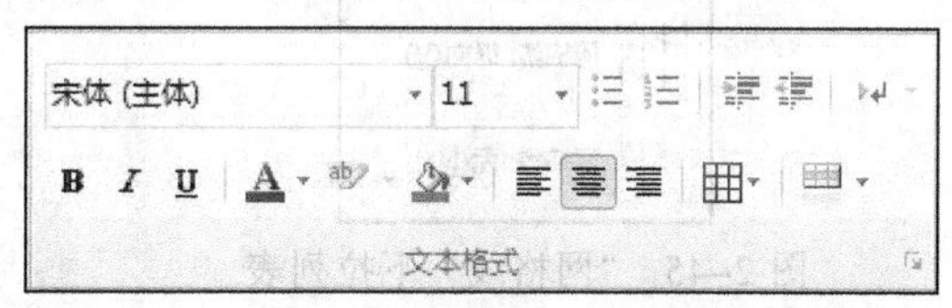

图 2-42 “文本格式”功能组

2. 设置行高和列宽

（1）设置行高

数据表视图中的所有行均采用同一个行高参数，一旦设定行高参数，整个数据表的所有行高均为同一数值。

设置行高有以下两种方法：

方法 1：拖动记录选择器的各记录选定标记的分隔线。

方法 2：右击“记录选定器”，打开快捷菜单，选择“行高”命令，在弹出的“行高”对话框中输入数据表指定的行高值，如图 2–43 所示。

（2）列宽设置

方法 1：拖动“字段选定器”上任意两个字段名的交界处，可改变表的列宽。

方法 2：右击“字段选定器”，打开快捷菜单，选择“字段宽度”命令，在弹出的“列宽”对话框中输入数据表指定的列宽，如图 2–44 所示。

图 2–43 “行高”对话框

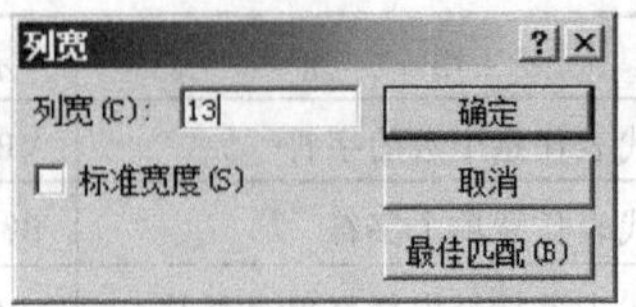

图 2–44 “列宽”对话框

3．显示格式

在数据表视图中，可以根据需要改变网格的显示效果，可以选择表格线的显示方式和颜色，也可以改变表格的背景颜色。设置数据表格式的操作步骤如下：

（1）在数据表视图中打开表。

（2）单击“开始”→“文本格式”→“网格线”按钮，从弹出的下拉列表中选择不同的网格线，如图 2–45 所示。

（3）单击“文本格式”分组组功能按钮（右下角箭头位置），弹出“设置数据表格式”对话框，如图 2–46 所示，可在其中进行相应设置。

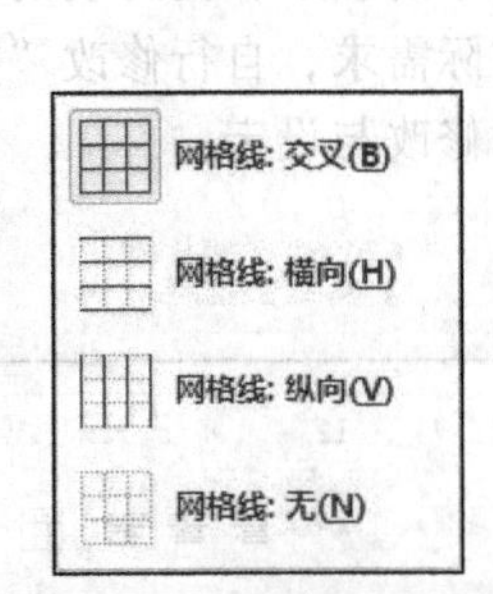

图 2–45 “网格线”下拉列表

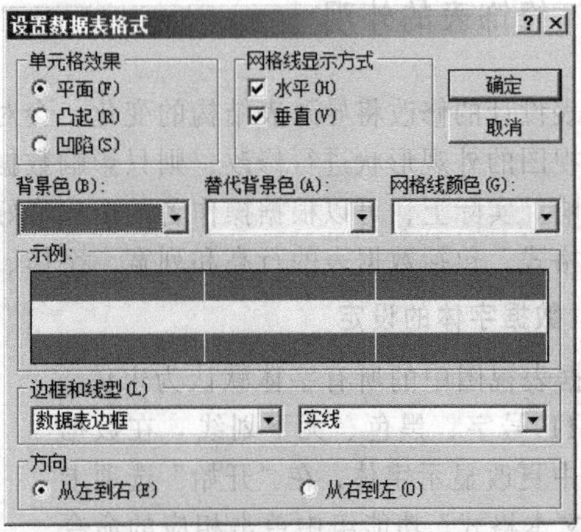

图 2–46 “设置数据表格式”对话框

4．隐藏字段

在数据表视图中，可以通过隐藏字段来设置某个字段或几个字段不可见。隐藏的字段依然存在于表中，并不是被删除了，只是被隐藏起来看不见而已。设置隐藏字段的步骤如下：

（1）在字段选定器中单击字段名选定一列，或拖动鼠标可选择连续多列。

（2）右击选定列，选择快捷菜单中的“隐藏字段”命令，或者在“开始”选项卡“记录”分组中单击“其他”按钮打开下拉列表，如图2-47所示，从中选择“隐藏字段”命令。

如果要隐藏的字段设置为可见状态，可以在如图2-47所示的列表中选择“取消隐藏字段”命令，弹出“取消隐藏列”对话框，如图2-48所示，有√号标记的字段才会在数据表视图中显示，没有√号标记的字段为隐藏状态。

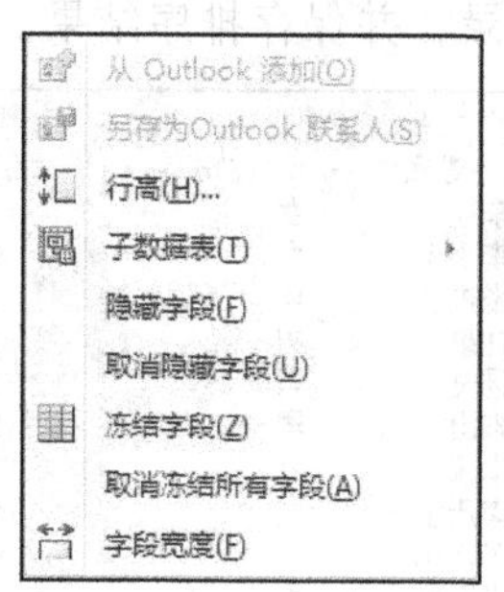

图2-47　“其他”按钮下拉列表

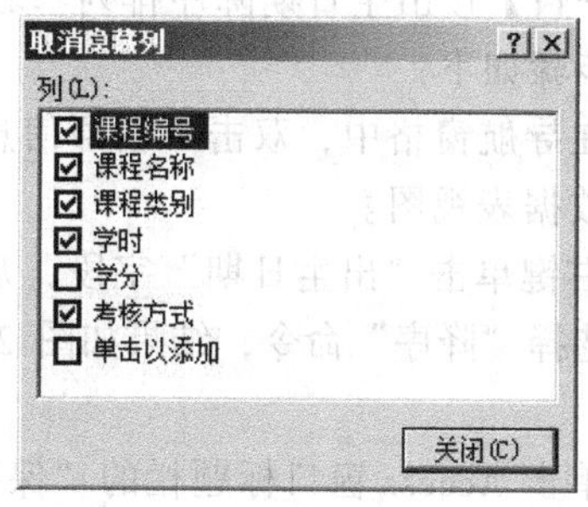

图2-48　“取消隐藏列”对话框

5．冻结字段

如果数据表字段很多，有些字段就只能通过滚动条才能看到。在滚动浏览数据时，已被冻结的字段在屏幕上的位置固定不动。冻结字段的操作方法与隐藏字段的操作类似，“冻结字段”命令所图2-47所示。

2.4　排序与筛选

在数据表创建完成后，可以对表中的数据进行排序和筛选操作，以便更有效地查看数据记录。

2.4.1　排序记录

在数据表视图中，记录的显示顺序通常是按照输入记录时的先后顺序排列，用户可以改变表中的记录的显示顺序，使记录按照某个字段的值或几个字段组合值“升序”或“降序”排列。排序字段的类型不能是备注、超链接和OLE对象类型。

1．排序的规则

（1）数字型数据：按数值的大小排序。

（2）文本型数据：英文及其他ASCⅡ码字符按其ASCⅡ码值的大小排序。汉字按其拼音字母的顺序排序。

（3）日期和时间型数据：未来>历史。

（4）备注、超链接、附件和OLE对象型数据不能排序。

2．单字段排序

单字段排序可以在数据表视图中进行。单击要作为排序依据的字段网格，然后进行下列操作之一：

方法 1：单击“开始”→“排序和筛选”→“升序”或“降序”按钮。

方法 2：鼠标右键单击，从快捷菜单中选择“升序”或“降序”命令。

方法 3：单击字段名旁边的下拉箭头，在打开的列表中选择“升序”或“降序”命令。

设置完排序后，单击 Access 窗口标题栏的“保存”按钮，可将排序结果保存，下次打开表时，所做的排序依然有效。

若要将记录恢复到原来的顺序，选择“开始”→“排序和筛选”→“取消排序”命令。

【例 2-11】按出生日期降序排列“教师信息”表中的记录，并保存排序结果。

操作步骤如下：

（1）在导航窗格中，双击“教师信息”表，打开数据表视图。

（2）右键单击“出生日期”字段，从快捷菜单中选择“降序”命令，结果如图 2-49 所示。

（3）单击 Access 窗口标题栏的“保存”按钮，将排序操作的结果保存。

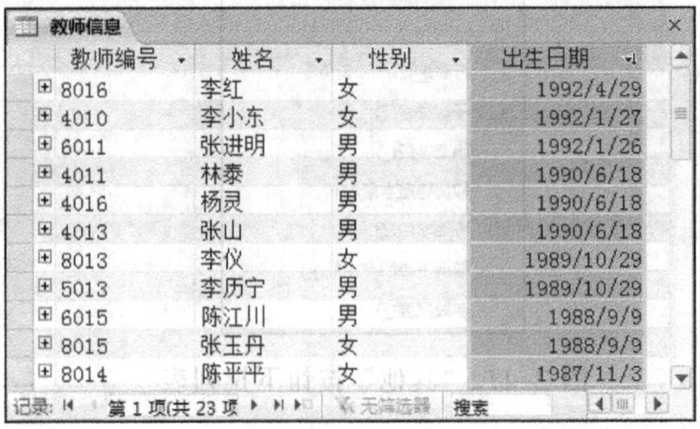

教师信息

教师编号	姓名	性别	出生日期
8016	李红	女	1992/4/29
4010	李小东	女	1992/1/27
6011	张进明	男	1992/1/26
4011	林泰	男	1990/6/18
4016	杨灵	男	1990/6/18
4013	张山	男	1990/6/18
8013	李仪	女	1989/10/29
5013	李历宁	男	1989/10/29
6015	陈江川	男	1988/9/9
8015	张玉丹	女	1988/9/9
8014	陈平平	女	1987/11/3

记录：第 1 项(共 23 项　无筛选器　搜索

图 2-49　按出生日期降序排列

3．多字段排序

在高级筛选/排序窗口中，两个以上的字段排序优先权从左到右，即先根据第 1 个字段进行排序，当第 1 个字段有相同值时，再按照第 2 个字段进行排序，依此类推。

在数据表视图中，对两个字段进行排序操作时，首先设置次要关键字（第 2 个字段）的顺序，然后设置主要关键字（第 1 个字段）的顺序。

【例 2-12】将“教师信息”表中的记录按照“性别”升序排列，性别相同时则按学历升序排列。

操作步骤如下：

（1）在数据表视图中打开“教师信息”表。

（2）单击“学历”字段名旁的下拉箭头，在列表中选择“升序”命令。

（3）再单击“性别”字段名旁的下拉箭头，在列表中选择“升序”命令。此时的数据表效果如图 2-50 所示。

（4）单击快捷工具栏上的“保存”按钮，将排序操作的结果保存。

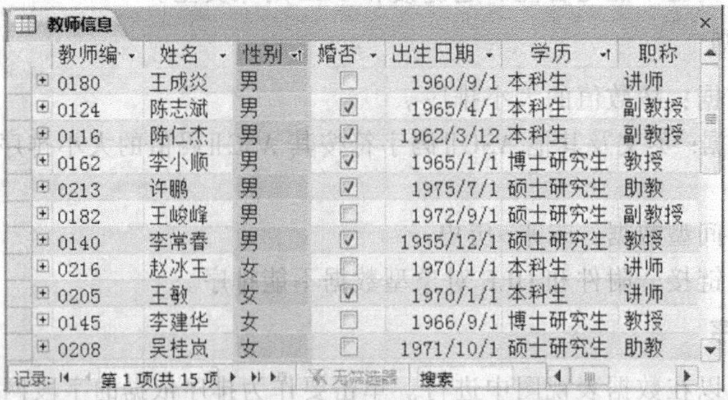

教师信息

教师编	姓名	性别	婚否	出生日期	学历	职称
0180	王成炎	男	☐	1960/9/1	本科生	讲师
0124	陈志斌	男	☑	1965/4/1	本科生	副教授
0116	陈仁杰	男	☑	1962/3/12	本科生	副教授
0162	李小顺	男	☑	1965/1/1	博士研究生	教授
0213	许鹏	男	☑	1975/7/1	硕士研究生	助教
0182	王峻峰	男	☐	1972/9/1	硕士研究生	副教授
0140	李常春	男	☑	1955/12/1	硕士研究生	教授
0216	赵冰玉	女	☐	1970/1/1	本科生	讲师
0205	王敏	女	☑	1970/1/1	本科生	讲师
0145	李建华	女	☐	1966/9/1	博士研究生	教授
0208	吴桂岚	女	☐	1971/10/1	硕士研究生	助教

记录：第 1 项(共 15 项　无筛选器　搜索

图 2-50　按性别升序、学历升序排序

4. 保存排序顺序

改变记录的排序后，应保存排序操作结果，以后再打开数据库时将按该排序显示。

2.4.2　筛选记录

筛选操作将不满足条件的记录隐藏起来，只显示出满足条件的记录，以方便用户查看指定条件的数据信息。Access 提供了 4 种筛选记录的方法。

- 按选定内容筛选：显示与所选记录的字段值相同的记录。
- 内容排除筛选：显示与所选记录字段中的值不相同的记录。
- 按窗体筛选：按照表中字段的下拉列表框中的选项筛选记录，与 Excel 工作表的筛选操作相同。
- 高级筛选/排序：除筛选外，可规定一个复合排序，以不同的顺序（升序或降序）对两个或多个字段排序。

1. 按选定内容筛选

按选定内容筛选是应用筛选最简单的方法，根据当前记录的字段值来建立筛选条件，Access 将只显示满足筛选条件的记录。具体操作步骤如下：

（1）在数据表视图中打开数据表，选择要参加筛选的字段值。

（2）单击“开始”→“排序和筛选”→“选择”按钮，选择“等于或不等于字段值、包含或不包含字段值”选项。

【例 2-13】在“教师信息”表中，筛选出管理学院的男教师信息。

操作步骤如下：

（1）在数据表视图中打开“教师信息”表。

（2）单击所属院部为“管理学院”网格，单击“开始”→“排序和筛选”→“选择”按钮，选择列表中的“等于管理学院”选项。

（3）单击性别值为“男”的字段网格，单击“开始”→“排序和筛选”→“选择”按钮，选择列表中的“等于男”选项。

（4）筛选结果如图 2-51 所示，单击快捷工具栏上的“保存”按钮，将筛选结果保存。

学生信息

	学号	姓名	性别	出生日期	所属班级	所属院部
⊞	130302	李海亮	男	1998/5/12	物业141	管理学院
⊞	130307	王鹏	男	1999/9/13	物业142	管理学院
⊞	130309	张也	男	1998/10/27	工程141	管理学院
⊞	130311	崔一南	男	1997/5/15	工程141	管理学院

图 2-51　筛选结果显示

2. 使用筛选器

筛选器对象提供了一种灵活的筛选方式，将字段中所有不重复的值以列表的形式显示出来，供用户选择作为筛选条件。除 OLE 对象和附件对象类型字段外，其他类型的字段均可以应用筛选器。对于文本字段，还可以使用文本筛选器来生成更为复杂的筛选条件，如图 2-52 所示。

单击“开始”→“排序和筛选”→“筛选器”按钮，打开筛选器选项列表，取消“全选”复选框，选中“管理学院”和“外语学院”复选框，如图 2-53 所示，单击“确定”按钮，系统将显示所属院部为管理学院和外语学院的教师信息。

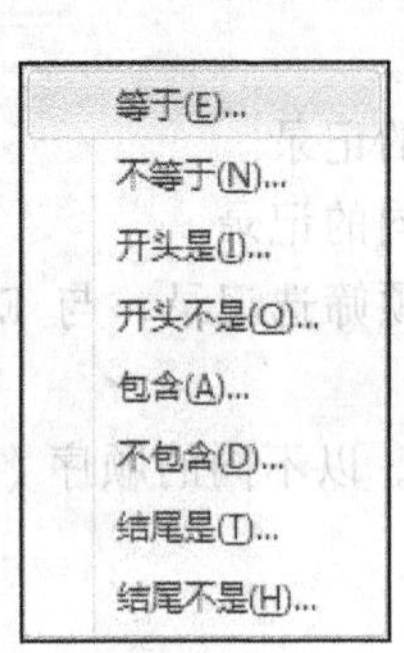

图 2-52　文本筛选器功能列表

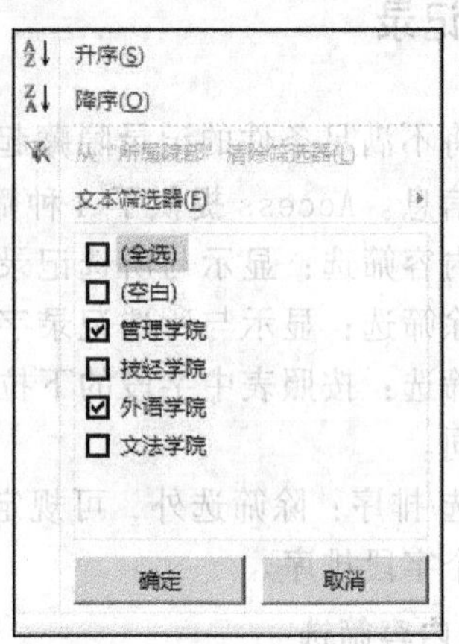

图 2-53　筛选器下拉列表

3. 高级筛选/排序

高级筛选/排序是最灵活和最全面的一种筛选和排序工具，即可以完成多字段的复合条件筛选，也可以完成基于多字段的排序操作。在“筛选”窗口中，输入到“条件”行的多个筛选条件是逻辑与的关系，同时满足条件的记录才会显示。“条件”行与“或”行的条件是逻辑或的关系。

【例 2-14】在“教师信息”表中，筛选出管理学院的男教师和外语学院的女教师信息，并按“性别”升序排列。

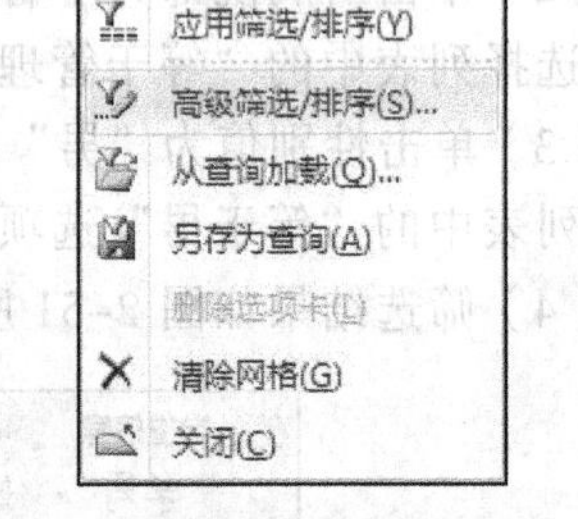

图 2-54　“高级筛选选项”按钮列表

操作步骤如下：

（1）在数据表视图中打开“教师信息”表。

（2）单击“开始”→“排序和筛选”→“高级筛选选项”按钮，打开列表如图 2-54 所示。

（3）选择“高级筛选/排序”命令，弹出“筛选”窗口，如图 2-54 所示。

（4）在“筛选”窗口的上半部分显示的“教师信息”表中，依次双击“所属院部”和“性别”字段，添加到“筛选”窗口的“字段”行中。

（5）在“所属院部”字段“条件”行中输入:"管理学院"，在“性别”字段“条件”行中输入:"男"；在“所属院部”字段“条件”行中输入:"外语学院"，在“性别”字段“条件”行中输入:"女"；在“性别”字段的“排序”行中选择“升序”，如图 2-55 所示。

注意：图 2-55 所示的筛选条件相当于逻辑表达式：
所属院部="管理学院" and 性别="男"OR 所属院部="外语学院" and 性别="女"

（6）选择“切换筛选”命令，在数据表视图中显示筛选生效后的结果，如图 2-56 所示。

（7）单击快捷工具栏上的“保存”按钮，将筛选结果保存。

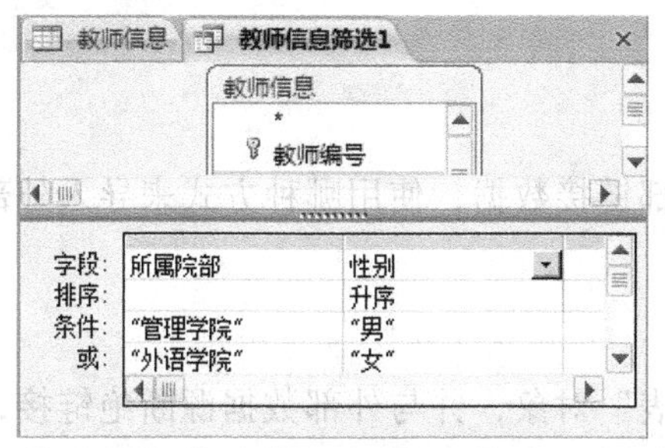

图 2-55　多条件筛选的设置

教师编号	姓名	性别	出生日期	所属院部
5013	李历宁	男	1989/10/29	管理学院
5012	李小平	男	1963/5/19	管理学院
5010	张乐	男	1969/11/10	管理学院
4017	魏光符	女	1979/12/29	外语学院
4010	李小东	女	1992/1/27	外语学院

图 2-56　筛选结果

4. 按窗体筛选

按窗体筛选记录时，Access 将数据表变成一条空记录，并且每个字段都是一个下拉列表，可以从每个下拉列表中选取一个值作为筛选内容。如果选择两个以上的值，可以通过窗体底部的“或”标签来确定多个条件之间的关系。

【例 2-15】按窗体筛选方法，在“学生信息”表中筛选出管理学院的男生和文法学院的女生记录。

（1）在数据表视图中打开“学生信息”表。

（2）单击“开始”→“排序和筛选”→“高级筛选选项”按钮，在打开的列表中选择“按窗体筛选”命令，打开“按窗体筛选”视图。

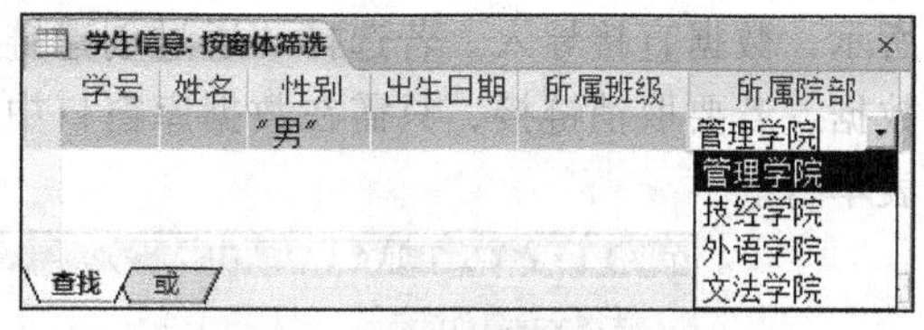

图 2-57　“按窗体筛选”窗口

（3）在“所属院部”字段网格的下拉按钮中，选择“管理学院”选项，在“性别”字段的下拉列表中选择“男”选项，如图 2-57 所示。

（4）单击“按窗体筛选”窗口左下方的“或”选项卡，在“所属院部”字段网格的下拉按钮中，选择“外语学院”选项，在“性别”字段的下拉列表中选择“女”选项，如图 2-58 所示。

（5）单击“开始”→“排序和筛选”→“切换筛选”按钮，可看到筛选结果，如图 2-59 所示。

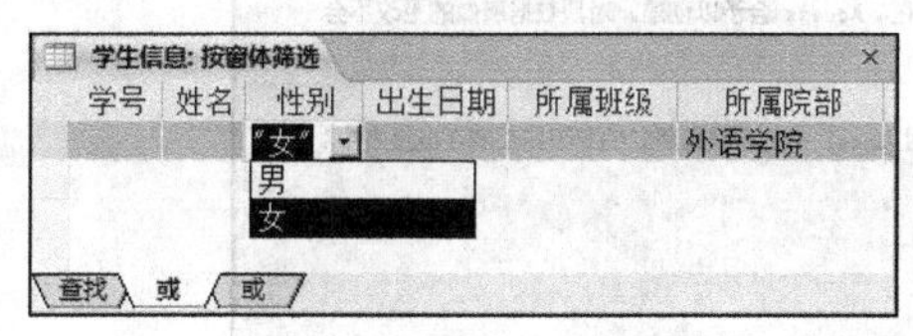

图 2-58　设置筛选条件

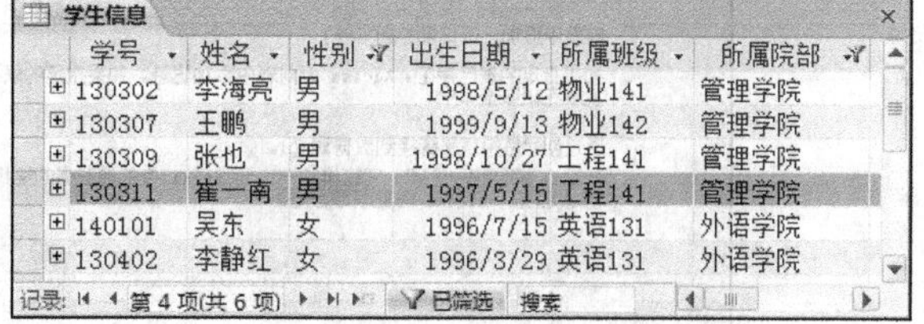

学号	姓名	性别	出生日期	所属班级	所属院部
130302	李海亮	男	1998/5/12	物业141	管理学院
130307	王鹏	男	1999/9/13	物业142	管理学院
130309	张也	男	1998/10/27	工程141	管理学院
130311	崔一南	男	1997/5/15	工程141	管理学院
140101	吴东	女	1996/7/15	英语131	外语学院
130402	李静红	女	1996/3/29	英语131	外语学院

图 2-59　“按窗体筛选”效果

（6）单击快捷工具栏上的“保存”按钮，将筛选结果保存。

2.5　数据的导入与导出

使用数据的导入功能，可以将外部数据源直接导入到当前的 Access 数据库中，外部数据源包括 Excel、FoxPro、ODBC、SQL Server、文本文件及其他 Access 数据库的数据。数据导出功能可以将 Access 数据库中的对象复制到其他格式的数据文件中。

2.5.1 导入数据

导入数据有两种方式：从外部获取数据和从外部链接数据，使用哪种方式来导入外部的数据需要根据具体应用的实际需求而定。

1. 从外部导入数据

从外部获取数据后形成自己数据库中的数据“表”对象，并与外部数据源断绝链接，这意味着当导入操作完成以后，即使外部数据源里的数据发生了变化，也不会影响已经导入的数据。

2. 从外部链接数据

在数据库中形成一个链接“表”对象，链接导入的数据将随着外部数据源的更改而变动。与导入形成的“数据表”对象不同，在 Access 数据库内通过链接对象对数据所做的任何修改，实质上都是在修改外部数据源中的数据。同样，在外部数据源中对数据所做的任何改动也都会通过该链接对象直接反映到 Access 数据库中。

单击“外部数据”→“导入并链接”→“导入到 Excel 电子表格”按钮，在弹出的“获取外部数据”对话框中，指定需要导入的文件类型及文件名，并选择导入方式，如图 2-60 所示，数据直接导入。若选择“通过创建链接表来链接到数据源”选项，则为链接方式导入数据，若要取消链接，只需在数据库窗口中删除链接表即可。删除链接表并不影响外部数据表本身。

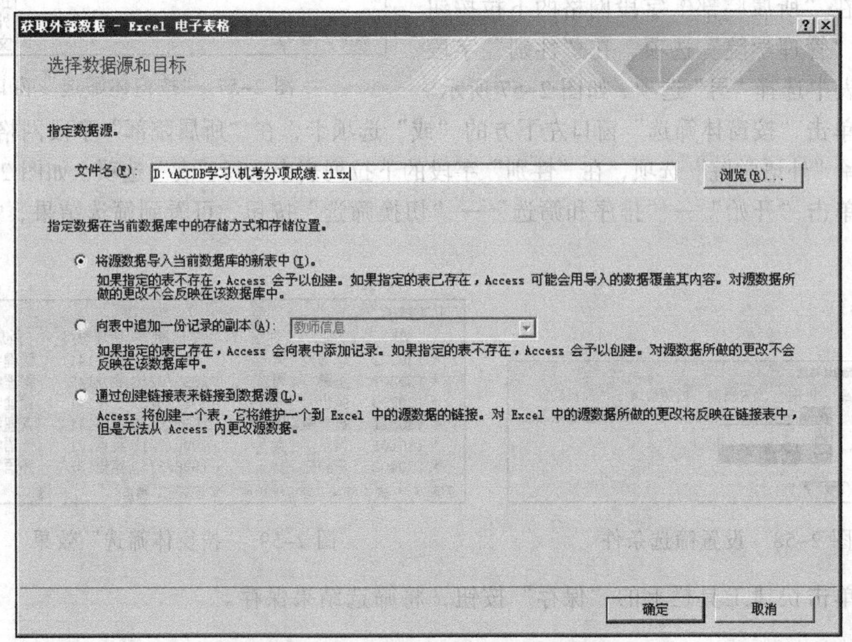

图 2-60 “获取外部数据”对话框

2.5.2 导出数据

导出数据是将 Access 数据库中的表、查询、窗体和报表复制并生成其他格式的数据文件。

在数据表视图中打开某个数据表，单击功能区“外部数据”→“导出”→“导出到 Excel 电子表格”按钮，在弹出的“导出”对话框中选择文件的格式、文件的存储位置及文件名称，如图 2-61 所示，单击“确定”按钮即可。

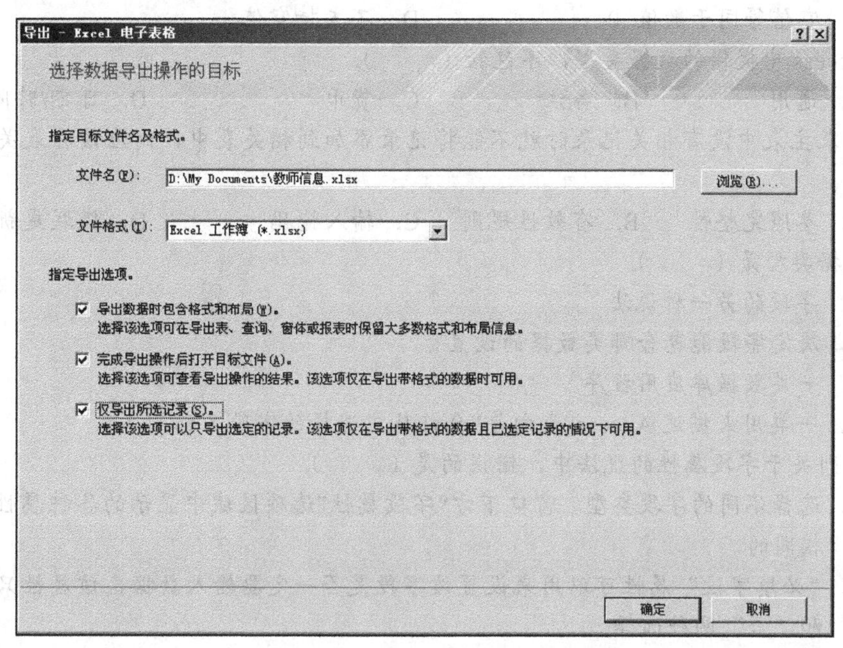

图 2-61 导出 Excel 电子表格

本章小结

Access 数据库的数据对象有表、查询、窗体、报表、宏和 VBA 代码模块，均存储在一个.accdb 文件中。本章着重介绍了 Access 2010 数据库及数据表的概念、创建和使用方法。

表是关系数据库管理系统的基本结构，字段是表中包含特定信息主题的元素。根据表结构的设计，可以在 Access 中创建或修改表结构，设置表中各字段的属性，例如，字段长度、格式、有效性规则等常规属性，还可以设置查阅属性。

向表中输入记录是在表的数据表视图中进行的，通过导入数据其他数据源转换成 Access 数据表。通常一个 Access 数据库中包含多个互相有关系的表，并且可以设置表之间的参照完整性。

在数据表视图中可以添加、删除、修改记录,修改表的外观，进行排序、筛选等操作。

习 题 2

一、选择题

1. 能够使用“输入掩码向导”创建输入掩码的数据类型是（　　）。

   A. 文本和货币　　B. 数字和文本

   C. 文本和日期/时间　　D. 数字和日期／时间

2. 如果字段内容为声音文件，则该字段的数据类型应定义为（　　）。

A. 文本　　B. 备注　　C. 超级链接　　D. OLE 对象

3. 关于空值，以下叙述正确的是（　　）。

A. 空值等同于空字符串　　B. 空值表示字段还没有确定值

C. 空值等同于数值 0　　D. 不支持空值

4. Access 中提供的数据类型，不包括（　　）。

A. 通用　　B. 备注　　C. 货币　　D. 日期/时间

5. 要求主表中没有相关记录时就不能将记录添加到相关表中，则应该在表关系中设置（　　）。

A. 参照完整性　　B. 有效性规则　　C. 输入掩码　　D. 级联更新相关字段

6. 数据类型是（　　）。

A. 字段的另一种说法

B. 决定字段能包含哪类数据的设置

C. 一类数据库应用程序

D. 一类用来描述 Access“表向导”允许从中选择的字段名称

7. 下列关于字段属性的说法中，错误的是（　　）。

A. 选择不同的字段类型，窗口下方“字段属性”选项区域中显示的各种属性名称是不相同的

B. “必填字段”属性可以用来设置该字段是否一定要输入数据，该属性只有“是”和“否”两种选择

C. 默认值的类型与对应字段类型可以不一致

D. “允许空字符串”属性可用来设置该字段是否可接受空字符串，该属性只有“是”和“否”两种选择

8. 排序时如果选取了多个字段，则输出结果是（　　）。

A. 按设定的优先次序进行排序

B. 按最右边的列开始排序

C. 按从左向右优先次序进行排序

D. 无法进行排序

9. 要在查找表达式中使用通配符通配一个数字字符，应选用的通配符是（　　）。

A. *　　B. ？　　C. !　　D. #

10. 下面不属于 Access 提供的数据筛选方式是（　　）。

A. 按选定内容筛选　　B. 按内容排除筛选

C. 按数据表视图筛选　　D. 高级筛选/排序

11. 可以设置为索引的字段是（　　）。

A. 备注　　B. 超级链接　　C. 主关键字　　D. OLE 对象

12. 为了有效地反映数据库中多个表数据之间的联系，应该设置（　　）。

A. 默认值　　B. 有效性规则　　C. 索引　　D. 表之间的关系

13. 在 Access 数据库中，为了保持表之间的关系，要求在主表中修改记录时，子表中相关记录也会随之改变。为此需要定义参照完整性关系的（　　）。

A. 级联更新相关字段　　B. 级联删除相关字段

C. 级联修改相关字段　　D. 级联插入相关字段

14. 在 Access 数据库的表设计视图中，不能进行的操作是（　　）。

A. 修改字段类型　　B. 设置索引

C. 增加字段　　D. 删除记录

15. 以下关于 Access 表的叙述中，正确的是（　　）。

A. 一个表包含两个主题的信息

B. 表数据、表视图只用于显示数据

C. 表设计视图主要是设计表的结构

D. 在表的数据、表视图中不能修改字段名称

16. 一个关系数据库的表中有多条记录，记录之间的相互关系是（　　）。

A. 前后顺序不能任意颠倒，一定要按照输入的顺序排列

B. 前后顺序可以任意颠倒，不影响库中的数据关系

C. 前后顺序可以任意颠倒，但排列顺序不同，统计处理结果可能不同

D. 前后顺序不能任意颠倒，一定要按照关键字值的顺序排列

二、填空题

1. 如果表中一个字段不是主关键字，而是另外一个表的主关键字或候选关键字，则这个字段是本表的________关键字。

2. 在 Access 2010 中，所有的数据库对象都在扩展名为________的同一个数据库文件中。

3. 字段的________属性用来定义表中数据的输入格式，保证输入数据的正确性。

4. 在增加新记录时，Access 自动填写到字段中的值称为________。

5. Access 提供了两种字段数据类型保存文本或文本和数字组合的数据，这两种数据类型是：________型和________型。

第3章　查　询

本章主要内容：

- 查询的功能与类型
- 查询的创建与设计方法
- 查询准则与查询计算
- 操作查询及SQL查询的创建
- 使用查询操作表或表中数据

查询是关系数据库中的一个重要概念，利用查询可以让用户根据选择条件对数据库进行检索，筛选出一组满足指定条件的记录，从而构成一个新的数据集合，以方便用户对数据库进行查看和分析。本章从查询的功能、类型着手，对查询的建立方法、查询条件、查询设计、SQL查询以及查询操作进行详细介绍。

3.1 "查询"对象概述

所谓查询，就是根据给定的条件从数据库中筛选出符合条件的记录，构成一个数据集合。"查询"对象以一个或多个"表"及"查询"为数据来源，重组并加工这些"表"及"查询"对象中的数据。查询可以作为一个对象存储。当创建了查询对象后，可以将查询的结果看成一个数据表，可以作为窗体、报表或者其他查询的数据来源。用户进行查询时，系统会根据数据来源中当前数据产生查询结果，所以查询结果是一个动态集，会随着数据源的变化而变化。这种机制不但可以保持查询结果与数据源中的数据同步，还可以节约存储空间，因为Access数据库文件中保存的是查询准则，而不是具体的记录信息。

3.1.1 查询的功能

"查询"对象的功能主要有如下几个方面。

（1）提取表中数据

查询可以从一个或多个表或查询提取需要的部分或全部字段，也可以提取符合指定条件的记录，这两个操作可以单独或同时进行。"查询"对象在运行时从数据源中提取字段或记录，并在数据表视图中将它们显示出来。

（2）数据更新

利用查询可以对表中的记录进行更新操作，更新操作包括向表尾追加新记录、修改记录和删除记录。

（3）实现计算

可以在"查询"对象中进行各种统计计算，如计算某门课的平均成绩，统计班级学生人数，还可以建立一个新的计算字段来保存计算结果。

（4）生成新的表

查询的结果是一个动态的数据集合，如果想让这个数据集合永久保存下来，可以建立一个新表来保存查询结果。

（5）作为其他对象的数据源

为了从一个或多个表中选择合适的数据在窗体或报表中显示，用户可以先建立一个选择查询，然后将该查询的数据作为窗体或报表的数据来源。当用户每次打开窗体或打印报表时，该查询将从表中检索最新数据，用户也可以在基于查询的报表或在基于查询的窗体上直接输入或修改数据源中的数据。

除了以上主要功能外，还可以根据查询指定准则来查询不符合指定条件的记录，通过设置查询参数，形成交互的查询方式。利用交叉表查询，还可以进行分组汇总。总之，通过使用“查询”对象，可以检索、组合、重用和分析数据。查询可以从多个表中检索数据，也可以作为窗体、报表的数据源。

3.1.2　查询的类型

Access 2010提供了多种不同类型的查询方式，以满足对数据的多种不同需求。根据对数据源的操作和结果的不同分为5类：选择查询、参数查询、交叉表查询、操作查询和SQL查询。

1. 选择查询

选择查询是最常见的查询类型，它能够根据用户指定的查询条件，从一个或多个表中检索数据，并按照所需的排列顺序将这些数据显示在数据表视图中。使用选择查询还可以将数据分组、求和、计数、求平均值以及进行其他类型的计算。

Access 的选择查询主要有简单选择查询、统计查询、重复项查询、不匹配项查询几种类型。

2. 参数查询

参数查询为用户提供了更加灵活的查询，通过参数来设计查询准则，由用户输入查询条件，并根据此条件返回查询结果。执行参数查询时，系统会显示信息对话框，用户把要检索的条件或要查询的字段值输入到对话框中，系统会根据用户输入的信息执行查询，找出符合条件的数据信息。参数查询分为单参数查询和多参数查询两种。执行查询时，只需要输入一个条件参数称为单参数查询；如有多组条件，需要输入多个参数条件称为多参数查询。

3. 交叉表查询

交叉表查询可以计算并重新组织数据表的结构。这是一种可以将表中的数据看成字段的查询方法。交叉表查询将源数据或查询中的数据分组，一组在数据表的左侧，另一组在数据表的上部，数据表内行与列的交叉单元格处显示表中数据的某个统计值，如求和、求平均值、统计个数、求最大值和最小值等。

4. 操作查询

操作查询是指在查询操作中可以对检索到的记录进行编辑操作。“操作查询”包括以下4种：

（1）生成表查询

利用一个或多个表中的全部或部分数据创建新表。运行查询的结果就是把查询到的数据以另一个新表的形式存储。即使删除生成表查询，利用生成表查询已生成的表仍然存在于数据库中。

（2）追加查询

将一组记录追加到表的末尾。运行追加查询的结果是在相关表的末尾自动追加一组新记录。

（3）更新查询

运行查询可更新表中一条或多条记录。

（4）删除查询

运行查询可删除表中一条或多条记录。

5. SQL 查询

SQL 查询是查询、更新和管理关系数据库的高级方式，是用结构化查询语言(Structured Query Language)创建的查询。常见的 SQL 查询有以下 4 种类型：

（1）联合查询

联合查询可合并多个相似的选择查询的结果集。联合查询中合并的选择查询必须具有相同类型、相同顺序的输出字段。

（2）传递查询

使用服务器能接受的命令，直接将命令发送到 ODBC 数据库而无须事先建立连接，如使用 SQL 服务器上的表，可以使用传递查询检索记录更改数据。

（3）数据定义查询

用于创建、删除、更改表或创建数据库中索引的查询。

（4）子查询

基于主查询的查询。与主查询一样，子查询中包含另一个选择查询或操作查询中的 SQL 语句。

SQL 查询是使用结构化查询语言创建的查询。在查询的设计视图中创建查询时，Access 在后台构造等价的 SQL 语句。用户可以在 SQL 视图中查看和编辑对应查询的 SQL 语句。有些 SQL 查询无法在设计视图中创建，用户可以在 SQL 视图中创建传递查询、数据定义查询和联合查询的 SQL 语句。对于子查询，则可以在查询设计视图的字段行和条件行中输入 SQL 语句。

3.1.3 查询视图

Access 2010 中的查询视图共有 5 种，分别是设计视图、数据表视图、数据透视表视图和数据透视图视图。当进行查询设计时，可以通过单击“设计”→“结果”→“视图”按钮进行视图的切换，如图 3-1 所示。

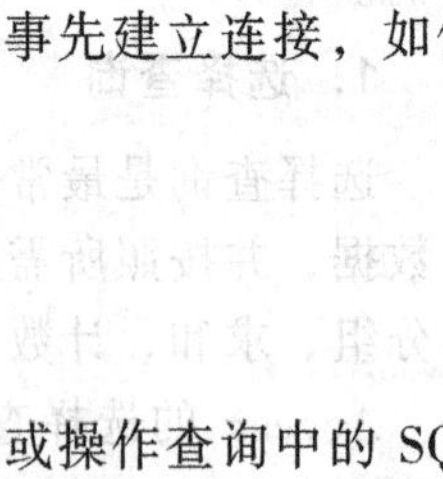

图 3-1 查询的 5 种视图

（1）设计视图

“设计”视图就是“查询设计器”，通过该视图可以设计除 SQL

查询之外的任何类型的查询。

（2）数据表视图

“数据表”视图是查询的数据浏览器，用于查看查询运行结果。查询的数据表视图与表很相似，但查询数据表中无法加入或删除列，而且不能修改查询字段名。这主要是因为由查询生成的数据是动态地从表中抽取出来的，是表中数据的一个映像。在查询中用户还可以运用各种表达式对表的数据进行计算，生成新的查询字段。在查询的数据表中不能插入列，但可以移动列，可以改变列宽和行高，也可以隐藏和冻结列，还可以进行排序和筛选。

（3）SQL 视图

SQL 视图主要用于 SQL 查询，是查看和编辑 SQL 语句的窗口，通过该窗口可以查看用查询设计器创建查询所对应生成的 SQL 语句，也可以对 SQL 语句进行编辑和修改。

（4）数据透视表视图和数据透视图视图

在数据透视表视图和数据透视图视图中，可根据需要生成数据透视表和数据透视图，从而以不同方式观察和分析数据，得到直观的分析结果。

3.1.4　查询准则

用户的查询经常需要指定一定的条件，这就需要设置准则来实现。查询准则也称为查询条件，是由常量、变量、运算符、函数以及字段名和属性组成的表达式，能够计算出一个结果。

1．常量与变量

（1）常量

在程序运行过程中，值始终保持不变的量称为常量。常用常量包括数值、文本、日期/时间、逻辑值(True、False)和空值(Null)。

数值常量直接书写，包括正负号、数字和小数点。数值常量也可以使用科学记数法：如 1.25E-6 表示 $1.25*10^{-6}$。

文本字符串值使用引号来定界。在某些情况下，Access 会自动为文本添加引号。例如，在有效性规则或查询条件的表达式中键入文本时，Access 将自动用引号将用户输入的文本括起来。例如，键入文本上海，Access 在表达式中显示"上海"。

日期/时间常量应该使用符号#括起来。例如，#15-10-25#和#2015-10-25 19:27:30#是有效的日期/时间值。

逻辑常量只包括两个值：True 和 False，分别代表逻辑真和逻辑假。

（2）变量

程序运行期间，值可以发生改变的量称为变量。变量名必须以字母或汉字开头，可以包含字母、数字和下划线，在同一范围内必须是唯一的，即不能重名。组成变量的字符不能超过 255 个字符，且中间不能包含标点符号、空格字符。变量分整型、单精度、货币、字符串和日期等不同类型。

在 Access 中，字段名、属性和控件都可以作为变量。若将字段名作为变量，在表达式中引用，需用英文方括号将字段名括起来。例如[班级]、[姓名]、[成绩]等。如果需要指明该字段所属的数据表，则要写成[数据表名]![字段名]的格式。例如：[情况]! [姓名]表示引用情况表中的姓名字段变量。

2. 准则中的运算符及表达式

运算符是组成准则的基本元素。Access 提供了算术运算符、关系运算符、文本连接运算符、逻辑运算符和特殊运算符。

（1）算术运算符

算术运算符及表达式举例如表 3-1 所示。

表 3-1 算术运算符

运　算　符	功　能	表达式举例	结　果
+	加法运算	100+200	300
–	减法运算或表示负数	125–100	25
*	乘法运算	10*20	200
/	除法运算	48/6	8
\	整除	101 \ 5	20
Mod	整除取余数	101 Mod 5	1
^	指数运算	5^3	125

（2）关系运算符

用关系运算符连接的两个表达式构成关系表达式，结果为逻辑值 True、False 或者 Null，关系运算符及表达式举例如表 3-2 所示。

表 3-2 关系运算符

运　算　符	功　能	表达式举例	含　义
<	小于	<#2015-10-1#	2015-10-1 之前的日期
<=	小于等于	<=100	小于等于 100 的数
>	大于	>236	大于 236 的数
>=	大于等于	>="98105"	大于等于文本"98105"
=	等于	="男"	等于"男"
<>	不等于	<>100	不等于 100
Between … And …	介于两值之间	Between 60 And 100	在 60～100 之间的数
In( )	按列表中的值查找	In("助教","讲师")	查找助教或讲师
Is Null Is Not Null	判断某一值是否为 Null 值	Is Null Is Not Null	该字段为空 该字段不为空
Like	查找匹配的文字 ①“*”匹配 0 或多个字符 ②“?”匹配一个字符	Like "李*" Like "CH??"	以“李”开头的字符串 以 CH 开头后面跟两个任意字符的字符串

（3）文本连接运算符

可以使用文本连接运算符将两个文本值合并成一个文本值，如表 3-3 所示。

表 3-3 文本连接运算符

运 算 符	功 能	表达式举例	结 果
&	强制两个表达式作字符串连接	" Hello" &290	"Hello290"
+	将两个字符串合并为一个字符串	"Hello" + " Access"	"Hello Access"

注意：“+”运算符要求两边的操作数都是字符串。

（4）逻辑运算符

逻辑运算符有：逻辑非 Not、逻辑与 And 和逻辑或 Or。参与逻辑运算的表达式和逻辑运算的结果都是逻辑值。逻辑非即取反，如 Not True 的结果是 False, Not False 的结果是 True；逻辑与要求两边表达式同时为 True，结果才是 True，否则都为 False；逻辑或要求两边表达式同时为 False，结果才是 False，否则都为 True。逻辑运算符的功能如表 3-4 所示。

表 3-4 逻辑运算符

运 算 符	功 能	格 式	含 义
Not	逻辑非	Not <表达式>	限制字段值不能满足<表达式>的条件
And	逻辑与	<表达式 1> And <表达式 2>	限制字段值必须同时满足<表达式 1>和<表达式 2>
Or	逻辑或	<表达式 1> Or <表达式 2>	只要满足<表达式 1>和<表达式 2>中的一个即可

表达式中可以有以上各种运算符，它们的优先级顺序如表 3-5 所示。

表 3-5 各种运算符的优先级

优先级	1	2	3	4	5	6	7	8	9
运算符	函数	乘方^	* /	\ mod	+ –	= > < >= <= <>	Not 逻辑非	And 逻辑与	Or 逻辑或

3. 准则中的标准函数

表达式不但可以使用数学运算符，还可以使用 Access 2010 内置函数。系统提供了大量标准函数，如数值函数、字符函数、日期时间函数和统计函数等。这些函数为用户设计查询条件提供了极大的便利，也为进行统计计算、实现数据处理提供了有效的方法。常用函数的具体用法请参见附录 A，表 3-6 中列出了最常用的函数及其功能。

表 3-6 Access 常用函数及其功能

函 数 格 式	功 能 说 明
Abs（<数值表达式>）	返回数值表达式的绝对值
Int（<数值表达式>）	取整，参数为负值时返回大于等于参数值的第一个负数
Fix（<数值表达式>）	取整，参数为负值时返回小于等于参数值的第一个负数
Round（<n_1>[,<n_2>]）	对 n_1 进行四舍五入运算保留 n_2 位小数
Sqr（<数值表达式>）	返回数值表达式的平方根值
Sgn（<数值表达式>）	返回参数的符号值。当参数为正数、0 和负数时分别返回 1、0 和-1。

续表

函数格式	功能说明
Rnd(<数值表达式>)	产生一个 0 到 9 之间的随机小数。
Space(<n>)	生成 n 个空格组成的字符串
String(<n>,<字符表达式>)	返回一个由字符表达式的第 1 个字符重复组成的字符串，长度为 n
Left(<字符表达式>,<n>)	从字符表达式左侧截取 n 个字符
Right(<字符表达式>,<n>)	从字符表达式右侧截取 n 个字符
Mid(<字符表达式>,<n_1>[,<n_2>])	从字符表达式第 n_1 个字符开始，截取 n_2 个字符
Len（<字符表达式>）	返回字符表达式的字符个数
Ltrim（<字符表达式>）	删除字符表达式开始空格
Rtrim(<字符表达式>)	删除字符表达式尾部空格
Trim（<字符表达式>）	去掉字符表达式开始和尾部空格
Instr([<n>],<母串>,<子串>)	返回子串在母串出现的位置,参数 n 是检索的起始位置,可省略。
Ucase(<字符表达式>)	将字符表达式中小写字母转换成大写字母
Lcase(<字符表达式>)	将字符表达式中大写字母转换成小写字母
Day（<日期表达式>）	返回日期表达式日期的整数（1～31）
Month（<日期表达式>）	返回日期表达式月份的整数（1～12）
Year（<日期表达式>）	返回日期表达式年份的整数
Date()	返回当前系统日期
Time()	返回当前系统时间
Now()	返回当前系统日期和时间
Sum(<字符表达式>)	返回字段中值的总和
Avg（<字符表达式>）	求数值类型字段的平均值
Count(<字符表达式>)	统计记录个数
Max（<字符表达式>）	返回一组指定字段中的最大值
Min（<字符表达式>）	返回一组指定字段中的最小值

例如，显示“成绩”字段中各值的总和，即为 Sum(成绩)；显示“单价”字段和“数量”字段乘积的总和，即为 Sum(单价*数量)。计算“成绩”字段的平均值，即为 Avg(成绩)。据“姓名”字段名统计学生人数，即为 Count(姓名)。用 Max(成绩)求成绩字段中的最大值，用 Min(成绩)求该字段中的最小值。

在查询条件设计过程中，灵活运用以上这些函数与表达式，对于增强查询的功能，丰富查询的应用非常重要。

4．常用查询准则举例

（1）以数值为查询条件，如表 3-7 所示。

表 3-7　以数值为查询条件示例

字段名	条件描述	功能
成绩	<60	查询成绩小于 60 的记录
	Between 70 And 89	查询成绩在 70～89 分数段的记录

续表

字段名	条件描述	功能
成绩	>=70 And <89	查询成绩在70～89分数段的记录
年龄	Not 70	查询年龄不为70岁的记录
	20 Or 21	查询年龄为20或21岁的记录

（2）以文本值为查询条件

如表3-8所示，使用文本值作为查询条件可以限定查询的文本范围。

表3-8　以文本值为查询条件示例

字段名	条件描述	功能
职称	“教授”	查询职称为“教授”的记录
	Right([职称],2)= “教授”	
	“教授” or “副教授”	查询职称为“教授”或“副教授”的记录
	InStr([职称], “教授”)=1 Or InStr([职称], “教授”)=2	
	InStr([职称], “教授”)<>0	
	In(“教授”, “副教授”)	
姓名	In(“张三”, “李四”)	查询姓名为“张三”或“李四”的记录
	“张三” or “李四”	
	Not “张三”	查询姓名不为“张三”的记录
	Left([姓名],1)= “张”	查询姓“张”的记录
	Like “张*”	
	InStr([姓名], “张”)=1	
	Len([姓名])=2	查询姓名为两个字的记录
课程名称	Right([课程名称],2)= “设计”	查询课程名称最后两个字符为“设计”的记录
学生编号	Mid([学生编号],5,2)= “08”	查询学号第5和第6位字符是“08”的记录
	InStr([学生编号], “08”)=5	

查找职称为“教授”的记录，查询准则可以表示为：=“教授”，但为了输入方便，允许省略“=”，而直接表示为“教授”。输入时如果没有加上双引号，则Access会自动加上双引号。

（3）以日期值为查询条件

使用日期值作为查询条件可以限定查询的时间范围，如表3-9所示。应注意将日期常量用#括起来。

表3-9　以日期值为查询条件示例

字段名	条件描述	功能
出生日期	Between #1990/1/1# And #1999/12/31#	查询90后记录
	Year([出生日期])>=1990	
	Year([出生日期])=1990	查询1990年出生的记录
	<Date()-365	查询一年前出生的记录

续表

字 段 名	条件描述	功　能
出生日期	Between Date() And Date()-365	查询最近一年内出生的记录
	Year([出生日期])=1990 And Month([出生日期])=3	查询 1990 年 3 月出生的记录

（4）以字段的部分值为查询条件

使用字段的部分值作为查询条件可以限定查询范围，如表 3-10 所示。

表 3-10　以字段的部分值为查询条件示例

字 段 名	条件描述	功　能
课程名称	Like"*基础"	查询课程名称以"基础"结尾的记录
	right([课程名称],2)= "基础"	
	InStr([课程名称], "数据库")=1	查询课程名称以"数据库"开头的记录
	Like"*程序设计*"	查询课程名称中包含"程序设计"的记录

（5）以空字符或空字符串为查询条件

空值是使用 Null 或空白来表示字段的值；空字符串是用双引号括起来的字符串，且双引号之间没有空格。查询条件示例如表 3-11 所示。

表 3-11　以空字符或空字符串为查询条件示例

字 段 名	条件描述	功　能
姓名	Is Null	查询姓名为空值的记录
	Is Not Null	查询姓名值非空的记录
	""	查询姓名为空的记录

注意：在描写查询准则时字段名必须用方括号括起来，而且数据类型应与对应字段的类型一致，否则会出现数据类型不匹配的错误。

3.2　选择查询

选择查询是最常见的查询类型，它能够根据用户指定的查询条件，从一个或多个表中检索数据，并按照所需的排列顺序将这些数据显示在数据表视图中。使用选择查询还可以进行数据分组、求和、计数、求平均值以及其他类型的计算。

Access 的选择查询主要有简单选择查询、统计查询、重复项查询、不匹配项查询几种类型。创建查询的两种方法：向导方式和查询设计器。

3.2.1　使用向导创建查询

使用"查询向导"创建查询与使用其他向导创建对象类似，需要 3 个步骤：启动向导，回答向导提问，自动创建对象。

【例 3-1】以"教学管理 2015"数据库中的"学生信息"表、"课程信息"表和"选课信息”表为数据源，利用向导创建学生成绩明细查询，查询学号、姓名、所属院部、课程名称和成绩信息。

操作步骤如下：

（1）打开“教学管理 2015”数据库，单击“创建”→“查询”→“查询向导”按钮，弹出“新建查询”对话框，选择“简单查询向导”选项，单击“下一步”按钮，弹出“简单查询向导”对话框，如图 3-2 所示。

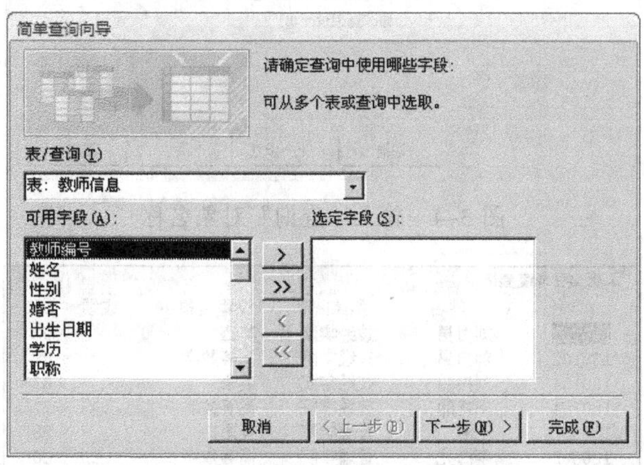

图 3-2 “简单查询向导”对话框

（2）在“表/查询”下拉列表中选择“学生信息”表,在“可用字段”列表框中双击需要查询的字段“学号”，将其添加到“选定字段”列表框中；

（3）添加“姓名”“所属院部”“课程名称”“成绩”字段到“选定字段”列表框中，如图 3-3 所示。

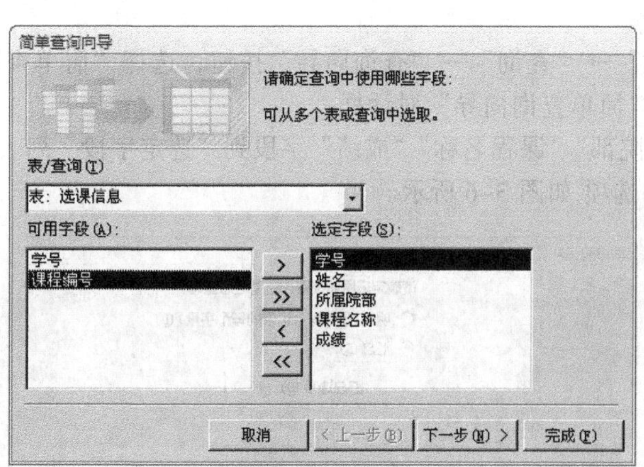

图 3-3 选择字段

（4）单击“下一步”按钮，选择“明细(显示每个记录的每个字段)”选项。

（5）单击“下一步”按钮，在文本框中输入“查询”对象名称“例_学生成绩_查询”，并选择“打开查询查看信息”选项，如图 3-4 所示,单击“完成”按钮。

（6）向导自动创建“查询”对象，并在“数据表”视图中显示查询结果，如图 3-5 所示。

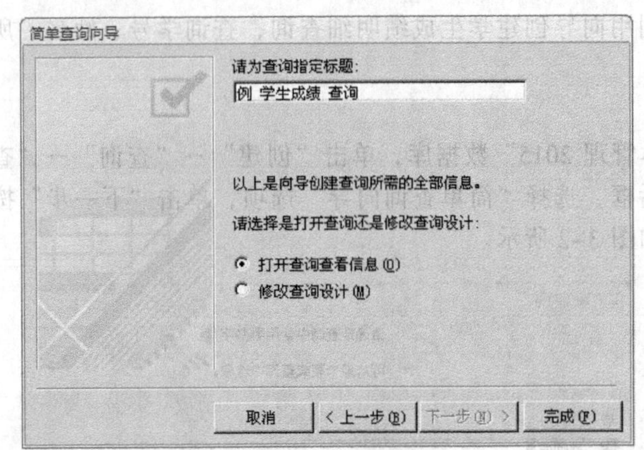

图 3-4　输入“查询”对象名称

例_学生成绩_查询

学号	姓名	所属院部	课程名称	成绩
130102	刘力男	技经学院	英语	96
130102	刘力男	技经学院	高等数学	88
130104	刘艳丽	技经学院	英语	67
130104	刘艳丽	技经学院	高等数学	77
130301	王海	管理学院	英语	58
130302	李海亮	管理学院	高等数学	80
130303	李元	管理学院	英语	60
130303	李元	管理学院	VB程序设计	80

记录: 第 1 项(共 33 项　无筛选器　搜索

图 3-5　查询结果

【例 3-2】利用向导创建各学院 3 门课程的成绩汇总，分组字段为“所属院部”，查询结果显示所属院部、课程名称及成绩汇总信息。

操作步骤如下：

（1）单击“创建”→“查询”→“查询向导”按钮，选择“简单查询向导”选项，单击“确定”按钮，弹出“简单查询向导”对话框。

（2）添加“所属院部”“课程名称”“成绩”字段到“选定字段”列表框中,单击“下一步”按钮，选择“汇总”选项,如图 3-6 所示。

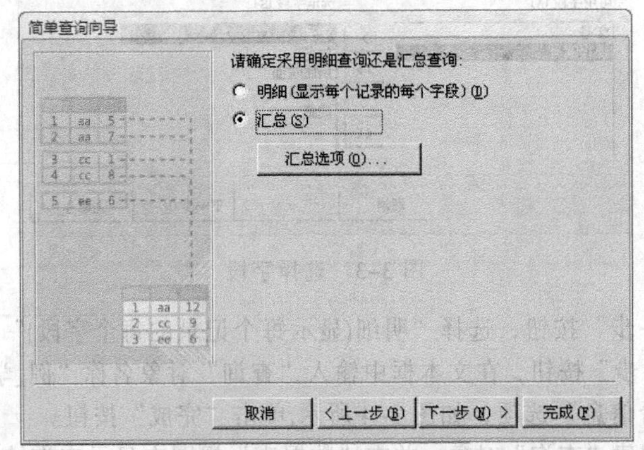

图 3-6　选择“汇总”选项

（3）单击“汇总选项”按钮，弹出“汇总选项”对话框，如图 3-7 所示。选中“平均”“最大”“最小”复选框，选中“统计 选课信息 中的记录数”复选框，单击“确定”按钮。

（4）单击“下一步”按钮，输入“查询”对象名为“例_院部成绩汇总_查询”，单击“完成”按钮，显示查询结果如图 3-8 所示。

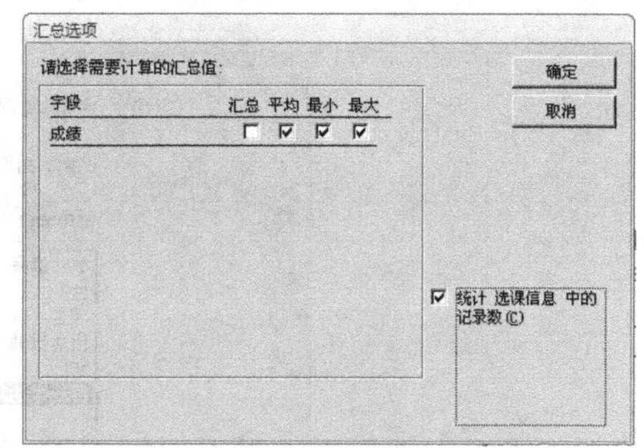

图 3-7 “汇总选项”对话框

例_院部成绩汇总_查询

所属院部	课程名称	成绩 之 平均值	成绩 之 最小值	成绩 之 最大值	选课信息之
管理学院	VB程序设计	71.6666666666667	61	80	3
管理学院	高等数学	63.3333333333333	45	80	3
管理学院	计算机基础	68	56	86	4
管理学院	社区管理	80.25	64	90	4
管理学院	物业管理	74	74	74	1
管理学院	英语	69.3333333333333	58	90	3
技经学院	高等数学	82.5	77	88	2
技经学院	计算机基础	76	75	77	2
技经学院	英语	81.5	67	96	2
外语学院	高等数学	58	58	58	1
外语学院	计算机基础	85	85	85	1
外语学院	社区管理	50	50	50	1
外语学院	英语	78	78	78	1
文法学院	高等数学	58	58	58	1
文法学院	计算机基础	64	56	72	2

记录: 第 15 项(共 17 项) 无筛选器 搜索

图 3-8 查询结果

【例 3-3】 以“教师情况”表为数据源，查询各学院的教师的姓名和职称情况。

具体操作步骤如下：

（1）单击“创建”→“查询”→“查询向导”按钮，选择“查找重复项查询向导”选项，单击“确定”按钮。

（2）选择数据源为“教师情况”表，单击“下一步”按钮。

（3）选择“重复值字段”为“所属院部”，如图 3-9 所示，单击“下一步”按钮。

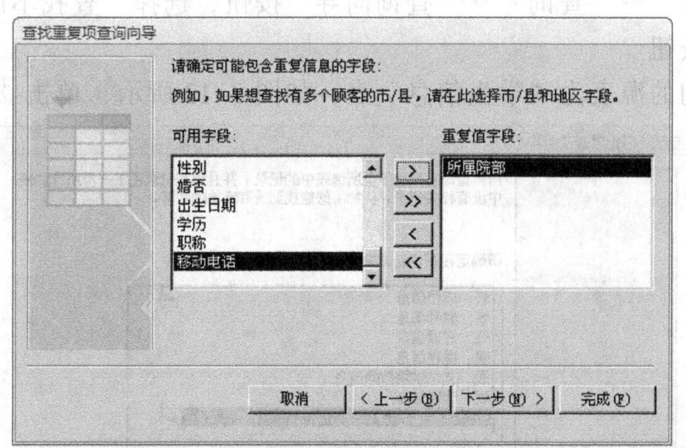

图 3-9 选择包含重复项的字段

（4）在对话框中选择其他字段，选择“姓名”和“职称”两个字段，如图 3-10 所示，单击“下一步”按钮。

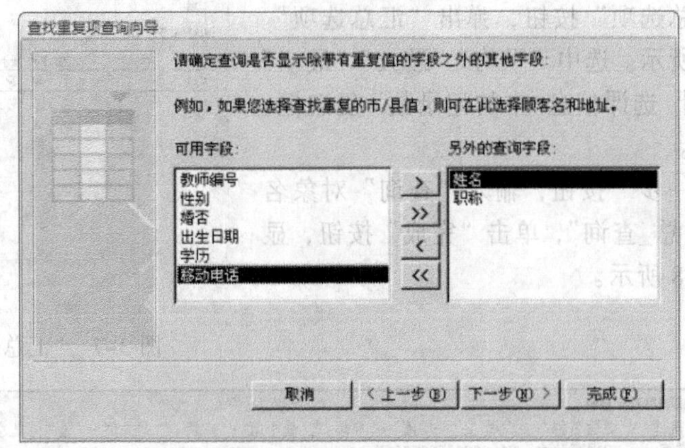

图 3-10　选择其他字段

（5）输入查询名称“例_查找教师信息的重复项”，选择“查看结果”选项，单击“完成”按钮，在数据表视图中显示如图 3-11 所示的结果。

例_查找教师信息的重复项

所属院部	姓名	职称
管理学院	李历宁	讲师
管理学院	李小平	讲师
管理学院	张乐	副教授
管理学院	赵希明	副教授
技经学院	张玉丹	讲师
技经学院	陈平平	副教授
技经学院	李仪	副教授
技经学院	李红	副教授
外语学院	胡方	副教授
外语学院	林泰	讲师

记录: 第 1 项(共 23 项　无筛选器

图 3-11　查找重复项的查询结果

【例 3-4】查询没有考试成绩的学生，显示学生的学号、姓名和班级信息。

操作步骤如下：

（1）单击“创建”→“查询”→“查询向导”按钮，选择“查找不匹配项查询向导”选项，单击“确定”按钮。

（2）选择要查询的源表为“学生信息”表，如图 3-12 所示，单击“下一步”按钮。

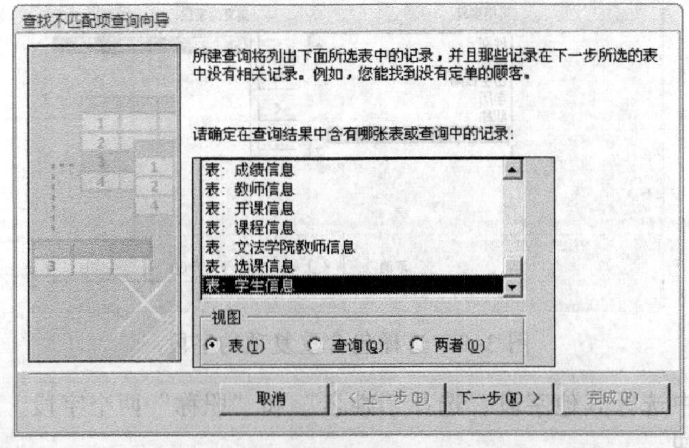

图 3-12　选择要查询的源表

（3）选择包含相关记录的表为“选课信息”表，如图 3-13 所示，单击“下一步”按钮。

（4）选择两个表的匹配字段为学号，如图 3-14 所示，单击“下一步”按钮。

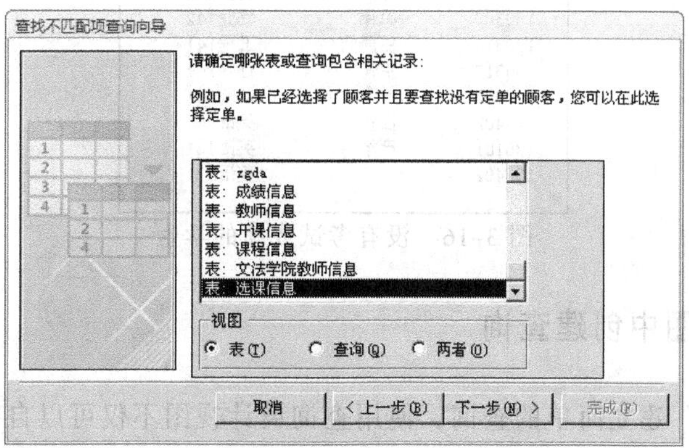

图 3-13　选择相关表

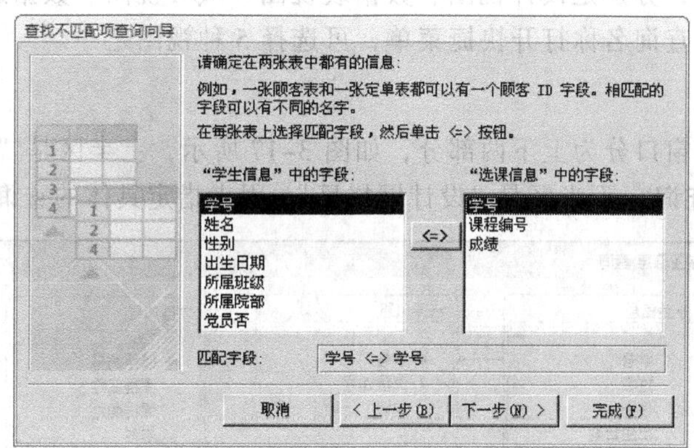

图 3-14　选择要查询的源表

（5）选择查询结果中所需的“学号”“姓名”和“所属班级”字段，如图 3-15 所示，单击“下一步”按钮。

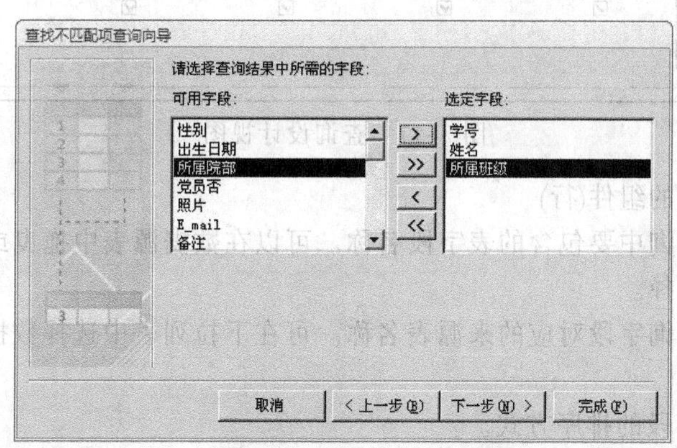

图 3-15　选定字段

（6）输入查询名称“例_学生与选课_不匹配”，选择“查看结果”选项，单击“完成”按钮，在数据表视图中显示如图 3-16 所示的结果。

例_学生与选课_不匹配

学号	姓名	所属班级
130111	李成	保险141
130305	井江	物业142
130306	冯伟	物业142
130313	田燕丽	工程141
130316	王佳	社区141
130317	叶飞	社区141
140402	江贺	英语141
130101	严肃	英语131
130402		英语131

图 3-16　没有考试成绩的学生

3.2.2　在设计视图中创建查询

“简单查询向导”建立简单的查询，使用查询设计视图不仅可以自行设置查询条件，创建基于单表或多表的不同选择查询，还可以对已有的查询进行修改。

查询有 5 种视图，分别是设计视图、数据表视图、SQL 视图、数据透视表视图和数据透视图视图。右键单击查询名称打开快捷菜单，可选择 5 种视图之一。

1. 查询设计器

查询设计视图的窗口分为上下两部分，如图 3-17 所示，上半区是“字段列表区”，包含所有的数据源(表或查询)；下半区是“设计网格区”，用来指定具体的查询字段、查询条件等。

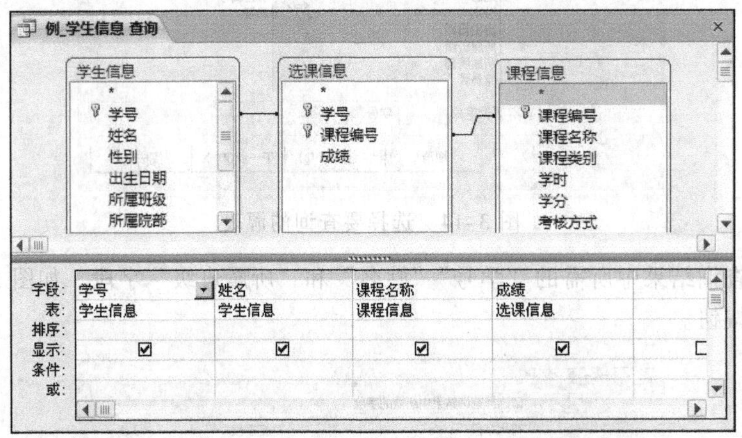

图 3-17　查询设计视图

（1）查询网格区的组件(行)

• 字段：选择查询中要包含的表字段名称。可以在数据源表中拖曳或双击字段，也可在字段的下拉列表中选择。

• 表：显示与查询字段对应的来源表名称。可在下拉列表中选择数据源表，然后再选择表中的字段。

• 排序：定义字段的排序方式。

• 显示：设置所选字段是否在数据表视图中显示。

• 条件：设置字段的查询条件。

• 或：用于设置多条件之间的“或”条件，以多行的形式出现。

（2）“查询工具|设计”选项卡

在查询设计视图状态下，Access 功能区显示为“查询工具|设计”选项卡，如图 3-18 所示，包括 4 个分组，功能简要说明如表 3-12 所示。

表 3-12　“查询工具|设计”选项卡分组说明

分组名称	功能说明
结果	可以在查询的 5 个视图之间切换
查询类型	可以选择不同的查询类型，如选择查询、交叉表查询、生成表查询、更新查询、追加查询和删除查询等
查询设置	可以选择打开“显示表”对话框，并可以对设计网格区中的“行”或“列”进行插入或删除操作
显示/隐藏	可以选择对其中的组件进行“显示”或“隐藏”操作，如显示或隐藏“属性表”

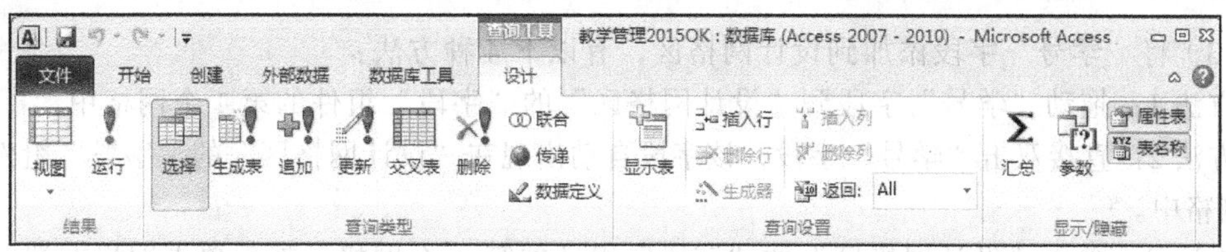

图 3-18　“查询工具|设计”选项卡

（3）显示表对话框

在查询设计视图的查询显示区内右击鼠标，在快捷菜单中选择“显示表”命令，或单击“查询工具|设计”→“查询设置”→“显示表”按钮，均可打开“显示表”对话框。“显示表”对话框列出了能够为查询提供原始数据的所有的表和查询，如图 3-19 所示，表选项卡可列出当前数据库中所有的数据表；查询选项卡可列出当前数据库中所有的查询；两者都有的选项卡可列出当前数据库中所有的数据表和查询。

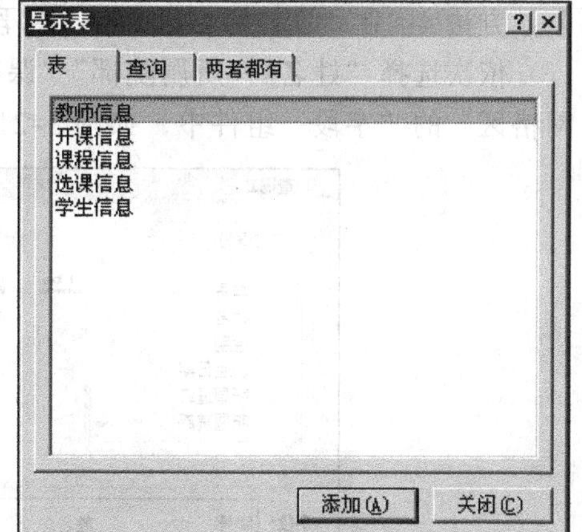

图 3-19　“显示表”对话框

2．创建查询

在查询设计视图中创建查询，首先应在弹出的“显示表”对话框中选择查询所依据的表或查询，并将其添加到查询设计视图的窗口中，如果选择多个表，多个表之间应先建立关联。

【例 3-5】查询“管理学院”学生的“学号”“姓名”“所属班级”“课程名称”和“成绩”信息，并按“学号”升序排序。

操作步骤如下：

（1）单击“创建”→“查询”→“查询设计”按钮，打开查询设计视图，并弹出“显示表”对话框。

（2）选中“学生信息”表，单击“添加”按钮或直接双击表名，将其添加到查询设计器中，依次添加“课程信息”表和“选课信息”表，如图 3-20 所示。

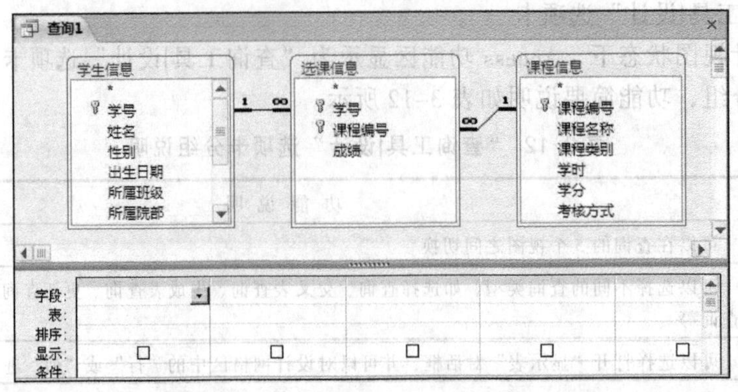

图 3-20　添加数据源表

（3）将“学号”字段添加到设计网格区，有以下 4 种方法：

方法 1：拖动“学号”字段到“设计网格区”的“字段”组件的第 1 个网格中。

方法 2：直接双击“学号”字段，该字段自动出现在“设计网格区”的“字段”组件的第 1 个网格中。

方法 3：单击“设计网格区”的“字段”组件的第 1 个网格，然后单击网格右端出现的“下拉”按钮，在下拉列表中选择“学号”字段。

方法 4：在“设计网格区”中“字段”组件的第 1 个网格中，直接输入“学号”。

依次选择“姓名”“所属院部”“课程名称”和“考试成绩”等字段，分别添加到“设计网格区”的“字段”组件中，如图 3-21 所示。

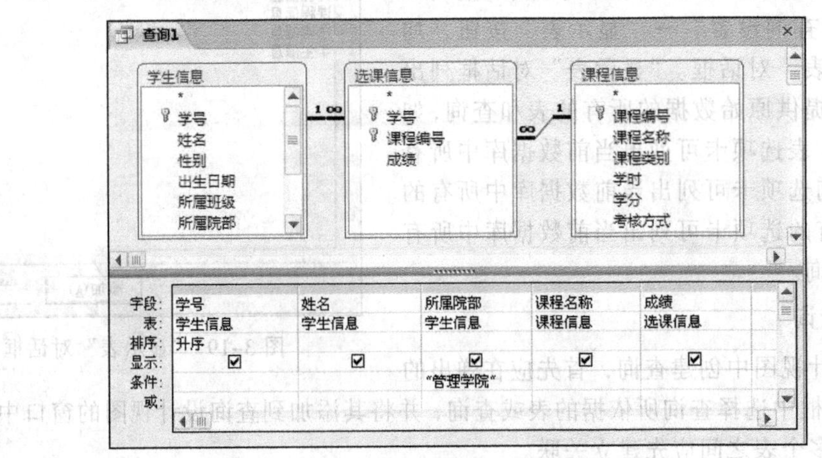

图 3-21　设置排序与筛选

如果要删除“设计网格区”中的某个字段，可单击“列选定器”（即网格中列的顶部小区域）选中该字段列，然后按【Delete】键；要移动“设计网格区”中的某字段，单击其“列选定器”选中该字段列，然后再单击并拖动将其移到适当的位置。

（4）在“排序”组件中单击与“学号”字段相交的网格，单击“下拉”按钮，从下拉列表中选择“升序”选项。（如果不排序，则查询结果按照记录的存储顺序显示。）

（5）在“设计网格区”的“条件”组件中，为“所属院部”字段添加查询条件“管理学院”，如图 3-21 所示。

注意：对不同的字段要设置多个条件时，同一行不同字段中的条件是“与（And）”的关系；同一字段不同行上的条件是“或（Or）”的关系。因此，若行和列同时存在条件，行比列优先。

（6）单击功能区“查询工具|设计”→“结果”→“视图”按钮或单击“运行”按钮，执行查询，结果如图 3-22 所示。

查询1

学号	姓名	所属院部	课程名称	成绩
130301	王海	管理学院	计算机基础	56
130301	王海	管理学院	英语	58
130302	李海亮	管理学院	计算机基础	70
130302	李海亮	管理学院	高等数学	80
130303	李元	管理学院	英语	60
130303	李元	管理学院	VB程序设计	80
130307	王鹏	管理学院	VB程序设计	74
130307	王鹏	管理学院	社区管理	85
130308	丛古	管理学院	计算机基础	60

记录: 第 1 项(共 18 项 无筛选器 搜索

图 3-22 管理学院学生成绩

（7）单击快捷工具栏中的“存盘”按钮，输入查询名称“例_管理学院_学生成绩”，单击“确定”按钮保存“查询”对象。

3.2.3 查询计算

查询不仅具有记录检索功能，还具有统计计算的功能。查询计算分两种：自定义计算和系统预定义的计算。通过创建计算字段可完成任意类型的自定义计算。Access 预定义的计算通过查询设计器中的“总计”组件来完成，包含求和、计数、求最大/最小值、求平均数及表达式等计算操作。

1. 总计查询

在查询设计视图中单击“查询工具/设计”→“显示与隐藏”→“汇总”按钮，Access 将在设计网格区中添加“总计”组件，如图 3-23 所示。在总计行的网格中，通过下拉列表可列出“分组”“总计”“平均值”等 12 个总计项，共分为 4 类：分组、总计函数、表达式和限制条件。

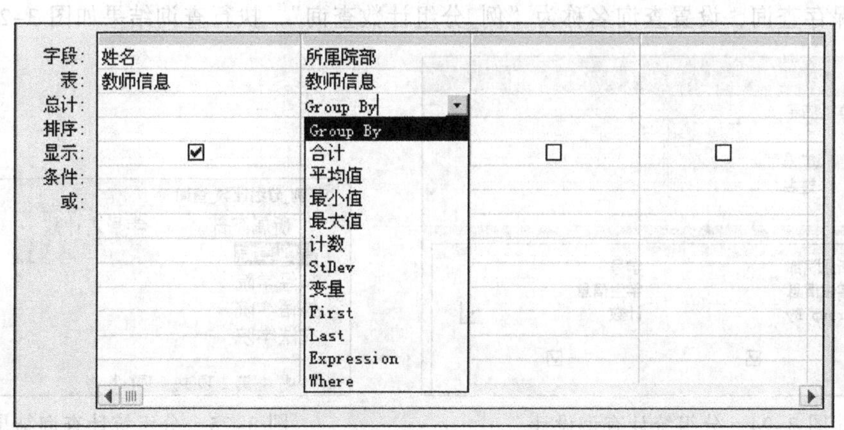

图 3-23 “总计”组件

（1）分组（Group By）：定义要执行计算的组。

（2）总计函数：定义计算类型。总计函数功能如表 3-13 所示。

表 3-13　总 计 函 数

函 数 名 称	显 示 名 称	功　　能
Sum	总计	计算组中该字段所有值的和
Avg	平均值	计算组中该字段的算术平均值
Min	最小值	返回组中字段的最小值
Max	最大值	返回组中字段的最大值
Count	计数	返回非空值数的统计数
StDev	标准差	计算组中该字段所有值的统计标准差
Var	方差	计算组中该字段所有值的统计方差
First	第 1 条记录	返回该字段的第 1 个值
Last	最后 1 条记录	返回该字段的最后 1 个值

（3）表达式（Expression）：创建表达式中包含统计函数的计算字段。

（4）限制条件（Where）：设定分组条件，以便选择记录。

2．分组总计查询

在实际应用中，不仅需要对所有的记录进行统计，还需要将记录分组，对每个组的数据进行统计。在设计视图中，把分组字段的“总计”网格选择为“分组”，把要进行计算的每个字段的“总计”网格选择为相应的总计函数，就可以实现分组统计查询。

【例 3-6】统计“学生信息”表各学院学生人数，查询结果包括所属院部和人数信息。

操作步骤如下：

（1）在查询设计器中添加“学生信息”表。

（2）单击“查询工具|设计”→“显示/隐藏”→“汇总”按钮，添加总计组件。

（3）添加“所属院部”字段至“字段”网格中，在对应“总计”网格中选择“分组”选项。

（4）添加“学号”字段至“字段”网格中，在对应“总计”网格中选择“计数”选项（即 Count 函数），如图 3-24 所示。

（5）保存查询，设置查询名称为“例_分组计数查询”，执行查询结果如图 3-25 所示。

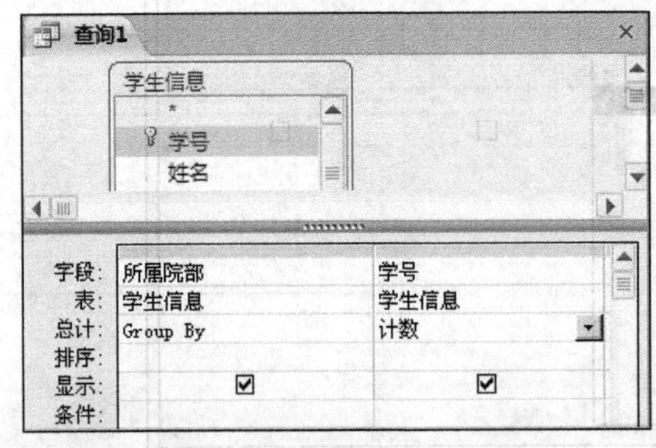

图 3-24　分组统计查询设计

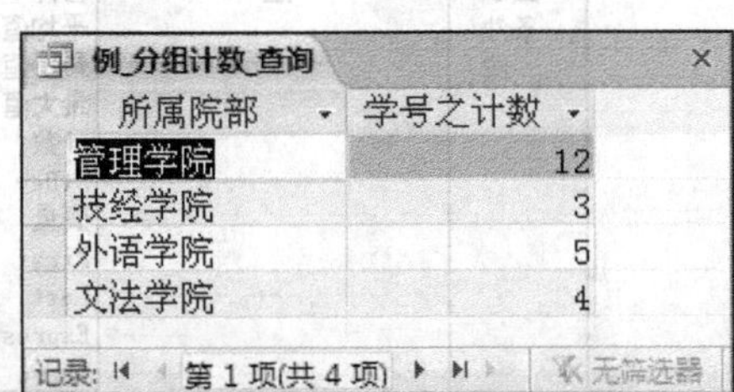

图 3-25　分组统计查询结果

本例对于学号的计数统计在结果中显示的字段名为“学号之计数”，可读性比较差，可以通过重新命名字段来提高可读性。

重新命名字段的方法有两种：

（1）在设计网格中直接命名。例如：“学号”改为“人数:学号”，如图 3-26 所示。

（2）利用属性表对话框命名:右击第 2 列“字段”网格，选择快捷菜单中的“属性”选项，弹出“属性表”对话框，在标题属性框中输入标题为“人数”。重新命名字段后例 3-6 的查询结果如图 3-27 所示。

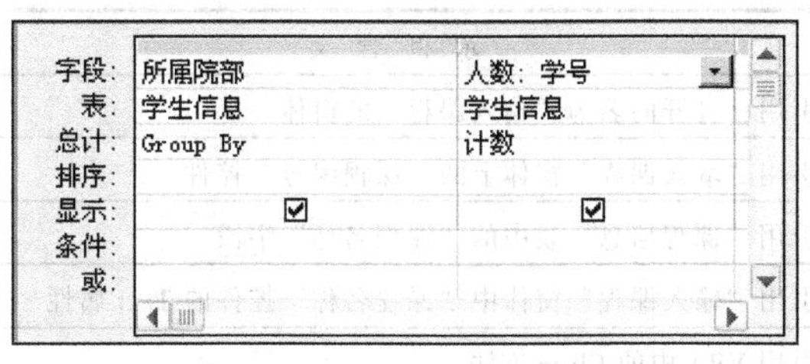

图 3-26 重新命名字段

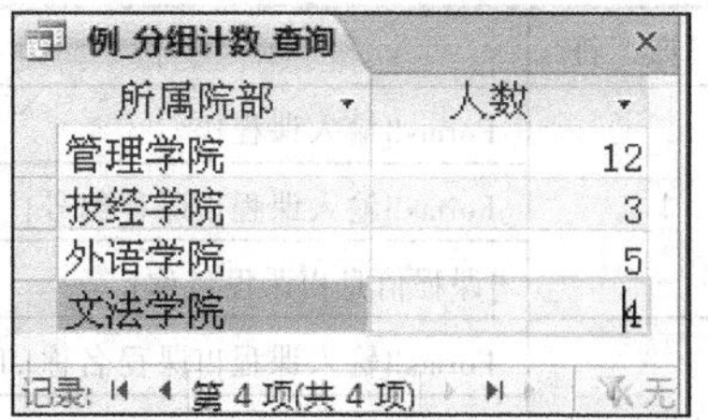

所属院部	人数
管理学院	12
技经学院	3
外语学院	5
文法学院	4

图 3-27 重新命名字段后的查询结果

3. 添加计算字段

当要统计的数据在表中没有相应的字段，或者用于计算的数据来自于多个字段时，应该在设计网格中添加一个“计算字段”。“计算字段”是指根据一个或多个表中的一个或多个字段，并使用表达式建立的新字段。

【例 3-7】分别统计各个学院计算机基础课程的平均成绩，查询结果包括所属院部、课程名称和平均成绩 3 列，平均成绩为重命名字段。

操作步骤如下：

（1）在“设计”视图中添加“学生信息”“选课信息”及“课程信息”表作为数据源。

（2）单击“查询工具/设计”→“显示/隐藏”→“汇总”按钮，添加总计组件。

（3）分别添加“所属院部”“课程名称”字段至“设计网格”中，并为这两个字段对应的“总计”网格选择“分组”选项，“课程名称”字段的条件行输入“计算机基础”。

（4）添加计算字段。在“字段”网格中输入“平均成绩: AVG([选课信息]![成绩]”)。在“总计”网格中选择表达式（Expression），设置结果如图 3-28 所示。

（5）保存查询，名称为“例_计算字段_查询”，执行查询结果如图 3-29 所示。

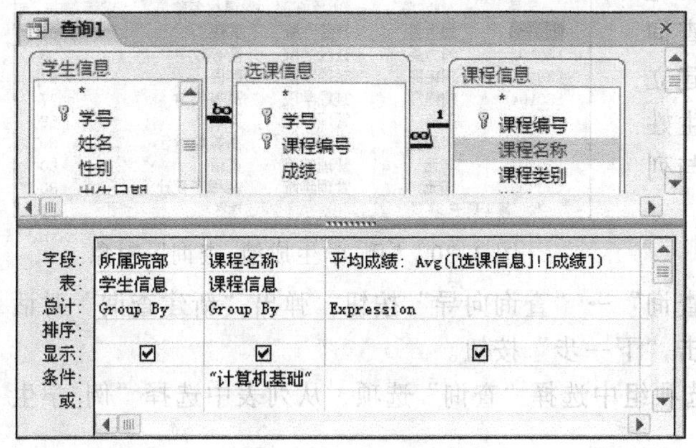

图 3-28 添加计算字段

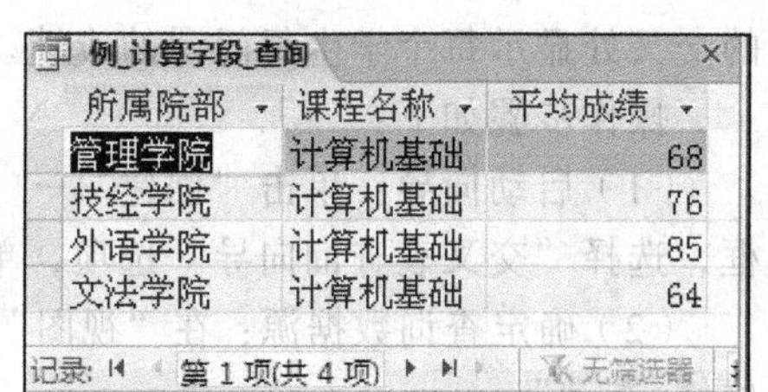

所属院部	课程名称	平均成绩
管理学院	计算机基础	68
技经学院	计算机基础	76
外语学院	计算机基础	85
文法学院	计算机基础	64

图 3-29 查询运行结果

本例中使用的 AVG 函数是计算组中字段（考试成绩）的算术平均值，“平均成绩”是新生成的字段名。[选课信息]![成绩] 表示选课信息表中的的成绩字段，且数据源和引用字段应使用方括号括起来，并用半角感叹号“!”作为分隔符。

Access 提供了两种对象运算符：“!”运算符和“.”运算符。“!”符号是一种对象运算符，表示引用某个对象、控件或表中的字段。“.”符号也是一种对象运算符，表示引用某个对象的属性和方法。对象运算符的应用示例见表 3-14。

表 3-14 对象运算符

运 算 符	示 例	示 例 含 义
!	Forms![输入课程]	引用已打开的名为“输入课程”的窗体
	Forms![输入课程]![课程编号]	引用“输入课程”窗体上的“课程编号”控件
	[课程信息]![课程名称]	引用“课程信息”表中的“课程名称”字段
.	Forms![输入课程]![课程名称].Text	引用“输入课程”窗体中“课程名称”控件的 Text 属性
	DoCmd.Close	引用 VBA 中的 Close 方法

3.3 交叉表查询

交叉表查询是一种可以将表中的数据看成字段的统计性表格。交叉表查询将数据分组，一组为行标题，显示在数据表的左侧，另一组为列标题，显示在数据表的顶端，然后在数据表行和列的交叉位置处显示表中某个字段的各种计算值，如求和、求平均值、统计个数、求最大值和最小值等。

可以使用向导或查询设计视图来创建交叉表查询。在设计视图中，需要指定要作为列标题的字段值，指定将作为行标题的字段值，并指定求和、平均值、计数或其他计算的字段。

3.3.1 使用向导创建交叉表查询

使用“交叉表查询向导”创建查询时，数据源只能来自于一个表或一个查询，如果要包含多个表中的字段，就需要首先创建一个含有全部所需字段的“查询”对象，然后再用这个查询作为数据源创建交叉表查询。

【例 3-8】根据如图 3-30 所示的“例_学生成绩_查询”对象。创建一个交叉表查询来统计每一个学生的选课平均成绩。在建立该交叉表查询时，交叉表的左边显示学生姓名，交叉表的顶端显示课程名称，在行与列的交叉处显示每个学生每门课的成绩。

例_学生成绩_查询

学号	姓名	所属院部	课程名称	成绩
130102	刘力男	技经学院	英语	96
130102	刘力男	技经学院	高等数学	88
130104	刘艳丽	技经学院	英语	67
130104	刘艳丽	技经学院	高等数学	77
130301	王海	管理学院	英语	58
130302	李海亮	管理学院	高等数学	80
130303	李元	管理学院	英语	60
130303	李元	管理学院	VB程序设计	80

记录：第 1 项(共 33 项 无筛选器 搜索

图 3-30 “例_学生成绩_查询”对象

操作步骤如下：

（1）启动向导：单击“创建”→“查询”→“查询向导”按钮，弹出“新建查询”对话框，选择“交叉表查询向导”选项，单击“下一步”按钮。

（2）确定查询数据源：在“视图”选项组中选择“查询”选项，从列表中选择“例_学生成绩_查询”。

（3）确定行标题:选择“所属院部”字段作为交叉表的行标题，单击“下一步”按钮。

（4）确定列标题:选择“课程名称”作为列标题，如图 3-31 所示，单击“下一步”按钮。

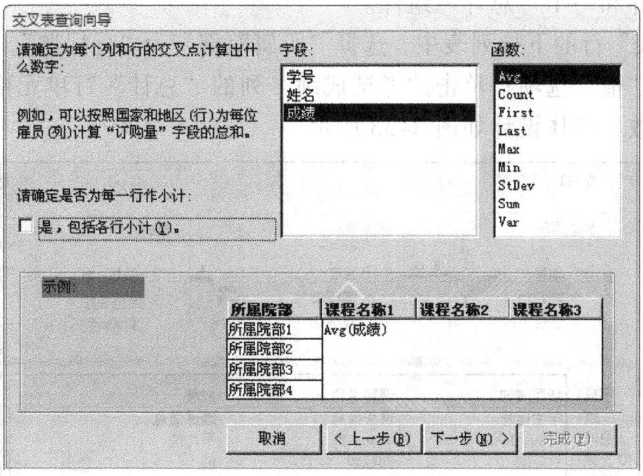

图 3-31　设置行、列标题及总计

（5）在“字段”列表中选择“成绩”，在“函数”列表中选择 AVG 总计函数，指定在行列交叉点显示平均成绩；取消选中“是，包括各行小计”复选框，如图 3-31 所示。

（6）单击“下一步”按钮，将查询命名为“例_学生成绩_交叉表查询”，并选择默认选项“查看查询”,单击“完成”按钮，在数据表视图中显示交叉表查询结果，如图 3-32 所示。

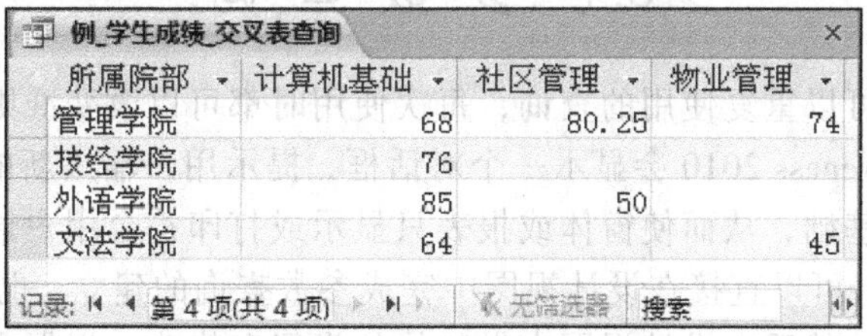
例_学生成绩_交叉表查询

所属院部	计算机基础	社区管理	物业管理
管理学院	68	80.25	74
技经学院	76		
外语学院	85	50	
文法学院	64		45

记录: 第 4 项(共 4 项)　无筛选器　搜索

图 3-32　交叉表查询结果

3.3.2　在设计视图中创建交叉表查询

使用查询设计视图，可以基于多个表创建常见交叉表查询。

【例 3-9】根据“例_学生成绩_查询”对象，创建一个交叉表查询来统计每一个学生选课平均成绩。在建立该交叉表查询时，交叉表的左边显示学生姓名，交叉表的顶端显示课程名称，在行与列的交叉处显示每个学生每门课的成绩。

操作步骤如下：

（1）单击“创建”→“查询”→“查询设计”按钮，打开查询设计视图，同时弹出“显示表”对话框。

（2）在“显示表”对话框中，把“学生信息”表、“课程信息”表和“选课信息”表分别添加到字段列表区中，关闭“显示表”对话框。

（3）依次双击“所属院部”“课程名称”“成绩”字段，将字段分别添加到“字段”行的第 1 列至第 3 列。

（4）单击“查询工具/设计”→“查询类型”→“交叉表”按钮，此时设计网格区将增加一个“交叉表”组件和一个“总计”组件。

（5）在“交叉表”行的下拉列表中，选择“所属院部”为“行标题”，“课程名称”为“列标题”，“成绩”为“值”选项；单击“考试成绩”列的“总计”行单元格，选择其下拉列表中的“平均值”函数，具体设计如图 3-33 所示。

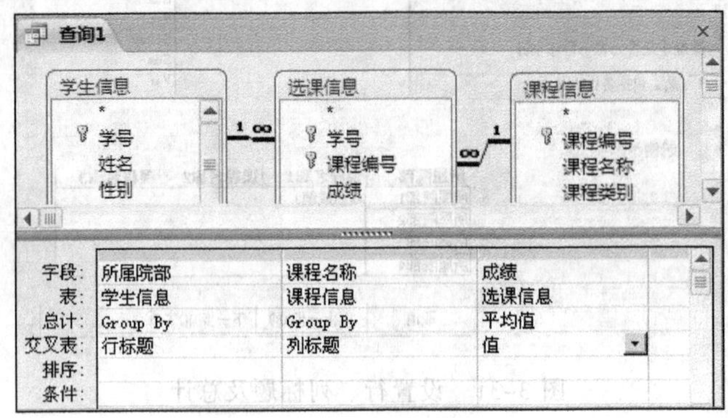

图 3-33　查询设计视图

（6）单击工具栏上的“运行”按钮，执行所创建的查询，结果与图 3-32 所示相同。

（7）保存查询对象为“例_交叉表查询_设计器”。

3.4　参数查询

参数查询是一种可以重复使用的查询，每次使用时都可以改变准则中的参数值。每当运行一个参数查询时，Access 2010 会显示一个对话框，提示用户输入新的参数值。参数查询通常作为窗体、报表的基础，从而使窗体或报表只显示或打印符合用户输入参数的记录。

建立参数查询时，可以直接在设计视图中完成参数查询的建立，也可以使用“查询向导”生成查询的基本布局，然后在设计视图中做具体的设置和修改。根据查询中参数的不同，参数查询可分为单参数查询和多参数查询两类。

3.4.1　单参数查询

只需指定一个参数的查询称为单参数查询，就是在字段中指定一个参数，在执行参数查询中输入一个参数值。

【例 3-10】建立一个参数查询，查找指定年以后出生的教师信息，查询结果显示教师编号、姓名及职称字段的信息。

操作步骤如下：

（1）单击“创建”→“查询”→“查询设计”按钮，将“教师信息”表添加到查询字段区，将表中的“教师编号”“姓名”和“职称”字段添加到设计网格区的“字段”组件中。

（2）在设计网格区“字段”组件的空白网格中，输入计算表达式“Year（[出生日期]）”。然后，在“条件”网格中输入“>[请输入出生年份:]”，并取消该字段的“显示”属性。如图 3-34 所示。

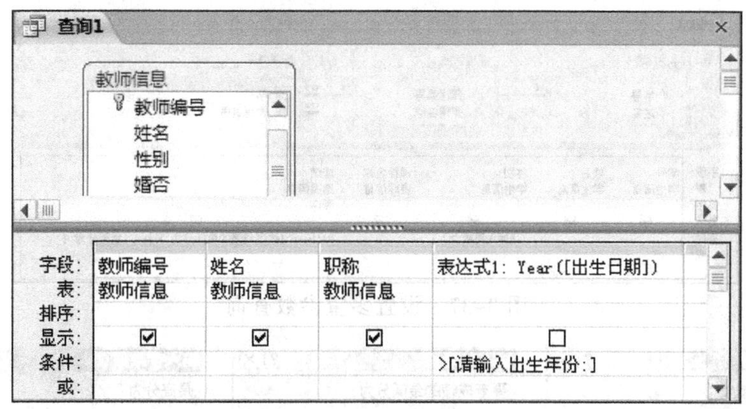

图 3-34　设置单参数查询

（3）单击“查询工具|设计”→“结果”→“运行”按钮，弹出“输入参数值”对话框，输入“1990”，如图 3-35 所示，单击“确定”按钮，即显示出所有 1990 年以后参加工作的教师信息，如图 3-36 所示。

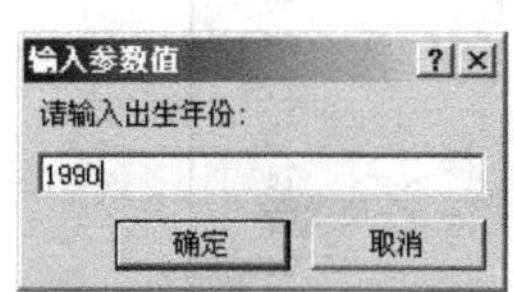

图 3-35　输入查询参数

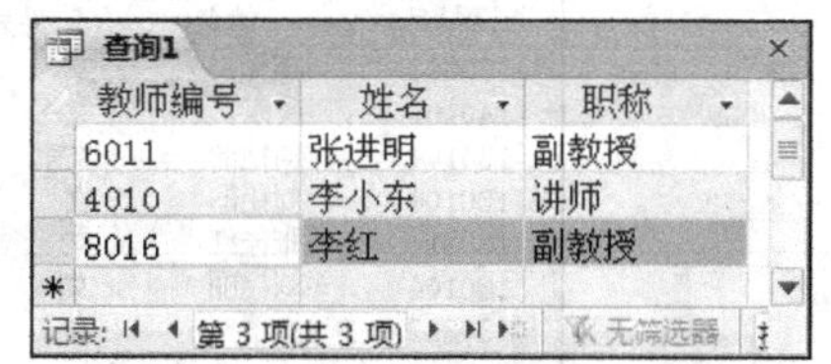

图 3-36　1990 年以后出生的教师信息

（4）保存查询对象为“例_教师信息_单参查询”。

3.4.2　多参数查询

需要在多个字段中指定参数或在一个字段中指定多个参数的查询称为多参数查询。这种查询的意义、创建方式和单参数查询类似，执行时系统根据设计视图中从左到右的次序，依次显示参数输入对话框，用户输入全部参数后才能得到查询条件，然后运行得到查询结果。

【例 3-11】按性别查询指定成绩范围的学生的“学号”“姓名”“性别”“课程名称”和“成绩”信息，由用户输入的参数来指定性别及成绩的最低分和最高分。

操作步骤如下：

（1）打开查询设计视图，将“学生信息”“选课信息”和“课程信息”添加到字段列表区。

（2）依次将“学号”“姓名”“性别”“课程名称”和“成绩”添加到“字段”组件行的第 1 列至第 5 列。

（3）在“性别”字段的“条件”网格中输入“[请输入男或女:]”，在“成绩”字段的“条件”网格中输入“Between [要查成绩的最低分为:] And [最高分为:]”，并在“排序”组件网格中选择“降序”选项，如图 3-37 所示。

（4）单击工具栏中的“运行”按钮，系统将依次显示输入课程编号和查询分数段的对话框，如图 3-38 所示，查询结果如图 3-39 所示。

（5）保存查询，设置“查询”对象名称为“例_按性别及分数段_多参查询”。

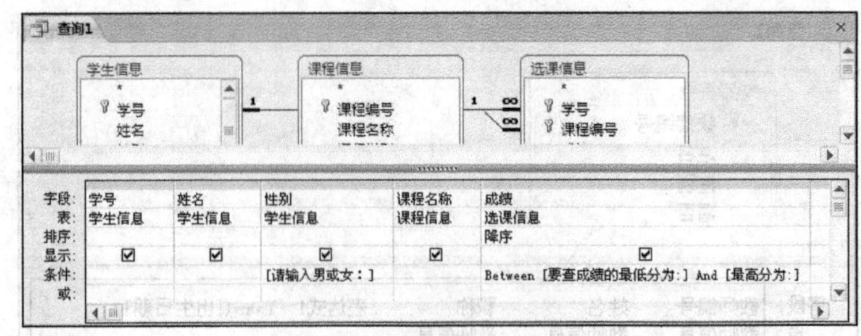

图 3-37　设置多重参数查询

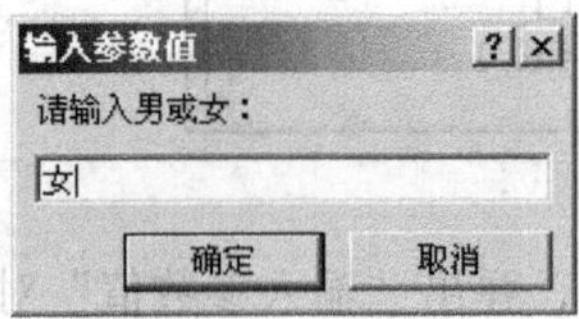

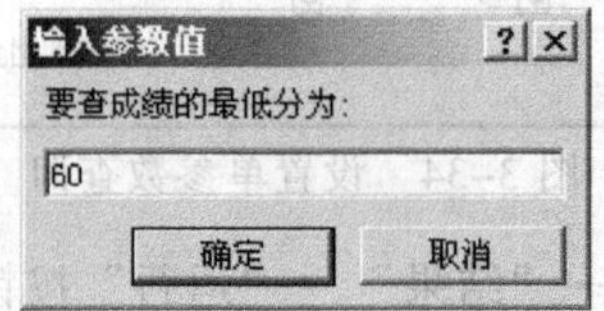

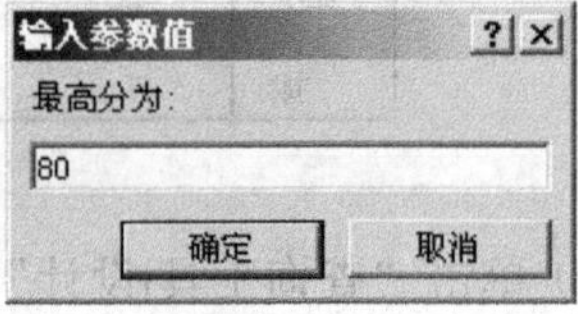

图 3-38　输入参数查询值

查询1

学号	姓名	性别	课程名称	成绩
130303	李元	女	VB程序设计	80
140101	吴东	女	英语	78
130104	刘艳丽	女	高等数学	77
130104	刘艳丽	女	计算机基础	75
130314	张佳红	女	英语	74
130104	刘艳丽	女	英语	67
130312	文清	女	社区管理	64

记录: 第 6 项(共 10 项　无筛选器　搜索

图 3-39　按性别和分数段查询

3.5 操作查询

选择查询、交叉表查询和参数查询都是按照用户的需求，根据一定的条件从已有的数据源中选择满足条件的数据形成一个动态数据集，这种查询方式不改变数据源中原有的数据状态。操作查询不仅可以选择查询数据，还会改变表中的数据，并且这种更改不可恢复。

操作查询共有 4 种类型：生成表查询、更新查询、追加查询和删除查询。生成表查询在生成新表的同时，也生成新表数据；而删除查询、更新查询和追加查询只修改表中的数据。

3.5.1 生成表查询

生成表查询可以使查询的运行结果以表的形式存储，生成一个新表，这样就可以基于一个或多个表或已知的查询来创建表，使得数据组织更加灵活、使用更加方便。生成表查询所创建的表，继承源表的字段数据类型，但并不继承源表的字段属性及主键设置。生成表查询可以应用在很多方面，可以创建用于导出到其他 Access 数据库的表、表的备份副本或包含所有旧记录的历史表等。

【例 3-12】查询文法学院教师的姓名、性别、学历和职称信息，并生成新表“文法学院教师信息”，保存查询为“例_文法教师_生成表查询”。

操作步骤如下：

（1）打开查询设计视图，将“教师信息”表添加到查询字段窗口中，并将“所属院部、姓名、性别、学历、职称”字段设为查询字段。

（2）在“所属院部”字段的“条件”框中输入“文法学院”，取消“显示”复选项，如图3-40所示。

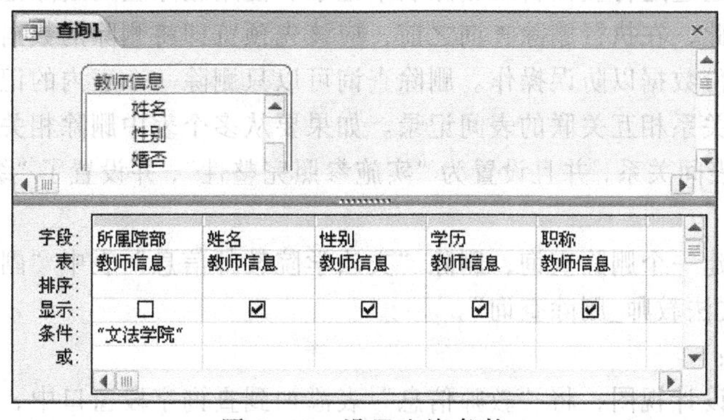

图3-40　设置查询条件

（3）单击“查询工具|设计”→“查询类型”→“生成表”按钮，在对话框中输入新表名称为“文法学院教师信息”，保存到当前数据库中，单击“确定”按钮，完成表名称的设置，如图3-41所示。

图3-41　“生成表”对话框

（4）单击“结果”→“运行”按钮，打开如图3-42所示的提示框，单击“是”按钮，Access生成新表“文法学院教师信息”，如图3-43所示。

（5）保存查询对象为“例_文法教师_生成表查询”。

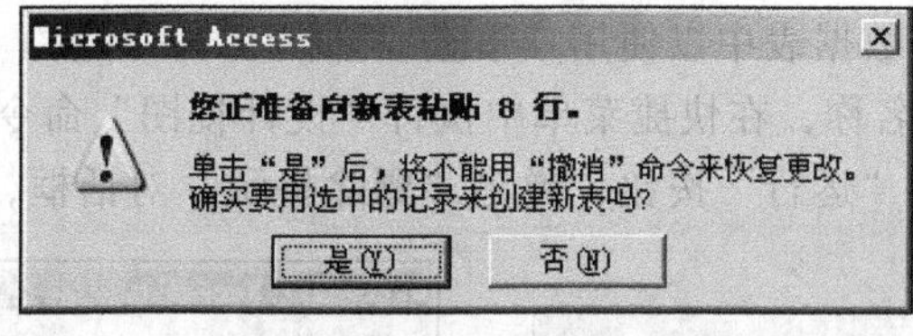

图3-42　粘贴确认

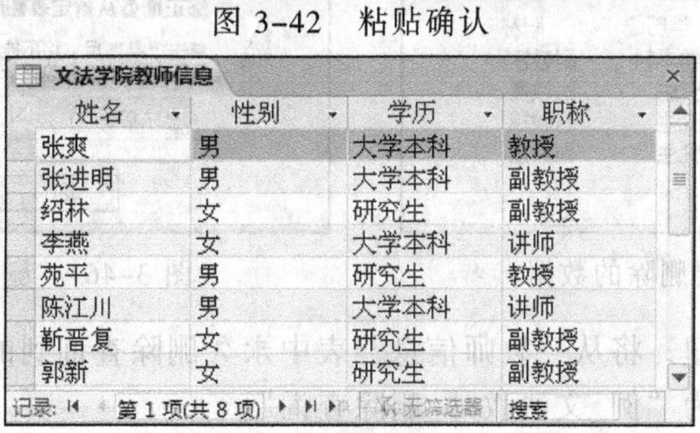

文法学院教师信息

姓名	性别	学历	职称
张爽	男	大学本科	教授
张进明	男	大学本科	副教授
绍林	女	研究生	副教授
李燕	女	大学本科	讲师
苑平	男	研究生	教授
陈江川	男	大学本科	讲师
靳晋复	女	研究生	副教授
郭新	女	研究生	副教授

记录：第1项(共8项)　无筛选器　搜索

图3-43　文法学院教师信息

3.5.2 删除查询

删除查询可以通过运行查询自动删除表中记录。使用删除查询删除记录之后，就不能撤销这个操作了。因此，在执行删除查询之前，应该先预览即将删除的数据，也可以在实施删除操作之前，先备份数据以防误操作。删除查询可以只删除一个表内的记录，也可以删除在多个表内利用表间关系相互关联的表间记录。如果要从多个表中删除相关记录必须满足以下条件：已经定义好表间关系，并且设置为“实施参照完整性”，并设置了“级联删除相关记录”选项。

【例 3-13】创建一个删除查询，删除“文法学院教师信息”表中“副教授”的记录，将查询保存为“例_文法教师_删除查询”。

操作步骤如下：

（1）打开查询设计视图，将“教师信息”表添加到查询字段窗口中，双击每一个字段，将全部字段设为查询字段。

（2）在“职称”字段对应的“条件”网格中输入“副教授”，如图 3-44 所示。

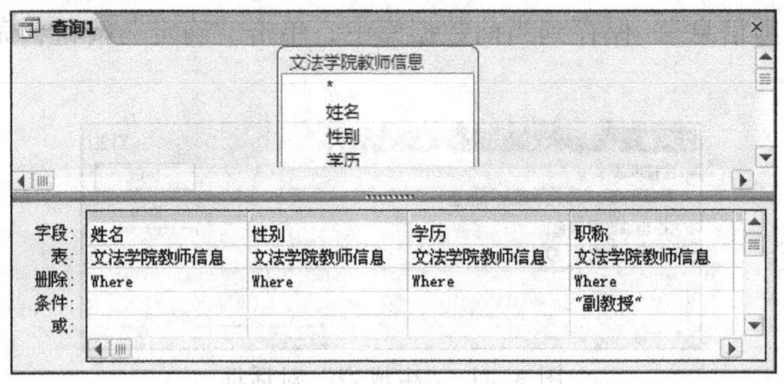

图 3-44　设置查询条件

（3）单击“查询工具|设计”→“查询类型”→“删除”按钮，在设计网格区添加了一个“删除”组件。

（4）预览要删除的数据：单击“结果”分组中的“视图”按钮切换到数据表视图，把满足删除条件的记录显示在数据表中以便用户审查，如图 3-45 所示。

（5）右击“查询 1”名称，在快捷菜单中执行“设计视图”命令，切换至设计视图。

（6）单击“结果”→“运行”按钮，弹出“删除提示”对话框，如图 3-46 所示。

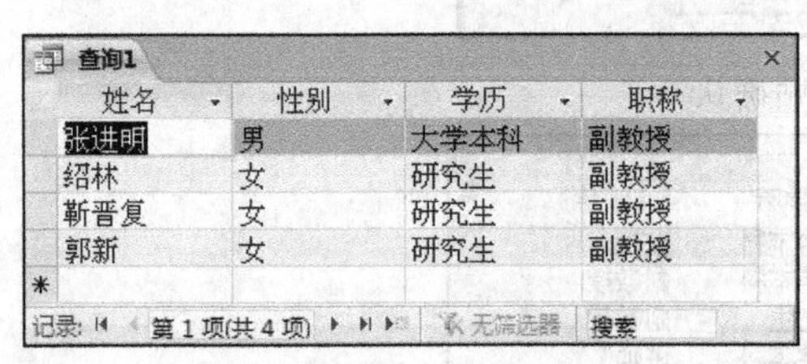

姓名	性别	学历	职称
张进明	男	大学本科	副教授
绍林	女	研究生	副教授
靳晋复	女	研究生	副教授
郭新	女	研究生	副教授

记录: 第 1 项(共 4 项)　无筛选器　搜索

图 3-45　预览要删除的数据

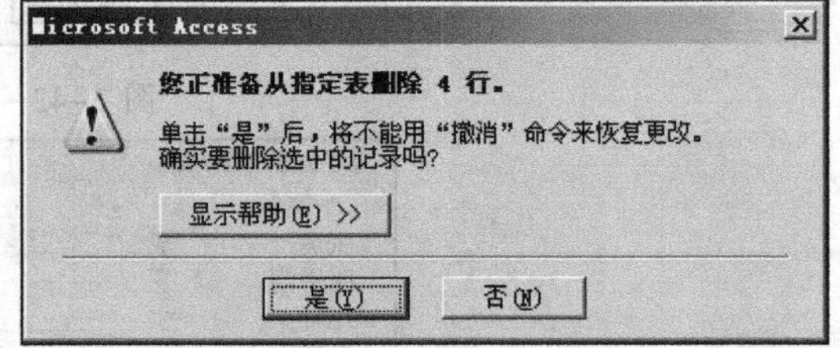

图 3-46　“删除提示”对话框

（7）单击“是”按钮，将从“教师信息”表中永久删除查询到的 4 条记录。

（8）保存查询对象为“例_文法教师_删除查询”。

3.5.3 更新查询

更新查询用于修改表中已有记录。创建更新查询首先要定义查询准则，找到目标记录，其次，还需要提供一个表达式，用表达式的值去替换原有的数据。

【例 3-14】在“教学管理 2015”数据库中完成下列操作：

（1）备份“选课信息”表，备份表名为“成绩信息”。

（2）以“成绩信息”为数据源创建一个更新查询，将学号为“130102”的学生的所有成绩减少 5 分。

操作步骤如下：

（1）备份“选课信息”表，备份表名为“成绩信息”。

① 打开“教学管理 2015”数据库，在导航窗格中右击“选课信息”表，在快捷菜单中选择“复制”命令；

② 右击导航窗格区域，在快捷菜单中选择“粘贴”命令，打开如图 3-47 所示的对话框。

③ 在“粘贴表方式”对话框中输入备份表名“成绩信息”，将粘贴选项设置为“结构和数据”，单击“确定”按钮，完成表的备份；

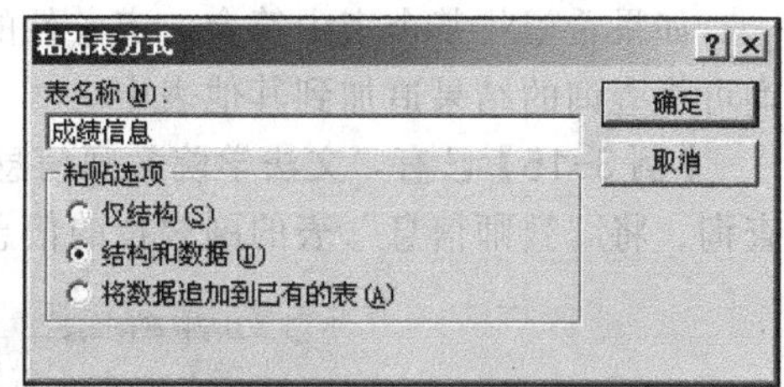

图 3-47 “粘贴表方式”对话框

（2）以“成绩信息”为数据源创建一个更新查询，将所有学号为“130102”的学生的所有成绩减少 5 分。

① 打开查询设计视图，将“成绩信息”表添加到查询显示窗口中。

② 在设计网格中添加“成绩信息”表中的“学号”“成绩”字段，在“学号”字段对应的“条件”网格中输入“130102”，如图 3-48 所示。

③ 单击“查询工具/设计”→“查询类型”→“更新”按钮，此时查询设计视图的设计网格区添加了一个“更新到”组件。

④ 在“成绩”字段对应的“更新到”网格中输入“[成绩]-5”，如图 3-49 所示。

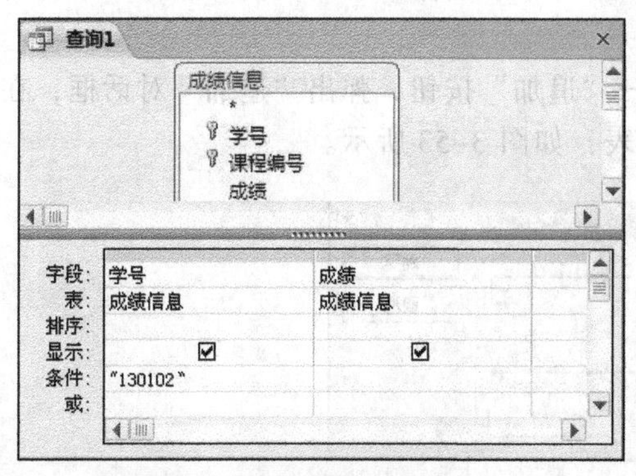

图 3-48 设置字段条件

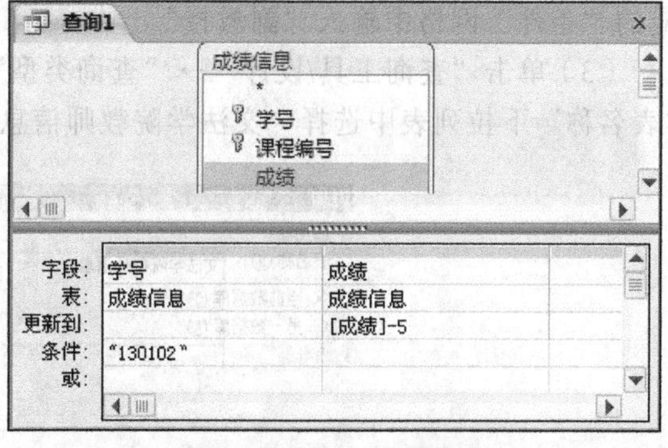

图 3-49 输入更新内容

⑤ 切换到数据表视图，预览待更新的数据，如图 3-50 所示，然后切换到设计视图。

⑥ 单击快捷工具栏上的“保存”按钮，在“保存”对话框中输入查询名称“例_成绩信息_更新查询”。

⑦ 单击“结果”→“运行”按钮，系统自动弹出一个提示信息框，提示用户将要更新记录，如图 3-51 所示。

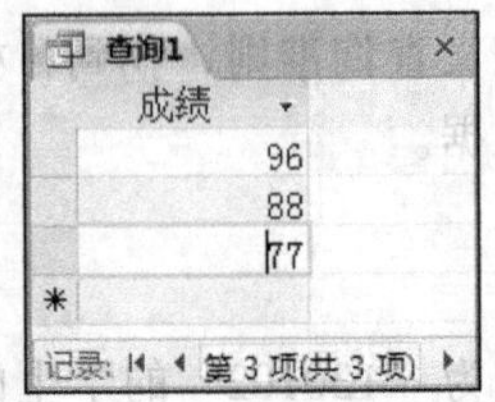

图 3-50　预览待更新的数据

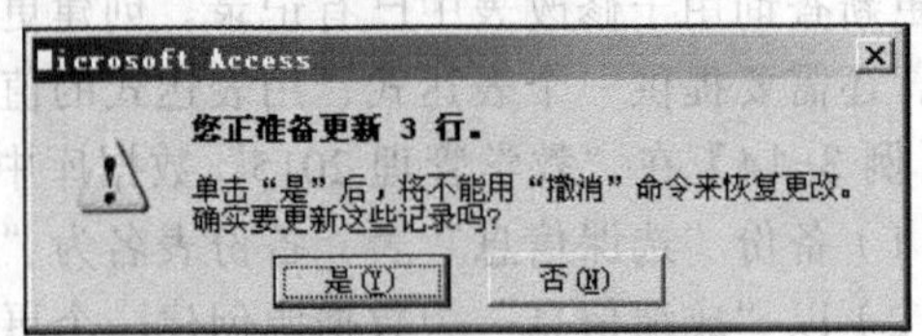

图 3-51　更新提示信息框

⑧ 单击“是”按钮执行更新查询。可以通过与“选课信息”表进行对比来查看执行结果。

3.5.4　追加查询

如果希望将某个表中符合一定条件的记录添加到另一个表中，可使用追加查询。追加查询可将查询的结果追加到其他表中。

【例 3-15】已有“文法学院教师信息”表，记录情况如图 3-52 所示。要求创建一个追加查询，将“教师信息”表的副教授的信息追加到“文法学院教师信息”表的末尾。

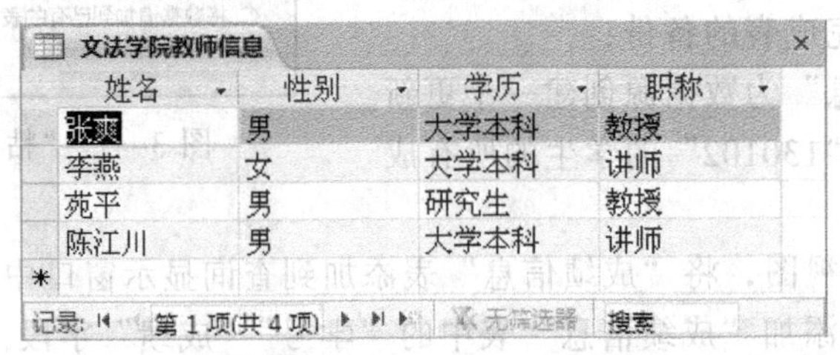

姓名	性别	学历	职称
张爽	男	大学本科	教授
李燕	女	大学本科	讲师
苑平	男	研究生	教授
陈江川	男	大学本科	讲师

图 3-52　“文法学院教师信息”表的数据视图

操作步骤如下：

（1）在查询设计视图中，将“教师信息”添加到字段列表区中。

（2）在设计网格区中添加“姓名”“性别”“学历”和“职称”字段，在“职称”字段对应的“条件”网格中输入“副教授”。

（3）单击“查询工具/设计”→“查询类型”→“追加”按钮，弹出“追加”对话框，在“表名称”下拉列表中选择“文法学院教师信息”表，如图 3-53 所示。

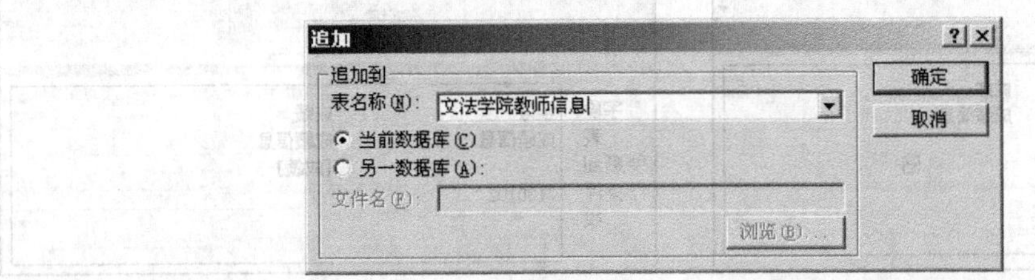

图 3-53　“追加”对话框

（4）单击“确定”按钮，此时设计网格区增加了“追加到”行，系统自动设置好要“追加到”的相应字段，如图 3-54 所示。

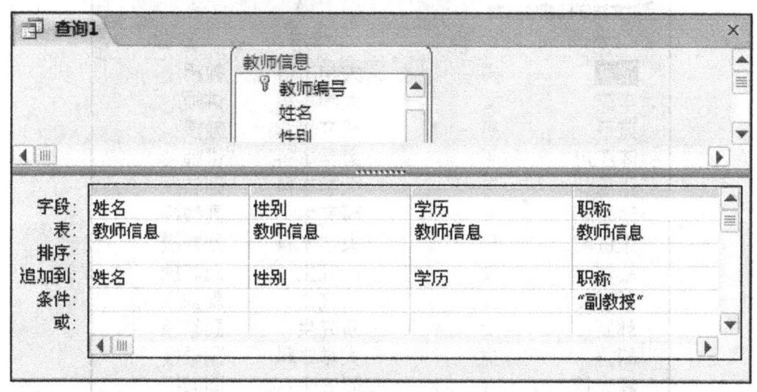

图 3-54　追加查询的设计视图

（5）切换到数据表视图预览待追加数据，如图 3-55 所示。检查要追加的数据是否正确，然后返回到设计视图。

查询1

姓名	性别	学历	职称
张乐	男	大学本科	副教授
赵希明	女	研究生	副教授
张进明	男	大学本科	副教授
绍林	女	研究生	副教授
靳晋复	女	研究生	副教授
郭新	女	研究生	副教授
胡方	男	大学本科	副教授
魏光符	女	研究生	副教授
李仪	女	研究生	副教授
陈平平	女	大学本科	副教授
李红	女	研究生	副教授
*	男		

记录: 第 11 项(共 11 项)　无筛选器　搜索

图 3-55　预览待追加数据

（6）单击快捷工具栏上的“保存”按钮，在“保存”对话框中输入查询名称“例_副教授_追加查询”。

（7）在“结果”分组中单击“运行”按钮，系统自动弹出一个提示信息框，提示用户将要追加记录，如图 3-56 所示。

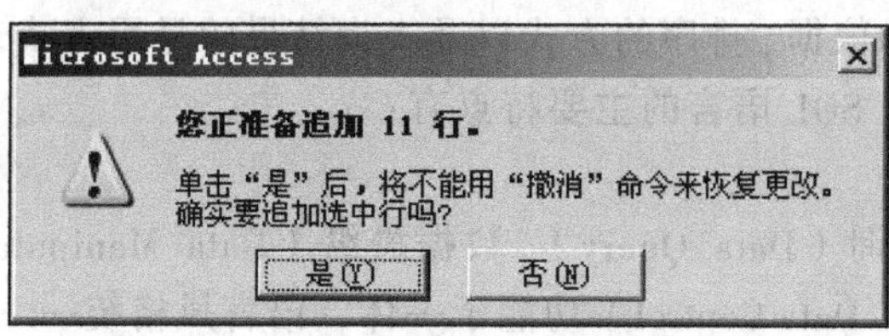

图 3-56　追加确认

（8）单击“是”按钮执行追加查询。可以通过打开数据表来查看执行结果，如图 3-57 所示。

操作查询与前面介绍的选择查询、交叉表查询和参数查询有所不同。操作查询不仅选择表中数据，还对表中数据进行修改。由于运行一个操作查询时，可能会对数据库中的表进行大量的修改，因此为了避免因误操作引起不必要的改变，在导航窗格中，每个操作查询图标的后面显示了一个感叹号，以引起用户的注意。

姓名	性别	学历	职称
张爽	男	大学本科	教授
李燕	女	大学本科	讲师
苑平	男	研究生	教授
陈江川	男	大学本科	讲师
张乐	男	大学本科	副教授
赵希明	女	研究生	副教授
张进明	男	大学本科	副教授
绍林	女	研究生	副教授
靳晋复	女	研究生	副教授
郭新	女	研究生	副教授
胡方	男	大学本科	副教授
魏光符	女	研究生	副教授
李仪	女	研究生	副教授
陈平平	女	大学本科	副教授
李红	女	研究生	副教授

图 3-57　执行追加查询后的结果表

3.6 SQL 查　询

3.6.1 SQL 语言简介

SQL 是由美国国家标准协会（American National Standards Institute，ANSI）于 1986 年 10 月公布的，随后 SQL 就被当作关系数据库的工业标准语言。1987 年，这个标准被国际化标准组织（International Standard Organization，ISO）批准为国际标准，并在这个基础上进行了补充。

SQL 成为国际标准之后，各数据库公司纷纷推出了自己符合 SQL 标准的数据库管理系统，例如 Oracle、Microsoft SQL Server、Sybase 等。SQL 标准使不同的关系数据库之间实现了数据库操作的一致性和可移植性。

SQL 是集数据定义、数据查询、数据操纵和数据控制功能于一体的语言，具有功能丰富、使用灵活、语言简捷、易学易用、通用性强、应用范围广等特点，SQL 最主要的功能就是查询功能。使用 SQL 语句不需要打开多个表，只需将要连接的表、查询等数据源的字段、筛选记录的条件、记录分组的依据、排序的方式以及查询结果的显示方式，写在一条 SQL 语句中，就可以完成特定的工作。SQL 语言的主要特点有：

（1）功能一体化

SQL 语言集数据查询（Data Query）、数据操纵（Data Manipulation）、数据定义（Data Definition）和数据控制（Data Control）功能于一体，语言风格统一，可以独立完成数据库生命周期中的全部活动，包括定义关系模式、插入数据、建立数据库、查询、更新、维护、数据库重构、数据库安全性控制等一系列操作要求，为数据库应用系统的开发提供了良好的环境。用户在数据库系统投入运行后，还可根据需要随时地、逐步地修改模式，且并不影响数据库的运行，从而使系统具有良好的可扩展性。

（2）高度非过程化

SQL 语言进行数据操作，只要提出“做什么”，而无须指明“怎么做”，因此无须了解存取路径、存取路径的选择等，SQL 语句的操作过程由系统自动完成。这不但大大减轻了用户负担，而且有利于提高数据独立性。

（3）面向集合的操作方式

SQL 语言采用集合操作方式，不仅操作对象、查找结果可以是元组的集合，而且插入、删除、更新操作的对象也可以是元组的集合。

（4）以统一的语法结构提供两种使用方式

SQL 语言既是自含式语言，又是嵌入式语言。作为自含式语言，它能够独立地用于联机交互的使用方式，用户可以在终端键盘上直接键入 SQL 命令对数据库进行操作；作为嵌入式语言，SQL 语句能够嵌入到高级语言（如 C 语言、Fortran 语言）程序中，供程序员设计程序时使用。而在两种不同的使用方式下，SQL 语言的语法结构基本上是一致的。这种以统一的语法结构提供两种不同的使用方式的做法，为用户提供了极大的灵活性与方便性。

SQL 语言功能极强，但由于设计巧妙，语言十分简捷，完成核心功能只用 9 个动词，如表 3-15 所示。

表 3-15 SQL 的动词

SQL 功能	动 词
数据定义	CREATE、DROP、ALTER
数据操纵	INSERT、UPDATE、DELETE
数据查询	SELECT
数据控制	CRANT、REVOTE

3.6.2 SELECT 语句

在 SQL 中,查询对应的命令是 SQL-SELECT 语句。SELECT 语句能够实现数据的选择、投影和连接运算，并能够完成筛选字段重命名、分类汇总、排序和多数据源数据组合等具体操作。

SELECT 语句完整的语法结构如下：

```
SELECT[ALL | DISTINCT | TOP n]*|<字段列表>[,<表达式> AS <标识符>]
FROM <表名 1>[,<表名 2>]…
[WHERE <条件表达式>]
[GROUP BY <字段名>[HAVING <条件表达式>]]
[HAVING <内部函数表达式>]
[ORDER BY <字段名>[ASC| DESC]];
```

语句功能：从指定的基本表中，创建一个由指定范围内、满足条件、按某字段分组、按某字段排序的指定字段组成的新记录集。

在语法结构中，特殊符号的功能约定如表 3-16 所示，命令子句及参数说明如表 3-17 所示。

表 3-16 特殊符号功能约定

符 号	功 能 说 明
<>	必选项，表示在实际语句中要使用实际的内容加以替代
[ ]	可选项，表示可按实际情况加以选择，也可以不选择
|	表示“或”，可在多个选项中选择其一

表 3-17　命令子句及参数说明

命令子句及参数	功 能 说 明
ALL	满足条件的全部记录。默认值为 ALL
DISTINCT	不包含重复行的所有记录
TOP n	前 *n* 条记录。*n* 是整数
*	代表所有字段
<字段列表>	用“,”分隔开的字段名、常数或函数
<表达式>AS<标识符>	表达式可以是字段名、也可以是一个计算表达式。 AS<标识符>是为表达式指定的新的字段名称
FROM <表名 1>	指定查询的数据源
WHERE <条件表达式>	指定查询条件
GROUP BY <字段名>	指定检索结果按<字段名>分组
HAVING <条件表达式>	必须跟 GROUP BY 一起使用，用来限定分组必须满足的条件
ORDER BY <字段名>	对查询结果排序按<字段名>排序
ASC	升序
DESC	降序

SELECT 语句简单应用举例：

【例 3-16】打开“教学管理 2015”数据库，在查询设计的“SQL 视图”中输入下列查询命令，查看并分析运行结果。

（1）查询 ZGDA 表中的所有字段，所有记录信息。

```
SELECT * FROM ZGDA
```

（2）查询所有记录的职称字段值，ALL 可省略。

```
SELECT ALL 职称 FROM ZGDA
```

（3）查询所有记录的职称字段值，去掉重复行。

```
SELECT DISTINCT 职称 FROM ZGDA
```

（4）查询所有记录的姓名、性别、年龄和职称字段的信息。

```
SELECT 姓名,性别,年龄,职称 FROM ZGDA
```

（5）查询编号最大的前 3 条记录

```
SELECT TOP 3 * FROM ZGDA ORDER BY 编号 DESC
```

（6）按年龄查询记录，只降序显示查询结果中位于前面 25%的记录

```
SELECT TOP 25 PERCENT * FROM ZGDA ORDER BY 年龄 DESC
```

（7）查询所有讲师的姓名、性别、年龄和职称信息，查询结果按性别升序，性别相同按年龄降序排列。

```
SELECT 姓名,性别,年龄,职称 FROM ZGDA WHERE 职称="讲师" ORDER BY 性别 ASC,年龄
DESC
```

（8）查询年龄在 40 到 50 之间的职工姓名、性别、年龄和职称信息。

```
SELECT 姓名,性别,年龄,职称 FROM ZGDA WHERE 年龄 BETWEEN 40 AND 50
```

（9）查询所有姓刘的职工信息，通配符*号代表任意多个字符。

```
SELECT * FROM ZGDA WHERE 姓名 LIKE "刘*"
```

（10）查询姓王且姓名只有两个字符的职工信息，通配符*号代表任意一个字符。

```
SELECT * FROM ZGDA WHERE 姓名 LIKE "王?"
```

（11）查询不姓王的职工信息。

```
SELECT 姓名,性别,年龄,职称 FROM ZGDA WHERE 姓名 NOT LIKE "王*"
```

（12）查询姓名为空值的职工信息。

```
SELECT * FROM ZGDA WHERE 姓名 IS NULL
```

（13）查询讲师和副教授"的姓名、年龄、职称信息。

```
SELECT 姓名,年龄,职称 FROM ZGDA WHERE 职称 IN ("讲师","副教授")
```

（14）按职称分组查询职工的平均年龄。

```
SELECT 职称,AVG(年龄) FROM ZGDA GROUP BY 职称
```

（15）按职称分组查询职工的平均年龄，平均年龄为用户自定义的列名。

```
SELECT 职称,AVG(年龄) AS 平均年龄 FROM ZGDA GROUP BY 职称
```

（16）按职称分组查询职工的平均年龄,只显示平均年龄大于40的分组。

```
SELECT 职称,AVG(年龄) FROM ZGDA GROUP BY 职称 HAVING AVG(年龄)>40
```

（17）查询ZGDA表中年龄字段的最大值（最小值用MIN函数）。

```
SELECT MAX(年龄) AS 最大年龄 FROM ZGDA
```

（18）查询表中的记录个数，职工人数为自定义列名。

```
SELECT COUNT(*) AS 职工人数 FROM ZGDA
```

（19）查询男女职工的人数，职工人数为自定义列名。

```
SELECT 性别,COUNT(*) AS 职工人数 FROM ZGDA GROUP BY 性别
```

（20）两表简单连接：将ZGDA和JSKC表连接起来，并查询所有信息

```
SELECT * FROM ZGDA,JSKC WHERE ZGDA.编号=JSKC.编号
```

（21）两表内连接：将ZGDA和JSKC表连接起来，并查询所有信息

```
SELECT * FROM ZGDA INNER JOIN JSKC ON ZGDA.编号=JSKC.编号
```

3.6.3 INSERT 语句

使用SQL语言中的INSERT语句可以向数据中追加新的记录数据。

语法格式如下：

```
INSERT INTO <表名>[(<字段名 1>[,<字段名 2>…])]
VALUES<值 1>[,<值 2>…];
```

说明：字段名1、字段名2表示需要插入数据的字段。若省略，表示表中的每个字段都要插入数据；值1，值2是对应插入到字段名1、字段名2中的数据，其顺序、类型和数量必须与字段名1、字段名2一致。

【例3-17】向“学生信息”表中添加一名学生记录（140505，张大勇，男，1997-2-14，财务151，管理学院）

操作步骤如下：

（1）单击“创建”→“查询”→“查询设计”按钮，在弹出的“显示表”对话框中，不选择任何表，进入空白查询设计视图。

（2）单击“结果”→“SQL视图”按钮，在“SQL视图”的空白查询区域输入如下SQL代码：insert into 学生信息（学号,姓名,性别,出生日期,所属班级,所属院部）

```
Values ("140505","张大勇","男",#1997-2-14#,"财务151","管理学院");
```

（3）单击快捷访问工具栏上的“保存”按钮，弹出“另存为”对话框，输入查询名称为“SQL_INSERT查询示例”，如图3-58所示，单击“确定”按钮。

（4）单击“结果”→“运行”按钮，弹出如图 3-59 所示的对话框，单击“是”按钮。

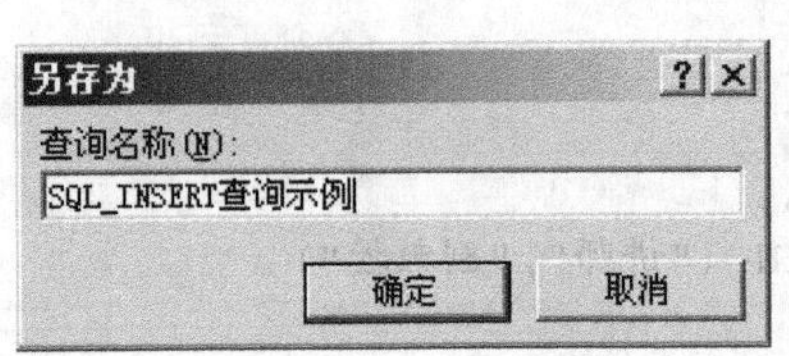

图 3-58　保存查询

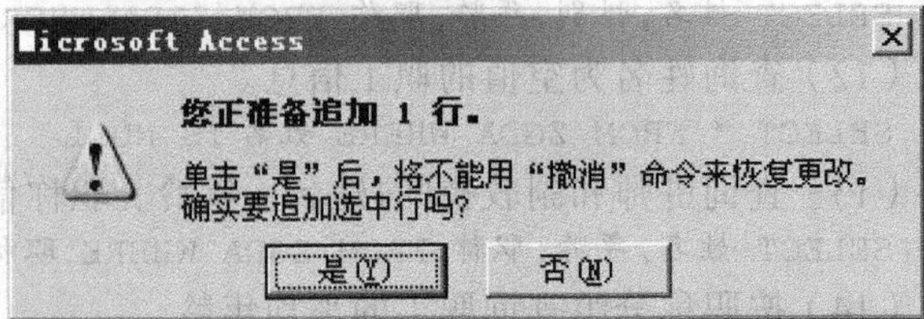

图 3-59　确认追加记录

（5）在导航窗格中，双击“学生信息”表，追加记录的结果如图 3-60 所示，可见已追加张大勇这条记录。

学号	姓名	性别	出生日期	所属班级	所属院部
140101	吴东	女	1996-7-15	英语131	外语学院
140401	任伟	男	1998-9-18	英语141	外语学院
140402	江贺	男	1998-10-11	英语141	外语学院
140505	张大勇	男	1997-2-14	财务151	管理学院

记录: 第 1 项(共 25 项　无筛选器　搜索

图 3-60　追加记录后的结果

3.6.4　UPDATE 语句

UPDATE 语句用于修改数据表中已经存在的记录数据。

语法格式：UPDATE <表名> SET <字段名 1>=<新值>[，<字段名 2>=<新值>… [WHERE <条件>]

说明： 表名用来指定需要修改数据的表；字段名 1 和字段名 2 是要修改的字段；新值 1 和新值 2 是和字段 1 和字段 2 对应的新数据；WHERE 条件用于指定修改符合条件的记录。

例如：修改“学生信息”表中的“张大勇”同学的出生日期为 1999-9-18，可使用如下 SQL 语句。

```
UPDATE 学生信息 set 出生日期=#1999-9-18# WHERE 姓名="张大勇";
```

3.6.5　DELETE 语句

DELETE 语句用于删除数据表中的记录。

基本语法格式：DELETE <记录> FROM <表名> [WHERE <条件>];

说明： 如果没指定 WHERE <条件>子句，则删除表中的所有记录。

例如：要删除“学生信息”表中的“张大勇”同学的记录，可使用如下 SQL 语句。

```
DELETE * FROM 学生信息 WHERE 姓名="张大勇"
```

3.6.6　SQL 特定查询

通过 SQL 语句不仅可以实现前文介绍的各种查询操作，而且还可以实现在查询设计网格内不能实现的查询，如联合查询、传递查询、数据定义查询和子查询，这些查询称为 SQL 特定查询。对于联合查询、传递查询、数据定义查询，必须直接在“SQL”视图中创建 SQL 语句。对于子查询，则要在查询设计网格的“字段”行或者“条件”行中输入 SQL 语句。

1. 联合查询

联合查询的功能是将两个查询的结果合并，并可以根据联合查询创建“生成表查询”以生成一个新表。

联合查询的一般格式如下：

```
SELECT <查询 1>
UNION
SELECT <查询 1>
```

【例 3-18】 创建联合查询，将 ZGDA 表中的助教信息和教师信息表中的教授信息合并，查询结果显示姓名、性别、职称字段的信息。

操作步骤如下：

（1）打开“教学管理 2015”数据库，单击“创建”选项卡中“查询”分组中的“查询设计”按钮，在弹出的“显示表”对话框中，不选择任何表，进入空白查询设计视图。

（2）单击“查询类型”→“联合查询”按钮，弹出“SQL 视图”的编辑窗口，在空白区域输入如下 SQL 代码：

```
SELECT 姓名,性别,职称 FROM ZGDA  WHERE 职称="助教"
UNION
SELECT 姓名,性别,职称 FROM 教师信息 WHERE 职称="教授"
```

（3）单击快速工具栏上的“保存”按钮，弹出“另存为”对话框，在“查询名称”文本框中输入“例_助教教授_联合查询”，单击“确定”按钮。

（4）单击“结果”→“运行”按钮，查询结果如图 3-61 所示。

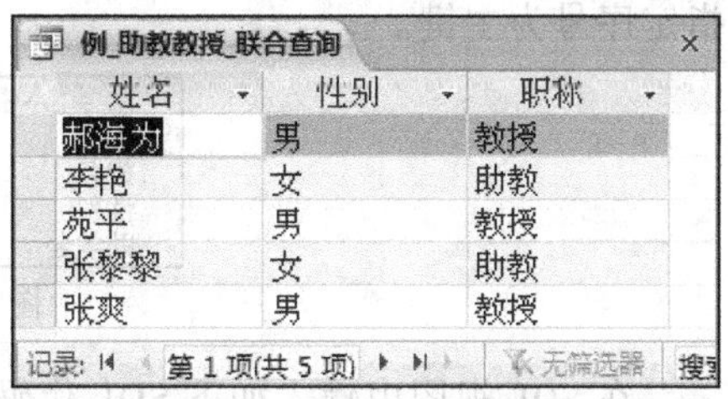

例_助教教授_联合查询

姓名	性别	职称
郝海为	男	教授
李艳	女	助教
苑平	男	教授
张黎黎	女	助教
张爽	男	教授

记录：第 1 项(共 5 项)　无筛选器　搜索

图 3-61　联合查询结果

2. 数据定义查询

SQL 还提供定义和维护表结构的数据定义语句，使用数据定义，可以创建、删除或更改表和创建索引。每个数据定义查询只能包含一个数据定义语句。常用的数据定义语句如表 3-18 所示。

表 3-18　常用的数据定义语句

SQL 语句	用　　途
CREATE TABLE	创建表
ALTER TABLE	修改表结构
DROP TABLE	删除表
CREATE INDEX	创建索引

创建表的语句语法如下：

```
CREATE TABLE <表名>
 (<字段 1> <类型> [(宽度)] [NOT NULL] [PRIMARY KEY|UNIQUE]
 [, <字段 2> <类型> [(宽度)] [NOT NULL]
 [,...]])
```

说明：

NOT NULL：不允许字段接受空值；

PRIMARY KEY：指定该字段为主键；

UNIQUE:指定该字段为唯一索引；

【例 3-19】在"教学管理 2015"数据库中，创建表结构如图 3-62 所示的 XSDA 表。

字段名称	数据类型
序号	自动编号
姓名	文本
性别	文本
助学金	货币
出生日期	日期/时间
奖惩否	是/否
入学成绩	数字
照片	OLE 对象
简历	备注

图 3-62　XSDA 表结构

在 SQL 视图中输入如下 SQL 代码：

```
CREATE TABLE XSDA(序号 AUTOINCREMENT(1,1),姓名 TEXT(10),性别 TEXT(1),助学金
MONEY,出生日期 DATETIME,奖惩否 YESNO,入学成绩 SINGLE ,照片 IMAGE,简历 MEMO)
```

【例 3-20】在"教学管理 2015"数据库中，创建表结构如图 3-63 所示的 XSDA1 表，并指定序号为主键。

字段名称	数据类型
序号	自动编号
姓名	文本
性别	文本
助学金	货币

图 3-63　XSDA1 表结构

在 SQL 视图中输入如下 SQL 代码：

```
CREATE TABLE XSDA2(序号 AUTOINCREMENT(1,1) PRIMARY KEY,姓名 TEXT(10),性别
TEXT(1),助学金 MONEY)
```

3. 传递查询

传递查询使用服务器能接受的命令且直接将命令发送到 ODBC 数据库，如 Microsoft SQL Server。使用传递查询可以不必链接到服务器上的表而直接使用它们。

4. 子查询

子查询由另一个选择查询或者操作查询之内的 SELECT 语句组成。用户可以在查询设计网格的"字段"行输入这些语句来定义新字段，可在"条件"行中定义字段的条件。

3.7　编辑和使用查询

建立查询后，可以运行查询，也可以在查询设计视图中编辑已经建立的查询。

3.7.1 运行查询

在创建查询时，单击“查询工具/设计”→“结果”→“运行”按钮，即可在数据表视图中查看查询的结果。

在查询创建以后，如果要运行查询，可以通过以下两种方法来实现：

方法 1：在导航窗格的查询列表中，双击要运行的查询。

方法 2：在导航窗格的查询列表中，右击要运行的查询，在弹出的快捷菜单中选择“打开”命令即可。

3.7.2 编辑查询中的字段

1. 添加字段

可以使用以下 3 种方法为“查询”对象添加字段：

方法 1：在查询设计视图中，拖动字段列表区中所需字段到设计网格区“字段”组件的网格中。

方法 2：在查询设计视图中，双击字段列表区中所需字段，则字段会自动添加到设计网格区“字段”组件的网格中。

方法 3：首先单击设计网格区的“表”组件的空白网格，打开其下拉列表，从中选择源表，再从对应“字段”组件的网格的下拉列表中选择字段。

2. 删除字段

打开查询设计视图，在设计网格区域中，单击列选择器，然后按【Delete】键。

3. 移动字段

（1）在查询设计视图中移动字段

在设计网格区单击列选择器选择一列，拖动选定字段的列选择器至新位置，保存所作修改，当再次运行该查询时可以看到本次的修改效果。

（2）在查询数据表视图中移动字段

在数据表视图中打开查询，单击要移动的字段名选择一列，拖动选定字段至新位置即可，保存所作修改，当再次运行该查询时可以看到本次的修改效果。

3.7.3 添加或删除查询中的数据源

在查询设计视图中可以添加或者删除“查询”对象的数据源。

1. 添加表或查询

单击“查询工具/设计”→“查询设置”→“显示表”按钮，或右键单击字段列表区打开快捷菜单，选择“显示表”命令，在弹出的“显示表”对话框中可以添加表或查询。

2. 删除表或查询

在查询设计视图的字段列表区中，可单击要删除的表或查询，按【Delete】键来删除查询的数据源；也可以右键单击删除的表或查询打开快捷菜单，选择“删除表”命令。

3.7.4 查询结果的排序

对查询结果的排序，可通过设置查询设计区的“排序”组件来实现。在对多个字段排序时，Access 遵循从左至右的优先原则，如图 3-64 所示，查询结果首先按性别进行升序排列，性别相同时按成绩降序排列。

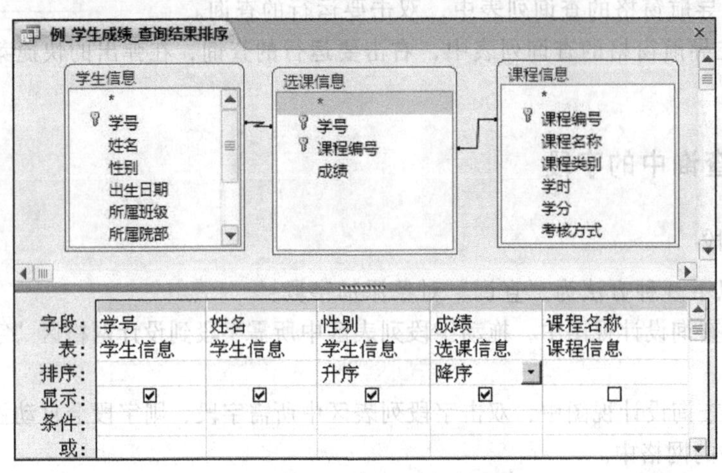

图 3-64 多字段排序

如果仅对单个字段进行排序，可在数据表视图中打开查询，用以下 3 种方法完成排序：

方法 1：单击作为排序字段的任意网格，单击“开始”→“排序和筛选”→“升序”或者“降序”按钮完成排序。

方法 2：单击字段名称旁的下拉箭头，在打开的列表中选择“升序”或者“降序”项完成排序。

方法 3：右击作为排序字段的任意网格，打开快捷菜单，从中选择“升序”或者“降序”命令完成排序。

本章小结

查询以一个或多个表及查询为数据来源，重组并加工这些表及查询中的数据。查询可以作为一个对象存储。当用户进行查询时，系统会根据数据来源中当前数据产生查询结果，所以查询结果是一个动态集，会随着数据源的变化而变化。

Access 支持 5 种查询方式：选择查询、参数查询、交叉表查询、操作查询和 SQL 查询。选择查询是最常见的查询类型，它从一个或多个表中检索数据。用户也可以使用选择查询来对记录进行分组，并且对记录作总计、计数、平均值以及其他类型的计算。参数查询在执行时显示对话框，根据用户输入的参数来完成查询。交叉表查询可以计算并重新组织数据结构，这样可以更加方便地分析数据。交叉表查询计算数据的总计、计数、平均值以及其他类型的计算。操作查询是指通过执行查询对数据表中的记录进行更改。操作查询分为 4 种：生成表查询、删除查询、更新查询和追加查询。SQL 查询是用户使用 SQL 语句创建的查询，用户可以用结构化查询语言（SQL）来查询、更新和管理数据表中的数据。

使用查询向导来创建选择查询和交叉表查询虽然方便快捷，但是缺乏灵活性。查询设计视图可以实现复杂条件的查询设计，而SQL查询则能完成查询设计视图所不能完成的查询操作。

习　题　3

一、选择题

1. 下列SQL查询语句中，与题图3-1查询设计视图所示的查询结果等价的是（　　）。

   A. SELECT 姓名,性别,所属院部 FROM 学生信息
      WHERE 性别="女" AND 所属院部 IN("管理学院","文法学院")

   B. SELECT 姓名,所属院部 FROM 学生信息
      WHERE 性别="女"AND 所属院部 IN("管理学院","文法学院")

   C. SELECT 姓名,性别,所属院部 FROM 学生信息
      WHERE 性别="女"AND 所属院部="管理学院"OR 所属院部="文法学院"

   D. SELECT 姓名,性别,所属院部 FROM 学生信息
      WHERE 性别="女"AND 所属院部="文法学院"OR 所属院部="管理学院"

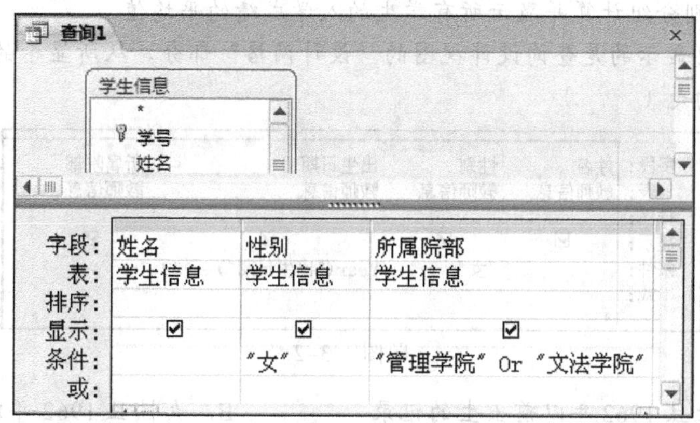

题图　3-1

2. 若在数据库中已有同名表，要通过查询覆盖原来的表，应使用的查询类型是（　　）。

   A. 删除　　B. 追加　　C. 生成表　　D. 更新

3. 条件“Not 工资额>2000”的含义是（　　）。

   A. 选择工资额大于2000的记录

   B. 选择工资额小于2000的记录

   C. 选择除了工资额大于2000之外的记录

   D. 选择除了字段工资额之外的字段，且大于2000的记录

4. 将表A的记录添加到表B中，要求保持表B中原有的记录。可以使用的查询是（　　）。

   A. 选择查询　　B. 生成表查询　　C. 追加查询　　D. 更新查询

5. 在Access中，“查询”对象的数据源可以是（　　）。

   A. 表　　B. 查询　　C. 表和查询　　D. 表、查询和报表

6. 如果在查询的条件中使用了通配符“[ ]”，它的含义是（　　）。

   A. 通配任意长度的字符　　B. 通配不在括号内的任意字符

   C. 通配方括号内列出的任一单个字符　　D. 错误的使用方法

7. 在 Access 中已经建立了“工资”表，表中包括“职工号”“所在单位”“基本工资”和“应发工资”等字段，如果要按单位统计应发工资总数，那么在查询“设计”视图的“所在单位”的“总计”行和“应发工资”的“总计”行中应分别选择的是（　　）。

A. Sum， Group By　　　　B. Count， Group By

C. Group By， Sum　　　　D. Group By， Count

8. 在创建交叉表查询时，列标题字段的值显示在交叉表的（　　）。

A. 第 1 行　　B. 第 1 列　　C. 上面若干行　　D. 左面若干列

9. 在 Access 中已经建立了“学生”表，表中有“学号”“姓名”“性别”和“入学成绩”等字段。执行如下 SQL 命令：

```
SELECT 性别，AVG(入学成绩 ) FROM 学生 GROUP BY 性别
```

其结果是（　　）。

A. 计算并显示所有学生的性别和入学成绩的平均值

B. 按性别分组计算并显示所有学生的性别和入学成绩的平均值

C. 计算并显示所有学生的入学成绩的平均值

D. 按性别分组计算并显示所有学生的入学成绩的平均值

10. 题图 3-2 显示的是查询设计视图的“设计网格”部分，从所显示的内容中可以判断出该查询要查找的是（　　）。

字段：	姓名	性别	出生日期	所属院部
表：	教师信息	教师信息	教师信息	教师信息
排序：				
显示：	☑	☑	☑	☑
条件：		"女"	Year("出生日期")<1962	
或：				

题图 3-2

A. 女性且 1962 年以前出生的记录　　B. 女性且 1962 年以后出生的记录

C. 女性或者 1962 年以前出生的记录　　D. 女性或者 1962 年以后出生的记录

11. 以“教师信息”表为数据源创建查询，计算各院部不同性别的总人数和各类职称人数，并显示如题图 3-3 所示的结果，其正确的设计是（　　）。

教师信息_交叉表

所属院部	性别	总人数	副教授	讲师	教授
管理学院	男	3	1	2	
管理学院	女	1	1		
技经学院	女	4	3	1	
外语学院	男	5	1	3	1
外语学院	女	2	1	1	
文法学院	男	4	1	1	2
文法学院	女	4	3	1	

题图 3-3

A.

字段：	[所属院部]	[性别]	[职称]	总人数：[教师编号]	[教师编号]
表：	教师信息	教师信息	教师信息	教师信息	教师信息
总计：	Group By	Group By	Group By	计数	计数
交叉表：	行标题	行标题	列标题	列标题	值

B.

字段：	[所属院部]	[性别]	[职称]	总人数：[教师编号]	[教师编号]
表：	教师信息	教师信息	教师信息	教师信息	教师信息
总计：	Group By	Group By	Group By	计数	计数
交叉表：	行标题	行标题	列标题	行标题	值

C.

字段:	[所属院部]	[性别]	[职称]	[教师编号]
表:	教师信息	教师信息	教师信息	教师信息
总计:	Group By	Group By	Group By	计数
交叉表:	行标题	行标题	列标题	值

D.

字段:	[所属院部]	[性别]	[职称]	总人数: [教师编号]	[教师编号]
表:	教师信息	教师信息	教师信息	教师信息	教师信息
总计:	Group By	Group By	Group By	计数	计数
交叉表:	行标题	行标题	列标题	值	值

12. 题图 3-4 是使用“查询设计器”完成的查询，与该查询等价的 SQL 语句是（　　）。

A. SELECT 学号,考试成绩 FROM 选课信息 WHERE 考试成绩<(SELECT AVG(考试成绩) FROM 选课信息)

B. SELECT 学号 WHERE 考试成绩>(SELECT AVG(考试成绩) FROM 选课信息)

C. SELECT 考试成绩 AVG(考试成绩) FROM 选课信息

D. SELECT 考试成绩>(SELECT AVG 考试成绩) FROM 选课信息

13. 题图 3-5 所示的查询返回的记录是（　　）。

A. 不包含 80 分和 90 分　　B. 不包含 80 分至 90 分的分数段

C. 包含 80 分至 90 分的分数段　　D. 所有记录

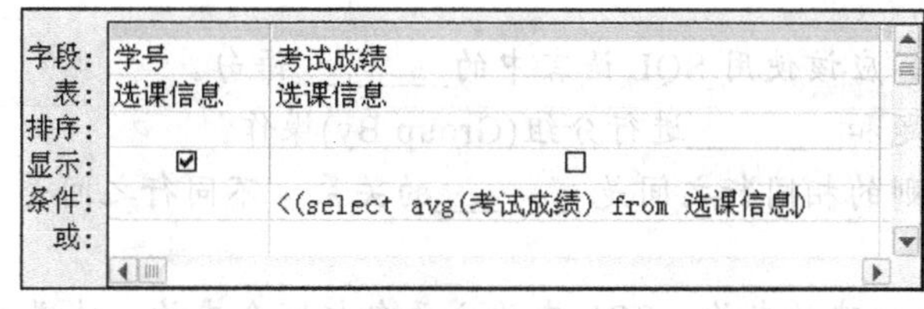

题图 3-4

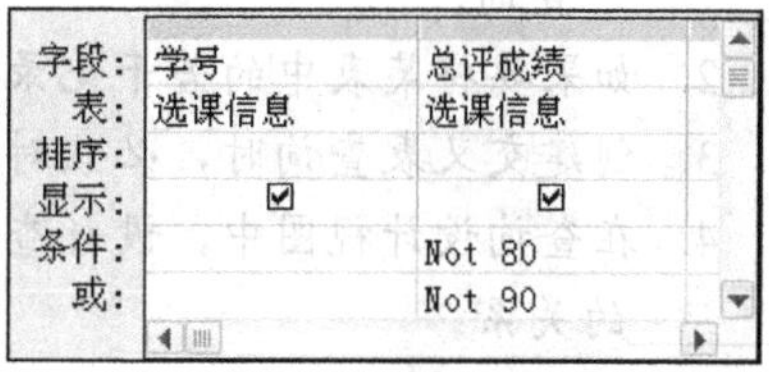

题图 3-5

14. 排序时如果选取了多个字段，则输出结果是（　　）。

A. 按设定的优先次序依次进行排序　　B. 按最右边的列开始排序

C. 按从左向右优先次序依次进行排序　　D. 无法进行排序

15. 关于 SQL 查询，以下说法中不正确的是（　　）。

A. SQL 查询是用户使用 SQL 语句创建的查询

B. 在查询设计视图中创建查询时，Access 将在后台构造等效的语句

C. SQL 查询可以用结构化的查询语言来查询、更新和管理关系数据库

D. SQL 查询中存储的是从源表查询出来的数据集合

16. 在一个 Access 的表中有字段“专业”，要查找包含“信息”两字的记录，正确的条件表达式是（　　）。

A. =Left([专业],2)="信息"　　B. Like "*信息*"

C. ="信息"　　D. Mid([专业],1,2)="信息"

17. 假设学生表中有一个“姓名”字段，查找姓“刘”的记录的准则是（　　）。

A. "刘"　　B. Not "刘"

C. Like "刘"　　D. Left([姓名],1)= "刘"

18. 利用表中的行和列来统计数据的查询是（　　）。

A. 选择查询　　B. 操作查询

C. 交叉表查询　　D. 参数查询

19. 查询最近 30 天的记录应使用（　　）作为准则。

A. Between Date() And Date() − 30　　B. <=Date() − 30

C. Between Date() − 30 And Date()　　D. <Date() − 30

20. 设图书表中有一个时间字段，查找 2006 年出版的图书的准则是（　　）。

A. Between #2006-01-01# And #2006-12-31#

B. Between "2006-01-01" And "2006-12-31"

C. Between "2006.01.01" And "2006.12.31"

D. #2006-01-01# And #2006-12-31#

21. 设 stud 是学生关系，sc 为学生选课关系，sno 是学号字段，sname 是姓名字段，cno 是课程号，执行下面的 SQL 语句的查询结果是（　　）。

```
Select sname From stud , sc  Where stud.sno=sc.sno and sc.cno="C1"
```

A. 选出选修 C1 课程的学生信息　　B. 选出选修 C1 课程的学生姓名

C. 选出 stud 中学号与 sc 中学号相等的信息　　D. 选出 stud 和 sc 中的一个关系

二、填空题

1. 在学生成绩表中，如果需要根据输入的学生姓名查找学生的成绩，那么需要使用的是________查询。

2. 如果要将某表中的若干记录删除，应该使用 SQL 语言中的________语句。

3. 创建交叉表查询时，必须对行标题和________进行分组(Group By)操作。

4. 在查询设计视图中，设计查询准则的相同行之间是________的关系，不同行之间是________的关系。

5. SQL 查询就是用户使用 SQL 语句创建的查询。SQL 查询主要包括联合查询、传递查询、________查询和子查询等。

6. 根据对数据源操作方式和结果的不同，查询可以分为 5 类：选择查询、交叉表查询、________查询、操作查询和 SQL 查询。

第4章　窗　　体

本章主要内容：

- 窗体的功能及结构
- 创建窗体的方法
- 窗体的简单应用
- 窗体的完善及修饰

窗体又称为表单，是 Access 数据库的重要对象之一。窗体既是管理数据库的窗口，又是用户和数据库之间的桥梁。通过窗体可以方便地输入数据、编辑数据、查询、排序、筛选和显示数据。Access 利用窗体将整个数据库组织起来，从而构成完整的应用系统。

一个数据库系统开发完成后，对数据库的所有操作都是在窗体界面中进行的。

4.1　窗体概述

一个好的数据库系统不但要设计合理，满足用户需要，而且还必须具有一个功能完善、操作方便、外观美观的操作界面。窗体作为输入界面时，它可以接受数据的输入并检查输入的数据是否有效；窗体作为输出界面时，它可以根据需要输出各类形式的信息（包括多媒体信息），还可以把记录组织成方便浏览的各种形式。

4.1.1　窗体的功能

Access 窗体有如下 4 种类型：数据操作窗体、控制窗体、信息显示窗体和交互信息窗体。不同类型的窗体完成不同的任务。

1. 控制窗体

主要用来操作和控制程序的运行。这类窗体通过“命令按钮”来执行用户请求。此外，还可以通过选项按钮、切换按钮、列表框和组合框等其他控件接受并执行用户的请求，如图 4-1 所示。

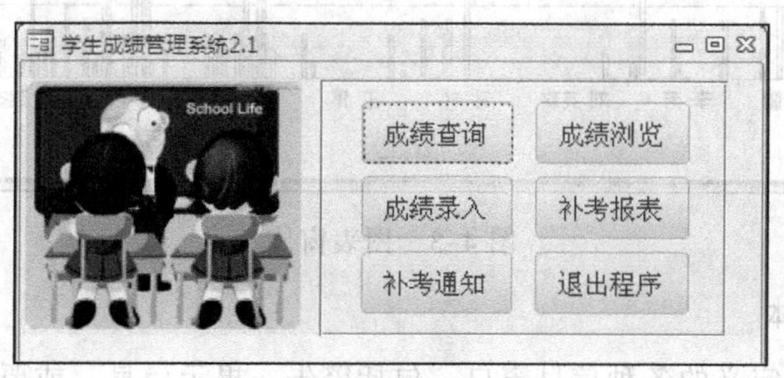

图 4-1　控制窗体

2．数据操作

用来对表和查询进行显示、浏览、输入、修改等多种操作。在 Access 2010 中，为了简化数据库设计，提倡使用把数据操作窗体与控制窗体结合起来的设计方法。罗斯文数据库的主页等窗体就是这种结合的一例示范，如图 4-2 所示。

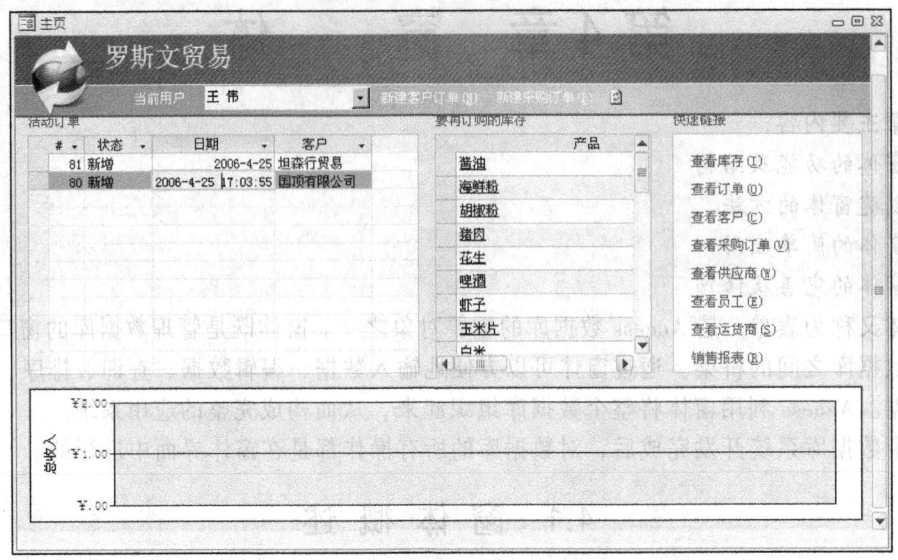

图 4-2　数据操作窗体

3．信息或数据显示窗体

主要用来显示信息。它以数值或者图表的形式显示信息，如图 4-3 所示。

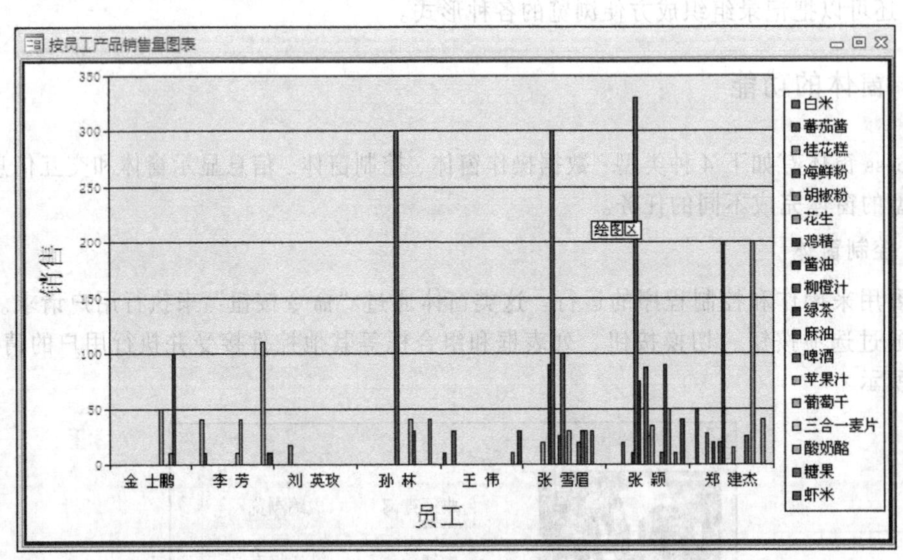

图 4-3　图表窗体

4．交互信息窗体

主要用于需要自定义的各种信息窗口，包括警告、提示信息，或要求用户回答等。这种窗口是系统自行产生的（例如参数查询的对话框），或是当输入数据违反有效性规则时系统自行弹出的警告信息。这类窗体可以在宏或模块设计中预先编写，也可以在系统设计过程中预先编写，如图 4-4 所示。

图 4-4　显示提示信息

4.1.2　窗体的组成及类型

窗体是由窗体本身和窗体所包含的控件组成的，窗体的形式是由其自身的特性和其所包含控件的属性决定的。

1. 窗体的组成和结构

理解窗体的组成部分是根据需要设计窗体的第一步。

一个完整的窗体是由窗体页眉、页面页眉、主体、页面页脚和窗体页脚共 5 个部分组成，每个部分称为一个“节”，每个节都有特定的用途，并且按窗体中预见的顺序打印。主体节是必不可少的，其他的节根据需要可以显示或者隐藏，如图 4-5 所示，图示说明如下：

- 窗体页眉：显示对每条记录都一样的信息，如窗体的标题。
- 页面页眉：设置窗体打印时的页眉信息，只在打印窗体时有效。
- 主体：通常包含大多数控件，用来显示记录数据。控件的种类比较多，包括：标签、文本框、复选框、列表框、组合框、选项组、命令按钮等，它们在窗体中起不同的作用。
- 页面页脚：设置窗体打印时的页脚信息，只在打印窗体时有效。
- 窗体页脚：一般用于显示功能按钮(如帮助导航)或者汇总信息等。

窗体的各个节只在设计视图中明确标识，在其他视图中并不显示，从图 4-5 切换至窗体视图时，显示效果如图 4-6 所示。

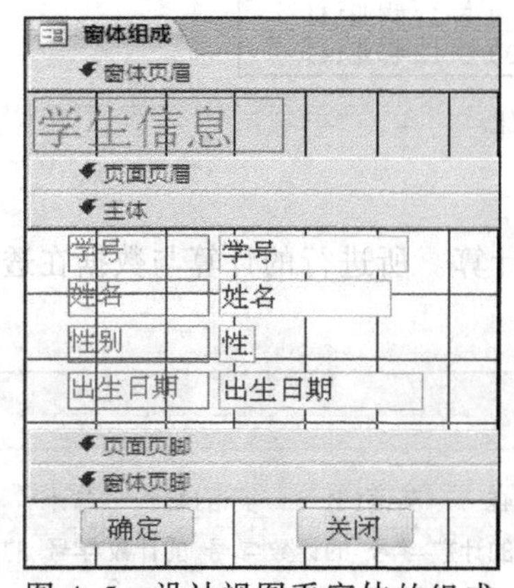

图 4-5　设计视图看窗体的组成

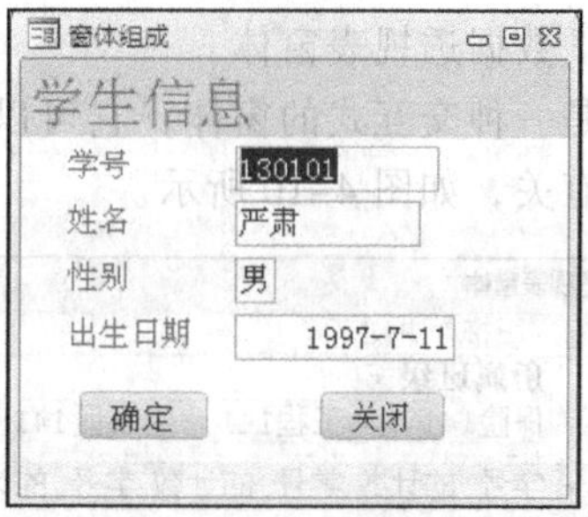

图 4-6　切换至窗体视图

2. 窗体的类型

从不同角度可将窗体分成不同的类型。从逻辑角度看：可分为主窗体和子窗体；从功能角度看：可分为提示性窗体、控制性窗体和数据性窗体；从数据显示角度看：可分为纵栏式、表格式、数据表窗体、图表窗体、数据透视表窗体和数据透视图窗体。

下面按数据的显示方式分类介绍：

（1）纵栏式窗体

通常每屏显示一条记录，按列分布，左边显示数据的说明信息，右边显示数据，如图 4-7 所示。

（2）表格式窗体

表格式窗体将每条记录的字段横向排列，字段标签放在窗体顶部，即窗体页眉处，如图 4-8 所示。

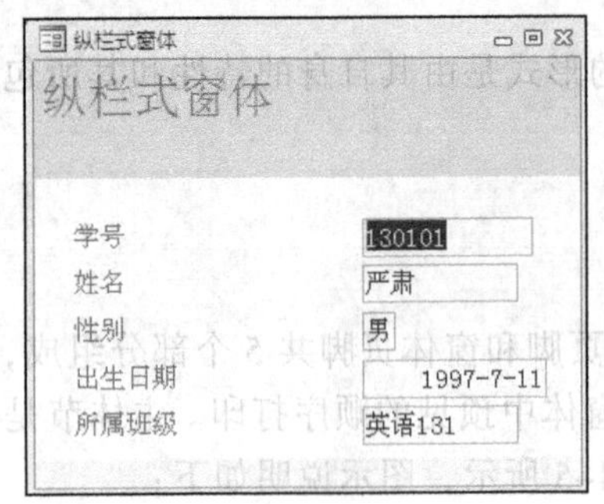

图 4-7　纵栏式窗体

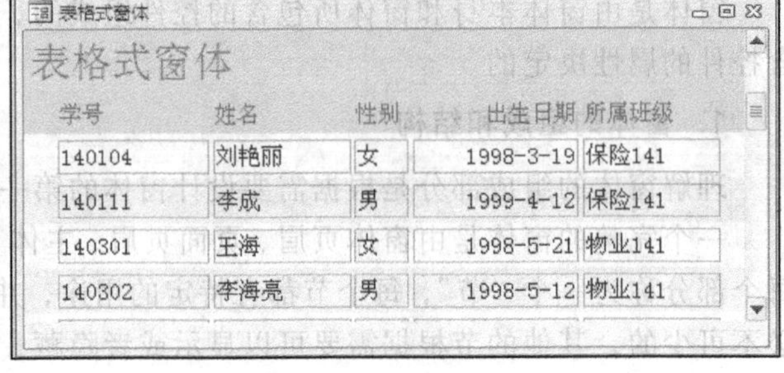

图 4-8　表格式窗体

（3）数据表窗体

在外观上和数据表以及查询的数据表视图很相似，如图 4-9 所示。

数据表窗体

学号	姓名		出生日期	所属班级
130101	严肃	男	1997-7-11	英语131
130401	吴东	女	1996-7-15	英语131
130402	李静红	女	1996-3-29	英语131
140102	刘力男	男	1998-10-21	保险141
140104	刘艳丽	女	1998-3-19	保险141
140111	李成	男	1999-4-12	保险141
140301	王海	女	1998-5-21	物业141
140302	李海亮	男	1998-5-12	物业141

图 4-9　数据表窗体

（4）数据透视表窗体

这是一种交互式的窗体，它可以实现用户选定的计算。所进行的计算与数据在透视表中的排列有关，如图 4-10 所示。

透视表窗体

将筛选字段拖至此处

	所属班级							
	保险141	工程141	社区141	物业141	物业142	英语131	英语141	总计
性别	学号 的计数	学号 的计数	学号 的计数	学号 的计数	学号 的计数	学号 的计数	学号 的计数	学号 的计数
男	2	2	1	1	1	1	2	10
女	1	3	3	2	3	2		14
总计	3	5	4	3	4	3	2	24

图 4-10　数据显示方式——数据透视表窗体

（5）数据透视图窗体

也是一种交互式的窗体，类似于数据透视表窗体的功能，区别是数据透视图窗体通过选择图表类型来直观地显示数据，如图 4-11 所示。

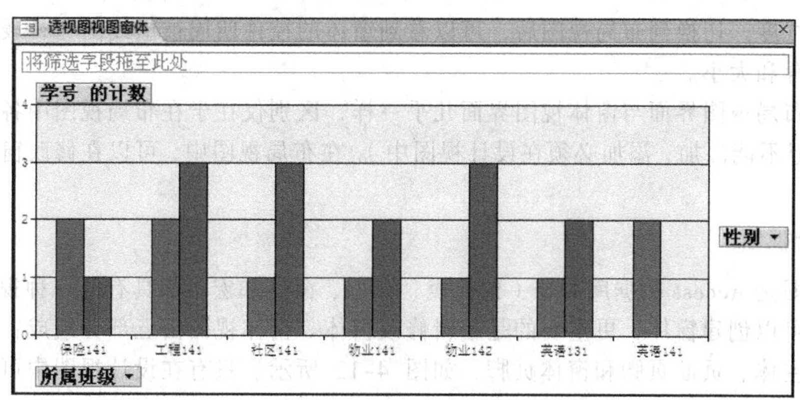

图 4-11 数据显示方式——数据透视图窗体

4.1.3 窗体的视图

在 Access 中，窗体有窗体视图、数据表视图、数据透视图视图、数据透视表视图、布局视图和设计视图等 6 种视图。最常用的是窗体视图、布局视图和设计视图。不同类型的窗体具有的视图类型有所不同。窗体在不同的视图中完成不同的任务。

1．窗体视图

窗体视图是窗体的打开状态，或称为运行状态，用来显示窗体的设计效果，是提供给用户使用数据库的操作界面。图 4-7 至图 4-9 为纵栏式等 3 种类型窗体在“窗体”视图下的显示效果，每个窗体最底下一行是一组导航按钮，用来在记录间移动或快速切换的按钮。

2．数据表视图

数据表视图是显示数据的视图，同样也是完成窗体设计后的结果。

窗体的“数据表视图”与表和查询的数据表视图外观基本相似。在这种视图中，可以一次浏览多条记录。在窗体的数据表视图中，使用滚动条或利用“导航按钮”浏览记录，其方法与在表和查询的数据表视图中浏览记录的方法相同。

3．数据透视表视图

数据透视表视图以表格模式动态地显示数据统计结果。通过排列筛选行、列和明细等区域中的字段，可以查看明细数据或汇总数据。数据透视表视图用于浏览和设计数据透视表类型的窗体，换言之，数据透视表类型的窗体只能在数据透视表视图中被打开。

4．数据透视图视图

在窗体的数据透视表视图中，可以动态地更改窗体的版面布置，重构数据的组织方式，从而方便地以各种不同方法分析数据。这种视图是一种交互式的表，可以重新排列行标题、列标题和筛选字段，直到形成所需的版面布置。每次改变版面布置时，窗体会立即按照新的布置重新计算数据，实现数据的汇总、小计和总计。

5．布局视图

布局视图是 Access 新增加的一种视图。在布局视图中可以调整和修改窗体设计。可以根据实际数据调整列宽，还可以在窗体上放置新的字段，并设置窗体及其控件的属性、调整控件的位置和宽度。切换到布局视图后，可以看到窗体的控件四周被虚线围住，表示这些控件可以调整位置和大小。

窗体的布局视图界面与窗体视图界面几乎一样，区别仅在于在布局视图中各控件的位置可以移动（但不能添加，添加必须在设计视图中）。在布局视图中，可以在修改窗体的同时看到真实数据。

6．设计视图

设计视图是 Access 数据库对象（包括表、查询、窗体和宏）都具有的一种视图。在设计视图中不仅可以创建窗体，更重要的是编辑修改窗体。窗体视图由五部分组成：窗体页眉、页面页眉、主体、页面页脚和窗体页脚，如图 4–12 所示。只有在设计视图中可以看到窗体中的各个“节”。

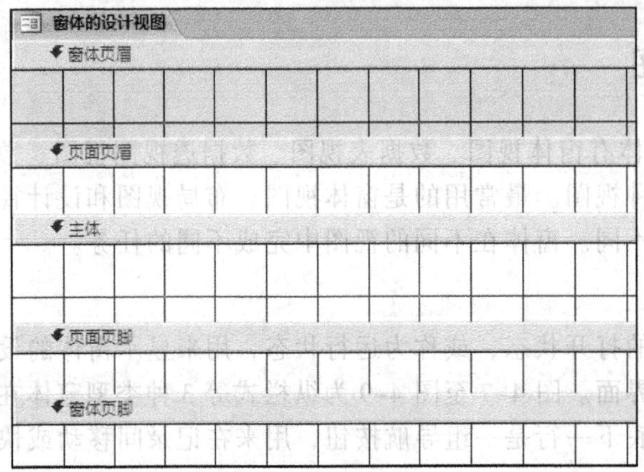

图 4–12　窗体的设计视图

7．视图间切换

窗体的不同视图之间可以方便地进行切换。

当处于打开窗体状态时（或窗体处于任意一种视图中），单击 Access 功能区的“窗体设计工具/设计”→“视图”→“视图”按钮，打开下拉列表，从中可见 6 种视图，如图 4–13 所示；在任一视图窗口中右击文档选择页，根据当前窗体的具体情况，也会列出 3 至 6 种视图供切换选择，如图 4–14 所示。

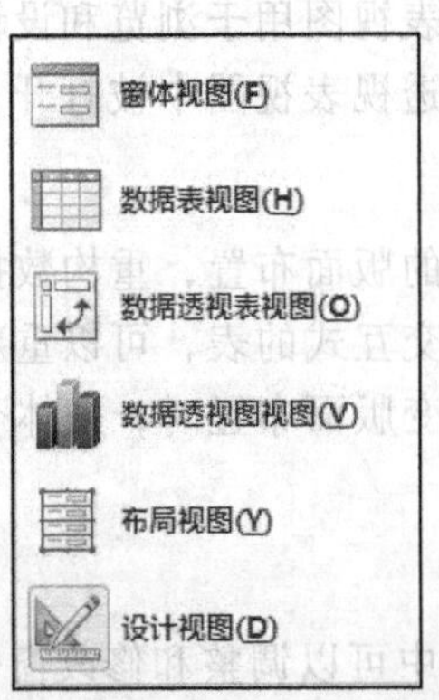

图 4–13 【视图】按钮下拉列表

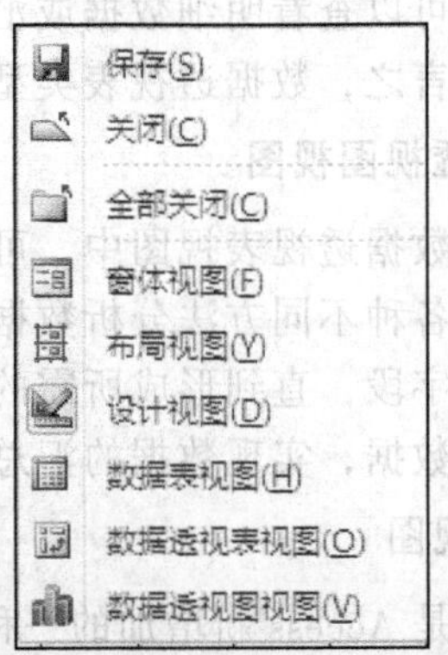

图 4–14　窗体名称右键快捷菜单

4.2 创建窗体

创建窗体时，应该根据所需功能明确关键的设计目标，然后使用合适的方法创建窗体。如果所创建的窗体清晰并且容易控制，那么窗体就能很好地实现它的功能。

Access 2010 提供了两种创建窗体的途径：

（1）在窗体的设计视图中通过手工方式创建。

（2）使用 Access 提供的向导快速创建。

在 Access 窗口“创建”选项卡的“窗体”分组中，提供了多种创建窗体的功能按钮，如图 4-15 所示。包括“窗体”按钮、“窗体设计”按钮和“空白窗体”按钮 3 个主要按钮，以及其他 3 个辅助按钮。单击“导航”和“其他窗体”按钮，还可以展开下拉列表，如图 4-16 所示。

图 4-15 视图“窗体”分组图

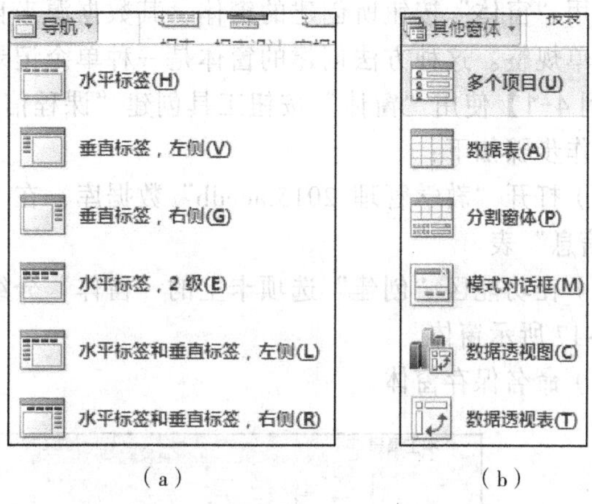

（a） （b）

图 4-16 “导航”和“其他窗体”按钮下拉列表

各个按钮的功能如下：

窗体：最快速地创建窗体的工具，只需要单击一次鼠标便可以创建窗体。使用这个工具创建窗体，来自数据源的所有字段都放置在窗体上。

窗体设计：利用窗体设计视图设计窗体。

空白窗体：这也是一种快捷的窗体构建方式，以布局视图的方式设计和修改窗体，尤其是当计划只在窗体上放置很少几个字段时，使用这种方法最为适宜。

多个项目：使用“窗体”工具创建窗体时，所创建的窗体一次只显示一个记录。而使用多个项目则可创建显示多个记录的窗体。

分割窗体：可以同时提供数据的两种视图，即窗体视图和数据表视图。分割窗体不同于窗体／子窗体的组合（子窗体将在后面介绍），它的两个视图连接到同一数据源，并且总是相互保持同步的。如果在窗体的某个视图中选择了一个字段，则在窗体的另一个视图中选择相同的字段。

窗体向导：一种辅助用户创建窗体的工具。

数据透视图：生成基于数据源的数据透视图窗体。

数据透视表：生成基于数据源的数据透视表窗体。

数据表：生成数据表形式的窗体。

模式对话框：生成的窗体总是保持在系统的最上面，不关闭该窗体的情况下，不能进行其他操作，登录窗体就属于这种窗体。

导航：用于创建具有导航按钮即网页形式的窗体，在网络世界把它称为表单。它又细分为 6 种不同的布局格式。虽然布局格式不同，但是创建的方式是相同的。导航工具更适合于创建 Web 形式的数据库窗体。

这两种创建窗体的途径（设计视图和向导）经常配合使用，即先通过自动或向导方式生成基本样式的窗体，然后再通过设计视图进行编辑、修饰等，直到创建出符合用户需求的窗体。

4.2.1 使用“窗体”按钮创建窗体

使用“窗体”按钮所创建的窗体，其数据源来自于某个表或某个查询段，其窗体的布局结构简单规整。这种方法创建的窗体是一种单个记录的窗体。

【例 4-1】使用“窗体”按钮工具创建“课程信息”窗体。

操作步骤如下：

（1）打开“教学管理 2015.accdb”数据库，在“导航窗格”中选中将作为窗体数据源的“学生信息”表。

（2）在功能区“创建”选项卡上的“窗体”分组中，单击“窗体”按钮，系统自动创建如图 4-17 所示窗体。

（3）命名保存窗体。

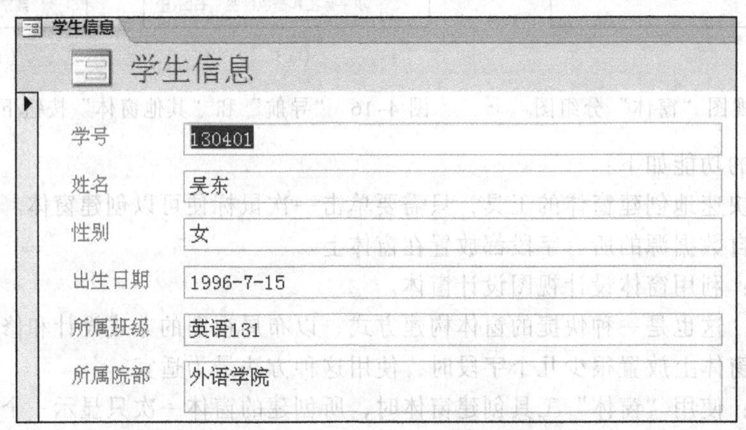

图 4-17 用【窗体】按钮创建的窗体

4.2.2 使用“空白窗体”按钮创建窗体

使用“空白窗体”按钮创建窗体是在布局视图中创建数据表式窗体，这种“空白”就像一张白纸。使用“空白窗体”按钮创建窗体的同时，Access 打开用于窗体的数据源表，根据需要可以把表中的字段拖到窗体上，从而完成创建窗体的工作。这一工具是 Access 2010 新增的功能。

【例 4-2】使用“空白窗体”按钮工具创建窗体，显示“学生信息”表中的学号、姓名、性别、出生日期和照片信息。

操作步骤如下：

（1）单击“创建”→“窗体”→“空白窗体”按钮。Access将在布局视图中打开一个空白窗体，并显示“字段列表”窗格。

（2）在“字段列表”窗格中，单击“显示所有表”链接，再单击“学生信息”表左边的“+”号，展开“学生信息”表所包含的字段，如图4-18所示。

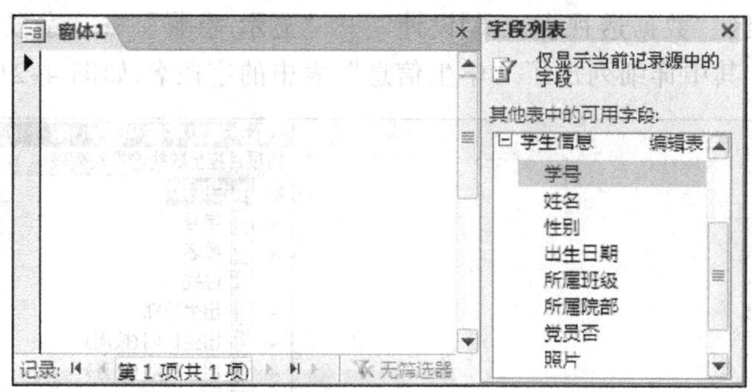

图4-18 字段列表

（3）依次双击“学生信息”表中的“学号”“姓名”“性别”“出生日期”和“照片”字段，将它们添加到窗体中，并立即显示表中的第一条记录。同时，“字段列表”窗格的布局分成上下两部分，如图4-19所示。

（4）关闭“字段列表”窗格，调整控件布局，命名保存。本例默认窗体名称“窗体1”。

（5）切换到窗体视图，效果如图4-20所示。

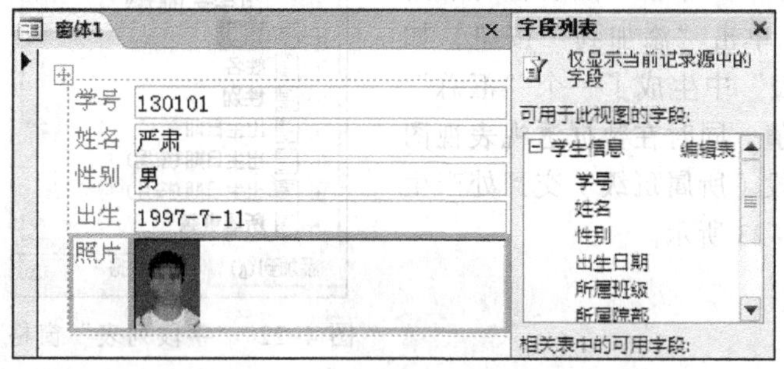

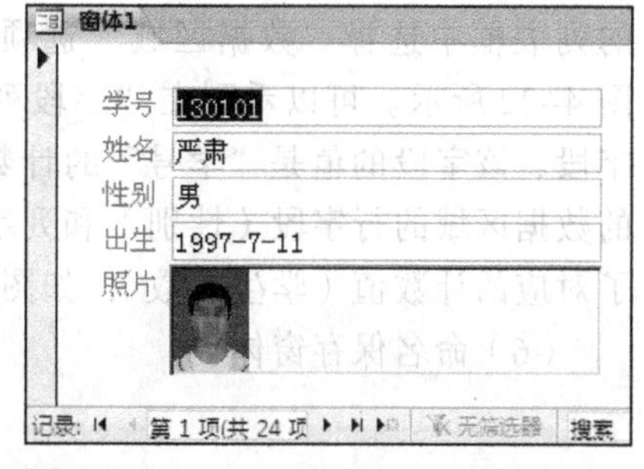

图4-19 新建窗体与字段列表　　图4-20 窗体视图效果

（6）命名保存窗体。

4.2.3 使用“其他窗体”按钮创建窗体

使用“其他窗体”按钮工具可以创建数据透视表窗体、数据透视图窗体、多项目窗体、分割窗体和模式窗体。

1. 创建“数据透视表”窗体

数据透视表是一种特殊的表，用于进行数据计算和分析。

【例4-3】以“学生信息”表为数据源，创建一个计算各班级男女学生人数的数据透视表窗体，形象、直观地显示“学生信息”表中的各班级男女学生人数对比。

操作步骤如下：

（1）打开“教学管理 2015”数据库，在 Access 2010 窗口中的“导航窗格”中选中“学生信息”表。

（2）单击“创建”→“窗体”→“其他窗体”按钮，在打开的下拉列表中选择“数据透视表”选项，打开数据透视表视图。

（3）单击功能区“数据透视表工具|设计”→“显示/隐藏”→“字段列表”按钮，显示“字段列表”窗格，其中详细列出了“学生信息”表中的字段名,如图 4-21 所示。

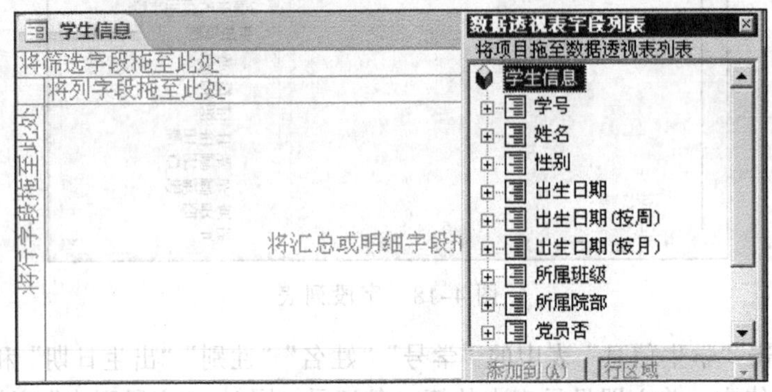

图 4-21　数据透视表视图和“字段列表”窗格

（4）将“字段列表”中的“性别”字段拖至“行字段”区域，将“所属班级”字段拖至“列字段”区域。

（5）在“字段列表”中，选中“学号”字段，然后在右下角的列表框中选择“数据区域”选项，单击“添加到”按钮，如图 4-22 所示。可以看到在“字段列表”中生成了一个“汇总”字段，该字段的值是“学号”的计数值。同时在数据透视表视图的数据区域的行字段（性别）和列字段（所属班级）交叉处产生了对应的计数值（学生人数），如图 4-23 所示。

（6）命名保存窗体。

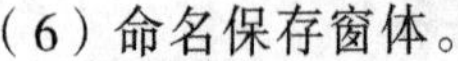

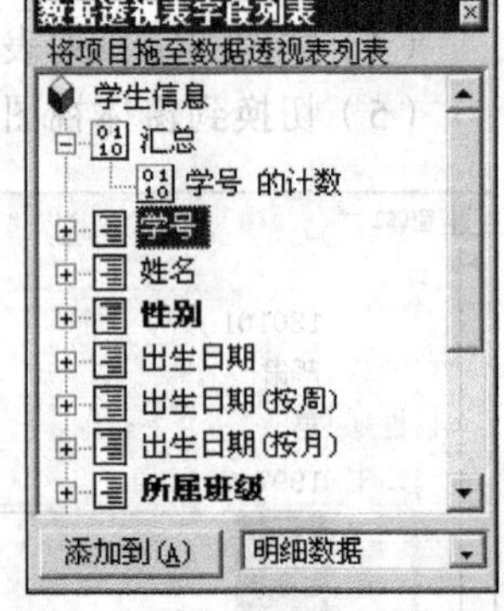

图 4-22　“字段列表”窗格

学生信息

将筛选字段拖至此处

	所属班级						
	工程141	社区141	物业141	物业142	英语131	英语141	总计
性别	学号 的计数	学号 的计数	学号 的计数	学号 的计数	学号 的计数	学号 的计数	学号 的计
男	2	1	1	1	1	2	
女	3	3	2	3	2		
总计	5	4	3	4	3	2	

图 4-23　数据透视表窗体

2. 创建“数据透视图”窗体

在 Access 中，数据透视图是一种交互式的图，利用它可以把数据库中的数据以图形方式显示，从而可以直观地获得数据信息。

单击“数据透视图”按钮创建数据透视图窗体，第一步只是窗体的半成品，接着还需要用户通过选择填充有关信息进行第二步创建工作，整个窗体才创建完成。

【例 4-4】以“学生信息”表为数据源，创建一个计算各班级男女生人数的数据透视图窗体，形象、直观地显示“学生信息”表中的各班级男女生人数对比。

操作步骤如下：

（1）打开“教学管理 2015”数据库，在 Access 2010 窗口中的“导航窗格”中选中“学生信息”表。

（2）单击功能区“创建”→“窗体”→“其他窗体”按钮，在打开的下拉列表中选择“数据透视图”选项，打开数据透视图视图，如图 4-24 所示。

（3）单击功能区“数据透视表工具|设计”→“显示/隐藏”→“字段列表”按钮，显示“字段列表”窗格，如图 4-25 所示。

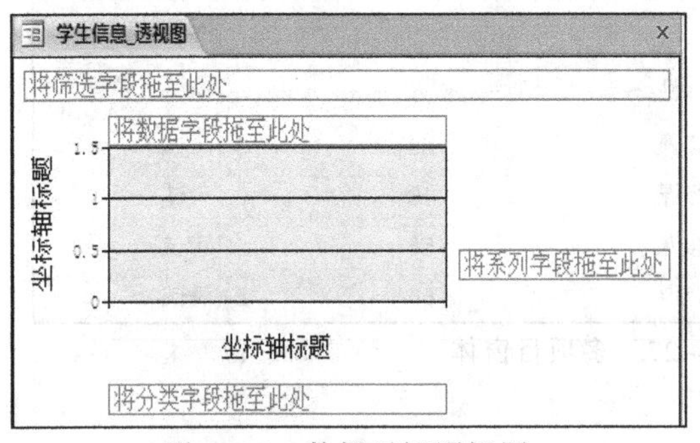

图 4-24 数据透视图视图

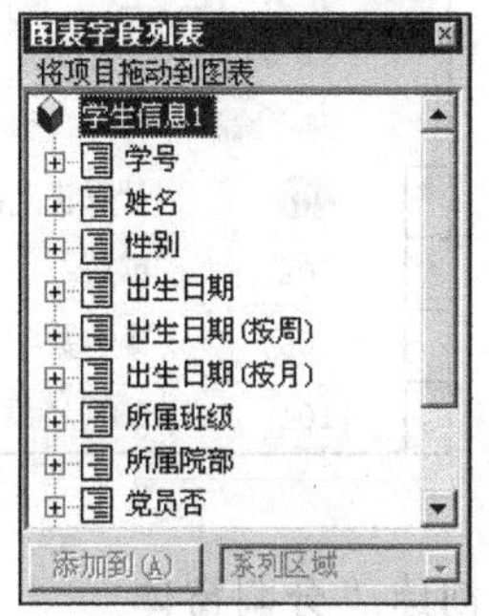

图 4-25 “字段列表”窗格

（4）将“字段列表”中的“所属班级”字段拖至“分类字段”区域，将“性别”字段拖至“系列字段”区域，将“学号”字段拖至“数据字段”区域。

（5）关闭“字段列表”窗格，保存生成的数据透视图窗体,如图 4-26 所示。

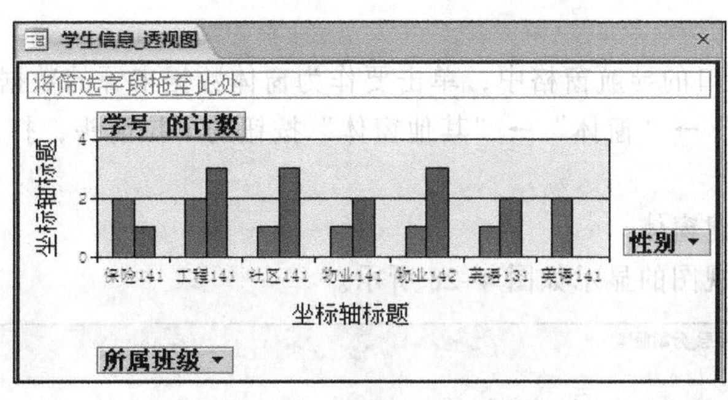

图 4-26 数据透视图窗体

图中的分类计数值是用不同的彩色色块表示的，色块从左至右与“性别”下拉列表中的值自上而下对应。如果把鼠标指向某一色块，即会出现相应的提示信息。

3. 创建“多项目窗体”

多个项目即在窗体上显示多个记录的一种窗体布局形式。多项目窗体也称为连续窗体，它可以同时显示多条记录中的信息。这些数据排列在行和列中（类似于数据表），并且多条记录同时显示。然而，由于是窗体，它的自定义选项要比数据表更多一些。可以添加一些功能，例如图形元素、按钮及其他控件。

【例 4-5】以“课程信息”表为数据源，使用“多个项目”工具创建窗体。

操作步骤如下：

（1）在 Access 窗口的导航窗格中，单击要作为窗体数据来源的数据表“课程信息”表。

（2）单击“创建”→“窗体”→“其他窗体”按钮的下拉箭头，打开列表，选择“多个项目”选项。

（3）命名保存所建窗体。

Access 将创建窗体，并以布局视图显示该窗体，如图 4-27 所示。在布局视图中，可以在窗体显示数据的同时对窗体进行设计方面的更改。例如，可以调整文本框的大小，使其与数据相适应。

课程信息

课程编号	课程名称	课程类别	学时	学分	考核方式
101	计算机基础	必修课	56	3	考试
102	英语	必修课	48	6	考试
103	高等数学	选修课	56	6	考试
104	VB程序设计	必修课	60	2	考试

图 4-27　多项目窗体

4．创建“分割窗体”

“分割窗体”是用于创建一种具有两种布局形式的窗体。在窗体的上半部单一记录布局方式，在窗体的下半部是多个记录的数据表布局方式。这种分割窗体为用户浏览记录带来了方便，既可以宏观上浏览多条记录，又可以微观上明细地浏览一条记录。

【例 4-6】以“课程信息”表为数据源，创建分割窗体。

操作步骤如下：

（1）在 Access 窗口的导航窗格中，单击要作为窗体数据来源的数据表“课程信息”表。

（2）单击“创建”→“窗体”→“其他窗体”按钮的下拉箭头，打开列表，选择“分割窗体”选项。

（3）命名保存所建窗体。

所建窗体在窗体视图的显示如图 4-28 所示。

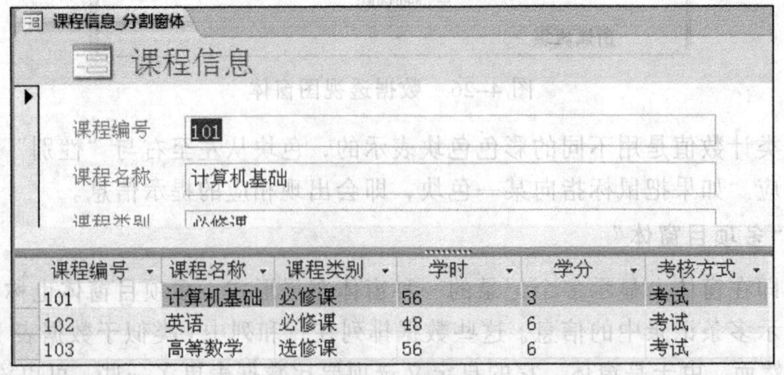

图 4-28　窗体视图

使用分割窗体可以在一个窗体中同时利用两种窗体类型的优势。例如，可以使用窗体的数据表部分快速定位记录，然后使用窗体部分查看或编辑记录。窗体部分以醒目而实用的方式呈现出数据表部分。在 Access 提供的许多模板数据库中都使用了此技术。

5. 创建“模式对话框”

模式对话框又称模态对话框。在该对话框被关闭前，用户不能在同一应用程序的其他地方工作。例如“打开文件”对话框在未关闭之前，用户无法打开其他窗口。对于非模态的对话框，在它留在屏幕上的同时可以在其他的地方工作，例如“查找/替换”对话框。

【例 4-7】创建消息框，提示用户确认操作。

操作步骤如下：

（1）单击“创建”→“窗体”→“其他窗体”按钮的下拉箭头，打开列表，选择“模式对话框”选项。在设计视图中打开一个具有两个按钮的窗体，如图 4-29 所示。

图 4-29　设计视图中的对话框模式

打开窗体的“属性”对话框，可以得知窗体的“边框样式”属性为“对话框边框”；打开命令按钮的“属性表”对话框，可见到这两个预置按钮的“单击”事件属性已经被系统写入了“宏”命令,如图 4-30 所示。

（2）向上移动按钮到适当位置，向上缩小主体节的高度。

（3）添加标签控件，输入文字“是否确定要删除这条信息？”。

（4）命名窗体为“操作警告提示”，保存。

（5）切换到窗体视图，如图 4-31 所示。

各种类型的窗体，根据其数据表现特点，应选用与其相对应的创建方法，以及符合其数据表现的视图形式。

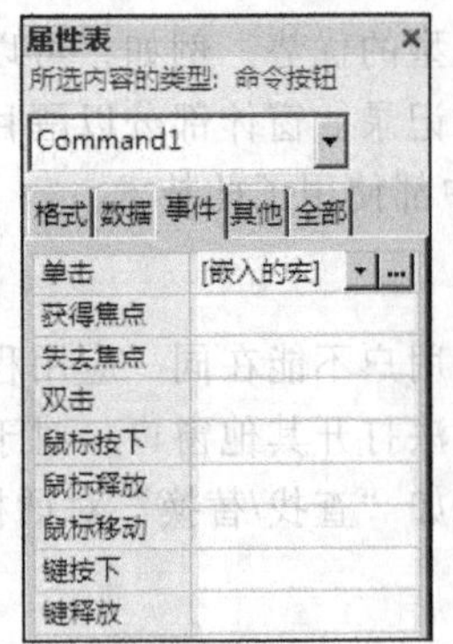

图 4-30 “确定”按钮的“属性表”

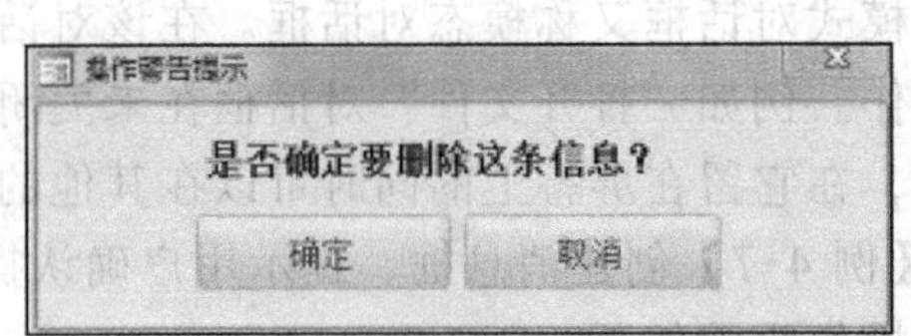

图 4-31 窗体视图中的模式对话框

4.2.4 使用“窗体向导”按钮创建窗体

使用“窗体”按钮创建窗体虽然方便快捷，但是无论在内容还是外观上都受到很大的限制，不能满足用户较高的要求。为此可以使用窗体向导来创建内容更为丰富的窗体。

如果希望在创建窗体的过程中得到逐步指导，则“窗体向导”是最佳选择。窗体向导会依次提出多个问题，然后根据回答创建窗体。

在 Access 窗口功能区单击“创建”→“窗体”→“窗体向导”按钮，即可弹出“窗体向导”对话框。

1. 创建基于单个数据源的窗体

【例 4-8】使用“窗体向导”创建“课程信息”窗体，要求窗体布局为“纵栏式”，显示源表中所有字段。操作步骤如下：

（1）打开“窗体向导”。打开数据库“教学管理 2015”，在 Access 窗口功能区中单击“创建”→“窗体”→“窗体向导”按钮，弹出“窗体向导”对话框（一）。

（2）选择窗体数据源。在对话框的“表/查询”下拉列表中选中“课程信息”表，单击 >> 按钮，将所有可用字段添加到“选定字段”区，如图 4-32 所示。

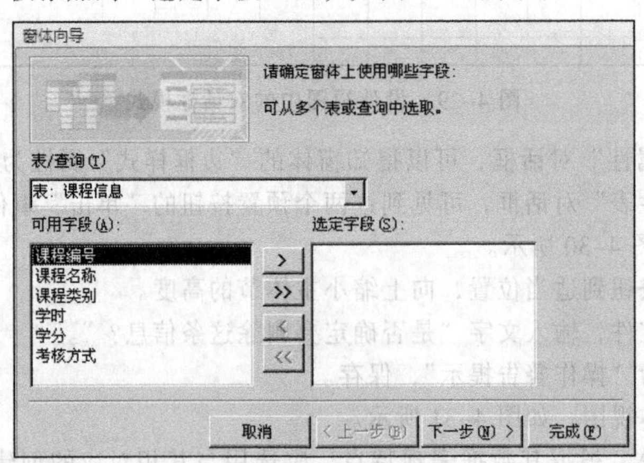

图 4-32 “窗体向导”对话框（一）

（3）确定窗体布局。单击“下一步”按钮，弹出“窗体向导”对话框（二），选择默认设置“纵栏表”，如图 4-33 所示。

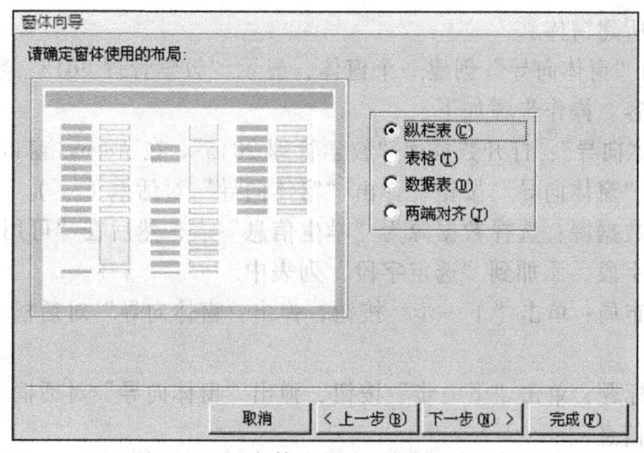

图 4-33　“窗体向导”对话框（二）

（4）指定窗体标题。单击“下一步”按钮，弹出“窗体向导”对话框（三），将窗体标题命名为“课程信息”,如图 4-34 所示。

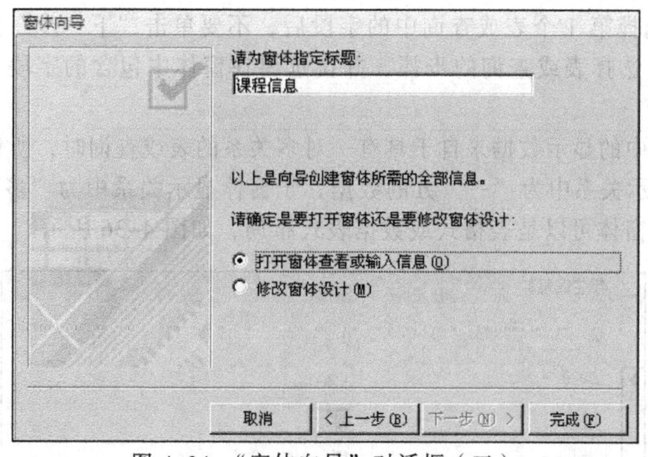

图 4-34　“窗体向导”对话框（三）

（5）单击“完成”按钮，结束向导，所建窗体的窗体视图如图 4-35 所示。

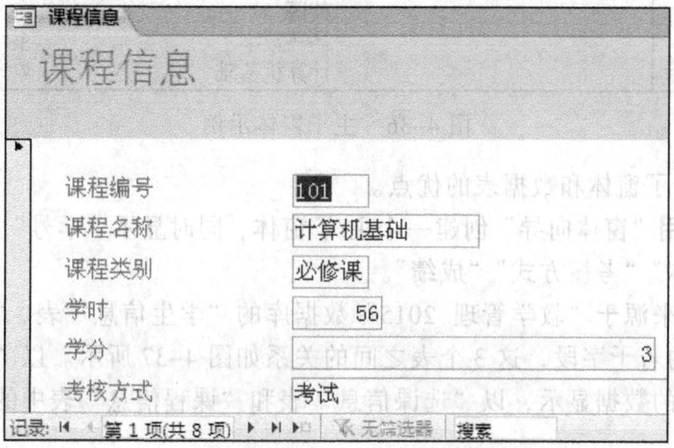

图 4-35　“课程信息”窗体视图

（6）命名保存所建窗体。

【例 4-9】利用“窗体向导”创建一个窗体，显示“教学管理 2015”数据库“学生信息”表中的部分字段内容。操作步骤如下：

（1）打开“窗体向导”：打开数据库“教学管理 2015”，在 Access 窗口功能区中单击“创建”→“窗体”→“窗体向导”按钮，弹出“窗体向导”对话框（一）。

（2）选择窗体数据源：选择数据源为“学生信息”表，然后在“可用字段”列表中选择要在窗体中显示的字段，添加到“选定字段”列表中。

（3）确定窗体布局：单击“下一步”按钮，弹出“窗体向导”对话框（二），选择窗体的布局方式。

（4）指定窗体标题：单击“下一步”按钮，弹出“窗体向导”对话框（三），将窗体标题命名为“学生基本信息”。

（5）单击“完成”按钮，结束向导。

2. 创建基于多个数据源的窗体

如果要在窗体中包含取自多个表和查询的字段，则在如图 4-32 所示的“窗体向导”的第 1 个对话框中选择第 1 个表或查询中的字段后，不要单击“下一步”按钮或“完成”按钮，而是重复执行选择表或查询的步骤，并挑选要在窗体中包含的字段，直至选完所有所需的字段。

当多个数据源中的显示数据来自于具有一对多关系的表或查询时，所创建的窗体就是主/子窗体。主窗体显示关系中为“一”方的数据，子窗体显示关系中为“多”方的数据。主窗体是纵栏布局，子窗体可以是表格式或数据表式布局，如图 4-36 所示。

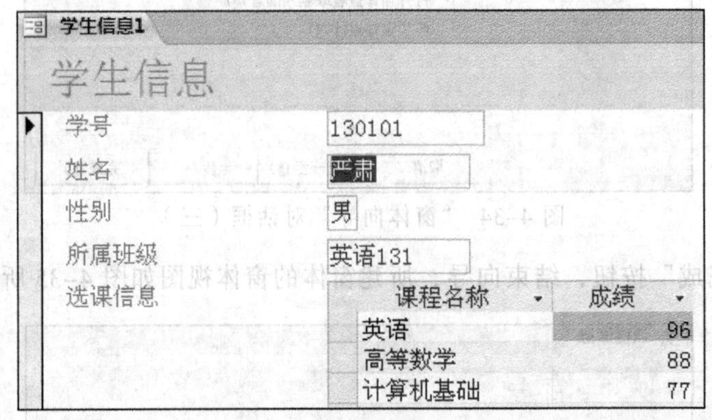

图 4-36　主子窗体示例

主/子窗体集合了窗体和数据表的优点。

【例 4-10】利用“窗体向导”创建一个主/子窗体，同时显示“学号”“姓名”“性别”“所属班级”“课程名称”“考核方式”“成绩”。

这些信息分别来源于“教学管理 2015”数据库的“学生信息”表、“选课信息”表以及“课程信息”表中的若干字段，这 3 个表之间的关系如图 4-37 所示。以“学生信息”表中的字段作为主窗体中的数据显示，以“选课信息”表和“课程信息”表中的相关信息作为子窗体的数据显示。

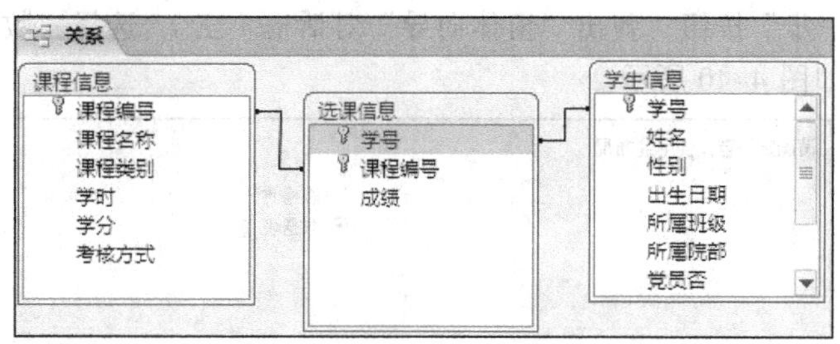

图 4-37　3个表之间的关系

操作步骤如下：

（1）在“窗体向导”对话框（一）中，首先选择数据源为“学生信息”表，挑选其“学号”“姓名”“性别”“所属班级”字段；然后选择数据源为“课程信息”表，挑选其“课程名称”“课程类型”字段；最后选择数据源为“选课信息”表，挑选“成绩”字段，如图 4-38 所示。

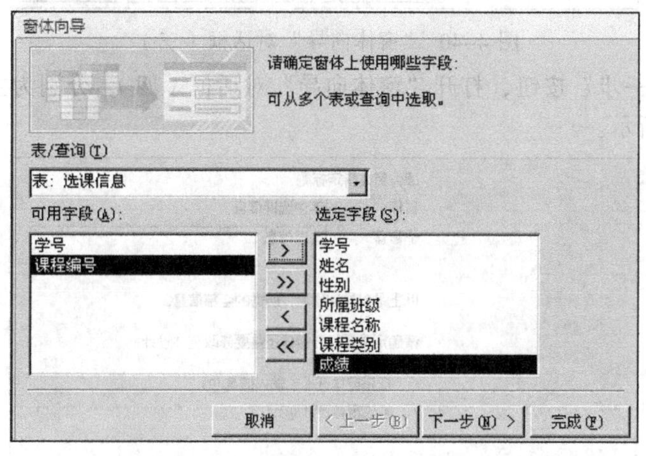

图 4-38　“窗体向导”对话框（一）

（2）单击“下一步”按钮，弹出“窗体向导”对话框（二），选择查看数据方式为“通过学生信息”和“带有子窗体的窗体”，即以“学生信息”表中的数据为主窗体数据显示，并将子窗体嵌入主窗体，如图 4-39 所示，该图的右侧显示了相应主/子窗体的数据显示的布局预览。

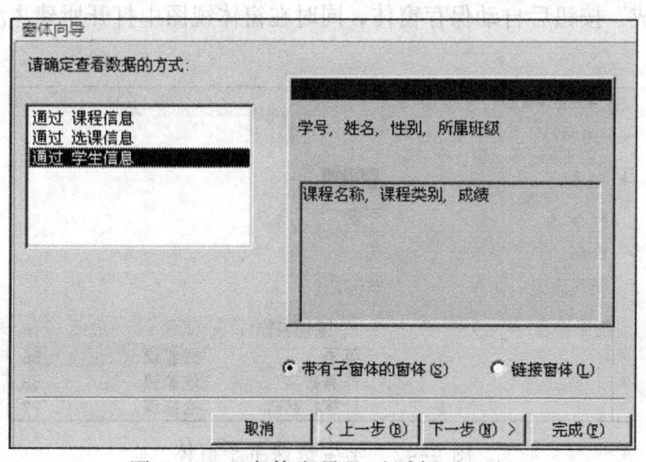

图 4-39　“窗体向导”对话框（二）

（3）单击“下一步”按钮，弹出“窗体向导”对话框（三），选择“数据表”作为子窗体使用的显示布局，如图 4-40 所示。

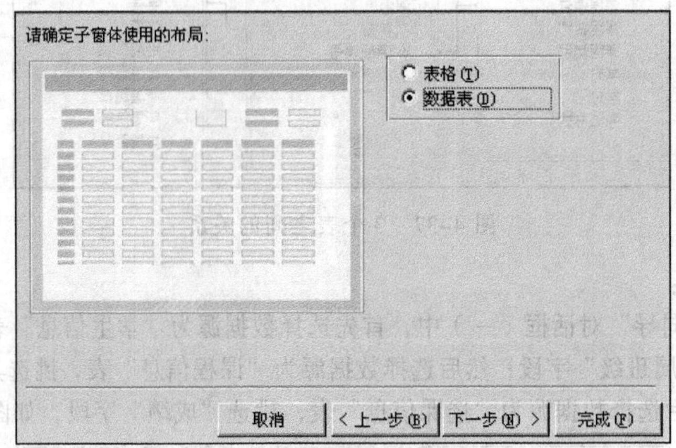

图 4-40 “窗体向导”对话框（三）

（4）单击“下一步”按钮，打开“窗体向导”对话框（四），分别为主/子窗体输入窗体标题，如图 4-41 所示。

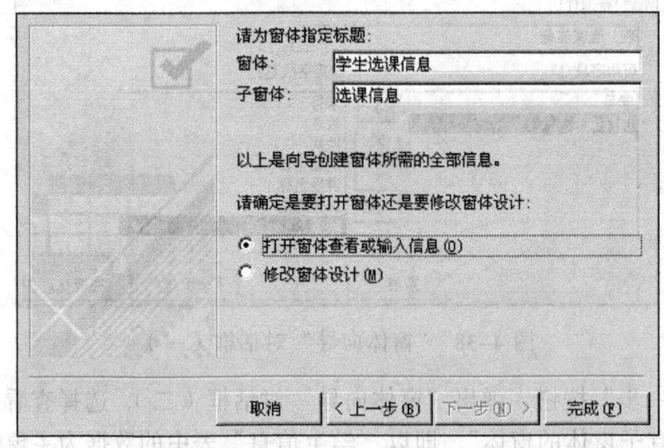

图 4-41 “窗体向导”对话框（四）

（5）单击“完成”按钮后自动保存窗体，同时在窗体视图中打开所建主/子窗体，如图 4-42 所示。

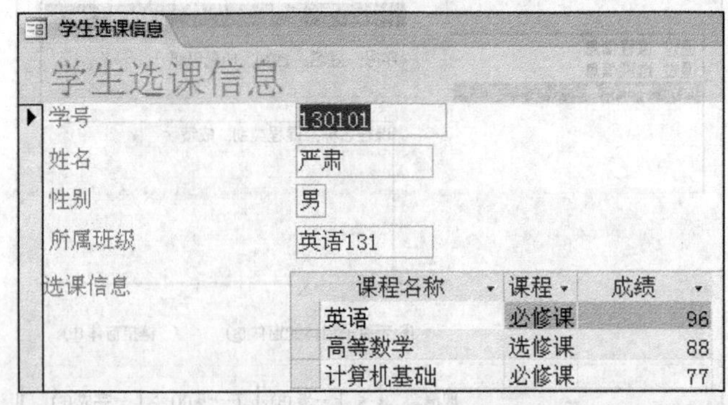

图 4-42 学生选课主子窗体

4.3 设计窗体

窗体是用户访问数据库的窗口。窗体的设计要适应用户输入和查看数据的具体要求和习惯，应该有完整的功能和清晰的外观。有效的窗体可以加快用户使用数据库的速度，视觉上有吸引力的窗体可以使数据库更实用、更高效。

Access 提供的创建窗体的方法，各自有其鲜明的特点，其中尤以在设计视图中创建最为灵活，且功能最强。利用“设计”视图可以创建基本窗体并对其进行自定义，也可以修改用“窗体向导”等其他方式创建的窗体，使之更加完善。

4.3.1 窗体的设计环境

窗体设计视图为窗体的设计搭建了一个功能强大的平台。在 Access 窗口功能区中，单击“创建”→“窗体”→“窗体设计”按钮，可以打开窗体的设计视图，默认的窗体设计视图中只有“主体”节。右键单击主体节任意位置，打开快捷菜单，如图 4-43 所示，选择“页面页眉/页脚”命令，再次右键打开快捷菜单，选择“窗体页眉/页脚”命令，此时一个空白窗体的设计视图如图 4-44 所示。

图 4-43 快捷菜单

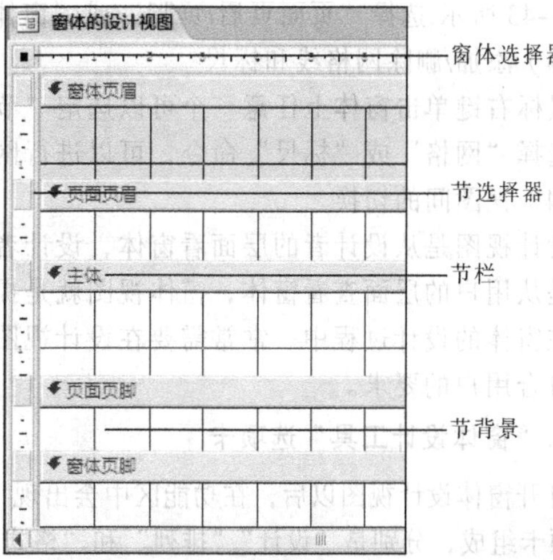

图 4-44 窗体设计视图

1. 窗体设计视图组成

窗体设计视图窗口由多个部分组成，每个部分称为“节”，分别是主体、窗体页眉/页脚、页面页眉/页脚，如图 4-44 所示。每个节都有特定的用途，并且按窗体中预见的顺序打印。每个节都有“节选择器”“节栏”和“节背景”。视图的左上角所示有一个“窗体选择器”。

主体是窗体最重要的部分，主要用来显示记录数据。窗体页眉位于窗体顶部，一般用于放置窗体的标题、使用说明或执行某些其他任务的命令按钮。窗体页脚节位于窗体底部，一般用于放置对整个窗体所有记录都要显示的内容，也可以放置使用说明和命令按钮。页面页眉节用来设置窗体在打印时的页面头部信息，例如标题、徽标等。页面页脚节用来设置窗体在打印时的页面的页脚信息，这点与 Word 的页眉页脚的作用相同。

窗体各个节的宽度和高度都可以调整，一种简单方法是用手工调整。调整节的宽度，首先单击节选择器（颜色变黑），然后把鼠标移到节选择器的上方变成上下双箭头，上下拖动就可以调整节的高度。把鼠标放在节的右侧边缘处，鼠标变成水平双箭头，拖动鼠标可以调整节的宽度（调整时所有节的宽度同时调整）。

2. 添加/删除设计视图中基本元素的方法

（1）选择“节”

节就是用来组织窗体上各种控件的区段，如图 4-44 所示,在每个区段中都包括“节选择器”“节栏”和“节背景”。在设计视图中选择窗体的“节”有 3 种方法：

① 单击节名称左侧垂直标尺中的“节选择器”。

② 单击节顶部的有节名称的矩形“节栏”。

③ 单击“节背景”的任意位置(除了控件)。

当用这 3 种方法中的任意一种选择一个“节”时，其“节栏”将突出显示。

（2）添加/删除“节”

只有主体节是必不可少的，其他的节根据需要可以显示或者隐藏。若需要在窗体中添加/删除“主体节”以外的其他节，操作步骤如下：

① 在设计视图中打开窗体。

② 用鼠标右键单击窗体上任意一个可以选定节的点后，从弹出的快捷菜单中选择命令，如图 4-43 所示,选择“页面页眉/页脚”或“窗体页眉/页脚”命令，添加/删除相应的节。

（3）添加/删除网格线和标尺

鼠标右键单击窗体上任意一个可以选定“节”的点后，在弹出如图 4-43 所示的快捷菜单中选择“网格”或“标尺”命令，可以进行网格线或标尺显示与否的切换。

（4）视图间的切换

设计视图是从设计者的层面看窗体，设计者可以对窗体进行修改、补充和自定义；窗体视图是从用户的层面查看窗体，窗体视图就是提供给用户使用数据库的界面。

在窗体的设计过程中，常常需要在设计视图与窗体视图之间反复切换，直到窗体的设计完全符合用户的要求。

3.“窗体设计工具”选项卡

打开窗体设计视图以后，在功能区中会出现“窗体设计工具”选项卡，这个选项卡由 3 个子选项卡组成，分别是“设计”“排列”和“格式”，如图 4-45 所示。其中“设计”子选项卡包括 5 个组：“视图”“主题”“控件”“页眉/页脚”和“工具”，表 4-1 列出了各分组的主要功能。

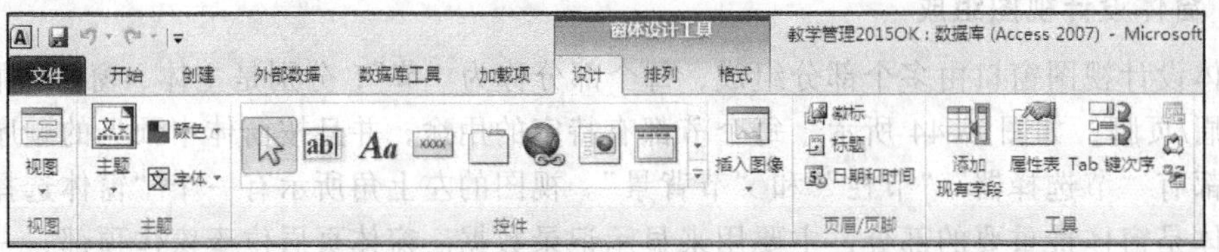

图 4-45 “窗体设计工具”选项卡

表 4-1 “窗体设计工具|设计”选项卡各分组功能

分组名称	功能
视图	只有一个带下拉列表的“视图”按钮。直接单击按钮可在窗体视图和布局视图之间切换；单击其下拉箭头，可以选择进入其他视图

续表

分组名称	功　能
主题	可设置整个系统的视图外观
控件	是设计窗体的主要工具，由多个控件组成。
页眉/页脚	用于设置窗体页眉/页脚和页面页眉/页脚
工具	提供设置窗体及控件属性的相关工具

4. 对象“属性表”对话框

在设计视图中创建/打开窗体时，同时打开的还有对象的“属性表”对话框，在这个对话框中列出了窗体和它所包含的其他对象的所有属性值，以帮助用户设置窗体及其控件的功能、外观等属性，如图 4-46 所示。

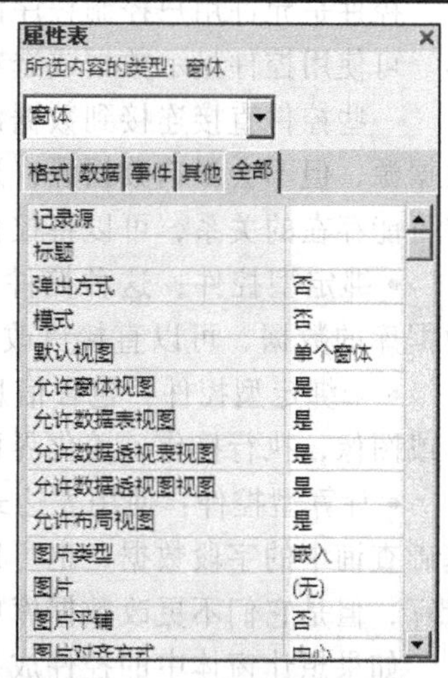

图 4-46 “属性表”对话框

5. 字段列表

如果窗体有绑定的记录源，那么当打开窗体设计视图时，记录源的“字段列表”也会同步打开。“字段列表”是列出了记录源中的全部字段的窗格，拖动“字段列表”窗格中的字段到窗体设计视图，可以快速创建绑定型控件。

【例 4-11】在“教学管理 2015”数据库窗口中，创建窗体并将其与“学生信息”表绑定，绑定字段为“姓名”“性别”和“婚否”字段。

操作步骤如下：

（1）单击“窗体设计”按钮，新建一个窗体。由于未绑定数据源，打开的“字段列表”是空白的，需要先设置绑定数据源。绑定数据源的步骤为：

① 单击窗体选择器以选中该窗体。

② 单击“窗体设计工具/设计”→“工具”→“属性表”按钮，打开窗体的“属性表”窗口，设置窗体的“记录源”属性为确定的表或查询，即完成窗体数据源的绑定。选择“学生信息”表。

（2）如果“字段列表”窗格未显示，可单击“窗体设计工具|设计”选项卡中“工具”分组中的“添加现有字段”按钮，打开窗体的“字段列表”窗口。

（3）在“字段列表”中选择用作控件基础的字段（如“学号”字段），将其拖到窗体中。

（4）将图标的左上角放置到主控件（不是它的附加标签）左上角所在的位置，然后释放鼠标按钮。

重复步骤（3）和（4），依次从“字段列表”中拖动“性别”和“婚否”两个字段放置到窗体，Access 将根据字段的数据类型，为字段创建适当的控件并设置某些属性，在本例中相应为“姓名”“性别”和“婚否”创建了文本框、组合框和复选框控件，同时自动将各附加标签的标题默认为主控件绑定字段的字段名称，如图 4-47 左侧的控件所示。

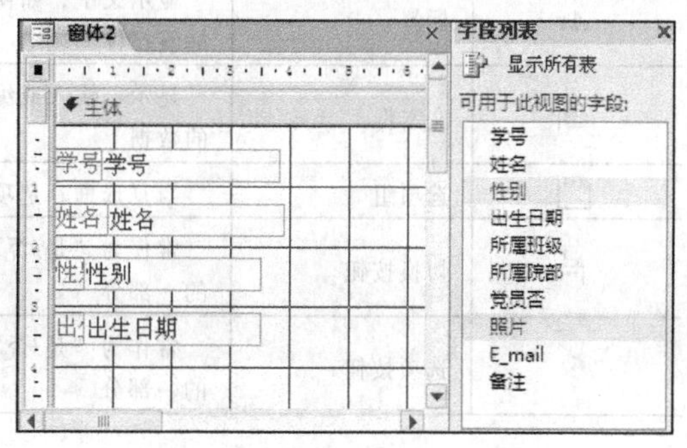

图 4-47　窗体视图与字段列表

4.3.2 常用控件的功能

窗体只是提供了一个窗口的框架，其功能要通过窗体中放置的各种控件来完成，控件与数据库对象结合起来才能构造出功能强大、界面友好的可视化窗体。

1. 控件的类型

控件是允许用户控制程序的图形用户界面对象，如文本框、复选框、滚动条或命令按钮等。可使用控件显示数据或选项、执行操作或使用户界面更易阅读。

一些控件直接连接到数据源，可用来立即显示、输入或更改数据源；另一些控件则使用数据源，但不会影响数据源；还有一些控件完全不依赖于数据源。根据控件和数据源之间这些可能存在的关系，可以将控件分为以下 3 种类型：

- 绑定型控件：这种控件与数据源直接连接，它们将数据直接输入数据库或直接显示数据库的数据，可以直接更改数据源中的数据或在数据源中的数据更改后直接显示变化。
- 未绑定型控件：包含信息但不与数据库数据直接连接，主要用于显示信息、线条、矩形或图像，执行操作，美化界面等。
- 计算型控件：使用表达式作为自己的数据源。表达式可以使用窗体或报表的基础表或基础查询中的字段数据，也可以使用窗体或报表上其他控件的数据。可使用数据库数据执行计算，但是它们不更改数据库中的数据。计算型控件是特殊的非绑定控件。

如果想让窗体中的控件成为绑定控件，首先要确保该窗体是基于表或查询的，即窗体是绑定数据源的。大多数允许输入信息的控件既可以被创建成绑定型控件，也可以被创建成非绑定型控件，完全根据窗体设计的需要而定。

2. 常用控件及其功能

窗体设计中所用到的大多数控件都包含在“工具箱”中，表 4-2 列出常用窗体控件的名称及功能。

表 4-2 常用窗体控件的功能

控件图标	控件名称	功能
	选择	选取控件、节或窗体，单击该按钮可以释放锁定的工具箱按钮
	控件向导	打开或关闭控件向导。按下该按钮，在创建其他控件时，会启动控件向导来创建控件，如组合框、列表框、选项组和命令按钮等控件都可以使用控件向导来创建
Aa	标签	显示文字，如窗体标题、指示文字等。Access 会自动为其他控件附加默认的标签控件
ab|	文本框	显示、输入或编辑窗体的基础记录源数据，显示计算结果，或接受用户输入的数据
XYZ	选项组	与复选框、选项按钮或切换按钮搭配使用，显示一组可选值
	切换按钮	常作为“是/否”字段使用控件，接收用户“是/否”型的选择值，或选项组的一部分
	选项按钮	常作为“是/否”字段使用控件，接收用户“是/否”型的选择值，或选项组的一部分

续表

控件图标	控件名称	功 能
☑	复选框	常作为“是/否”字段使用控件，接收用户“是/否”型的选择值，或选项组的一部分
	组合框	该控件结合了文本框和列表框的特性，既可在文本框中直接输入文字，也可在列表框中选择输入的文字，其值会保存在定义的字段变量或内存变量中
	列表框	显示可滚动的数值列表，在窗体视图中，可以从列表中选择某一值作为输入数据，或者使用列表提供的某一值更改现有的数据，但不可输入列表外的数据值
	按钮	完成各种操作，例如查找记录、打开窗体等
	图像	在窗体中显示静态图片，不能在 Access 中进行编辑
	未绑定对象框	在窗体中显示非绑定型 OLE 对象，例如 Excel 电子表格。当记录改变时，该对象不变
	绑定对象框	在窗体中显示绑定型 OLE 对象，如 Excel 电子表格。当记录改变时，该对象会一起改变
	插入分页符	在窗体上开始一个新的屏幕，或在打印窗体上开始一个新页
	选项卡控件	创建一个多页的选项卡控件，在选项卡上可以添加其他控件
	子窗体/子报表	添加一个子窗体或子报表，可用来显示多个表中的数据
＼	直线	用于显示一条直线，可突出相关的或特别重要的信息
□	矩形	显示一个矩形框。可添加图形效果，将一些组件框在一起

下面对常用的控件按功能分类说明。

（1）文本框

文本框既可以用于显示指定的数据，也可以用来输入和编辑字段数据。文本框分为三种类型：绑定型、未绑定型和计算型。绑定型文本框是链接到表和查询中的字段，从表或查询的字段中获取所显示的内容。在设计视图中，绑定型控件显示表或查询中具体字段名称。未绑定型文本框并不链接到表或查询，在设计视图中以“未绑定”字样显示，一般用来显示提示信息或接受用户输入数据等。计算型文本框，用于放置计算表达式以显示表达式的结果，如图 4-48 所示。

（2）标签

当需要在窗体上显示一些说明性文字时，通常使用标签控件（称为独立标签）。标签不显示字段的数值，它没有数据源。在创建除标签外的其他控件时，将同时创建一个标签控件（称为附加标签）在该控件上，用以说明该控件的作用，而且标签上会显示与之相关联的字段标题的文字，如图 4-48 所示。

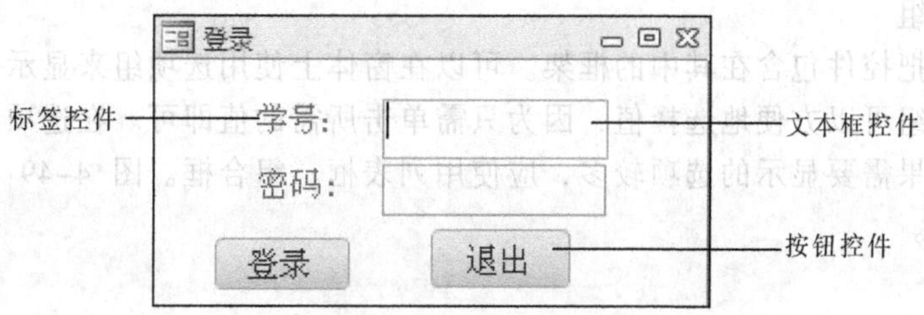

图 4-48 文本框控件、标签控件和按钮控件

① 独立标签：使用“标签”工具Aa创建的标签控件是独立标签，用于显示信息(如窗体标题)或其他说明性文本。数据表视图中不显示独立的标签。

② 附加标签：是创建某些控件时自动附加的、显示该控件标识信息的标签控件。例如，在创建文本框时，文本框会附加一个标签，用来显示该文本框的标题。

（3）组合框、列表框

组合框和列表框在功能上是十分相似的。在很多场合下，窗体中输入的数据往往是取自某一个表或查询中的数据，这种情况应该使用组合框或列表框控件。这样做既能保证输入数据的正确性，又能提高数据的输入效率。组合框不仅可以从列表中选择数据，而且还可以输入数据，而列表框只能在列表中选择数据。例如在罗斯文数据库的销售情况对话框中，销售报表、销售时间和筛选销售项目都是列表框，年份、季度和月份则是组合框。

组合框和列表框中的数据来源可以是数据表或查询中的某字段，也可以是用户自行键入的一组值。利用控件向导可以很方便地创建组合框或列表框。

（4）命令按钮

命令按钮提供了一种只需单击按钮即可执行操作的方法。选择按钮时，它不仅会执行相应的操作，其外观也会有先按下后释放的视觉效果。利用控件向导可以创建 30 种系统预定义的命令按钮。

在窗体上可以使用命令按钮来启动一项操作或一组操作。例如，可以创建一个命令按钮来打开另一个窗体。若要使命令按钮在窗体上实现某些功能，可以编写相应的宏或事件过程，并将它附加在按钮的“单击”属性中，如图 4-48 所示。

（5）复选框、选项按钮、切换按钮

复选框、切换按钮和选项按钮作为单独的控件用来显示表或查询中的“是／否”值。当选中复选框或选项按钮时，设置为“是”，如果未选中则设置为“否”。对于切换按钮，如果单击“切换”按钮，其值为“是”，否则为“否”，如图 4-49 所示。

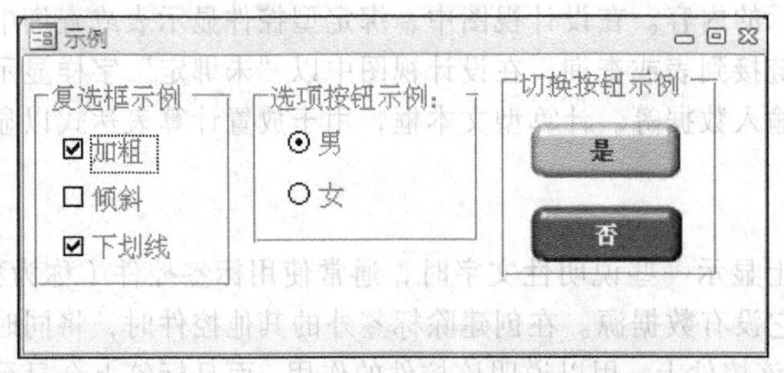

图 4-49　复选框、选项按钮、切换按钮

（6）选项组

选项组是把控件包含在其中的框架。可以在窗体上使用选项组来显示一组限制性的选项值。使用选项组可以方便地选择值，因为只需单击所需的值即可。在选项组中每次只能选择一个选项，如果需要显示的选项较多，应使用列表框、组合框。图 4-49 中各控件就是放在选项组里面的。

4.3.3 常用控件的使用

1. 了解布局

布局是一些参考线，可用于将控件沿水平方向和垂直方向对齐，以使窗体具有一致的外观，可以将布局视为一个由行和列组成的表格，该表格中的每个单元格要么为空，要么包含单个控件。布局的方式有表格式和堆积式。

（1）表格式布局

在表格式布局中，各个控件按行和列进行排列，其中标签位于顶部，如图 4-50 所示。图中布局用矩形虚线表示，其中包含 2 行 3 列单元格（或控件），第 1 行是“课程编号”“课程名称”“课程类别”3 个标签控件，第 2 行是“课程编号”“课程名称”“课程类别”3 个字段的绑定文本框控件。矩形虚线框的左上角“十”字符号是布局选择器，单击则选中布局中所有控件。如图 4-50 所示，布局的第 1 行 1 列控件被选中。

（2）堆积式布局

在堆积式布局中，各个控件会沿垂直方向进行排列，每个控件的左侧都有一个标签，如图 4-51 所示。图中矩形虚线表示的布局中，包含 3 行 2 列单元格，第 1 列是“课程编号”“课程名称”“课程类别”3 个标签控件，第 2 列是“课程编号”“课程名称”“课程类别”3 个字段的绑定文本框控件。矩形虚线框的左上角“十”字符号是布局选择器，单击则选中布局中所有控件。如图 4-51 所示，布局中的 2 行 2 列单元格被选中。

对布局中单元格（控件）的操作（选择行，列，统一调整单元格大小，插入、删除、合并及拆分单元格等），类似于字处理中的表格操作，限于篇幅，此处不赘述。

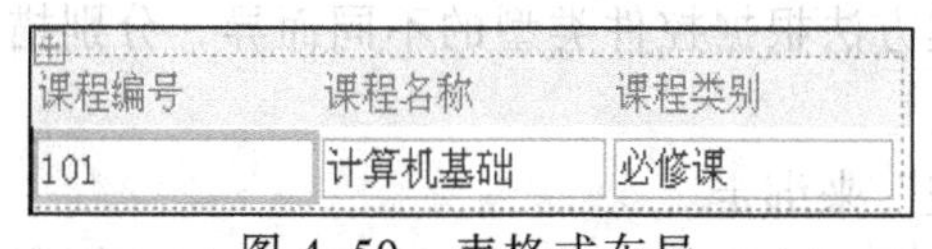

图 4-50 表格式布局

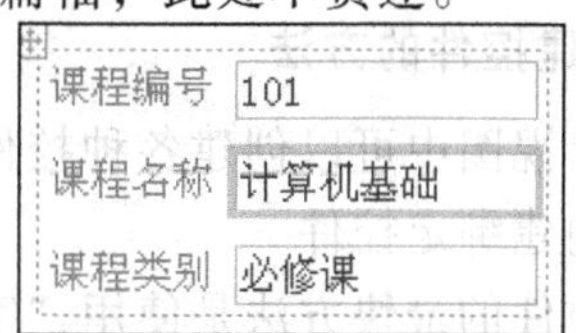

图 4-51 堆积式布局

2. 控件的基本操作

不论是布局里或是布局外的控件，对它们的基本操作都是一样的。

（1）控件的选择

若要对控件进行外观或属性的设置，首先需要在设计视图中选择它。单击选中该控件，此时所选的控件周围将出现 8 个小的方形控制柄。如果控件有附加标签，附加标签将与控件一起被选择。如图 4-52 所示，“课程编号”文本框被选中，由有色边框包围，有色边框上分布有 8 个方形控制柄，文本框的附加标签同时被选中。如果要选择多个控件，可以单击选中第 1 个，然后按住【Shift】键再单击其他控件，或者单击工具箱中的“选择对象”按钮，然后在窗体空白位置单击并拖拽，则框在矩形区域内的控件均被选中。单击其他控件或单击窗体空白处取消当前选择。

（2）控件大小的调整

确定控件（可以是多个控件）被选中后，将鼠标指向控件周围（除左上角）的控制柄直到鼠标变成双向箭头形状，再拖动鼠标即可，如图 4-53 所示；也可以执行右键快捷菜单中的“大小|****”菜单命令，使所选控件的大小与其文字、网格或另一个已选控件的大小相匹配。

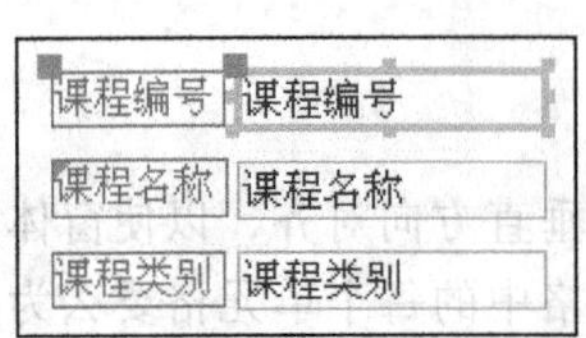

图 4-52　控件的选择与移动图

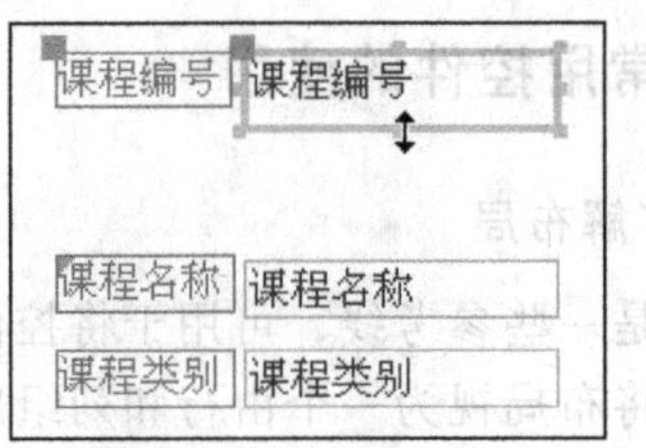

图 4-53　调整控件大小

控件的大小不影响数据本身，只影响数据的查看或打印的样式。

（3）控件的移动

确定控件（可以是多个控件）被选中后，在控件（控制柄以外）上移动鼠标，当鼠标变成十字箭头时，表示可以拖动控件；这种移动是将相关联的两个控件一起移动，将鼠标指向控件左上角的控制柄并呈现“十”字箭头时，可拖动鼠标独立地移动控件本身。

（4）控件的删除

首先选中控件（可以是多个控件），然后按【Delete】键删除。

（5）打开/关闭“控件向导”

对于标签、文本框或绘制的图形控件，添加操作很简单。但是，很多控件需要更多的信息才能充分发挥作用。为了简化创建控件的操作，Access 提供了“控件向导”工具。单击“控件”→“控件”按钮的下拉列表，再单击“激活控件向导”工具来打开/关闭向导。打开向导（此时按钮加重显示）后，在添加具有向导的控件（不是所有控件都有向导）时，向导将引导设计者对一组相关问题做出选择，以此完成对控件的属性设置和控件的创建。

3．创建控件的方法

在设计视图中可以创建各种控件，创建方法根据控件类型的不同而异，分别描述如下：

（1）创建绑定控件

绑定控件的最快方法是使用“字段列表”来绑定。

在基于记录源的窗体中，可以通过从“字段列表”中拖动或双击字段名来创建控件。Access 根据所拖动字段的数据类型为字段创建适当的控件，并设置某些属性，如图 4-54 所示。

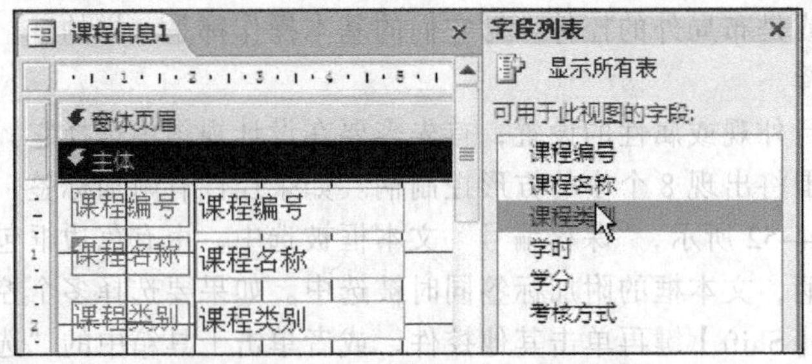

图 4-54　双击“字段列表”插入绑定控件

（2）创建未绑定控件

直接用“控件”工具箱创建非绑定控件。在“控件”工具箱中单击所需控件，然后单击窗体中需添加此控件的位置即可。

若创建标签控件，则需要在窗体中添加它的位置处拖动鼠标画一个矩形框。对于功能较强的控件，可启用“控件向导”引导，然后再进行上述步骤。

若启用了“控件向导”，则在添加某些控件（如命令按钮、列表框、子窗体、组合框和选项组）时将自动打开向导对话框以引导创建操作，加快控件的创建过程。

未绑定控件在设计视图中将显示文字“未绑定”。

用上述方法完成控件的基本创建以后，通常还需要在控件的“属性表”对话框中进行一些参数设置，使控件的功能充分表现，外观也更加清晰、合理。

4.3.4 窗体和控件的属性

窗体属性确定了对象的功能特性、结构和外观，使用“属性表”对话框可以设置对象的属性。

在窗体设计视图或布局视图状态下，单击“工具”→“属性表”按钮，或右击窗体设计视图中的任意区域打开快捷菜单，选择“属性”菜单命令，均可打开“属性表”对话框，如图4-55所示。

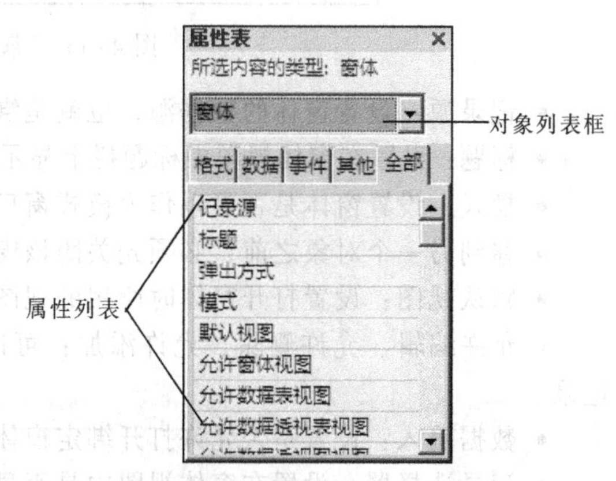

图4-55 “属性表”对话框

1．认识“属性表”对话框

“属性表”对话框由5个选项卡组成，各属性按功能被分组到不同的选项卡中，其说明如表4-3所示。

表4-3 “属性表”对话框的选项卡说明

选项卡名称	属 性 分 组
格式	设置对象的外观和显示格式，如边框样式、字体大小等
数据	设置对象的数据来源以及操作数据的规则
事件	设置对象的触发事件
其他	不属于上述3项的属性
全部	上述4项属性的集合

在“属性表”对话框中设置某一属性时，先单击要设置的属性，然后在属性框中输入一个设置值或者表达式；如果属性框中显示有下拉箭头，则可以单击该箭头并从列表中选择一个值；如果属性框右侧显示有“表达式”按钮⋯，则单击该按钮，弹出“表达式生成器”对话框，通过该生成器可以设置其属性值。

2．窗体的常用属性

窗体的属性与整个窗体相关联，并影响着用户对窗体的体验。选择或更改这些属性，可以确定窗体的整体外观和行为。

在设计视图中打开窗体，双击“窗体选择器”，可以快速打开窗体的“属性表”对话框，如图4-56所示。下面介绍常用的窗体属性。

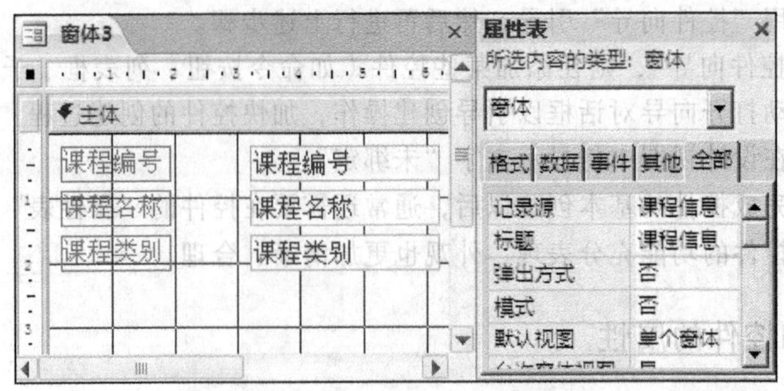

图 4-56 “属性表”对话框

• 记录源：设置窗体的数据源，也就是绑定的数据表或查询。

• 标题：设置在窗体视图中标题栏上显示的文本。缺省名为“窗体 1”“窗体 2”、……。

• 模式：设置窗体是否可以作为模式窗口打开。当窗体作为模式窗口打开时，在焦点

• 移到另一个对象之前，必须先关闭该窗口。

• 默认视图：设置打开窗体时所用的视图。

• 允许编辑、允许删除、允许添加：可以指定用户是否可在使用窗体时编辑已保存的记录。

• 数据输入：设置是否允许打开绑定窗体进行数据输入。

• 记录选择器：设置在窗体视图中是否显示“记录选择器”。

• 导航按钮：设置在窗体视图中是否显示导航按钮和记录编号框。记录编号框显示当前记录的编号。记录的总数显示在导航按钮旁边。在记录编号框中输入数字，则可以移到指定的记录。

• 分割线：在窗体视图中是否显示节分割线。记录选择器、分割线、导航按钮 3 个属性值为“是”时，如图 4-57 所示。

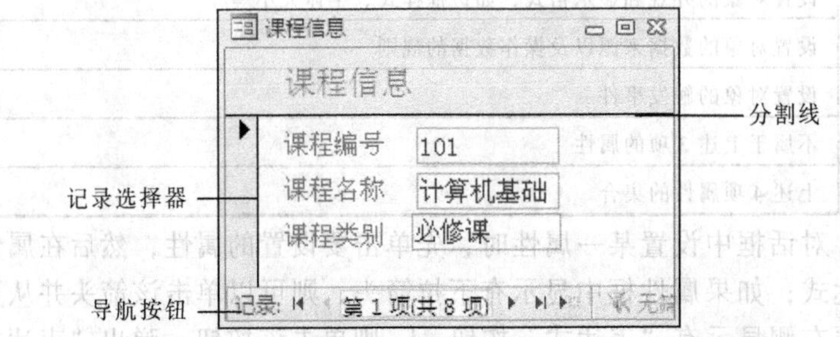

图 4-57 记录选择器、导航按钮、记录编号框

• 边框样式：用于设置窗体的边框和边框元素（标题栏、“控制”菜单、“最小化”和“最大化”按钮或“关闭”按钮）的类型。通常对于常规窗体、弹出式窗体和自定义对话框需要使用不同的边框样式。

• 快捷菜单：当用鼠标右键单击窗体上的对象时，是否显示快捷菜单。例如，可以使快捷菜单无效以防止用户使用窗体快捷菜单中的某个筛选命令更改窗体所基于的记录源。

3. 控件的常用属性

在图 4-55 所示的窗体“属性表”对话框的“对象选择列表”中，选择某个控件，就可

以打开该控件的“属性表”对话框。下面以文本框控件为例，介绍常用的控件属性。

• 名称：每个控件都有一个唯一名称，用于标识控件。对于未绑定控件，默认名称是控件的类型加上一个唯一的整数，例如，文本框的默认名称为“文本 1”“文本 2”、……，对于绑定控件，默认名称是数据源中绑定字段的名称。

• 控件来源：指定在控件中显示的数据。可以显示和编辑绑定到表、查询或 SQL 语句中，还可以显示表达式的结果。

• 是否锁定：指定是否可以在窗体视图中编辑控件数据。可以将绑定控件中的数据设为只读以保护数据。

• 格式：自定义数字、日期、时间和文本的显示方式。

• 可见性：显示或隐藏控件。

• 宽度、高度：可调整对象的大小为指定的尺寸。

• 左边距、上边距：指定控件在窗体中的位置。

• 有效性规则、有效性文本：“有效性规则”属性指定对输入到记录、字段或控件中的数据的要求。当输入的数据违反了“有效性规则”的设置时，可以使用“有效性文本”属性指定将显示给用户的提示消息。表 4-4 包含了“有效性规则”以及“有效性文本”属性的表达式示例。

表 4-4 “有效性规则”及“有效性文本”属性表达式示例

有效性规则	有效性文本
<>0	请输入一个非零值
0 or >100	数值必须是 0 或大于 100
<#1/1/2000#	请输入 2000 之前的日期
>=#1/1/2004# And<#1/1/2005#	日期的年份必须是 2004 年
Not "myself"	请输入您的名字

• 输入掩码：设置“输入掩码”属性为用户输入数据提供指导，确保以一致的方式在文本框和组合框中键入数字、连字符、斜线和其他字符。各参数的意义如表 4-5 所示，表 4-6 为“输入掩码”的设置示例。

表 4-5 控件的“输入掩码”属性设置说明

输入掩码字符	所指示的数据类型
0	数字(必选)
9	数字(可选)
A	字母或数字(必选)
a	字母或数字(可选)
L	字母(必选)
?	字母(可选)
#	数字或空格(可选，如果有空白区域，则用空格)
&	任何字符或空格(必选)

表 4-6 “输入掩码”的设置示例

输入掩码示例	数 据 示 例
(000) 000-0000	(206) 555-0248
(999) 99-9999	() 555-0248
(000) AAA-AAAA	(206) 555-TELEL
????L?000L0	GREENGR339M3
L0L 0L0	T2F 8M4
00000-9999	98115-3007
ISBN 0-&&&&&&&&&-0	ISBN 1-55615-507-7

4.3.5 窗体和控件的事件

事件是一种特定的操作，在某个对象上发生或对某个对象发生。Access 可以响应多种类型的事件：鼠标单击、数据更改、窗体打开或关闭及许多其他类型的事件。事件的发生通常是用户操作的结果，是否对所发生事件做出响应，可以通过对象“属性表”对话框中的“事件”选项卡来设置。常见的事件和触发时机如表 4-7 所示。

表 4-7 常见的事件和触发时机

事件名称		触发时机
键盘事件	键按下	当窗体或控件具有焦点时，按下任何键触发
	键释放	当窗体或控件具有焦点时，释放任何键触发
鼠标事件	单击	当用户在对象上按下鼠标左键然后释放时触发
	双击	当用户在对象上按下并释放鼠标左键两次时触发
	鼠标按下	当用户在对象上按下鼠标左键时触发
	鼠标移动	当用户在对象上移动鼠标时触发
	鼠标释放	当用户在对象上释放鼠标按钮时触发
对象事件	获得焦点	当对象接收到焦点时触发
	失去焦点	当对象失去到焦点时触发
	更改	当文本框或组合框文本部分的内容发生更改时触发；在选项卡控件中从某一页移到另一页时该事件也会触发
窗口事件	打开	在打开窗体，但第 1 条记录尚未显示时触发
	关闭	当窗体关闭并从屏幕上删除时触发
	加载	当窗体打开并且显示其中记录时触发
操作事件	删除	当通过窗体删除记录，但记录被真正删除之前发生
	插入前	当通过窗体插入记录时，键入第 1 个字符时触发
	插入后	当通过窗体插入记录时，记录保存到数据库后触发
	成为当前记录	当焦点移到记录上，使它成为当前记录，或当窗体刷新或重新查询时触发
	不在列表中	在组合框的文本框部分输入非组合框列表中的值时触发

4.3.6 操作实例

实例说明如何创建窗体及控件、设置控件属性、将控件与其他数据库对象结合在一起。

【例 4-12】以“教学管理 2015”数据库中的“学生信息”表为数据源，创建一个“学生信息浏览”窗体，如图 4-58 所示。

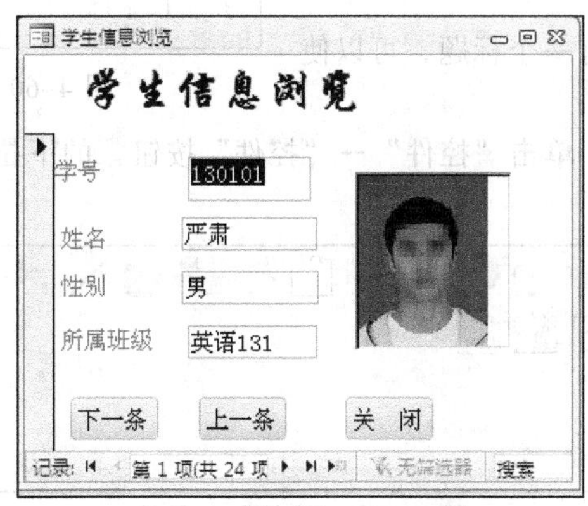

图 4-58 学生信息浏览窗体

操作步骤如下：

（1）创建一个空白窗体

创建窗体，第一步要创建一个空白的窗体框架，它是放置控件的空间。其操作步骤如下：

① 启动 Access，并打开“教学管理 2015”数据库工作窗口。

② 在 Access 窗口功能区中单击“创建”→“窗体”→“窗体设计”按钮，创建一个仅显示“主体”节的空窗体。

③ 在主体区域中，右击鼠标打开快捷菜单，选择“窗体页眉/页脚”命令，添加“窗体页眉/页脚”节，如图 4-59 所示为此时的 Access 窗口。

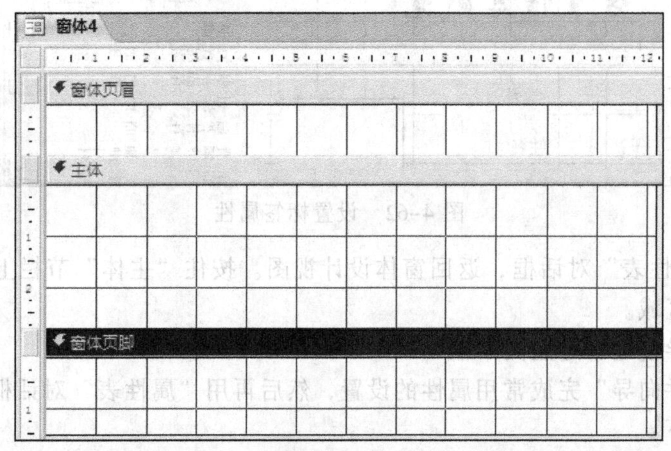

图 4-59 添加窗体页眉后的设计视图

（2）为窗体绑定数据源

① 单击设计视图中“窗体选择器”以选中窗体。

② 在 Access 窗口中，单击“工具”→“属性表”按钮，弹出“属性表”对话框，选择“数据”选项卡，在“记录源”下拉列表中，选择“学生信息”表,如图 4-60 所示。

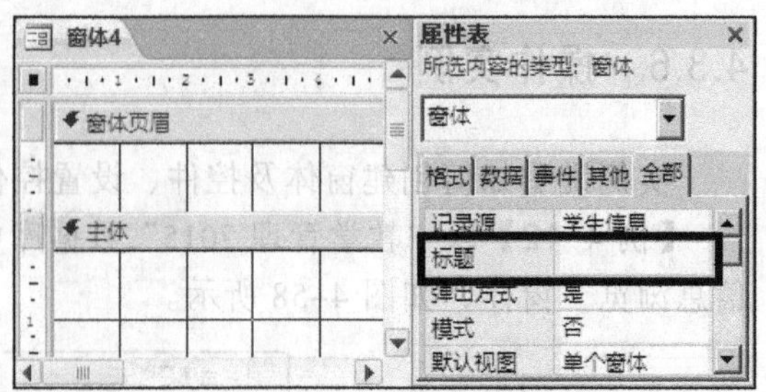

图 4-60 设置窗体记录源

③ 关闭“属性表”对话框，返回设计视图。

（3）创建标签控件

一般窗体顶部都设计有一个标题，可以使用标签控件完成。

① 在 Access 窗口中，单击“控件”→“控件”按钮的下拉箭头，打开“控件”工具箱，如图 4-61 所示。

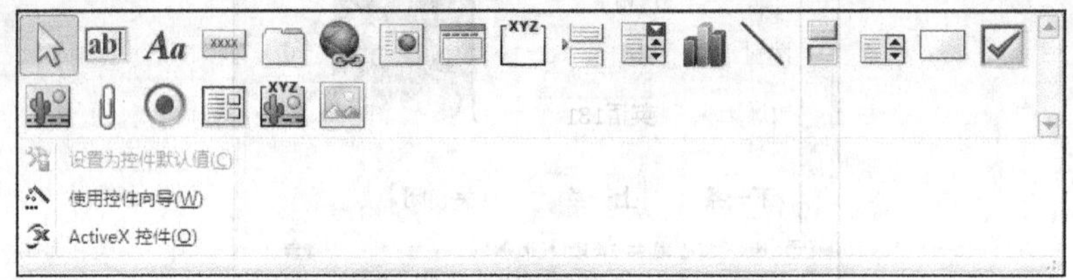

图 4-61 “控件”工具箱

② 单击“标签”按钮，然后将鼠标移到窗体页眉区域，拖动鼠标画一矩形标签，并在其中输入文字“学生信息浏览”。

③ 单击“工具”→“属性表”按钮，弹出标签的“属性表”对话框，在“格式”选项卡中设置文本为“22”号“华文行楷”,“加粗”且“居中”，并设置“前景色”属性为“黑色文本”，如图 4-62 所示。

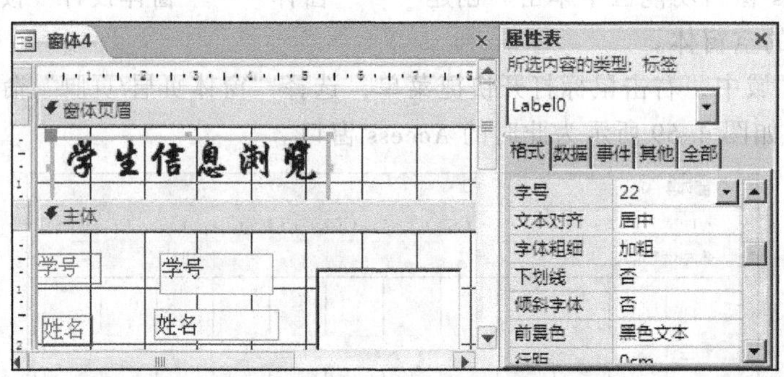

图 4-62 设置标签属性

④ 关闭“属性表”对话框，返回窗体设计视图。按住“主体”节栏上边线向上移动，以缩小窗体页眉区域。

（4）利用向导创建绑定型文本框

先使用“控件向导”完成常用属性的设置，然后再用“属性表”对话框进行修改补充。

操作步骤如下：

① 单击如图 4-61 所示“控件”工具箱中的“控件向导”按钮，以激活向导。

② 单击“控件”工具箱中的“文本框”按钮，在“主体”节区域布局该文本框的位置时用鼠标画一矩形框，此时将弹出“文本框向导”对话框（一）。设置文本框的有关属性，如图 4-63 所示。

③ 单击“下一步”按钮，在“文本框向导”对话框（二）中设置当文本框获得焦点时的输入法状态，本例取默认设置。

④ 单击“下一步”按钮，在“文本框向导”对话框（三）中设置文本框的名称，本例为“T1”。

⑤ 单击“完成”按钮，就创建了一个未绑定型的文本框控件，如图 4-64 所示。

这个控件和数据库中的表或查询没有关系。但本例中要通过创建绑定型控件来显示数据源“学生信息”表中的数据，因此还要设置控件的相关属性。

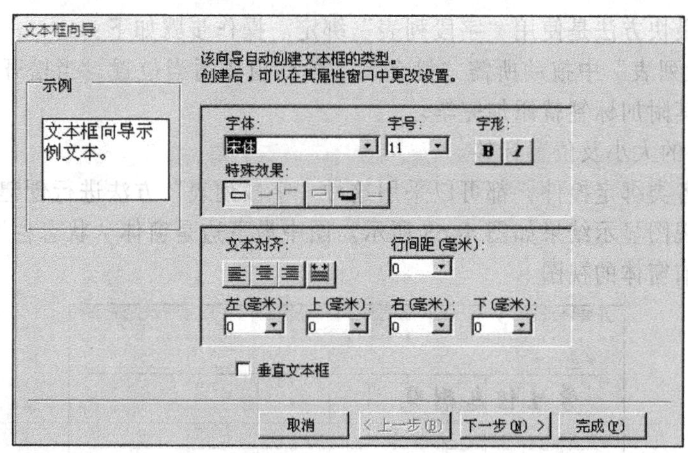

图 4-63　文本框向导

⑥ 选中文本框控件，弹出“属性表”对话框，设置其“数据”选项卡中的“控件来源”属性，从下拉列表中选择“学号”字段，如图 4-65 所示。

图 4-64　添加未绑定型的文本框

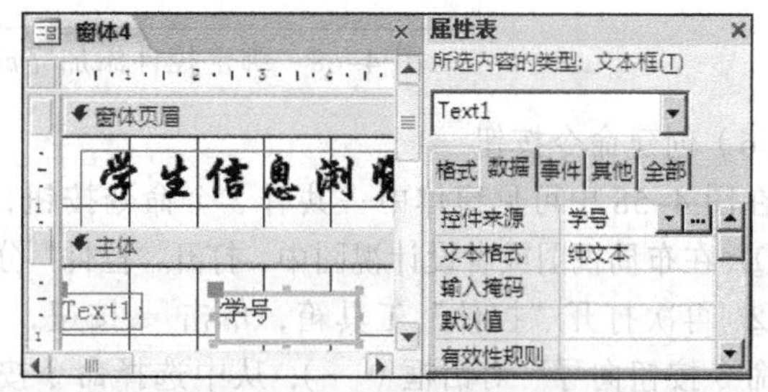

图 4-65　设置文本框控件来源

创建某些种类的控件时，Access 会自动给这些控件添加一个附属于该控件的标签，起标识作用，这个标签控件的标题一般默认是宿主控件的名字，如图 4-64 所示，文本框 Text1 的附属标签的标题就是“Text1”。可以修改该标题属性。在本例中单击附属文本框控件的标签控件，然后再单击该标签控件，修改标题为“学号”，如图 4-66 所示。

（5）通过字段列表添加绑定型文本框

在设计视图状态下，如果窗体已经和某个数据源建立关联（如本例中绑定窗体的数据源是“学生信息”表），则“字段列表”显示（若未显示，可以单击“工具”→“添加现有字段”按钮打开）该数据源的字段列表，本例如图 4-67 所示，其中包含控件可以与之绑定的数据字段的名称。

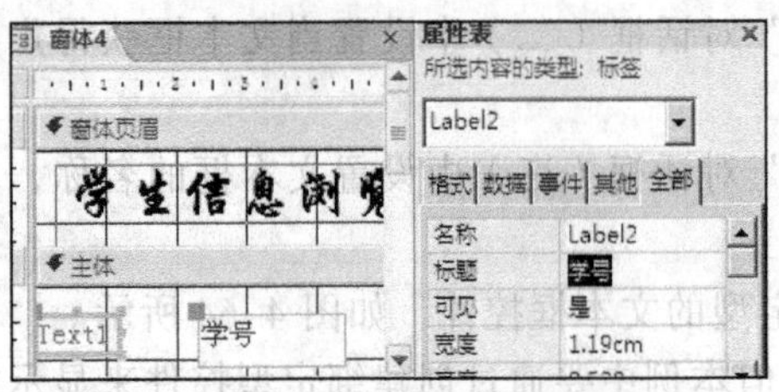
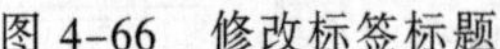

图 4-66　修改标签标题

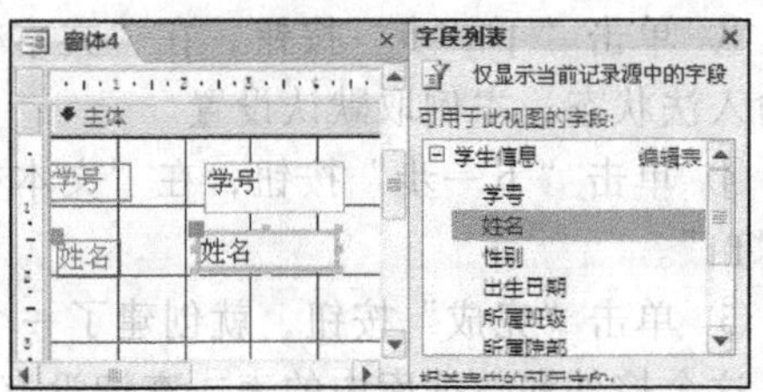

图 4-67　字段列表

绑定控件的最快方法是使用“字段列表”绑定。操作步骤如下：

① 从“字段列表”中拖动所需“姓名”字段到窗体适当位置，当松开鼠标时，一个绑定型的文本框及其附加标签就添加完毕。

② 调整控件的大小及位置标签。

本例中其他各类绑定控件，都可以采用这种“字段列表”方法进行创建。

窗体的设计视图显示结果如图 4-68 所示。图中最下边是窗体“状态栏”，状态栏右端的按钮可以改变当前窗体的视图。

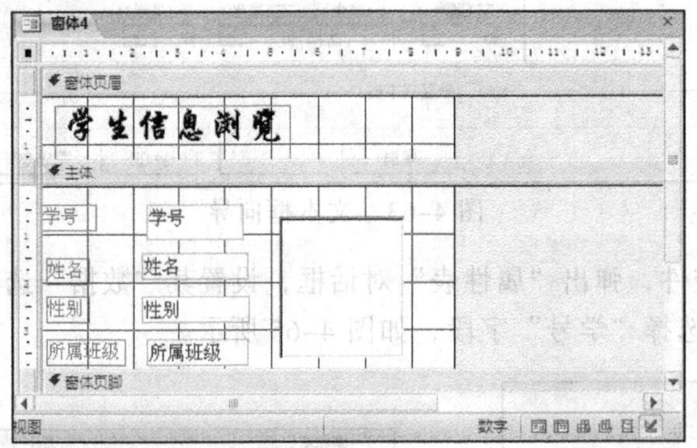

图 4-68　绑定控件添加完成的窗体设计视图

（6）创建命令按钮

在图 4-58 中可见窗体中一共有 3 个命令按钮，可以用控件向导进行创建。

① 在布局视图或者设计视图中，打开“控件”分组中的“控件”工具箱，激活“控件向导”。

② 再次打开“控件”工具箱，单击按钮，在窗体主体节区域任意位置单击，此时弹出“命令按钮向导”对话框（一），从中选择命令按钮的操作为“转至第一项记录”选项，设置如图 4-69 所示。

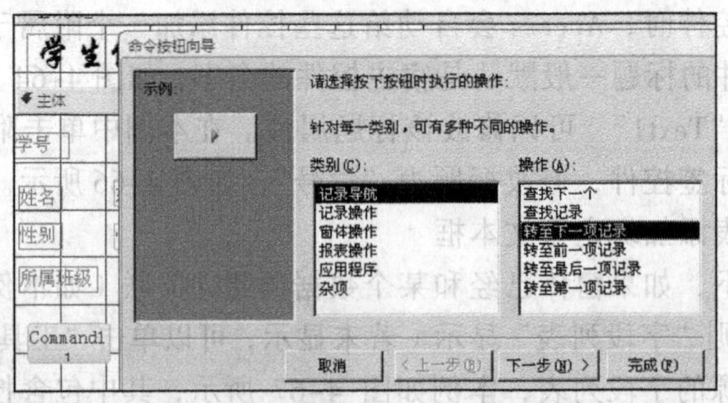

图 4-69　命令按钮向导（一）

③ 单击“下一步”按钮，弹出“命令按钮向导”对话框（二），确定以文本形式显示按钮，同时确定显示文字，如图 4-70 所示。

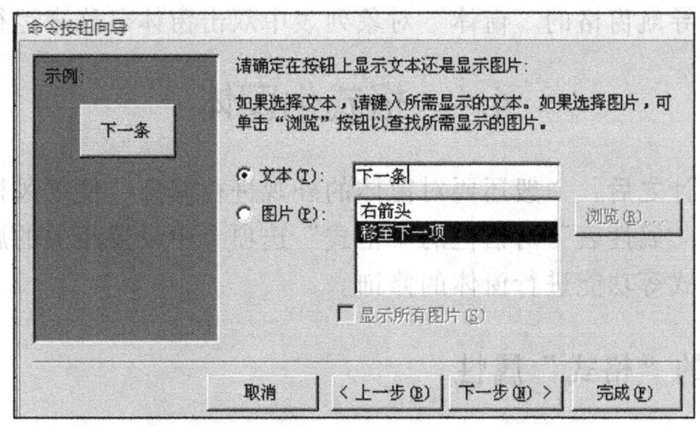

图 4-70　命令按钮向导（二）

④ 单击“下一步”按钮，打开“命令按钮向导”对话框（三），如图 4-71 所示，设置控件名称为“command1”。

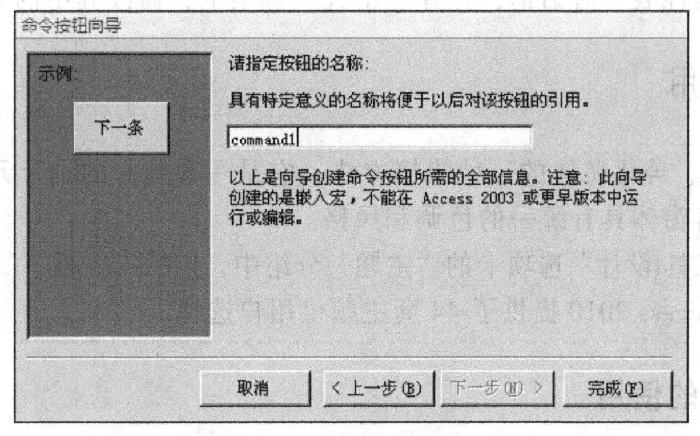

图 4-71　命令按钮向导（三）

⑤ 单击“完成”按钮，返回到窗体设计视图，移动所建控件按钮至适当位置。

按照类似的方法继续创建其余的两个命令按钮。图 4-72 是创建“关闭窗体”按钮时的“命令按钮向导”对话框（一），最终窗体的设计视图，如图 4-73 所示。

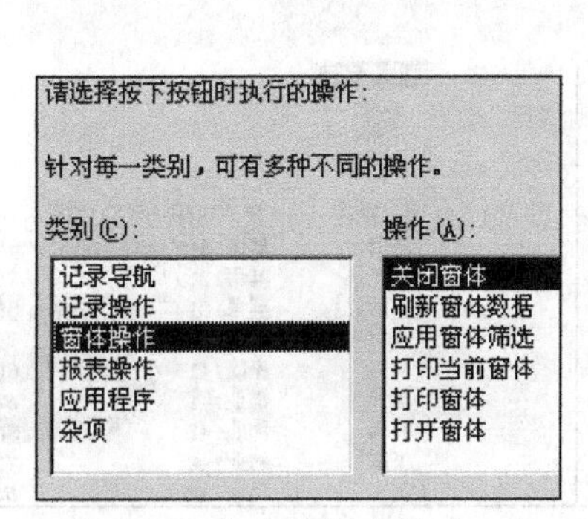

图 4-72　命令按钮向导（一）

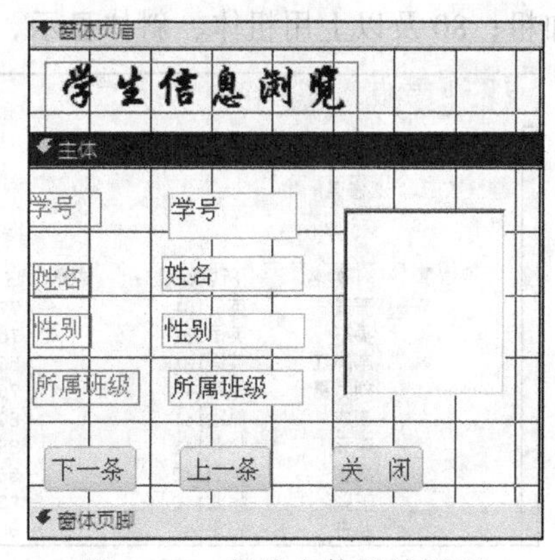

图 4-73　最终窗体设计视图

(7) 命名并保存窗体

在设计视图中必须对进行修改的窗体进行保存。本例命名为“学生信息浏览”。设计完成后，就可以通过在导航窗格的“窗体”对象列表中双击窗体名称来运行窗体。

4.4 格式化窗体

完成窗体功能设计之后，一般还要对窗体的外观进行修饰，使之风格统一、界面美观。除了在窗体和控件的“属性表”对话框的“格式”选项卡中设置相关的属性以外，还可以通过应用主题和条件格式等功能进行窗体的修饰。

4.4.1 设置窗体的“格式”属性

可以根据需要对窗体的格式、窗体的显示元素等进行美化和设置。这种美化和设置可以通过对窗体的各属性，如“默认视图”“滚动条”“记录选定器”“浏览按钮”“分隔线”“自动居中”“最大/最小化按钮”等，进行设置。

打开窗体的“属性表”对话框，选择“格式”选项卡，修改其中的有关属性即可。

4.4.2 主题的应用

“主题”是修饰、美化窗体的一种快捷方法，它是一套统一的设计元素和本色方案，可以使数据库中的所有窗体具有统一的色调和风格。

在“窗体设计工具|设计”选项卡的“主题”分组中，包括“主题”、“颜色”和“字体”3 个按钮。Access 2010 提供了 44 套主题供用户选择。

4.4.3 条件格式的使用

除可以使用“属性表”对话框设置控件的“格式”属性外，还可以根据控件的值，按照指定条件设置相应的显示格式。

【例 4-13】在图 4-74 所示的“课程信息浏览”窗体中，应用条件格式，使子窗体中的“成绩”字段用不同形式（颜色，或背景色，或斜体）显示。条件设置为：70 分以下灰底、下划线、加粗；80 及以上用粗体、斜体显示，效果如图 4-75 所示。

课程信息浏览

课程名称 计算机基础

课程类别 必修课

学分 3

选课信息

姓名	所属班级	成绩
严肃	英语131	77
吴东	英语131	75
李静红	英语131	56
刘力男	保险141	70
李成	保险141	60
李元	物业141	86
冯伟	物业142	56
王鹏	物业142	72
丛古	物业142	85

图 4-74 设置前的窗体视图

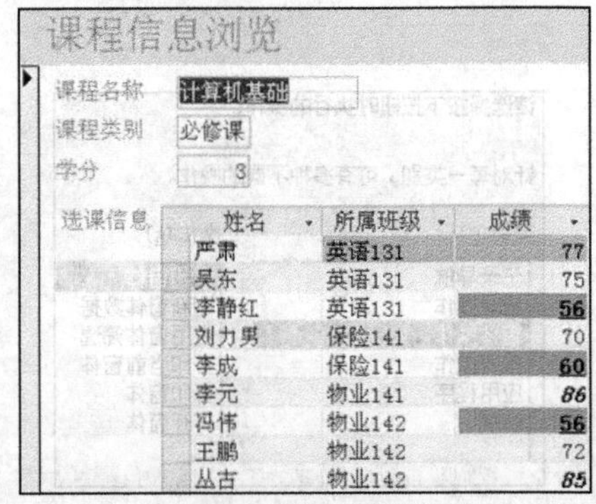

图 4-75 设置后的窗体视图

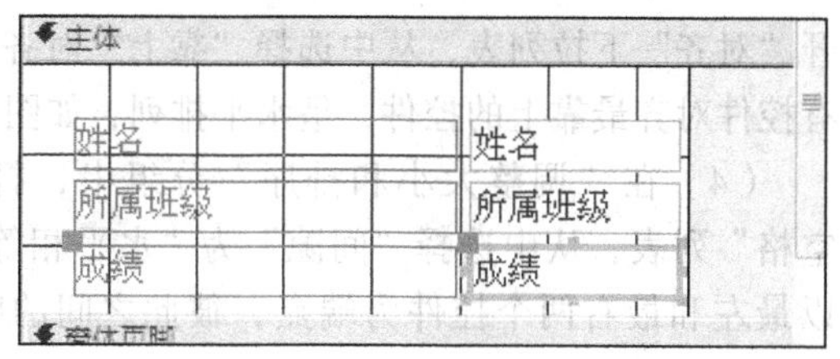

图 4-76　选中成绩文本框

操作步骤如下：

（1）用设计视图打开窗体，选中子窗体中与“成绩”字段绑定的文本框“成绩”，如图 4-76 所示。

（2）在“窗体设计工具|格式”选项卡的“控件格式”分组中，单击“条件格式”按钮，弹出“条件格式管理器”对话框。

（3）单击“新建规则”按钮，弹出“新建格式规则”对话框，按题意进行设置。

（4）切换到窗体视图，结果显示如图 4-77 所示。

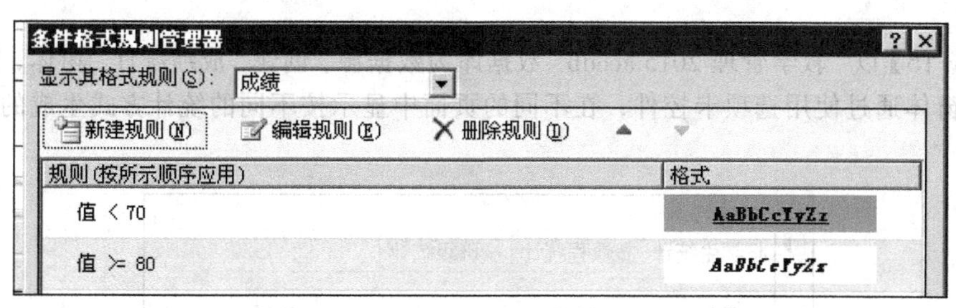

图 4-77　条件格式管理器中的设置结果

4.4.4　对齐窗体中的控件

创建控件时，常用拖动的方式进行设置，因此控件所处的位置很容易与其他控件的位置不协调，为了窗体中的控件更加整齐、美观，应当将控件的位置对齐。步骤如下：

（1）在窗体设计视图中选中要调整的若干控件。

（2）在“窗体设计工具|排列”选项卡的“调整大小和排序”分组中，打开“对齐”下拉列表，从中选择一种对齐方式即可。图 4-78 所示的“调整大小和排序”分组中的其他选项，如“大小/空格”“置于顶层”“置于底层”等，用于统一多个控件的大小、调整多个控件的相对位置。

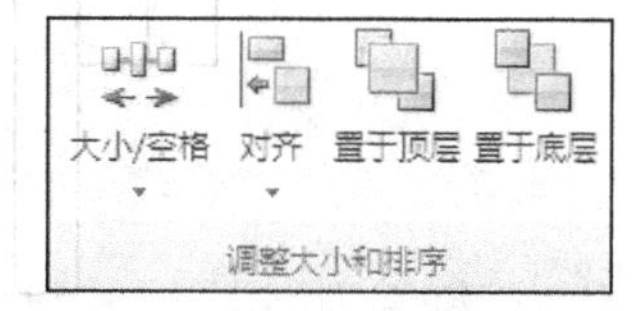

图 4-78　“调整大小和排序”分组

【例 4-14】将如图 4-79 所示的控件排列整齐。

操作步骤如下：

（1）在设计视图中打开窗体。

（2）框选所有按钮，如图 4-80 所示。

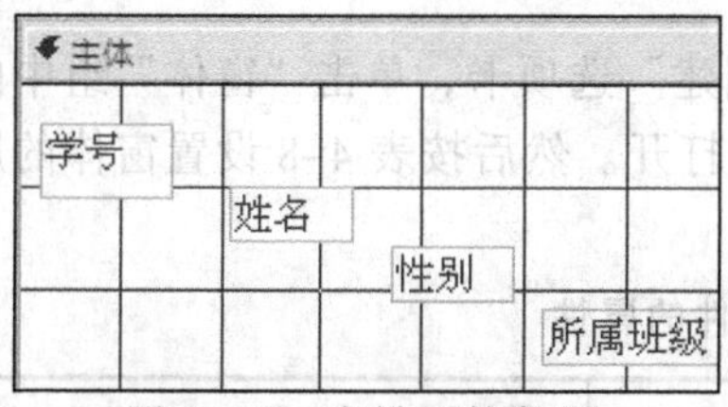

图 4-79　未排列控件图

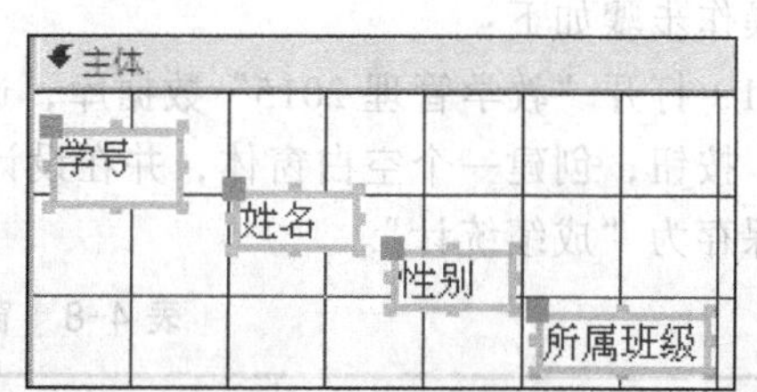

图 4-80　框选所有按钮

（3）在“窗体设计工具|排列”选项卡的“调整大小和排序”分组（如图 4-78 所示）中，打

开“对齐”下拉列表，从中选择“靠上”对齐方式，使所有控件对齐最靠上的控件，呈水平排列，如图 4-81 所示。

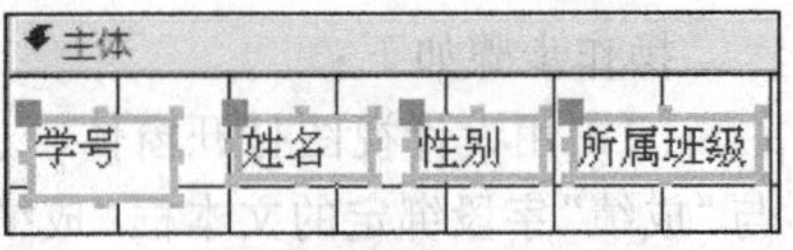

图 4-81　所有控件靠上对齐

（4）在“调整大小和排序”分组中，打开“大小/空格”列表，从中选择“间隙”为“水平相等”，各控件以最左和最右两个控件为端点，彼此之间的间隙均等。

4.5　窗体综合实例

4.5.1　窗体综合实例 1

【例 4-15】以“教学管理 2015.accdb”数据库为数据源，创建“成绩统计”窗体，如图 4-82 所示，该窗体通过使用选项卡控件，在不同的页面中显示按不同的统计方式生成的成绩统计结果。

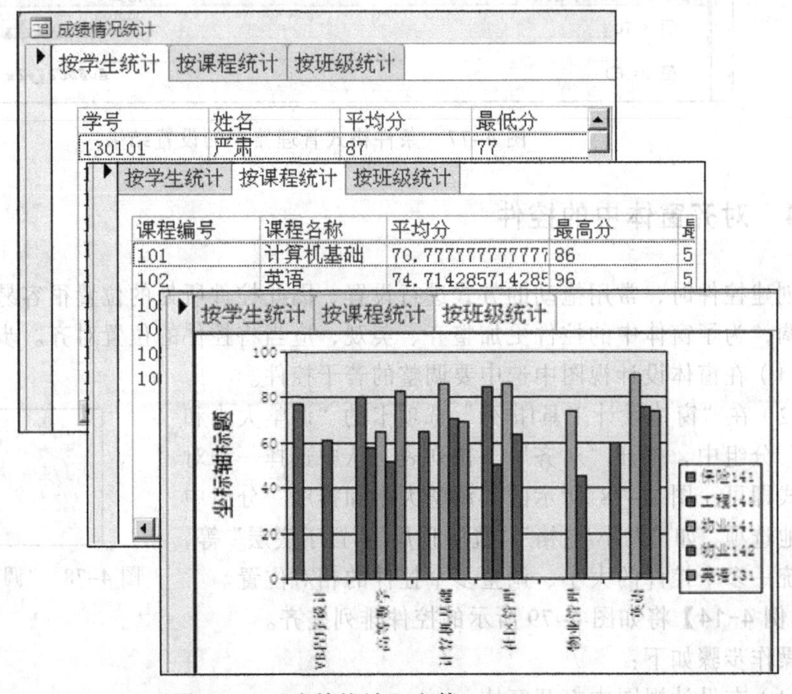

图 4-82　“成绩统计”窗体

操作步骤如下：

（1）打开“教学管理 2015”数据库，选择“创建”选项卡，单击“窗体”组中的“窗体设计”按钮，创建一个空白窗体，并在设计视图中打开。然后按表 4-8 设置窗体的属性，将窗体保存为“成绩统计”。

表 4-8　窗体及控件的属性

对　象	属　性	属 性 值
窗体	标题	成绩统计
	导航按钮	无

续表

对 象	属 性	属 性 值
窗体	记录选择器	无
	滚动条	两者均无
第一页	标题	按学生统计
第二页	标题	按课程统计
第三页	标题	按班级统计

（2）向窗体中添加一个选项卡控件对象，并设置选项卡页面的属性。

选择“设计”选项卡，单击“控件”分组中的“选项卡”按钮，在窗体设计视图的主体节中单击，添加一个选项卡控件对象，默认有两页。左键单击“选项卡控件”按钮，在出现的快捷菜单中，选择“插入页”命令，向选项卡中添加一个页，结果如图 4-83 所示。然后按表 4-8 设置 3 个页的标题属性，结果如图 4-84 所示。

图 4-83 含 3 个选项卡控件的窗体

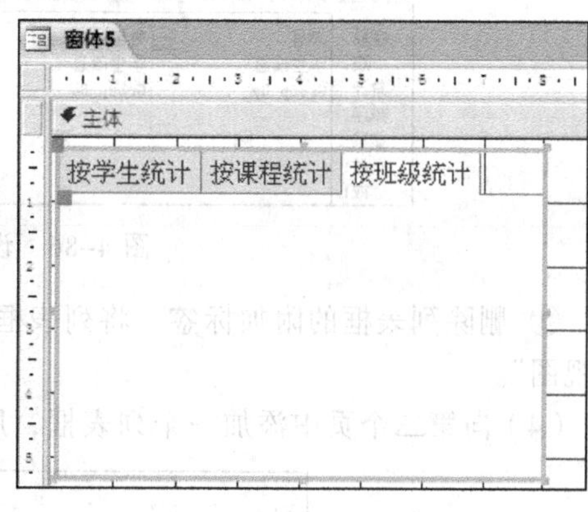

图 4-84 设置各页标题属性

（3）向第一个页中添加一个列表框，用于显示按学生统计成绩的结果，如图 4-85 所示。

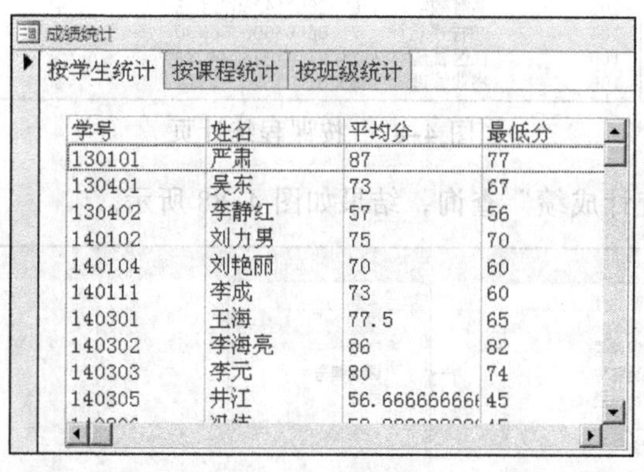

图 4-85 按学生统计页

① 创建一个选择查询，命名为“按学生统计成绩”，设计结果如图 4-86 所示。

② 切换到“成绩统计情况”窗体的设计视图中，单击第一个页的标题部分，选中该页。然后使“控件”组中的“使用控件向导”按钮处于选中状态，单击“控件”组中的“列表框”

按钮，向该页中添加一个列表框控件，从而启动列表框向导。

③ 在向导的对话框（一）中选中“使用列表框查阅表或查询中的值”单选按钮，单击“下一步”按钮；在对话框（二）的“视图”选项组中选中“查询”单选按钮，在列表中选择“查询：按学生统计成绩”，然后单击“下一步”按钮；在对话框（三）中将所有字段选入“可选字段”列表框中，然后单击“下一步”按钮；在对话框（四）中设置按“学号”升序排序，然后单击“下一步”按钮；在对话框（五）中适当调整列宽，然后单击“下一步”按钮；最后，单击“完成”按钮。

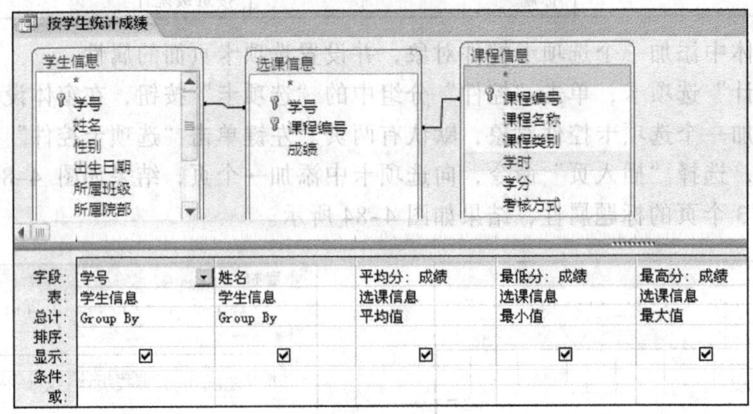

图 4-86　设计按学生统计查询

④ 删除列表框的附加标签，将列表框的“列标题”属性设置为“是”，然后切换到“窗体视图”。

（4）向第二个页中添加一个列表框，用于显示按课程统计成绩的结果，如图 4-87 所示。

成绩统计

按学生统计　按课程统计　按班级统计

课程编号	课程名称	平均分	最高分	最
101	计算机基础	70.777777777777	86	5
102	英语	74.714285714285	96	5
103	高等数学	67.285714285714	88	4
104	VB程序设计	71.666666666666	80	6
105	社区管理	74.2	90	5
106	物业管理	59.5	74	4

图 4-87　按课程统计页

① 创建“按课程统计成绩”查询，结果如图 4-88 所示。

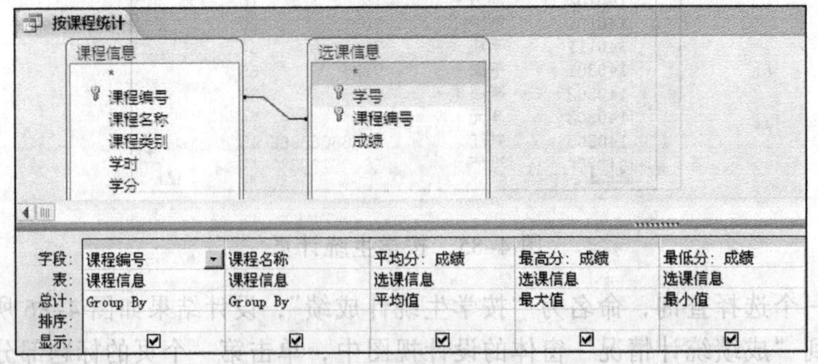

图 4-88　设计按课程统计查询

② 切换到“成绩统计情况”窗体的设计视图，单击第二个页的标题部分，选中该页。然后选中“控件”组中的“使用控件向导”按钮，单击“控件”组中的“列表框”按钮，向该页中添加一个列表框控件，从而启动列表框向导。

③ 在向导的对话框（一）中选中“使用列表框查阅表或查询中的值”单选按钮，单击“下一步”按钮；在对话框（二）的“视图”选项组中选中“查询”单选按钮，在列表中选择“查询：按课程统计成绩”选项，单击“下一步”按钮；在对话框（三）中将所有字段选入“可选字段”列表框中，单击“下一步”按钮；在对话框（四）中设置按“课程号”升序排序，单击“下一步”按钮；在对话框（五）中适当调整列宽，单击“下一步”按钮；最后，单击“完成”按钮。

④ 删除列表框的附加标签，将列表框的“列标题”属性设置为“是”，然后切换到“窗体视图”。

（5）向第3个页中添加一个图表，用于显示按班级统计成绩的结果，如图4-89所示

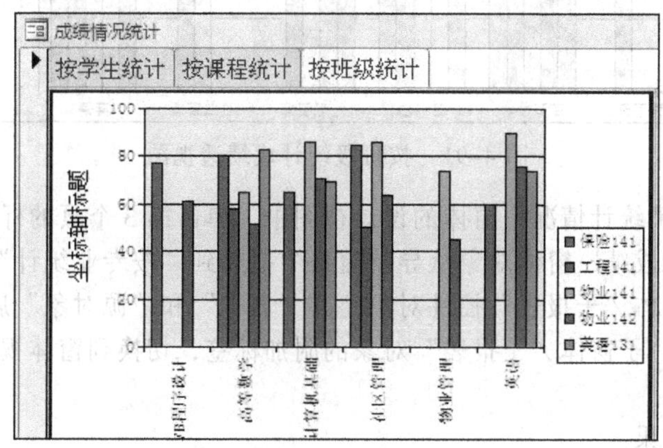

图4-89　按班级统计页

① 创建“按班级统计成绩”查询，结果如图4-90所示。

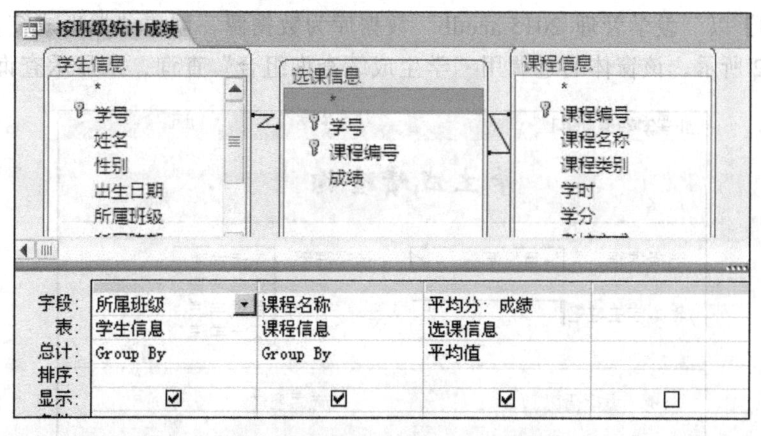

图4-90　设计按班级统计查询

② 选中导航窗格中的“按班级统计成绩”查询对象，然后选择“创建”选项卡，单击“窗体”组中的“数据透视图”按钮，在随后出现的数据透视图的设计窗口中将图表字段列表中

的“课程名称”拖放到“分类”区，将“班级”拖放到“系列”区，将“平均分”拖放到“数据”区，并删除坐标轴标题。接着选择“设计”选项卡，在“显示／隐藏”组中选中“图例”按钮，使“拖放区域”按钮处于未选中状态。最后将窗体保存为“按班级统计成绩”，结果如图 4-91 所示。

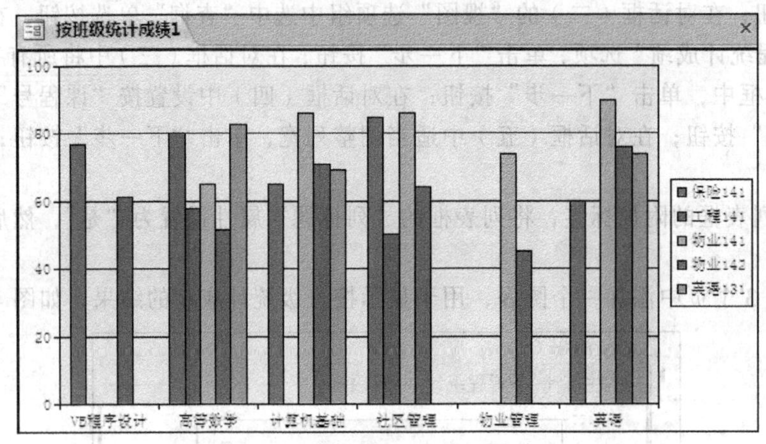

图 4-91　按班级统计成绩透视图

③ 切换到“成绩统计情况”窗体的设计视图中，单击第 3 个页的标题部分，选中该页。然后将“按专业统计成绩”窗体对象从导航窗格中拖放到“按专业统计”页中，此时将在该页中添加一个“子窗体／子报表”控件对象，其“名称”和“源对象”属性值均为“按专业统计成绩”，删除该“子窗体／子报表”对象的附加标签，切换到窗体视图，结果如图 4-89 所示。

（6）保存设计结果。

4.5.2　窗体综合实例 2

【例 4-16】以“教学管理 2015.accdb”数据库为数据源，创建“学生成绩查询窗口”窗体，如图 4-92 所示，该窗体通过调用“学生成绩查询组合”查询，来显示查询的结果。

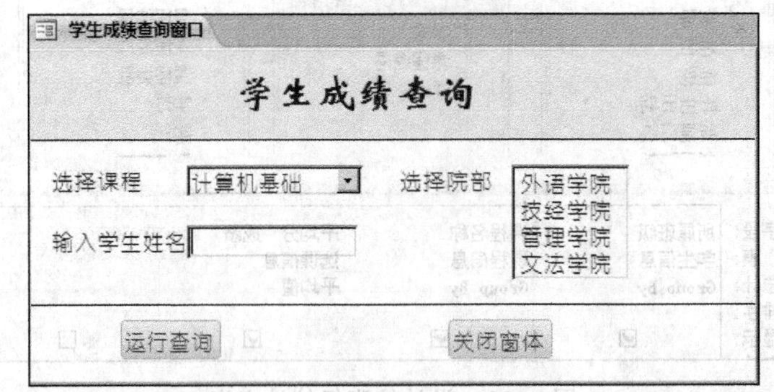

图 4-92 学生成绩查询窗口

操作步骤如下：

（1）创建“学生成绩查询组合”查询

① 打开“教学管理 2015”数据库，选择“创建”选项卡，单击“查询”组中的“查询设计”按钮，打开查询设计视图，依次添加 “学生信息”“课程信息”“选课信息”到查询显示区。依次添加 “姓名”“所属院部”“课程名称”“成绩”“学时”“学分”字段到查询设计网格区，如图 4-93 所示。

② 在姓名字段的条件网络中输入条件：Like [forms]![学生成绩查询窗口]![T1] & "*"；在所属院部字段的条件网络中输入条件：Like [forms]![学生成绩查询窗口]![L1] & "*"；在课程名称字段的条件网络中输入条件：Like [forms]![学生成绩查询窗口]![C1] & "*"。

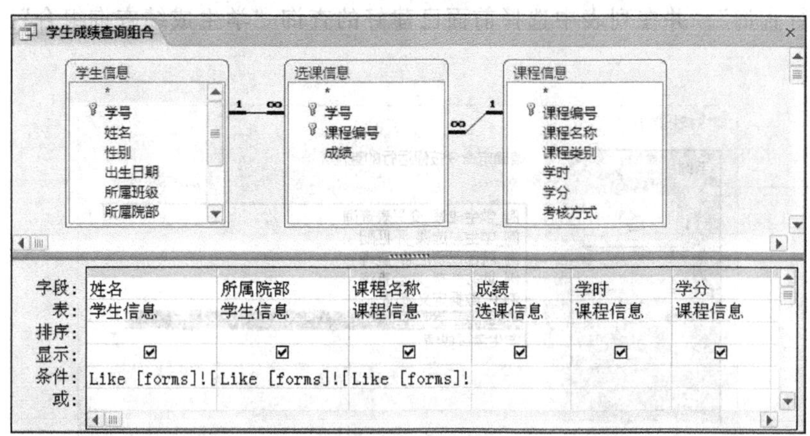

图 4-93　查询设计

③ 保存查询为“学生成绩查询组合”。

（2）创建“学生成绩查询窗口”窗体

① 打开“教学管理 2015”数据库，单击“创建”→“窗体”→“窗体设计”按钮，创建一个空白窗体，并在设计视图中打开。

② 在窗体页眉区添加 1 个标签、在窗体主体区添加 1 个组合框、1 个列表框、1 个文本框，然后按表 4-9 设置窗体及各对象的属性，并将窗体保存为“学生成绩查询窗口”。

表 4-9　窗体及控件的属性

对　象	属　性	属　性　值
窗体	标题	学生成绩查询窗口
	导航按钮	无
	记录选择器	无
	滚动条	两者均无
标签 Label0	标题	学生成绩查询
组合框 C1	名字	C1
	附加标签标题	选择课程
	行来源类型	值列表
	行来源	"计算机基础";"英语";"高等数学";"VB 程序设计";"社区管理";"物业管理";"网页设计";"网站设计
列表框 L1	名字	L1
	附加标签标题	选择院部

续表

对　象	属　性	属　性　值
列表框 L1	行来源类型	值列表
	行来源	"外语学院";"技经学院";"管理学院";"文法学院"
文本框 T1	名字	T1
	附加标签标题	输入学生姓名

③ 利用控件向导在窗体页脚区添加一个命令按钮，并设置其执行的操作类别为“杂项”，操作为“运行查询”，并在列表中选择前面已建好的查询“学生成绩查询组合”，如图 4-94 所示。

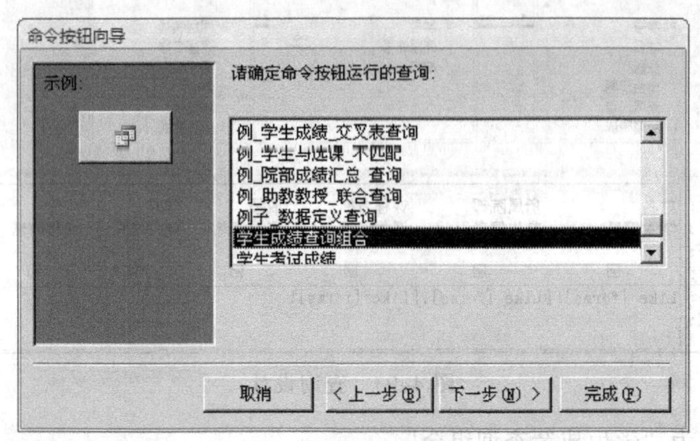

图 4-94　选择要运行的查询

④ 利用控件向导在窗体页脚区添加一个命令按钮，并设置其执行的操作类别为“窗体操作”，操作为“关闭窗体”。

⑤ 运行视图，选择所属院部为“管理学院”，课程为“计算机基础”，单击“运行查询”按钮后，结果如图 4-95 所示。

姓名	所属院部	课程名称	成绩	学时	学分
王海	管理学院	计算机基础	56	56	3
李海亮	管理学院	计算机基础	70	56	3
丛古	管理学院	计算机基础	60	56	3
崔一南	管理学院	计算机基础	86	56	3
*					

图 4-95　运行查询的结果

本 章 小 结

在 Access 中，窗体是一个重要的数据库对象，它是 Access 数据库系统中最主要的人机操作界面。窗体本身并不存储数据，但应用窗体可以按照用户需要的方式来浏览、输入和编辑数据库中的数据。窗体中包含了各种控件，通过这些控件可以打开报表或其他窗体，可以执行宏或用 VBA（Visual Basic for Applications）编写的程序代码。在一个 Access 数据库应用系统开发完成后，对数据库的所有操作都可以通过窗体来集成。窗体设计的好坏反映了应用系统的界面友好性和可操作性。

习 题 4

一、选择题

1. 设置控件 Command1 为不可用的属性是（ ）。

A. Command1.Color　　B. Command1.Caption

C. Command1.Enabled　　D. Command1.Visible

2. 能够接受图片的窗体控件是（ ）。

A. 图形　　B. 文本框　　C. 标签　　D. 命令按钮

3. 窗体事件是指操作窗体时所引发的事件。下列事件中，不属于窗体事件的是（ ）。

A. 打开　　B. 关闭　　C. 加载　　D. 取消

4. 为窗体中的命令按钮设置单击鼠标时发生的动作，应选择设置其“属性表”对话框的（ ）。

A. “格式”选项卡　　B. “事件”选项卡

C. “方法”选项卡　　D. “数据”选项卡

5. 要改变窗体上文本框控件的数据源，应设置的属性是（ ）。

A. 记录源　　B. 控件来源　　C. 筛选查询　　D. 默认值

6. 如果加载一个窗体，先被触发的事件是（ ）。

A. Load 事件　　B. Open 事件　　C. Click 事件　　D. DblClick 事件

7. Access 的控件对象可以设置某个属性来控制对象是否可见。需要设置的属性是（ ）。

A. Default　　B. Cancel　　C. Enabled　　D. Visible

8. 若要求在文本框中输入文本时达到密码“*”的显示效果，则应设置的属性是（ ）。

A. “默认值”属性　　B. “标题”属性

C. “密码”属性　　D. “输入掩码”属性

9. 控件的类型可以分为（ ）。

A. 结合型、非结合型、对象型　　B. 计算型、非计算型、对象型

C. 结合型、计算型、对象型　　D. 结合型、非结合型、计算型

10. 设学生表中包含“姓名”“考试成绩”和“平时成绩”3个字段，以该表为数据源创建的窗体，并在窗体中添加一个计算总成绩的文本框，其控件来源为（ ）。

A. 考试成绩＋平时成绩　　B. [考试成绩]＋[平时成绩]

C. =[考试成绩]＋[平时成绩]　　D. =考试成绩＋平时成绩

11. 可以连接数据源中“OLE”类型字段的是（ ）。

A. 非绑定对象框　　B. 绑定对象框　　C. 文本框　　D. 组合

12. 确定一个控件位置的属性是（ ）。

A. Width 和 Height　　B. Width 或 Height

C. Top 和 Left　　D. Top 或 Left

13. 下列控件中不能与数据表中的字段绑定的是（ ）。

A. 文本框　　B. 复选框　　C. 标签　　D. 组合框

14. 下列关于控件的说法中错误的是（ ）。

A. 控件是窗体上用于显示数据和执行操作的对象

B. 在窗体中添加的对象都称为控件

C. 控件的类型可以分为结合型、非结合型、计算型与非计算型

D. 控件都可以在窗体“设计”视图中的工具箱中看到

15. 主要用于显示文本内容或标题的控件是（ ）。

A. 组合框控件　B. 复选框控件　C. 标签控件　D. 文本框控件

16. 主要针对控件的外观或窗体的显示格式而设置的是（ ）选项卡中的属性。

A. 格式　B. 数据　C. 事件　D. 其他

17. 主窗体和子窗体通常用于显示多个表或查询中的数据，这些表或查询中的数据一般应该具有（ ）关系。

A. 一对一　B. 一对多　C. 多对多　D. 关联

18. 下列不属于 Access 窗体的视图是（ ）。

A. 设计视图　B. 窗体视图　C. 版面视图　D. 数据表视图

二、填空题

1. 窗体由多个部分组成，每个部分称为一个________。

2. 在创建主/子窗体之前，必须设置________之间的关系。

3. 假定窗体的名称为 Form1，则把窗体的标题设置为“work”的语句是________。

4. 结合型(绑定型)文本框可以从表、查询或________中获得所需要的内容。

5. 在窗体上有一个文本框控件，要求每隔 1s 在文本框中显示一次当前的时间，除了要设置窗体的“计时器间隔”属性为 1s 外，还需要设置________事件。

三、判断题

1. 罗斯文示例数据库是一个空数据库。（ ）

2. 数据窗体一般是数据库的主控窗体，用来接受和执行用户的操作请求、打开其他的窗体或报表以及操作和控制程序的运行。（ ）

3. 在利用“窗体向导”创建窗体时，向导参数中的“可用字段”与“选定的字段”是一个意思。（ ）

4.“图表向导”中汇总方式只能对数据进行求和汇总。（ ）

5. 窗体背景中设置图片的可用缩放模式有“拉伸”和“缩放”。（ ）

四、简答题

1. 简述窗体的分类和作用。

2. Access 中的窗体共有几种视图？

3. 创建窗体有哪两种方式，如何进行创建窗体才能够达到满意的效果？

4. 简述文本框的作用与分类。

第 5 章　报　　表

本章主要内容：

- 报表的功能
- 报表的创建方法
- 报表的自定义
- 报表的打印

通俗地讲报表就是用表格、图表等形式来动态地显示数据。Access 数据库由 6 种对象组成，它们是表、查询、窗体、报表、宏和模块，报表是其中之一。报表的主要作用是用来比较和汇总数据，格式化地显示经过分组的信息，最后将它们打印出来。报表设计需要有数据源数据的支持。报表中的数据来源可以是数据表、查询或者是 SQL 语句，这一点与查询和窗体的数据来源相同。需要特殊强调的是，由于报表是需要打印的，所以报表中的数据不可编辑。

5.1　报 表 概 述

与前面介绍的查询和窗体不同，由于报表通常是需要打印的，所以报表不具有交互性。报表中的数据来源除了上面提到的数据表、查询或者是 SQL 语句外，有时还需要依靠编辑复杂的计算表达式来实现报表对数据的要求，所以计算控件的编辑是报表部分的学习难点之一。

5.1.1　报表的功能

在 Access 系统中，报表的功能非常强大。经过格式约束且打印出来的报表，不仅可以查看数据，而且可以对数据进行排序、分组和汇总。报表中的所有数据的内容及其相应的外观设计都可以进行动态调整，所以报表可以实现用户对数据显示方面的几乎所有的要求。

报表的功能主要包括：

（1）可以按报表、标签及其他用户所需要的格式形式呈现数据；

（2）对呈现的数据可以进行排序、分组和汇总；

（3）对呈现的数据可以进行诸如计数、求平均值、求和等形式的统计计算；

（4）可以通过嵌入图像或图片的形式来丰富数据的显示。

既然报表是用户获取数据信息的重要渠道，所以上面提到的报表功能中比较重要的是对数据进行排序、分组和汇总，从而使数据的呈现更直观和更高效。

5.1.2　报表的组成

报表的创建有 5 种工具，分别为报表、报表设计、空报表、报表向导和标签，操作有 4

种视图方式，分别为报表视图、打印预览、布局视图和设计视图。报表的视图方式和创建工具将在随后内容中分别加以介绍。

无论报表是通过什么工具创建的，都可以在报表的设计视图中打开，所以需要在报表的设计视图中了解报表的组成。

与设计窗体相似的是，报表的设计也是按“节”来进行的。报表的这些“节”只能在设计视图下查看和使用。在其他的视图方式下，“节”虽然仍然存在，但是看不到，如果要使用“节”，需要进行某种相应的操作。比如在布局视图下，可单击“报表布局工具”→“格式”→“所选内容”→“对象”下拉列表来选择报表的各个节和各个控件。报表设计视图下报表的基本组成如图 5-1 所示。

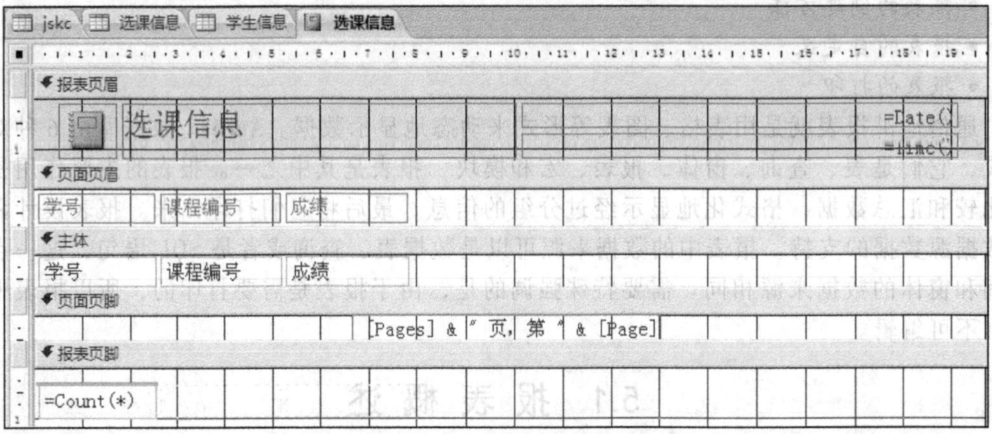

图 5-1　报表的基本组成

从图 5-1 中可以清楚的看到报表的报表页眉、页面页眉、主体、页面页脚、报表页脚等“节”的基本组成情况以及分别设计在其中的相关控件的基本情况。报表中“节”的类型及其用途见表 5-1 所示。

表 5-1　“节”类型及其用途

节 名 称	用途（摘要）
报表页眉	报表页眉只在报表开头显示一次，用以显示报表的总的标题和诸如徽标、标题、日期等封面信息。如需要在报表的开头显示整个报表的某个统计信息时，需在报表页眉中放置使用了聚合函数的计算控件
页面页眉	页面页眉用以显示报表中每一页的顶部的页眉信息。例如每页都需要显示的页标题
组页眉	组页眉用以显示每个被分成组的记录组的开头信息，一般显示组名。报表会根据分组的数量和分组级别数，出现一组或几组组页眉和组页脚，示例如图 5-2 所示
主体	对于记录源中的每一行，都会显示一次此节内容。此节用于放置组成报表主体的控件
组页脚	组页脚是和组页眉对应的，位于每个记录组的末尾，用以显示该组的一般性汇总信息
页面页脚	页面页脚和页面页眉相对应，位于每页的结尾，一般多用于显示页码或页的说明信息
报表页脚	报表页脚和报表页眉对应，只在报表结尾显示一次。使用此节可显示整个报表的总和或其他汇总信息

如图 5-2 所示的是包含有两个组页眉和组页脚的报表设计视图。

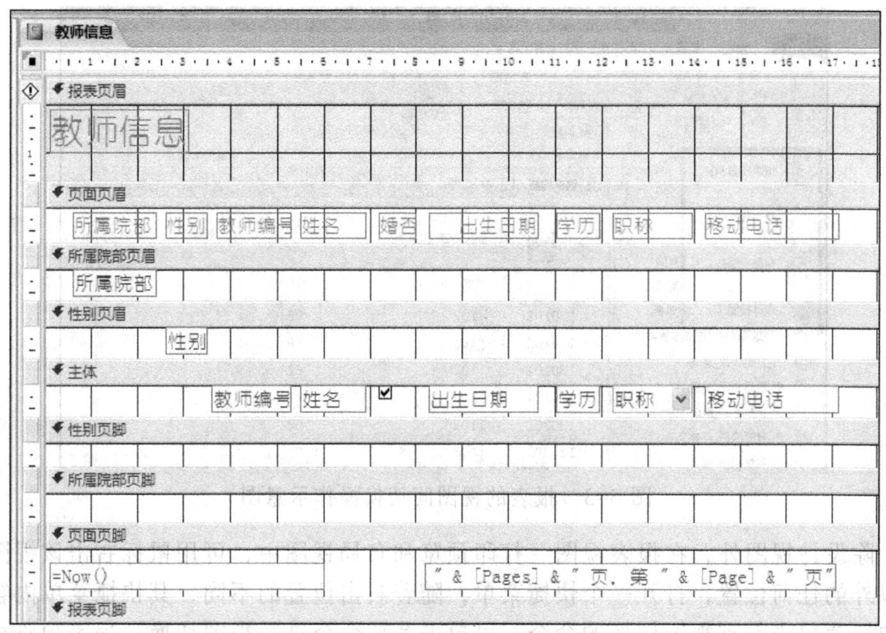

图 5-2　含有两个组页眉和组页脚的报表设计视图

特别需要说明的是，在报表的设计视图中为体现出对称式的显示形式，报表页脚显示在页面页脚下方。但是在反映报表真实输出情况的其他视图（如报表视图、布局视图）或在打印或预览报表时，报表页脚中的内容一定是显示在报表的最后一页的紧接在最后一个组页脚或最后页上的主体行之后的，页面页脚内容是要打印在这页纸的页脚处的。所以从最后页的打印或显示内容来看，报表页脚内容要显示在页面页脚内容的上方。

5.1.3　报表的视图

报表操作有报表视图、打印预览、布局视图和设计视图 4 种视图方式，具体说明见表 5-2 所示。

表 5-2　报表视图及其功能表

视图名称	功　能
报表视图	用于显示报表
打印预览	用于查看报表页面数据的输出形态
布局视图	布局视图界面与报表视图几乎一样，可以通过移动各个控件的位置来重新布置各个控件的布局
设计视图	用于创建和编辑报表

比如双击导航窗格中的报表“选课信息”来打开该报表，Access 首先会以报表视图方式呈现该报表，一般有三种方法可进行视图间的切换。

（1）单击功能区“开始”→“视图”→“视图”按钮 ,利用其中展开的 4 种视图按钮来实现不同视图间的切换操作，如图 5-3 所示。

图 5-3　报表的视图间切换操作示意图

（2）除设计视图外，在报表视图、打印预览和布局视图中，可用鼠标右击该视图文档中除图标以外的任何位置，打开一个快捷菜单，随着右击位置的不同，其快捷菜单内容略有不同，但快捷菜单中都有视图切换的命令，可单击菜单命令进行视图切换。报表预览视图下的视图切换快捷菜单如图 5-4 所示。

图 5-4　报表预览视图下的视图切换快捷菜单

（3）无论在哪种视图方式下，在该视图的窗体状态栏的最右侧都显示有 4 种视图的图标按钮，可通过单击视图的图标进行视图间的切换操作，如图 5-5 所示。

图 5-5　报表预览视图下的窗口状态栏中 4 种视图图标的显示

5.1.4　报表的创建方法

与窗体的创建方式相类似，在 Access 窗口功能区的“创建”选项卡“报表”分组中，列出了可以使用的 5 种报表创建工具，如图 5-6 所示，其各自功能简要说明见表 5-3 所示。

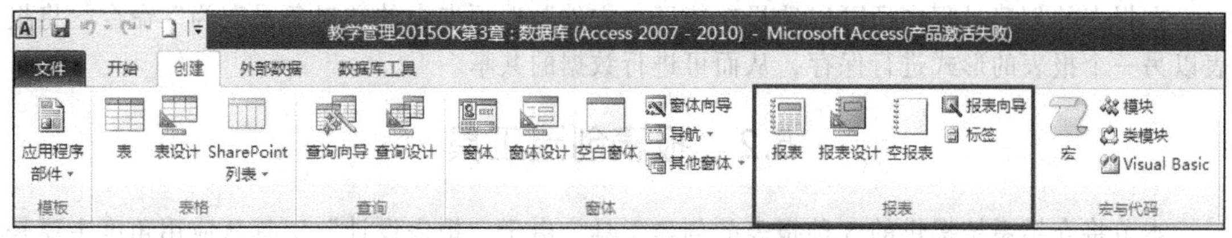

图 5-6　功能区的“创建”选项卡下的报表创建工具

表 5-3　5 种报表创建工具

按钮图像	工　　具	说　　明
	报表	是快速创建简单报表的工具。在导航窗格中选定或者直接打开一个数据表或查询，单击该按钮就可以自动创建一个报表。该报表将自动包含所选择的表或查询中的所有字段。所创建的报表以布局视图方式呈现，以便立即进行布局的调整
	报表设计	在设计视图中创建一个空报表，在该报表中添加所需的字段和控件
	空报表	在布局视图中创建一个空报表，并立即显示字段列表的任务窗格。可从字段列表的任务窗格中选择表，将该表中所需要的字段从字段列表窗格中拖（或双击）到空报表中，从而以标准的格式创建一个报表。Access 将创建一个嵌入式查询并将以上操作存储在报表的记录源属性中
	报表向导	显示一个多步骤的创建过程向导，允许指定字段、排序/分组的级别和布局选项。该向导将基于用户所做的选择创建报表
	标签	是标签的创建向导，该向导将基于用户所做的选择创建标签。允许选择标准或自定义的标签规格（大小及格式）、要显示的字段以及排序方式

“报表”是一键式的利用当前已选定的数据源自动、快速地创建相对简单的报表的工具；

“报表设计”是利用设计视图通过添加各种控件设计出个性化报表的创建工具；

“空报表”是在布局视图中创建一张空白报表；

“报表向导”是借助一个多步骤的向导创建提示过程来创建一个报表的工具；

“标签”是一种特殊报表，也是借助一个多步骤的向导创建提示过程来创建一个标签的工具。标签是一种特殊报表。

由于利用“报表”“空报表”“报表向导”和“标签”工具创建的报表（标签）过程很简单，所以生成的一般是基本报表，通常还需要在设计视图中对报表进行必要的修改和补充，或在布局视图中对报表的布局加以修饰性的美化。

“报表设计”工具的主要功能一般是对基本报表进行修改和补充，同时还可以从头开始设计相对复杂的报表，当然这个过程需要设计者有一定扎实的基本功。

5.1.5　报表的保存

保存报表只需要单击 Access 窗口标题栏中的快捷工具“保存”按钮即可，也可以选择功能区“文件”选项卡中的“保存”命令进行保存。第一次保存报表时，应按照 Access 数据库对象的命名规则，在“另存为”对话框中输入一个合法名称，然后单击“确定”按钮。

在报表的创建过程中还可以选择功能区“文件”选项卡中的“对象另存为”命令，将报表以另一个报表的形式进行保存，从而可进行数据的共享。

5.2 报表创建工具

本节将介绍系统提供的 5 种报表的创建工具。由于“报表设计”工具从应用角度主要是对用其他方法创建的基本报表进行修改和补充，或者要从头设计出相对复杂的报表，所以把“报表设计”工具移到最后进行介绍。

5.2.1 “报表”工具

利用“报表”工具创建报表首先需要先指定数据源，数据源应是一个表或者一个查询。指定数据源的方式应是在导航窗格中选定或直接打开。然后再由系统自动创建生成一个包含数据源所有字段的报表。

这种创建方式是一键式的最快速的创建报表的方法，这种创建对报表结构和外观的控制最少。需要以报表形式对数据源中的数据进行快速浏览或者是对一个较复杂的报表先进行报表雏形创建时比较适合使用这种自动的报表创建方式。

【例 5-1】在“教学管理 2015.accdb”中，使用“报表”工具创建基于“选课信息”表的简单报表“选课信息”表（与数据表同名）。

操作步骤如下：

（1）选定数据源。打开“教学管理 2015.accdb”，在导航窗格中选中“选课信息”表作为数据源。

（2）创建报表。在“创建”选项卡的“报表”分组中，单击“报表”按钮，系统会自动生成报表并在布局视图中显示。利用“报表”创建工具创建报表的创建过程如图 5-7 所示。

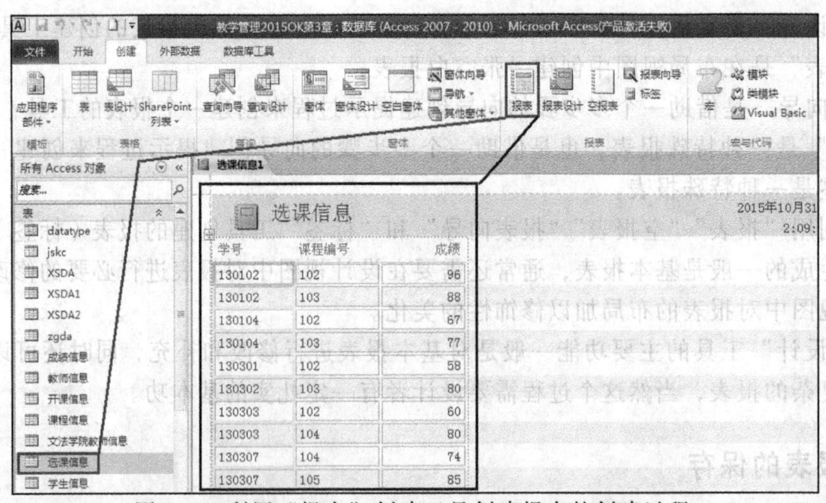

图 5-7 利用“报表”创建工具创建报表的创建过程

此时功能区已切换为“报表布局工具”选项卡，使用这些工具可对报表进行编辑和修饰。

（3）调整控件的位置和宽度。调整报表中“学号”“课程编号”和“成绩”这 3 个字段控件的宽度，使之能缩减至能容纳实际数据的长度即可。调整的方法是分别依次选中“学号”“课程编号”和“成绩”这 3 个控件，当鼠标指向粗边框的右边界，且呈双箭头时，向左拖动缩减即可，示意图如图 5-8 所示。再同时选中报表页眉节中的日期和时间控件，分别调整两个控件的左、右边界的位置即调整这两个控件的位置和宽度。调整的过程和结果如图 5-9 所示。

图 5-8　控件宽度调整过程

图 5-9　日期和时间控件位置和宽度调整

（4）保存报表。单击 Access 窗口中左上角的快捷工具“保存”按钮，弹出如图 5-10 所示的“另存为”对话框，此时报表的名称栏中已默认为与数据源同名的“选课信息”，这时可以直接默认报表的名称（也可另外输入新的报表名称），然后单击“确定”按钮。

图 5-10　“另存为”对话框

（5）打印预览。切换到“打印预览”视图，查看报表的实际输出情况。可以通过调整任务栏中显示比例来看报表的整页的详细情况。调整了显示比例后的报表打印预览视图如图 5-11 所示。

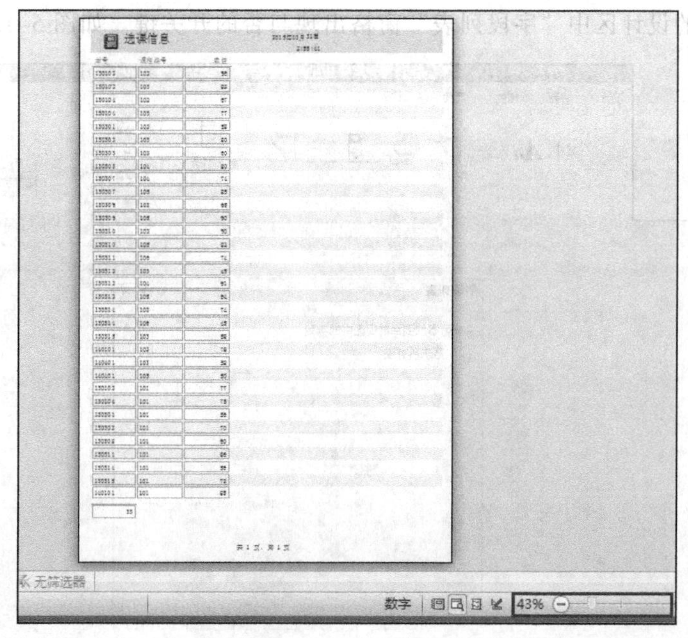

图 5-11　调整了显示比例后的报表打印预览视图

5.2.2 “空报表”工具

“空报表”是另一种灵活、快捷的创建报表的工具。

【例 5-2】使用“空报表”工具创建“学生课程信息”报表。报表需要包含“学生信息”表中的姓名、“课程信息”表中的课程编号、课程名称和“选课信息”表中姓名和成绩 5 个字段的信息。

数据库中相关联的这 3 个表及其相关字段的内容，如图 5-12 所示。需要的 5 个字段已在图中标识。

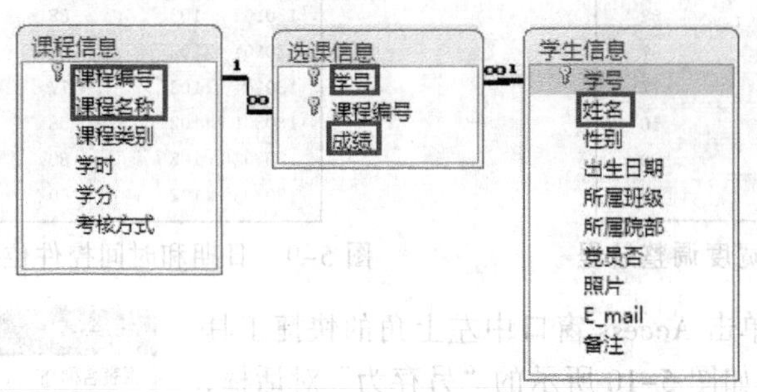

图 5-12　3 个相关联的表及其相关字段示意图

操作步骤如下：

（1）进入报表布局视图。在“创建”选项卡的“报表”分组中，单击“空报表”按钮，进入报表的布局视图。这时功能区的内容会发生变化，出现了“报表布局工具”选项卡。在“报表布局工具”中有“设计”选项卡，在“设计”选项卡的“工具”分组中会出现“添加现有字段”按钮，同时在布局视图的设计区右侧会自动显示“字段列表”窗格。“添加现有字段”按钮是布局视图的设计区中“字段列表”窗格出现与否的开关键。如图 5-13 所示。

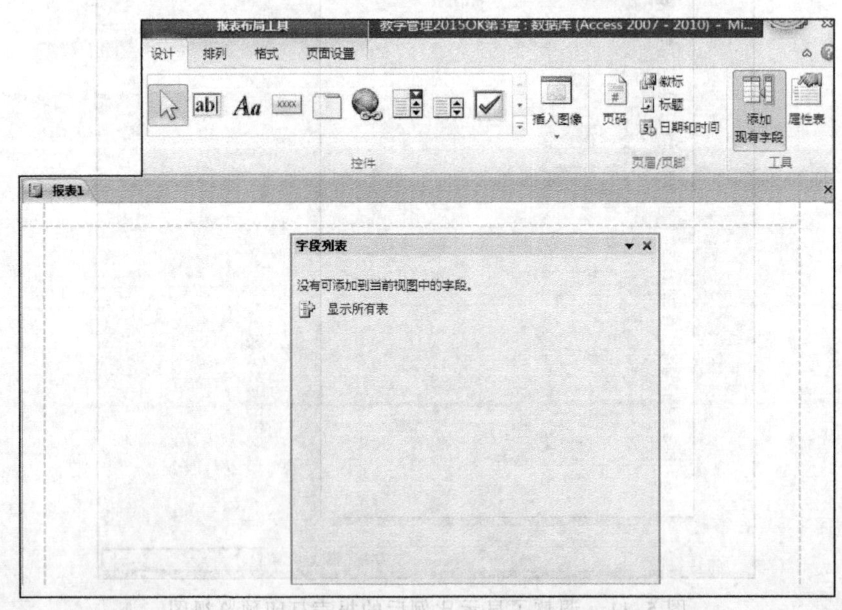

图 5-13　报表的布局视图及“字段列表”窗格

（2）查找数据源列表。在“字段列表”窗格中单击“显示所有表”链接，打开可用的数据源列表。

（3）选择第一个表及其相关字段。可以从3个相关联的表中的任意一个表开始创建。先单击“课程信息”表前面的“+”号，展开该表的所有字段，依次双击“课程编号”和“课程名称”两个字段，就把它们以标准格式添加到了布局视图中，此时情形如图5-14所示。

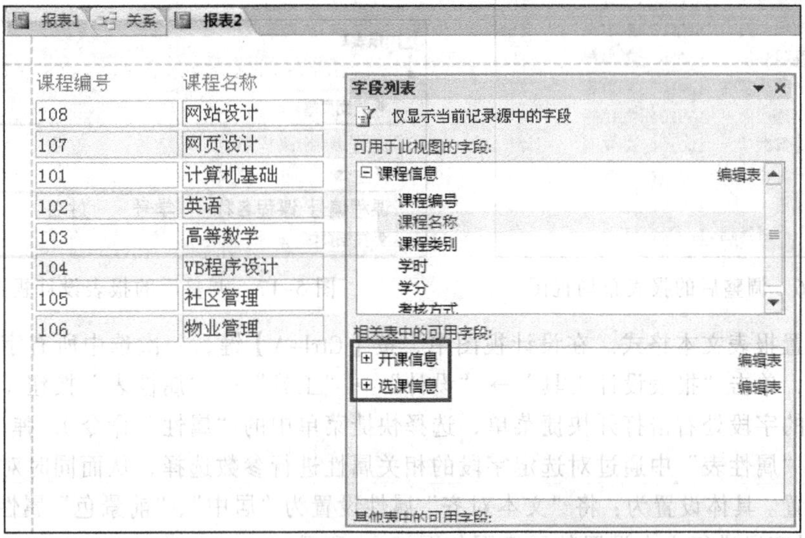
报表1
关系
报表2
课程编号
课程名称
108
网站设计
107
网页设计
101
计算机基础
102
英语
103
高等数学
104
VB程序设计
105
社区管理
106
物业管理
字段列表
仅显示当前记录源中的字段
可用于此视图的字段:
课程信息
编辑表
课程编号
课程名称
课程类别
学时
学分
相关表中的可用字段:
开课信息
编辑表
选课信息
编辑表

图5-14 向布局视图中添加“学号”和“姓名”字段

注意：在字段列表中会出现“相关表中的可用字段”列表，其中会出现与“课程信息”表相关联的“选课信息”表。

（4）依次选择相关表及其相关字段。在“相关表中的可用字段”列表中，单击“选课信息”表前面的“+”号，展开该表的所有字段，双击“学号”字段，就把它继续以标准格式添加到布局视图中，同时这个“选课信息”表上移到了“可用于此视图的字段”，继续从中选择“成绩”字段进行添加，这时“学生信息”表又出现在“相关表中的可用字段”列表中。再将“姓名”字段以标准格式添加进布局视图。

（5）完成报表。此时布局视图已获取了所有需要的字段，完成了报表的初步设计。关闭字段列表窗格，此时布局视图如图5-15所示。

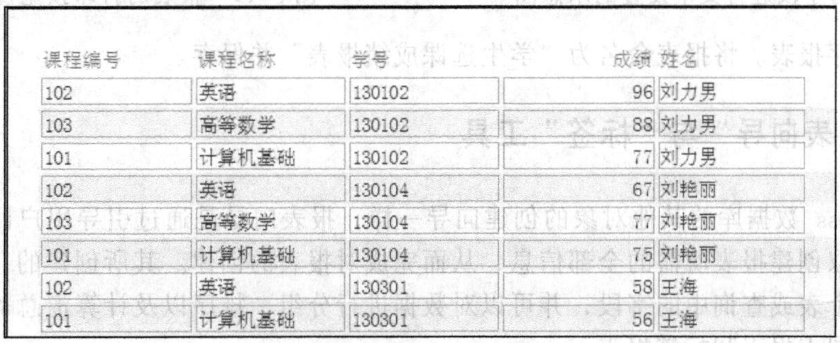
课程编号
课程名称
学号
成绩
姓名
102
英语
130102
96
刘力男
103
高等数学
130102
88
刘力男
101
计算机基础
130102
77
刘力男
102
英语
130104
67
刘艳丽
103
高等数学
130104
77
刘艳丽
101
计算机基础
130104
75
刘艳丽
102
英语
130301
58
王海
101
计算机基础
130301
56
王海

图5-15 获取了所有需要的字段的布局视图

（6）调整字段的顺序、位置、宽度。在布局视图中，同时选中“姓名”字段的标签和字段文本框控件，将其拖动到“成绩”字段的标签和字段文本框控件的前面，完成字段顺序的调整。再依次调整 5 个字段的位置关系与字段文本框的宽度，从而完成报表调整。调整后的报表在布局视图和设计视图中的情形分别如图 5-16、图 5-17 所示。

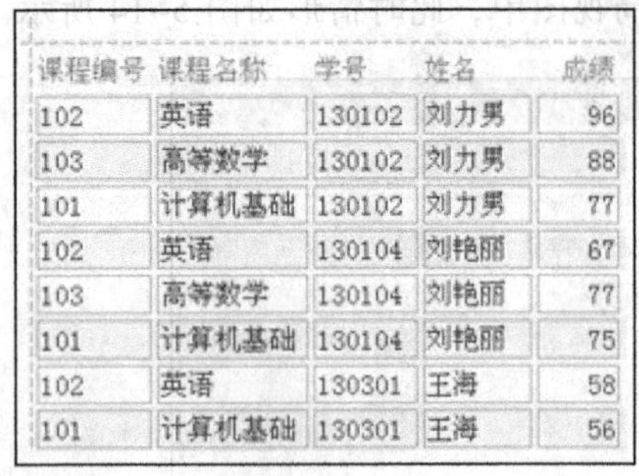

课程编号	课程名称	学号	姓名	成绩
102	英语	130102	刘力男	96
103	高等数学	130102	刘力男	88
101	计算机基础	130102	刘力男	77
102	英语	130104	刘艳丽	67
103	高等数学	130104	刘艳丽	77
101	计算机基础	130104	刘艳丽	75
102	英语	130301	王海	58
101	计算机基础	130301	王海	56

图 5-16　调整后的报表布局视图

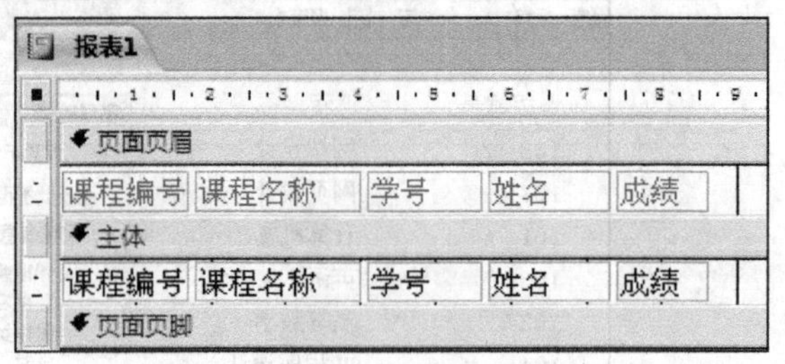

图 5-17　调整后的报表设计视图

（7）设置报表文本格式。在设计视图中，按【Ctrl+A】键，一次选中所有字段的标签和文本框控件，单击“报表设计工具”→“设计”→“工具”→“属性表”按钮（或者在设计视图中选定的字段处右击打开快捷菜单，选择快捷菜单中的“属性”命令），弹出“属性表”对话框，在“属性表”中通过对选定字段的相关属性进行参数选择，从而同时对它们进行文本格式的设置。具体设置为：将“文本对齐”属性设置为“居中”、“前景色”属性设置为“黑色文本”，对字段进行文本设置的示意图如图 5-18 所示。

（8）查看报表打印效果。利用打印预览视图对报表进行查看，如图 5-19 所示。

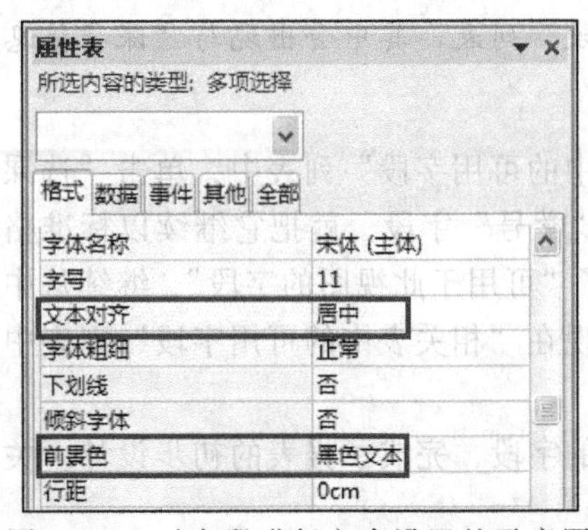

图 5-18　对字段进行文本设置的示意图

课程编号	课程名称	学号	姓名	成绩
102	英语	130102	刘力男	96
103	高等数学	130102	刘力男	88
101	计算机基础	130102	刘力男	77
102	英语	130104	刘艳丽	67
103	高等数学	130104	刘艳丽	77
101	计算机基础	130104	刘艳丽	75
102	英语	130301	王海	58
101	计算机基础	130301	王海	56

图 5-19　报表的打印预览视图

（9）保存报表。将报表命名为“学生选课成绩报表”并保存。

5.2.3 “报表向导”与“标签”工具

和 Access 数据库的其他对象的创建向导一样，报表向导是通过引导用户回答一系列设置提问来获取创建报表所需的全部信息，从而完成对报表的创建。其所创建的“报表”对象可以包含多个表或查询中的字段，并可以对数据进行分组、排序以及计算汇总等操作。向导还可以创建图表报表和标签报表。

1．报表布局方式说明

使用“报表向导”创建的报表从最终的报表布局方式上可以生成纵栏式、表格式和两端对齐三种报表布局。以“学生信息”报表为例，报表的 3 种布局方式说明如图 5-20 所示。

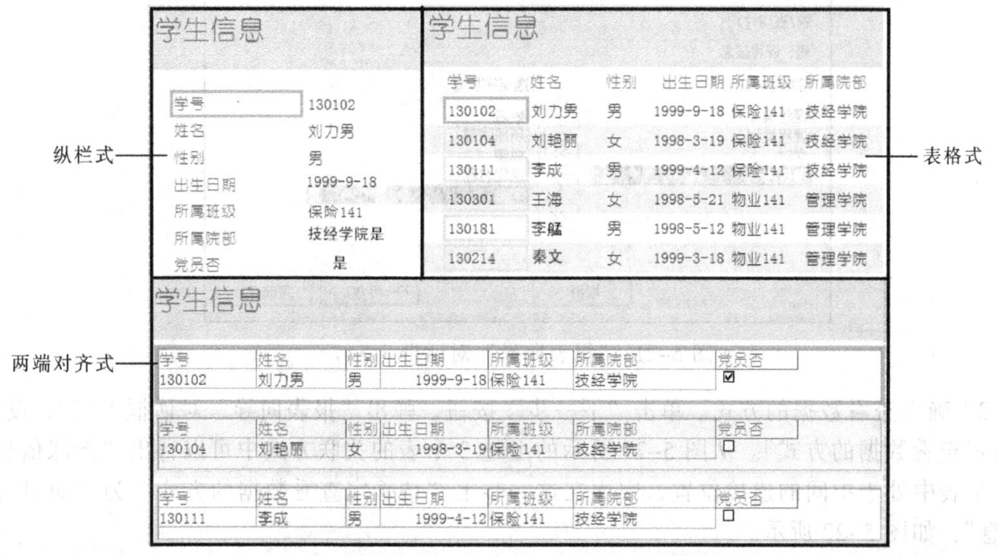

图 5-20　报表的 3 种布局方式说明图

图 5-20 中左上方为报表的纵栏式布局。该布局生成的报表将报表字段呈纵栏式摆布，数据记录呈上下摆布，每个记录的字段部分在左侧上下开列，右侧对应的是该字段的值。

图 5-20 中右上方为报表的表格式布局。该布局生成的报表将报表字段呈表格式摆布，每一条数据记录呈行式输出（如果可以一行输出），每个记录的内容在同一行中输出，与数据表在数据表视图下的呈现方式相类似。

图 5-20 中下方为报表的两端对齐布局。其更多的是按页面宽度，将数据记录按条输出。每一条记录都有自己的字段行与内容行。

报表布局设置是“报表向导”工具创建报表过程中的重要一步，需要在创建之前考虑。

2．报表向导创建示例

【例 5-3】基于“学生信息”表的“姓名”和“所属院部”字段、“选课信息”表的“成绩”字段、“课程信息”表的“课程名称”和“学分”字段，利用报表向导创建“成绩分析”报表，要求要按“所属院部”及“课程名称”进行两级分组并输出各个院部学生的得分明细及院部的平均得分。

设计分析：使用“报表向导”创建来自 3 个数据表的报表，从中选择每个数据表中的显示字段，并确定报表的格式。

操作步骤如下：

（1）确定报表上的使用字段。单击“创建”→“报表”→“报表向导”按钮，弹出“报表向导”对话框（一）。该对话框可以从多个表或查询中确定报表要使用的字段。

（2）从 3 个表中选择字段。依次选取“学生信息”表的“姓名”和“所属院部”字段，“选课信息”表的“成绩”字段，“课程信息”表的“课程名称”和“学分”字段，将这三个表中的 5 个字段依次从“可用字段（A）”栏中添加到“选定字段（S）”栏中，如图 5-21 所示。

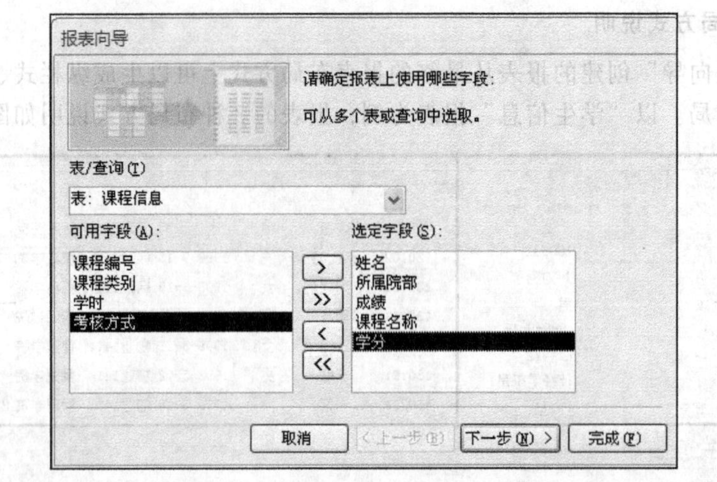

图 5-21 “报表向导”对话框（一）

（3）确定查看数据的方式。单击“下一步”按钮，弹出“报表向导”对话框（二），设置“请确定查看数据的方式”。从图 5-21 所示的上述 3 个表的关联方式中可以得出“选课信息”在 3 个表中处于中间的连接位置，因而在这一步上“请确定查看数据的方式”为“通过 选课信息”，如图 5-22 所示。

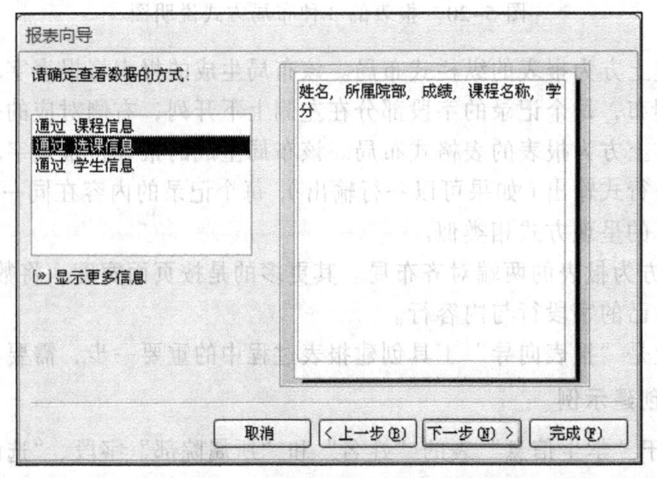

图 5-22 “报表向导”对话框（二）

（4）添加分组组别。单击“下一步”按钮，弹出“报表向导”对话框（三），设计要求按“所属院部”和“课程名称”进行分组。按“所属院部”和“课程名称”进行两级分组后，剩余的“姓名”“成绩”“学分”字段成为分组的内容，如图 5-23 所示。

（5）确定排序次序。单击“下一步”按钮，打开“报表向导”对话框（四），设置按“成绩”降序（请同学们思考一下为什么？）排序，如图 5-24 所示。

（6）汇总选项设置。在对话框（四）上操作，单击“汇总选项”按钮，弹出“汇总选项”对话框，此时可以将分组内容中的“姓名”“成绩”“学分”3 个字段中的数值型字段“成绩”“学分”作为汇总值进行汇总（汇总、平均、最小、最大）计算。按照设置要求，选择计算“成绩”的平均值，将“成绩”的平均值对应的复选框选中。需要说明的是，在进行汇总计算时，同时可以进行汇总百分比的显示。"汇总选项"对话框如图 5-25 所示。单击"确定"按钮可返回到如图 5-24 所示界面，完成对平均成绩的计算。

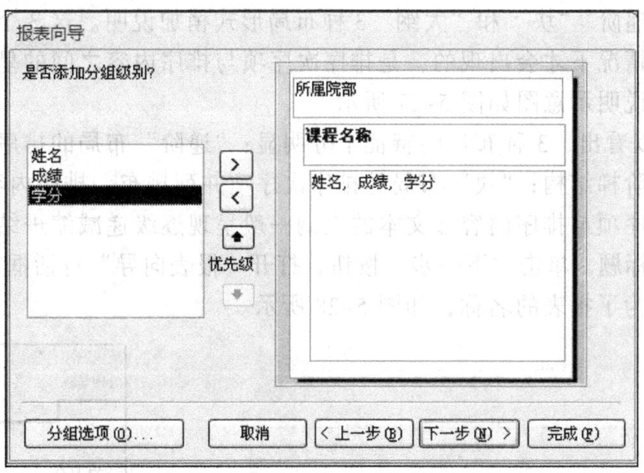

图 5-23 "报表向导"对话框（三）

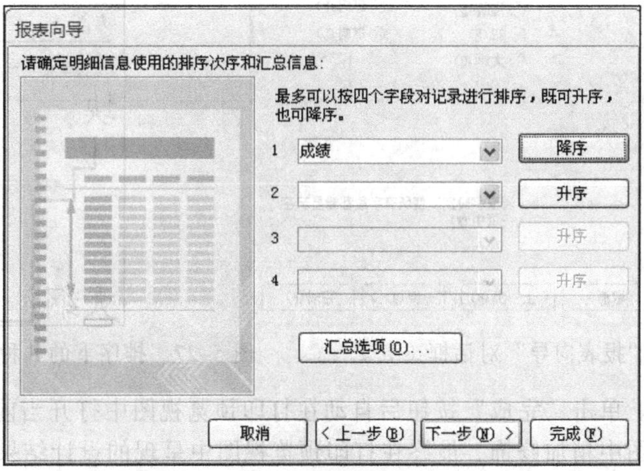

图 5-24 "报表向导"对话框（四）

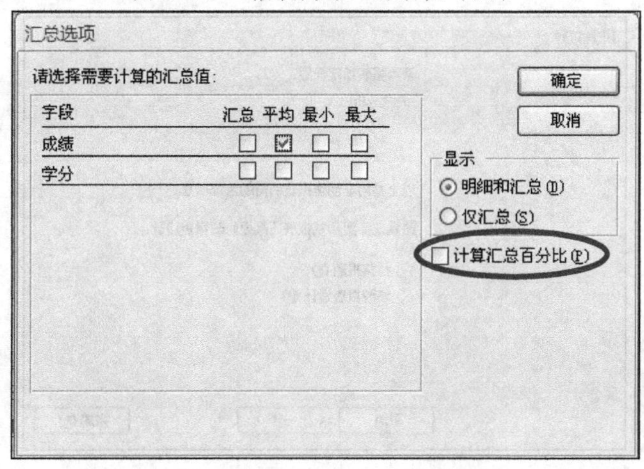

图 5-25 "汇总选项"对话框

（7）确定报表的布局方式。单击“下一步”按钮，打开“报表向导”对话框（五），设置报表的布局方式为“块”，如图 5-26 所示。

这里需要对“递阶”“块”和“大纲”3 种布局形式稍加说明。这 3 个布局均是在前面确定了排序次序时的情况下才会出现的，是排序次序项与排序内容之间的呈现形式。以本例为例的 3 种布局形态说明示意图如图 5-27 所示。

从图 5-27 可以看出，3 种布局的特征十分明显：“递阶”布局的排序次序项与排序内容之间呈现递阶式的阶梯结构；“块”布局的排序次序项并列排布，排序内容呈块状结构；“大纲”布局的排序次序项与排序内容如文本的大纲一般呈现逐级递减缩进结构。

（8）指定报表标题。单击“下一步”按钮，打开“报表向导”对话框（六），设置报表标题，此标题同时成为了报表的名称，如图 5-28 所示。

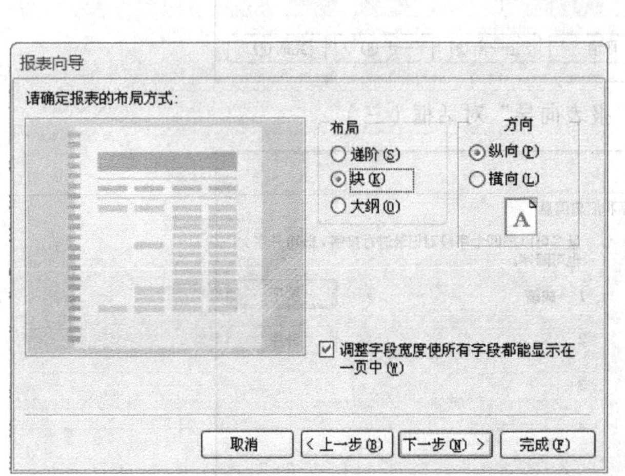

图 5-26 “报表向导”对话框（五）

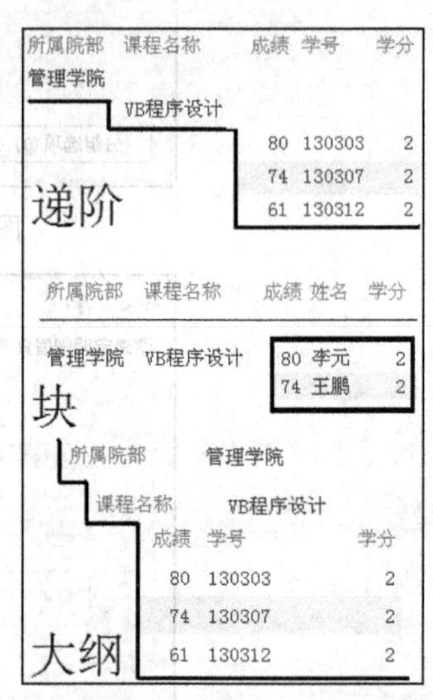

图 5-27 排序下的 3 种布局形态说明示意图

（9）保存报表。单击“完成”按钮后自动在打印预览视图中打开当前所建的报表。用户可以切换到设计视图中稍加修饰，最终在打印预览视图中呈现的设计结果（局部）如图 5-29 所示。

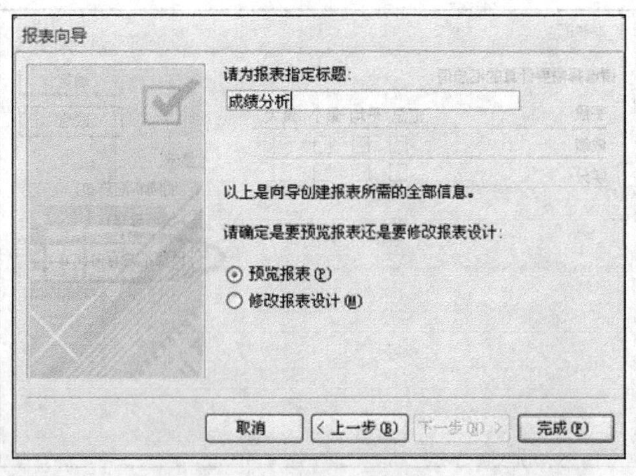

图 5-28 “报表向导”对话框（六）

成绩分析

成绩分析

所属院部	课程名称	成绩	姓名	学分
管理学院	VB程序设计	80	李元	2
		74	王鹏	2
		61	文清	2
	汇总 '课程名称' = VB程序设计（3 项明细记录）			
	平均值	71.6666667		
管理学院	高等数学	80	李海亮	6
		65	张也	6
		45	文清	6
	汇总 '课程名称' = 高等数学（3 项明细记录）			
	平均值	63.3333333		

图 5-29 【例 5-3】完成的报表（局部）

3. 标签创建示例

这里讨论的“标签”是作为产品识别的实物标签。标签在日常生活中应用广泛，比如熟知的邮政包裹地址、被运输的货物标识、信封地址等都是标签。再如价格标签、产品的说明标签、条码标签、安检标签、防伪标签、加密标签、机票、火车票、高速公路收费票据都是其应用。

为方便起见，Access 数据库中提供了“标签”工具来制作标签报表。标签的数据源只能来自于单表或单个查询，所以如果所需字段来自多个表，则需要先创建一个查询，把多表中的字段集中起来。

与“报表向导”相同，“标签”工具实际上是标签创建向导。“标签”也可以引导用户逐步完成标签的创建过程，从而获得各种标准尺寸或自定义形式的标签。该向导除了提供几种规格的邮件标签外，还提供了其他标签类型，如胸牌和文件夹标签等。

【例 5-4】以“例_学生成绩_查询”对象为数据源，创建“学生成绩通知单”标签。

在之前已经建立了查询“例_学生成绩_查询”，其设计视图如图 5-30 所示。

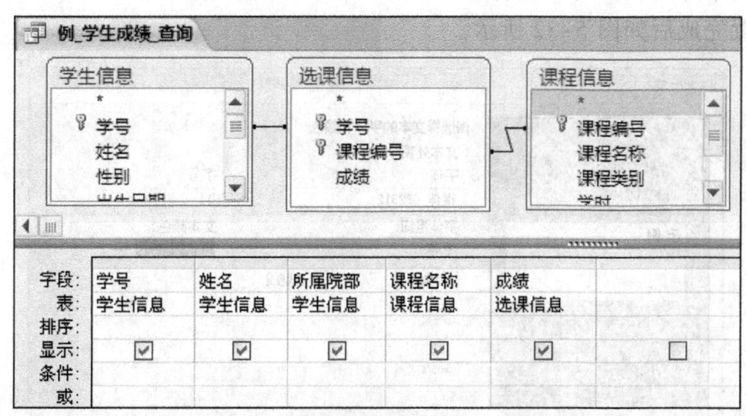

图 5-30 “例_学生成绩_查询”的设计视图

“标签”的操作步骤如下：

（1）选择标签数据源。在导航窗格中选中标签的数据源“例_学生成绩_查询”。

（2）创建标准型标签。单击“创建”→“报表”→“标签”按钮，打开“标签向导”对话框（一）。

这时若要创建标准型标签就在指定的标签尺寸中进行选择。“标签向导”标准型标签包含有 40 个不同的标签厂商，每个标签厂商又可以提供数百种的标准标签尺寸，几乎包含了所有的标准型标签设计样式。可以根据需要，在标签的型号中进行选择。标签的型号代表着单个标签的具体尺寸（英制、公制）与每行可自动生成的标签数（1～4 个不等）。

如需要创建自定义标签就单击“自定义”按钮，弹出“新建标签”对话框，进行具体设置。

标签创建既适合单页纸张（送纸）标签，也适合连续送纸(连续)标签。

Avery（Avery Dennison）公司是标签行业的全球领导者，其标签型号规格具有广泛的代表性，所以本例就选择 Avery 公司提供的标签型号——C2166（52mm × 70mm，每行两个标签）。“标签向导”对话框（一）设置完成后如图 5-31 所示。

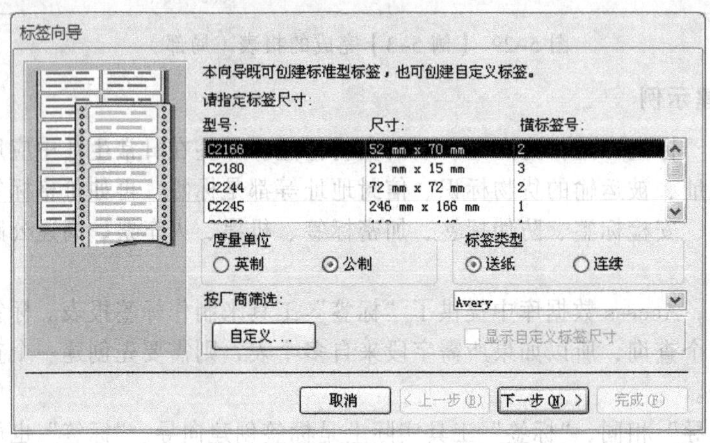

图 5-31 “标签向导”对话框（一）

（3）标签文本外观设置。单击“下一步”按钮，打开“标签向导”对话框（二），进行标签文本外观设置。文本外观包括字体、字号、字体粗细、文本颜色，还可令文本倾斜并加下划线。将标签文本外观设置为“楷体”“11 号”字，字体粗细“中等”，文本选“黑色”。对话框（二）设置完成后如图 5-32 所示。

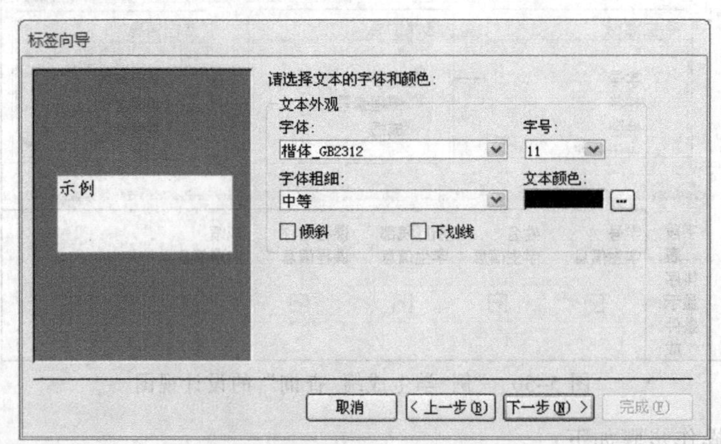

图 5-32 “标签向导”对话框（二）

（4）确定标签的显示内容。这一步是实质性设计，需要对标签设计有充分的理解与认识。单击"下一步"按钮，弹出"标签向导"对话框（三），这时对话框会在左侧显示所有可用的字段，要将字段按顺序和指定的格式位置在"原型标签"框中呈现。在对话框右侧的"原型标签"文本框中放置的内容是将要在标签上显示的文本。依次将所需的字段从"可用字段"列表中移至"原型标签"文本框，然后添加空格、标点符号或按【Enter】键换行，以指定字段内容在标签中的显示位置和显示方式。还可以向"原型标签"文本框中添加文本。被移入"原型标签"文本框中的字段是以"显示域"（如{姓名}）的形式呈现的。

本例共添加了4个显示字段，并且在每个字段前面添加了提示文本，对话框（三）设置完成后如图5-33所示。

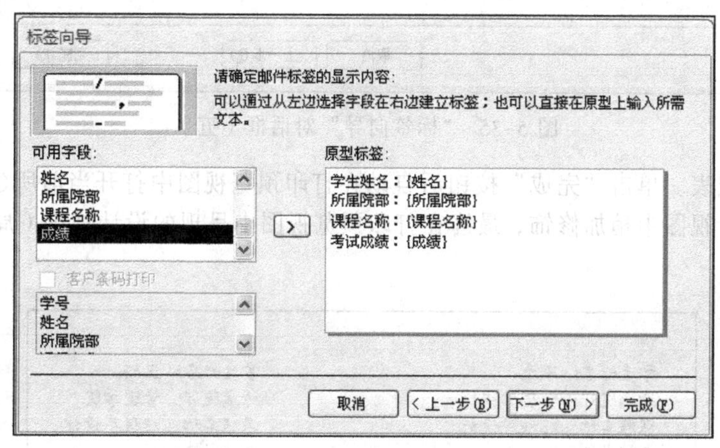

图5-33 "标签向导"对话框（三）

（5）确定标签排序字段。单击"下一步"按钮，弹出"标签向导"对话框（四），确定标签排序字段。本例以"所属院部"为第1排序字段，"课程名称"为第2排序字段，对标签进行排序字段指定。对话框（四）设置完成后如图5-34所示。

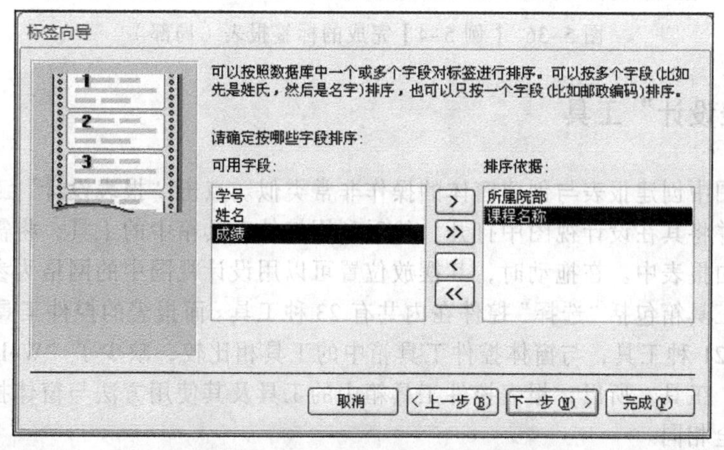

图5-34 "标签向导"对话框（四）

（6）指定报表的名称。单击"下一步"按钮，单击"标签向导"对话框（五），指定报表的名称为"标签-学生成绩通知单"。对话框（五）设置完成后如图5-35所示。

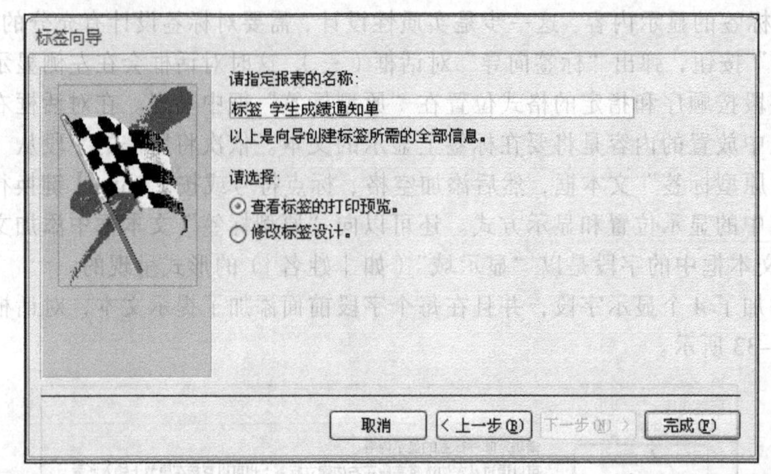

图 5-35 “标签向导”对话框（五）

（7）保存报表。单击“完成”按钮后自动在打印预览视图中打开当前所建的标签。用户可以切换到设计视图中稍加修饰，最终在打印预览视图中呈现的设计结果（局部）如图 5-36 所示。

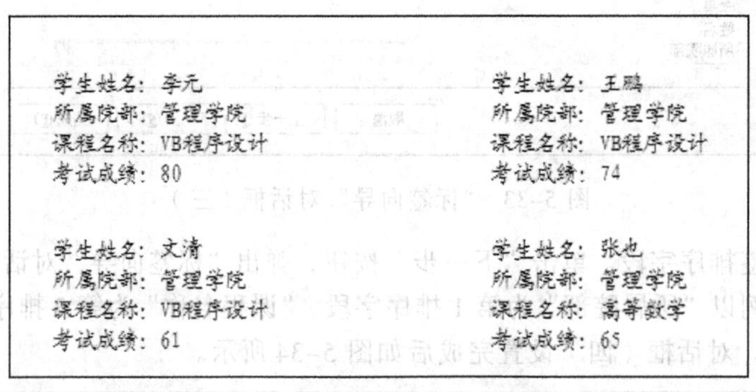

图 5-36 【例 5-4】完成的标签报表（局部）

5.2.4 “报表设计”工具

在设计视图中创建报表与创建窗体的操作非常类似。点击“报表设计”工具可直接创建一个空白报表并将其在设计视图中打开，然后利用控件工具箱中的工具，将需要的控件从工具箱中拖到空白报表中。在拖动时，其摆放位置可以用设计视图中的网格为参照坐标。

窗体控件工具箱包括“选择”控件在内共有 23 种工具。而报表的控件工具箱包括“选择”控件在内共有 21 种工具，与窗体控件工具箱中的工具相比较，缺少了“Web 浏览器控件”和“导航控件”工具。所以，报表控件工具箱中的工具及其使用方法与窗体控件工具箱中的工具的使用完全相同。

若要让设置的控件可以直接显示出数据，那么就要将这些控件与数据库数据绑定在一起，这些控件叫作数据绑定控件。如果是显示说明性文字的标签控件、分隔线控件、徽标图标控件和其他起装饰作用的控件就不需要与数据源进行数据绑定，它们是未绑定控件。

【例 5-5】利用第 3 章相关例题中创建的“按学院分科成绩”查询中的数据为报表的数据

源，使用设计视图创建"院系成绩分析"报表。"按学院分科成绩"查询的数据（部分）显示如图 5-37 所示。

按学院分科成绩

学号	姓名	所属院部	课程名称	成绩
130102	刘力男	技经学院	高等数学	88
130102	刘力男	技经学院	计算机基础	77
130102	刘力男	技经学院	英语	96
130104	刘艳丽	技经学院	英语	67
130104	刘艳丽	技经学院	高等数学	77
130104	刘艳丽	技经学院	计算机基础	75
130301	王海	管理学院	计算机基础	56
130301	王海	管理学院	英语	58
130302	李海亮	管理学院	高等数学	80
130302	李海亮	管理学院	计算机基础	70

图 5-37　"按学院分科成绩"查询中的数据（部分）示意图

操作步骤如下：

（1）创建空白报表。打开"教学管理 2015"数据库窗口，单击"创建"→"报表"→"报表设计"按钮，创建一个空白报表，进入报表设计视图。空白的报表中有"页面页眉""主体""页面页脚"三个节，适当调整"页面页眉"和"主体"节大小后的情形如图 5-38 所示。

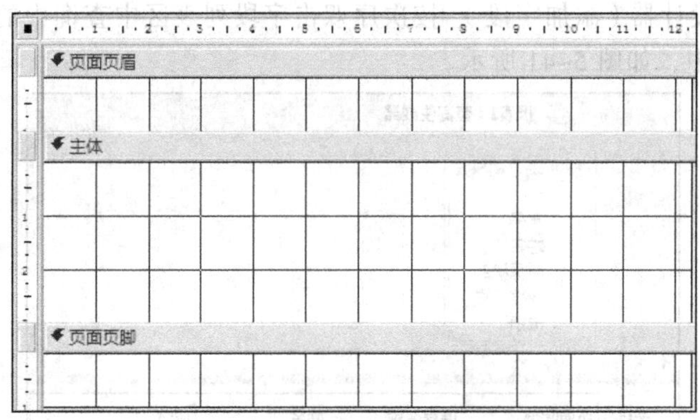

图 5-38　在设计视图中创建一个空白报表

（2）通过"属性表"添加数据源。这个过程的第一步要单击"工具"分组中的"属性表"按钮，弹出"属性表"对话框。因为要为报表（而不是页面页眉、页面页脚或主体）添加数据源，所以在属性表的"内容选择栏"中，在其下拉列表所列出的"报表""页面页眉""页面页脚""主体"4 个对象中选择出"报表"。然后选择"数据"选项卡，单击第一个设置项"记录源"属性右侧的生成器省略号按钮。属性表窗口第一步的设置说明如图 5-39 所示。

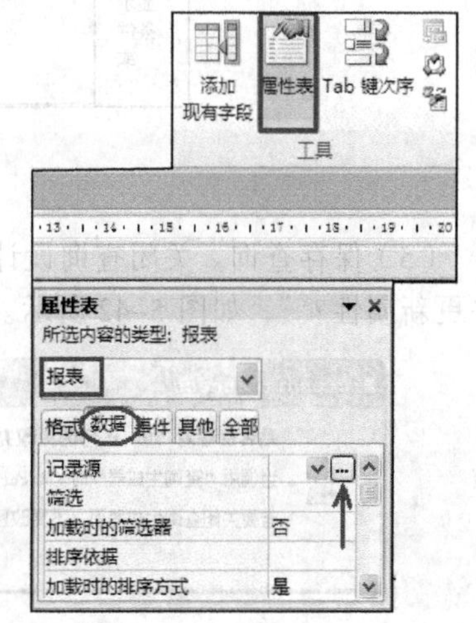

图 5-39　属性表窗口第一步设置说明

（3）用"显示表"对话框为查询生成器添加数据源。上一步单击了"记录源"属性右侧的生成器省略号按钮后，Access 就会打开查询生成器，同时也打开了"显示表"对话框。在"显示表"对话框中选择"查询"选项卡，选择“按学院分科成绩”查询，然后点“添加”按钮。关闭“显示表”对话框后，可以看到“按学院分科成绩”查询已被添加到了查询生成器的字段列表区，如图 5-40 所示。

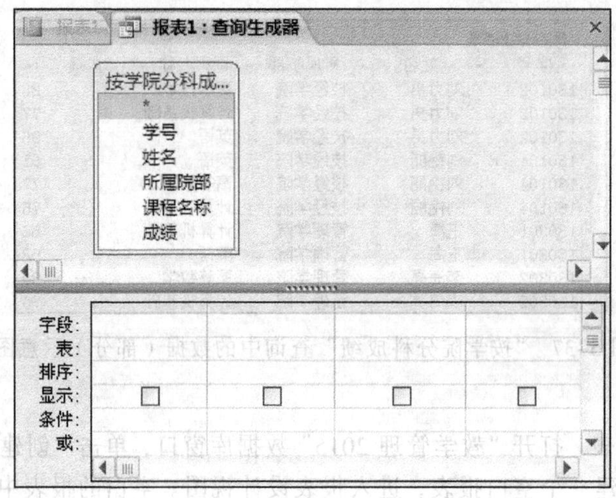

图 5-40　添加了查询数据后的查询生成器

（4）设置查询设计器（添加字段）。按次序双击字段列表区中查询中的字段，将它们添加到设计器的网格区中，如图 5-41 所示。

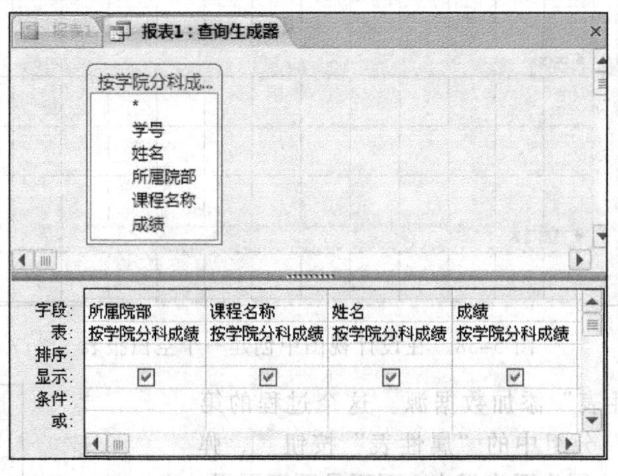

图 5-41　设置查询生成器

（5）保存查询。关闭查询设计器，这时系统会提示，询问“是否保存对 SQL 语句的更改并更新属性？”，如图 5-42 所示。

图 5-42　SQL 语句的更新提示

单击“是（Y）”按钮后会返回到报表的设计视图。此时可见“属性表”对话框中的“报表”的数据记录源被更新为一个很长的 SQL 查询语句，说明报表的记录源设置已完成，如图 5-43 所示。关闭“属性表”对话框。

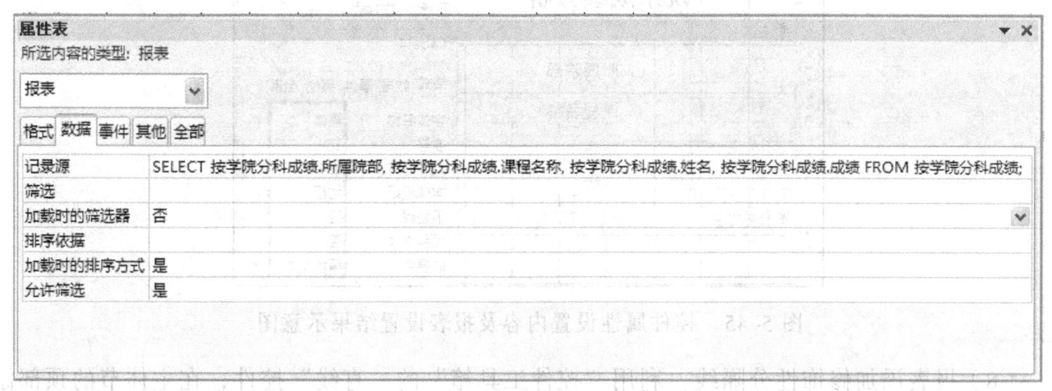

图 5-43 “报表”的记录源被更新后的情形图

（6）在报表设计器中添加内容。单击“工具”分组中的“添加现有字段”按钮，打开“字段列表”窗格，选择“仅显示当前记录源中字段”，然后依次拖动（或双击）所需的全部 4 个字段到报表的主体节中，适当调整这 8 个控件（含字段控件的附加标签控件）的大小及位置，修改这 4 个附加标签的文本内容，如图 5-44 所示。

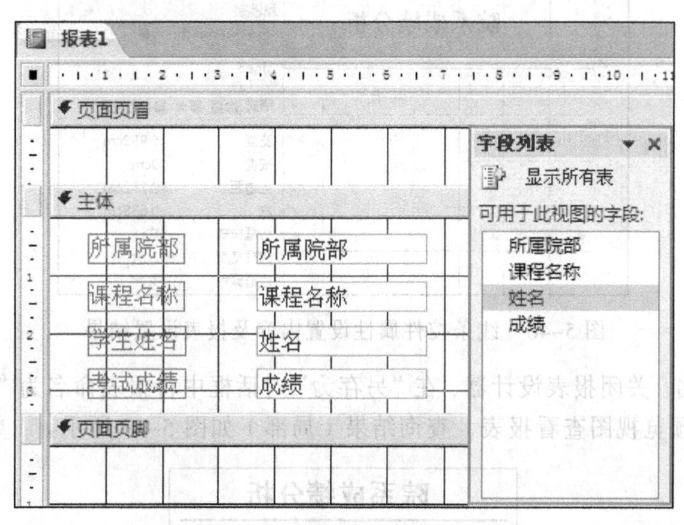

图 5-44 绑定字段添加完成

（7）添加并设置报表的标题。在报表的页面页眉中，利用报表控件工具箱中的“标签”控件工具添加报表的标题。具体操作是：选择“报表设计工具”→“设计”→“控件”→“控件工具箱”→“标签”控件工具，然后在报表的“页面页眉”中添加一个标签控件，输入“院系成绩分析”作为报表的标题，并利用“属性表”对话框，设置其属性为黑体、16 号、文本居中对齐、字体粗细为加粗，前景色为黑色文本。上述操作的属性设置内容及报表设置结果示意图如图 5-45 所示。

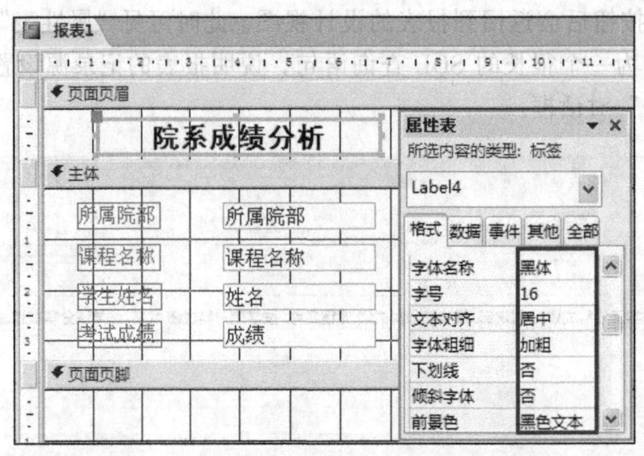

图 5-45　控件属性设置内容及报表设置结果示意图

（8）报表添加修饰性分隔线。利用“控件工具箱”的“直线”控件，在主体节的顶部添加一条直线，从而形成报表数据记录间的修饰性的分隔线。线条的样式需要进行属性设置：边框样式为“实线”，边框宽度为“2 Pt”（2 磅）。上述操作的属性表设置内容及报表设置结果如图 5-46 所示。

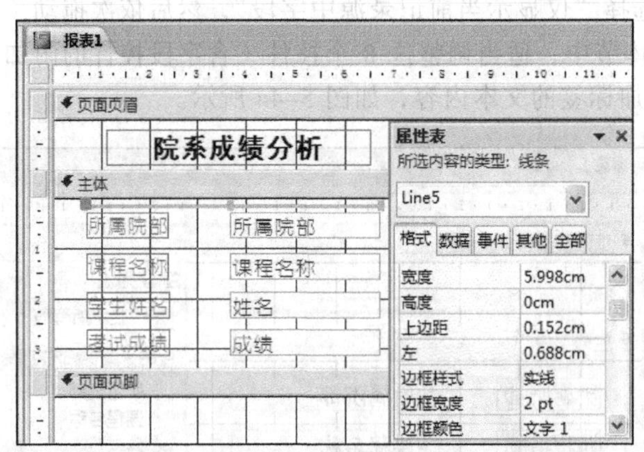

图 5-46　线条控件属性设置内容及报表设置结果

（9）报表命名。关闭报表设计器，在“另存为”对话框中将报表命名为“院系成绩分析”，保存后利用打印预览视图查看报表，查询结果（局部）如图 5-47 所示。

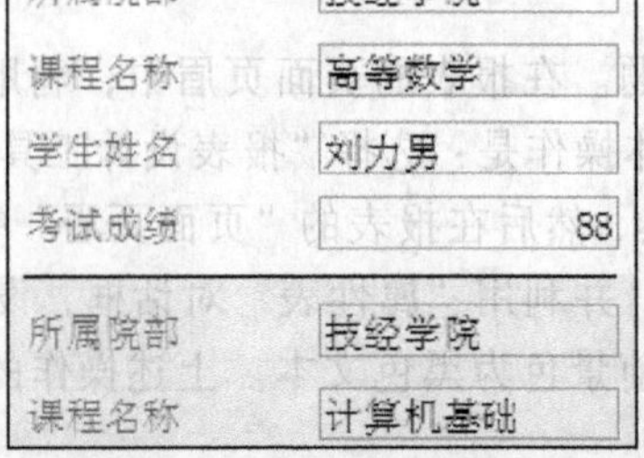

院系成绩分析

所属院部　技经学院

课程名称　高等数学

学生姓名　刘力男

考试成绩　88

所属院部　技经学院

课程名称　计算机基础

图 5-47　报表的打印预览视图（局部）

5.3 主/子报表与多列报表的创建

5.3.1 设计主/子报表

如果需要更全面地表现两个（或多个）数据源中的数据及其联系，可以创建主/子报表。这样可以在主报表和子报表中分别显示其数据源中的数据。这样做的好处是可以充分了解和展现数据表间的数据关联性。

创建主/子报表的关键是主报表数据源和子报表数据源之间要存在正确的关联。可以在设计视图中使用“子窗体/子报表”控件工具创建主/子报表。这个子报表可以和主报表同时创建，也可以单独进行创建，然后再添加到主报表中。

【例 5-6】以“教学管理 2015”数据库为信息依据，利用图 5-12 所示的“课程信息”“选课信息”“学生信息”3 表之间的联系，创建一个能充分显示学生基本学习情况及其所选课程的成绩的报表。

解题分析：要通过创建主/子报表的形式来充分显示学生的基本学习情况及其所选课程的成绩。通过对相关数据表中的数据进行分析，“学生信息”表包含有学生的基本信息，“选课信息”表中包含有学生所选的课程及考试成绩，“课程信息”表中包含有课程名称，且 3 个表之间是关联的。

设计方案：先创建包含学生基本信息的主报表，然后再将包含有学生所选课程和成绩信息的子报表插入到主报表中。

操作步骤如下：

（1）创建主报表。使用“报表向导”创建基于“学生信息”表的“纵栏式”报表，然后在设计视图中打开报表，适当调整控件大小及位置，要在报表的右边位置留出能显示子报表的空间，将报表的标题和名字都设置成“学生成绩报表”。创建后的主报表的设计视图如图 5-48 所示。

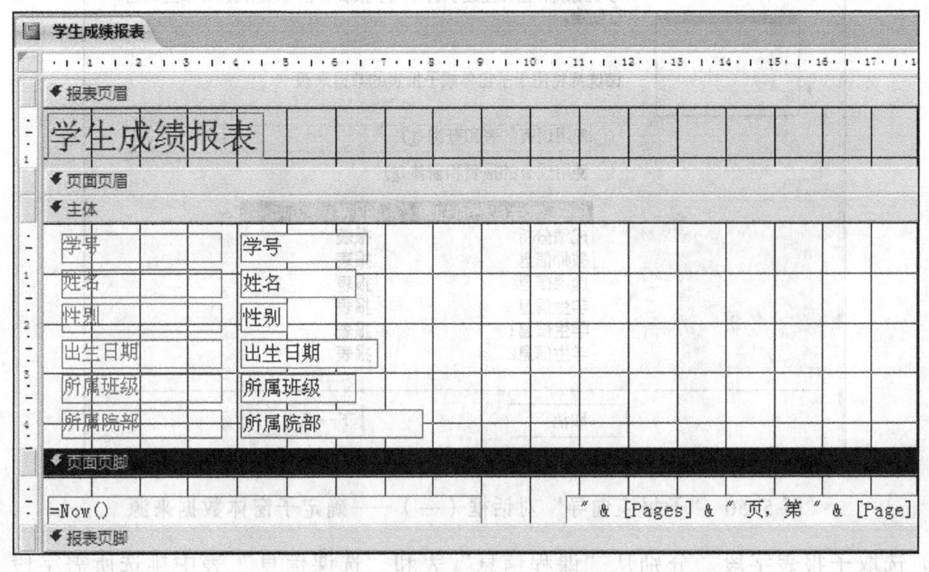

图 5-48 主报表的设计视图

（2）利用“子报表”控件添加子报表。单击“控件工具箱”→“使用控件向导（W）”按钮，使用“控件工具箱”中的“子窗体/子报表”工具，在主报表的设计视图中的预留位置拖选出子报表的大致设置位置，同时会弹出“子报表向导”对话框。依次回答“子报表向导”对话框的提问来完成子报表的设置。此时的设计视图如图 5-49 所示。

（3）依次回答“子报表向导”对话框的 4 步提问。

① 子窗体的数据来源确定。将“用于创建子窗体的数据来源”确定为“使用现有的表和查询”，如图 5-50 所示。

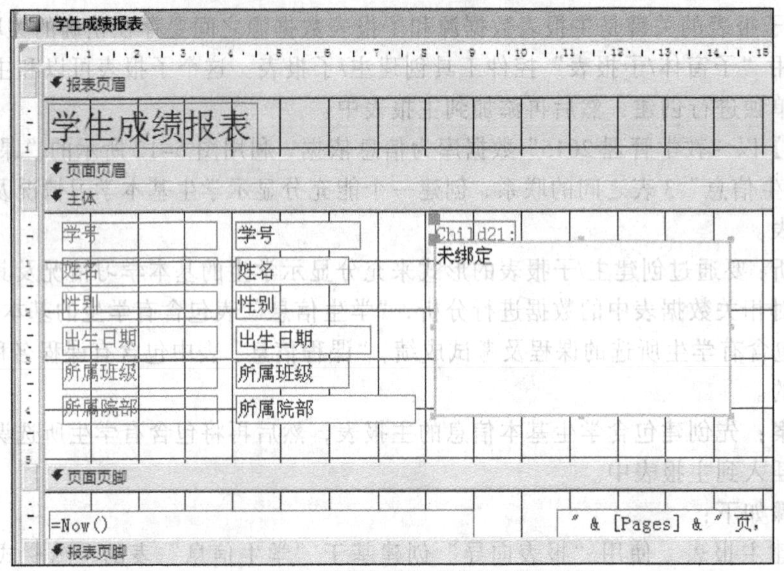

图 5-49 设计视图下的子报表预设位置

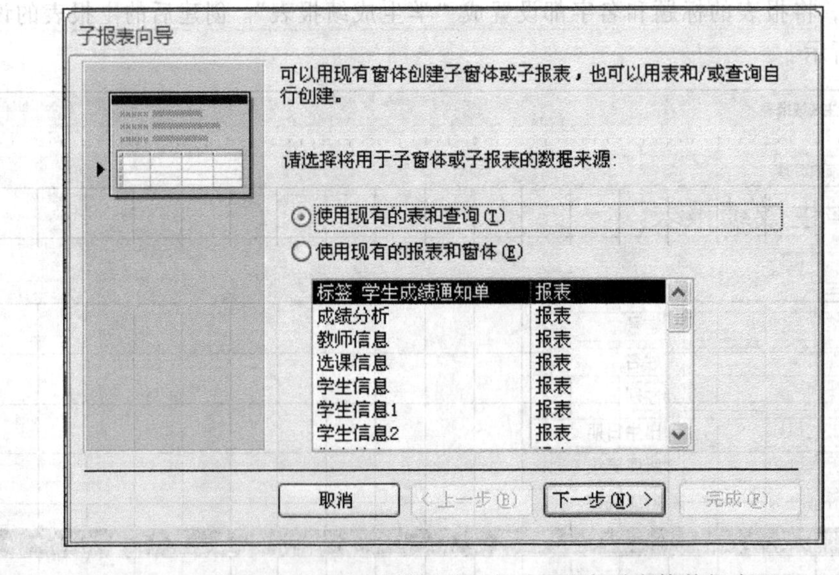

图 5-50 “子报表向导”对话框（一）——确定子窗体数据来源

② 选取子报表字段。分别从“课程信息”表和“选课信息”表中挑选所需字段“课程名称”“课程类别”“学分”和“成绩”，如图 5-51 所示。

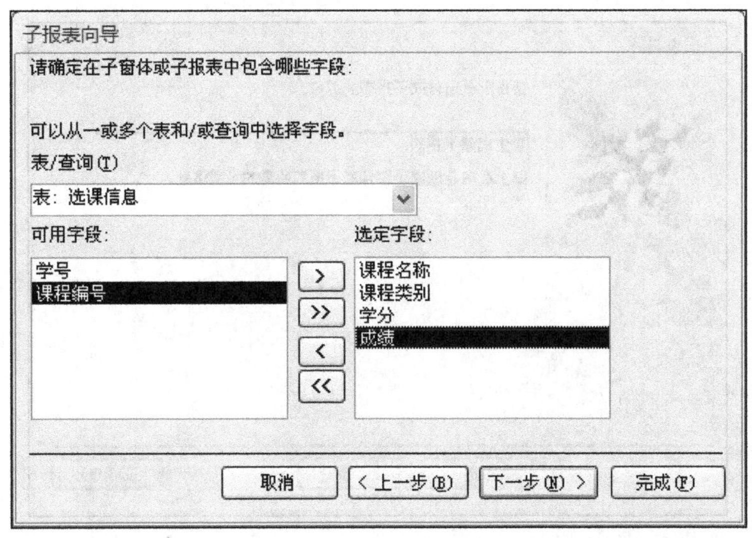

图 5-51 “子报表向导”对话框(二)——选取子报表字段

③ 确定主/子报表链接方式。有“从列表中选择”和“自行定义”两种链接方式。如果选择“自行定义”的链接方式，将手动进行主/子报表字段间的链接，这就要求开始在主/子报表的字段选择上要有公共字段。选择“从列表中选择”这种将主报表链接到子报表的字段的方式，如图 5-52 所示。

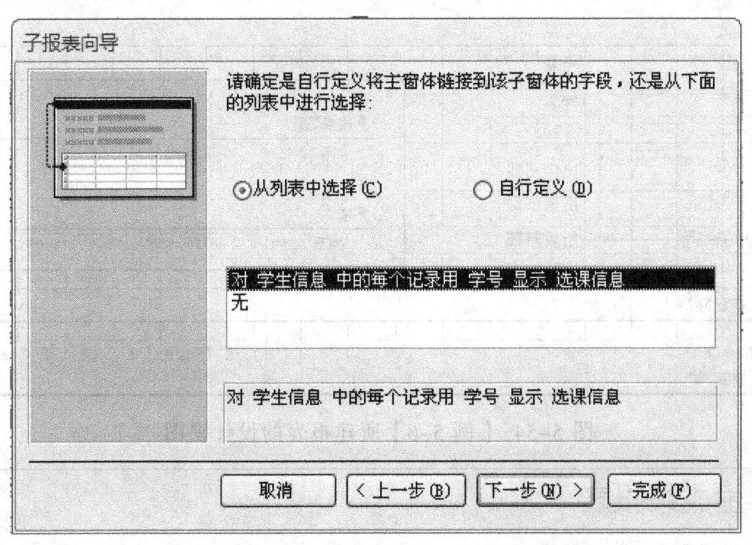

图 5-52 “子报表向导”对话框(三)——确定主/子报表链接方式

④ 指定子报表的名称。将子报表的名称指定为“学生成绩子报表”，然后结束向导的提问，如图 5-53 所示。

(4) Access 自动创建报表。在获取了子报表的创建信息后，Access 会自动在主报表的相应位置添加子报表及其控件，同时还真正地创建了“学生成绩子报表”报表。此时可以在设计视图中打开所建的主报表，适当调整其中的子报表位置及其控件的布局。最终完成的主/子报表的设计视图情形与打印预览视图(局部)分别如图 5-54，图 5-55 所示。

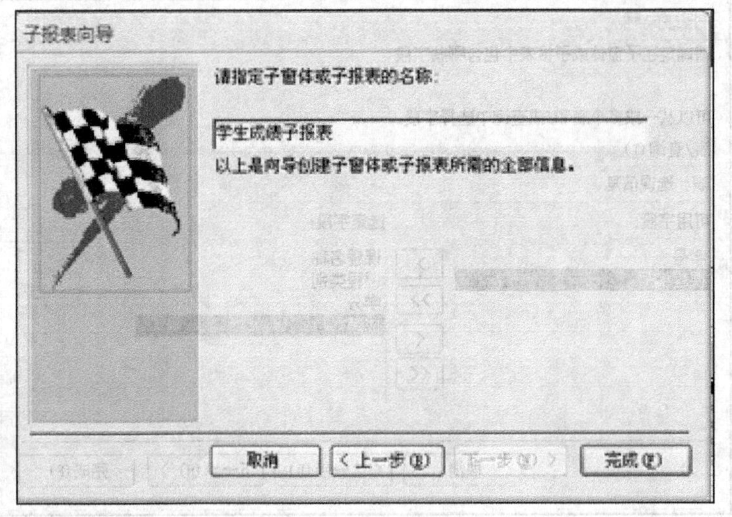

图 5-53 “子报表向导”对话框（四）——确定子报表标题

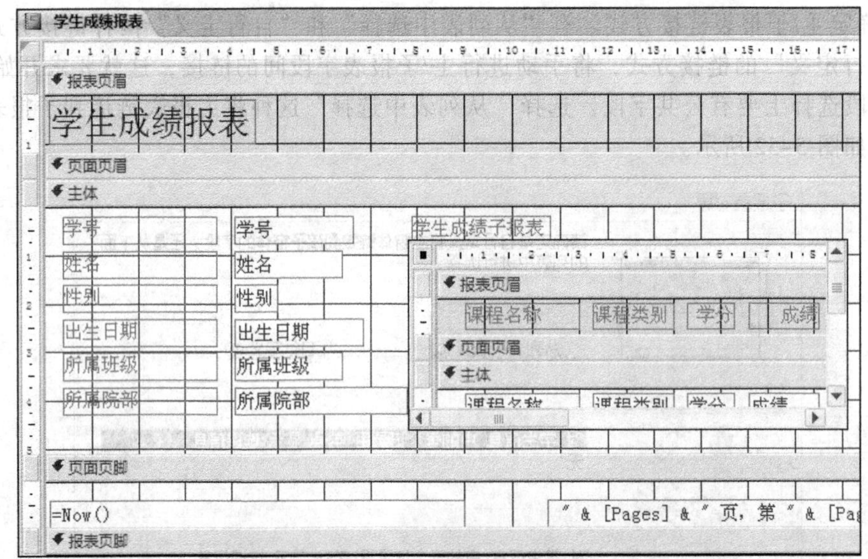

图 5-54 【例 5-6】所建报表的设计视图

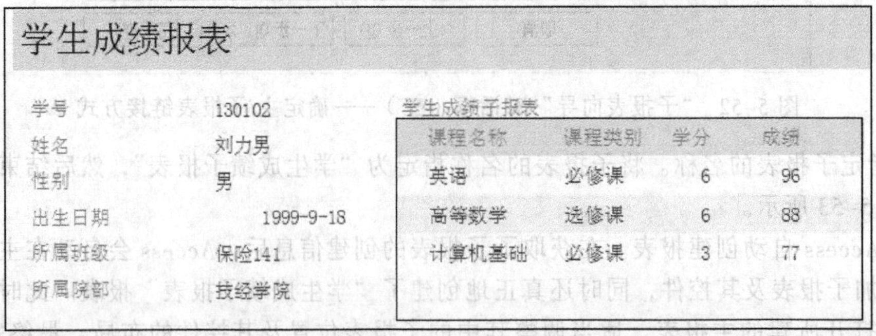

学生成绩报表

学号 130102
姓名 刘力男
性别 男
出生日期 1999-9-18
所属班级 保险141
所属院部 技经学院

学生成绩子报表

课程名称	课程类别	学分	成绩
英语	必修课	6	96
高等数学	选修课	6	88
计算机基础	必修课	3	77

图 5-55 【例 5-6】所建报表的打印预览视图（局部）

5.3.2　创建多列报表

如果报表的单条记录内容不多，这时根据需要可以生成多列报表，也就是在报表的一页中安排两列或多列内容。多列报表最常见的形式是标签报表。标签的创建在 5.2.3“报表向导”与“标签”工具中已经介绍。这里介绍如何将一个已经设计好的普通报表修改设置成多列报表。

设置多列报表需要选择“报表设计工具”→“页面设置”选项，然后在弹出的“页面设置”对话框中进行相应设置。

【例 5-7】将“选课信息”报表通过“复制”和“粘贴”，形成“选课信息 的副本”报表，再通过重命名的方式将这个报表改名为“选课信息 多列”，最后将其设置成 3 列报表。

操作步骤如下：

（1）给多列报表留出预留区。在设计视图中打开“选课信息　多列”报表，由于要设置成 3 列报表，所以需要调整“主体”节所有控件的大小及宽度，有时甚至需要调整字号，目的是要使现有字段的总宽度小于报表宽度的 1/3。调整完成后，还需要将这些控件均向左移，右侧要做第 2、3 列报表的预留区。预留区留出后的设计视图如图 5-56 所示。

图 5-56　预留区留出后的设计视图

（2）通过“页面设置”窗口设置报表输出列。单击“报表设计工具”→“页面设置”→“页面布局”→“列”按钮，弹出“页面设置”对话框。利用“页面设置”对话框中的“列”选项卡，在其中进行报表输出列设置。“列”选项卡中需要对“网格”（列数、行间距、列间距）、“列尺寸”（宽度、高度）和“列布局”（先列后行、先行后列）3 个参数组进行设置。“列”选项卡如图 5-57 所示。

（3）进行“列”选项卡参数设置。将“网格”组中的列数设置为 3，要形成 3 列报表，行间距不变，列间距缩小为 0.3 cm。“列尺寸”组中“宽度”缩小为 6 cm，高度值不变。“列布局”组中按习惯选择先行后列的输出形式。“列”选项卡参数设置如图 5-58 所示。

需要了解的是列宽度和列间距是要根据实际打印宽度进行调整的。因为多列报表的宽度将等于“列数 * 列宽 + 列间距（多个）”，多列的总的宽度要控制在打印纸的打印范围之间。比如，本例选择用 A4 纸打印输出，其宽度为 21 cm 左右，所以列宽度和列间距都需要进行适当调整。本例将列宽设为 6 cm，将列间距（注意有两处）设置为 0.6 cm，这样 3 列报表的总的宽度为“6+0.6+6+0.6+6=19.2”,小于 A4 打印纸 21cm 的纵向打印宽度，不但没有超出 A4 纸的实际打印宽度，甚至还给左、右边距留出了位置。

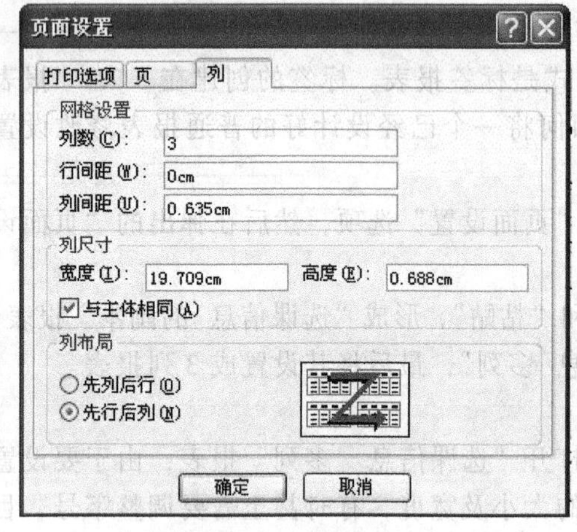

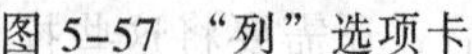

图 5-57 “列”选项卡

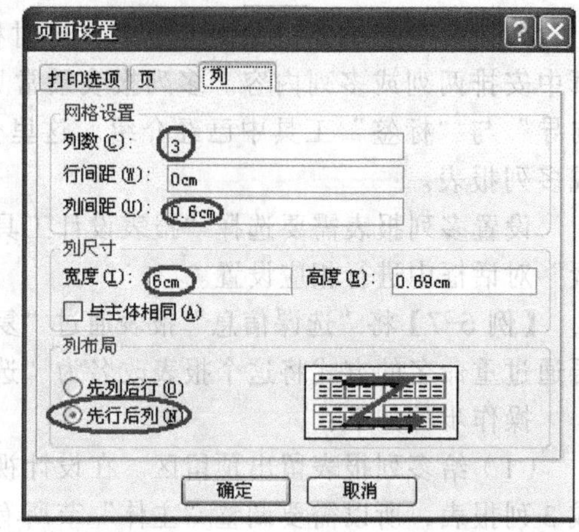

图 5-58 “列”选项卡参数设置

另外“列布局”中的“先列后行”和“先行后列”输出格式要按要求进行选择，“先行后列”优先。“列布局”中随着“先列后行”和“先行后列”参数的选择，同时在右侧有相对应的输出形式说明示意图例。

（4）修饰报表标题。单击“确定”按钮，关闭“列”选项卡，返回设计视图。通过属性窗口将报表的标题设置为居中显示，然后保存报表。3 列报表最终的设计视图与打印预览视图分别如图 5-59，图 5-60 所示。

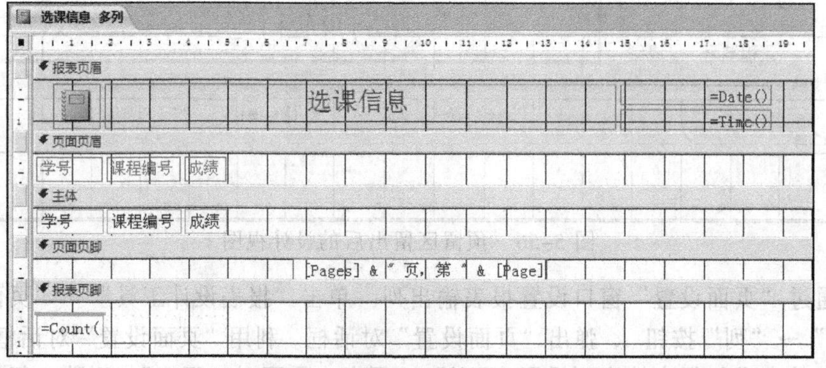

图 5-59 3 列报表的设计视图

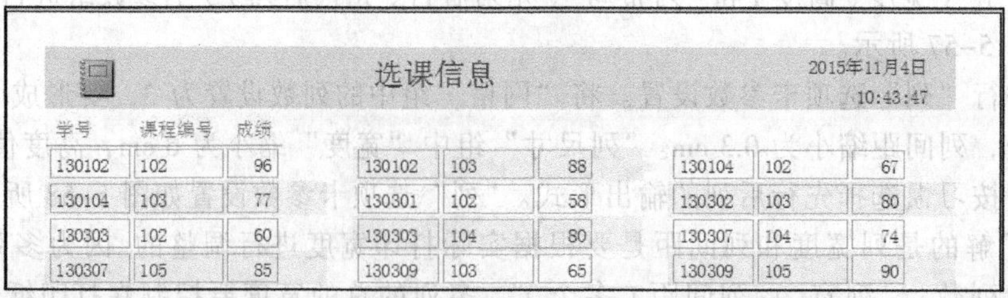

选课信息

2015年11月4日

10:43:47

学号	课程编号	成绩						
130102	102	96	130102	103	88	130104	102	67
130104	103	77	130301	102	58	130302	103	80
130303	102	60	130303	104	80	130307	104	74
130307	105	85	130309	103	65	130309	105	90

图 5-60 3 列报表的打印预览视图（局部）

注意：多列报表只有在打印预览视图下才能呈多列显示。

5.4 编辑报表

在设计视图中从无到有地创建并设计报表是需要有相当基础的，因为在操作上是十分烦琐和不便利的。所以一般的做法是先通过“报表”“空报表”“报表向导”或“标签”工具创建一般性的报表，再通过“报表设计”工具对创建的一般性报表进行总体或局部上的调整、补充和完善。编辑报表就要解决这一类的问题。

5.4.1 基础操作

编辑报表上的所谓基础操作是指对创建了的报表进行控件的增删、移动，适当对报表总体外观或局部进行设置，对数据源进行更改或补充，对报表的格式进行调整，对日期、时间、页码等涉及生成域的操作进行设置与调整等。

1. 主题和颜色设置

在设计视图中打开报表，在“报表设计工具”下的“设计”卡中有“主题”分组，内含“主题”“颜色”和“字体”3个设置按钮，可以对报表进行主题、颜色、字体方面的设置。其中“主题”提供了44种内置形式，可以对报表的颜色和字体进行设置；“颜色”提供了45种内置颜色组合。“主题”和“颜色”的每种组合都有名字，比如“沉稳”，并且它们的名字是相同的（“颜色”多了一种非彩色的“灰度”）；“字体”就如Office设置一样，常用字体都可以在其中设置。

2. 添加背景和徽标

报表尤其是标签一般可以添加图案以增强背景的显示效果。

【例5-8】将已经准备好的“背景1.jpg”（375*280）文件添加为整个标签“标签 学生成绩通知单 的副本”的背景图案。该图片像素为375*280，矩形。

操作步骤如下：

（1）打开标签。在设计视图中打开“标签 学生成绩通知单 的副本”，如图5-61所示。

（2）添加图片。单击控件工具箱中的“图像”控件工具，在标签的“主体”节拖出一个拟安排背景的矩形区域，该区域几乎与整个“主体”节相同。这时弹出一个“插入图片”对话框，选择“背景1.jpg”，图片插入完成，如图5-62所示。

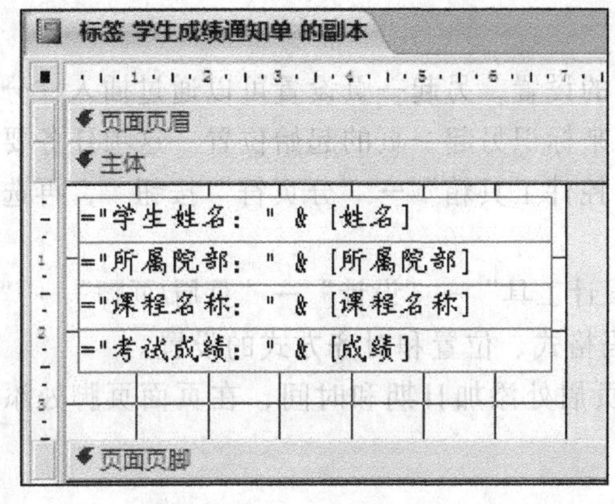

图5-61 标签的设计视图

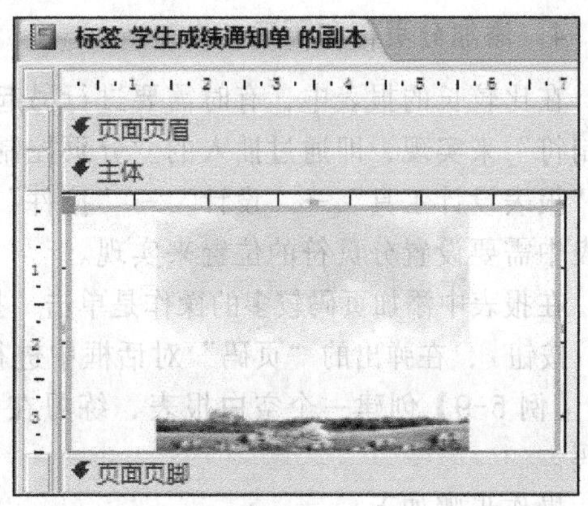

图5-62 插入图片后的标签设计视图

注意：由于图片是后加入的，所以在其显示层面上处于标签其他控件的上层。如果插入的图片较大，图片就会遮住标签中的控件。只需要在图片上单击右键，在打开的快捷菜单中选择“位置”菜单命令，从中选择“置于底层”选项，就可将图片置于底层。设置背景后标签的打印预览视图如图 5-63 所示。插入的图片大小要与用“图像”控件工具在报表相应位置拖出的拟安排区域的大小相匹配，原则要宁大勿小。

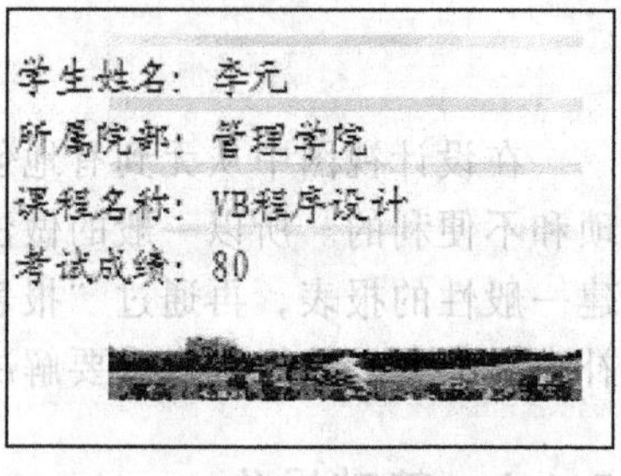

学生姓名：李元
所属院部：管理学院
课程名称：VB程序设计
考试成绩：80

图 5-63　标签的打印预览视图

（3）保存标签。保存标签，完成图像的添加。

在报表的页面页眉处添加徽标的操作方式与上述操作基本相同。添加徽标可以直接单击“报表设计工具”→“设计”选项→“页面页眉/页面页脚”→“徽标”按钮，弹出“插入图片”对话框，将选择好的图片文件以徽标的形式和相应大小插入到报表的页面页眉处。

3. 添加日期和时间

报表一般都有对日期和时间的设置要求。通过“报表”“空报表”“报表向导”或“标签”工具设计好的一般性的报表在页面页眉或页面页脚处都有日期和时间控件。如果没有，就要在相应的位置上给报表添加日期和时间。

操作步骤如下：

（1）选择添加位置。在设计视图中打开报表，选择好日期和时间的添加位置（一般在同一个节）。

（2）利用“日期和时间”对话框进行添加。单击“报表设计工具”→“设计”→“页面页眉/页面页脚”→“日期和时间”按钮,弹出“日期和时间”对话框。

（3）格式选择。在“日期和时间”对话框中选择相应格式，单击“确定”按钮结束设置过程，系统在报表所选择的位置上添加了两个显示当前日期和时间的计算型文本框控件。

当然，也可以直接在“报表页眉”处添加两个文本框，通过设置其控件来源属性，分别为两个文本框设置日期和时间的计算表达式，从而也可以完成日期和时间的设置任务。设置需要在“属性表”对话框中进行，将添加的文本框的“控件来源”属性设置为“=Date()”或“=Time()”,同时为使文本框的显示在颜色上不突兀，将其文本框的“背景色”属性设置为“浅色页眉背景”。

4. 添加分页符和页码

在比较长的报表中，有时需要进行另起一页的设置，另起一页设置可以通过插入“分页控制符”来实现，即通过插入的“分页控制符”来标识另起一页的起始位置。这项任务要单击“报表设计工具”→“设计”→“控件”→“控件工具箱”→“分页符”按钮，再选择报表中需要设置分页符的位置来实现。

在报表中添加页码较多的操作是单击“报表设计工具”→“设计”→“页眉/页脚”→“页码”按钮，在弹出的“页码”对话框中进行页码格式、位置和对齐方式的设置。

【例 5-9】 创建一个空白报表，练习在页面页眉处添加日期和时间，在页面页脚处添加页码。

操作步骤如下：

（1）单击“报表设计”按钮，在设计视图中创建一个空白报表。在“页面页眉”节中，利用“控件工具箱”中的“文本框”控件工具，添加一个文本框（同时添加了一个附加标签，可将其删除）。

（2）在文本框“属性表”对话框的“数据”选项页中选择“控件来源”属性，单击“生成器”按钮，弹出“表达式生成器”对话框。

（3）在“表达式生成器”对话框中先单击选择第 1 个列表框中的“通用表达式”选项，这时第 2 个列表框中的内容会跟着发生变化。在其中选择“当前日期/时间”选项，然后双击第 3 个列表框中出现的函数“Now()”。“Now()”就出现在了表达式生成器中。该创建过程和结果示意图如图 5-64 所示。单击“确定”按钮返回到控件“属性表”对话框，日期和时间表达式一同添加完毕。

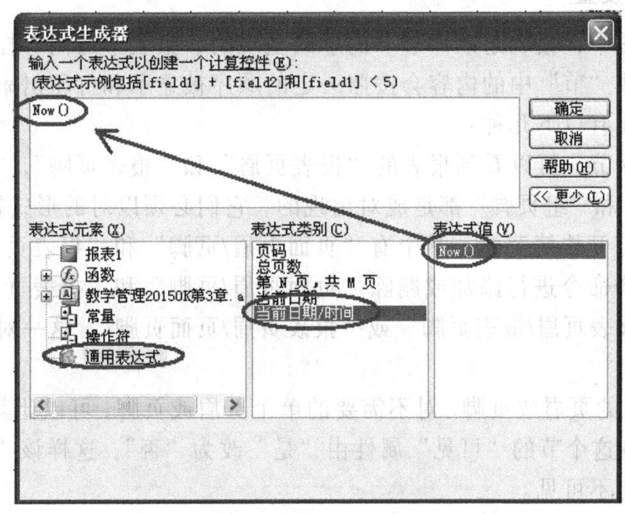

图 5-64　表达式生成器设置完成示意

单独的日期与时间控件的表达式生成方式与之相仿。

也可以用同样的方法将页码添加到“页脚”节，但本例介绍的是通过“页码”对话框来进行对页码格式、位置和对齐方式的设置。

（4）设置页码。单击“页眉/页脚”→“页码”按钮，弹出“页码”对话框，对其进行设置的内容如图 5-65（a）所示。图 5-65（b）显示的是页码的代码在“页面页脚”中的显示形式。这种显示形式是由规范性的书写格式约束的，表 5-4 列出了常见的页码代码书写格式说明。单击“确定”按钮完成页码的插入，返回到设计视图。

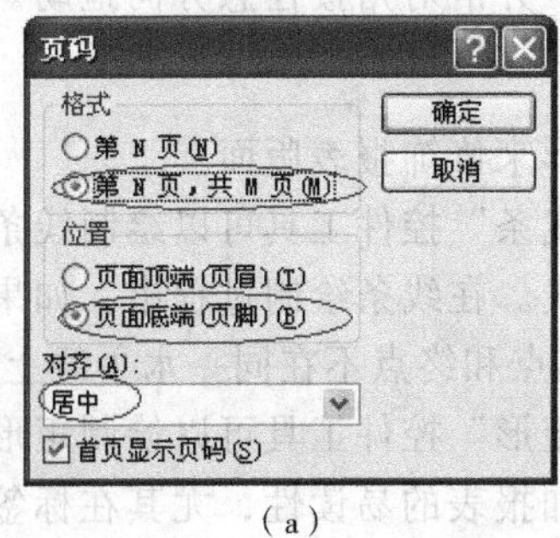

（a）

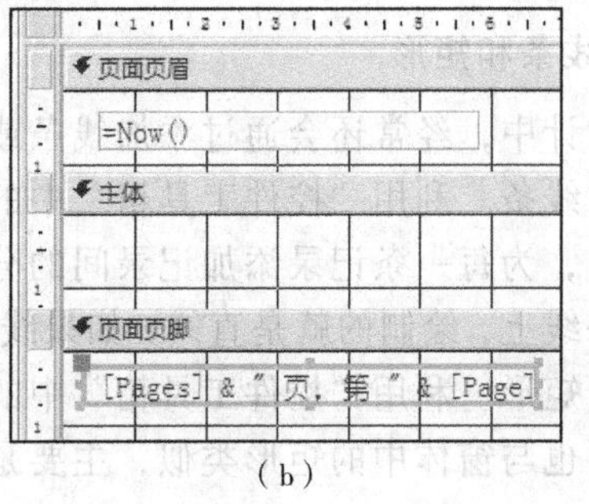

（b）

图 5-65　“页码”对话框设置示意

表 5-4　页码常见格式说明

文本框中代码形式	显示形式（n 表示当前页码，m 表示总页数）
"第" & [Page] & "页"	第 n 页
[Page]&" / " &[Pages]	n/m
"第" & [Page] & "页，共" & [Pages] & "页"	第 n 页，共 m 页
"共" & [Pages] & "页，第" & [Page] & "页"	共 m 页，第 n 页

页码的生成显示是通过域控件完成的。域控件中的代码形式上是一个字符串，由表示当前页码的"[Page]"、表示总页码数的"[Pages]"和文本连接符"&"连接而成。

5．对节的使用设置

在报表设计视图中，报表是以"节"的形式呈现的，报表中的内容控件被分别添加到不同的"节"中。这些"节"中的内容会按照一定的顺序被显示和打印出来。

对节的操作主要有以下几种：

（1）添加或删除节。可以看到报表的"报表页眉"和"报表页脚"，"页脚页眉"和"页面页脚"，"组页眉"和"组页脚"都是成对出现的，它们必须以对的形式被同时添加或删除。在设计视图中右键打开快捷菜单，其中有"页面页眉/页脚"和"报表页眉/页脚"两个菜单命令。可以用这两个命令进行添加或删除"页面页眉/页脚"和"报表页眉/页脚"这两种操作。如果删除了"报表页眉/报表页脚"或"报表页眉/页面页脚"，这一对"节"中的控件也同时被删除。

（2）隐藏不需要的页眉或页脚。对不需要的单个页眉或页脚，可以让其"不可见"。在"属性表"对话框中，将这个节的"可见"属性由"是"改为"否"，这样该"节"在除设计视图以外的其他视图中均不可见。

（3）选择节。单击"节选择器""节栏"或"节背景"都可以选择相应的节，并同时打开其"属性"窗口，选择节操作示意图如图 5-66 所示。

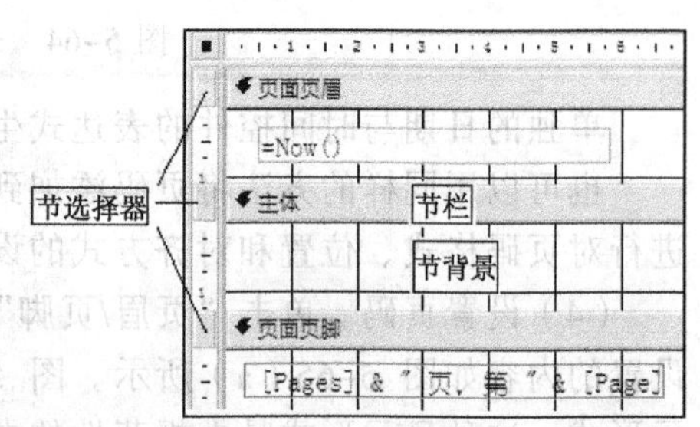

图 5-66　选择节操作示意图

（4）改变节的大小。可以分别调整报表节的高度。但是，更改某一节的宽度将更改整个窗体的宽度。若要更改节的高度，将指针放在该节的下边缘上，并向上或向下拖动指针；若要更改节的宽度，将指针放在该节的右边缘上，并向左或向右拖动指针；若要同时更改节的高度和宽度，将指针放在该节的右下角，并沿对角按任意方向拖动。

6．绘制线条和矩形

在报表设计中，经常还会通过添加线条或矩形来修饰报表版面。

（1）添加线条。利用"控件工具箱"中的"线条"控件工具可以绘制线条。线条一般添加在主体节中，为每一条记录添加记录间的分隔线。在线条绘制过程中，如果线条起点和终点在同一水平线上，绘制的就是直线；如果线条起点和终点不在同一水平线上，则绘制斜线。

（2）绘制矩形。利用"控件工具箱"中的"矩形"控件工具可以绘制矩形。报表中添加的矩形的作用也与窗体中的矩形类似，主要是增加报表的易读性，尤其在标签的设置中多有应用。

（3）线条和矩形的属性设置。利用“属性表”对话框“格式”选项页中的相应属性，可以进行线条或矩形的背景样式、边框样式、边框颜色和特殊效果的设置。

线条和矩形都有 6 种特殊效果服务于其外观设计。在进行特殊效果的设置时，可从“平面”“凸起”“凹陷”“蚀刻”“阴影”和“凿痕”6 种特殊效果中进行选择。

5.4.2　计算控件的使用

报表中有时需要针对整体或分组中的信息进行汇总统计，这就需要利用“计算控件”来实现。如果从报表的可读性角度出发，应将这种汇总统计的操作前移到查询部分加以解决。通过创建一个查询，在其中添加相关的计算字段来完成针对汇总统计的计算。如果之前没有建立这种查询，现在来讨论在报表上如何直接解决。

简要地说，就是在报表上添加上一个文本框控件，这个控件要与数据源进行绑定。添加控件的方法简单，关键是要为其添加数据源表达式。绑定要按照统计计算表达式的相关规则构造一个计算表达式。表达式可以引用“字段列表”中的字段值，也可以引用报表或窗体中的控件的值，然后将其形成目标表达式。

1. 计算控件添加位置说明

针对不同目标进行的计算汇总统计可以在报表的不同位置上进行。控件添加位置的一般性的说明见表 5–5。

表 5-5　计算控件添加位置说明

计算控件添加位置	统 计 内 容
报表页眉/页脚	计算所有记录的总计或平均值等信息
页面页眉/页脚	针对某些字段的一组记录进行求和等计算
主体	针对每条记录的若干字段值进行诸如求和等统计计算
分组页眉/页脚	计算分组记录的计数、求总计或求平均值

2. 计算控件的添加

报表的工具箱和窗体的工具箱基本是一致的，各个控件的使用方法也基本相同，所以在窗体或报表中添加计算控件的操作步骤相同。

操作步骤如下：

（1）利用报表的“控件工具箱”中的“文本框”控件，在报表要放置的位置添加一个文本框。

（2）用下列方法之一，在文本框中建立表达式：

① 在文本框中放置插入点，直接键入计算的表达式。

② 利用“属性表”对话框中的“控件来源”属性框，在其中键入表达式，或单击“控件来源”属性框旁边的生成器按钮[...]，利用“表达式生成器”为文本框创建表达式。

3. 计算控件的应用示例

绩点制是实行学分制的重要配套措施之一，绩点是评估学习成绩的一种方法，国内大部分高校通用的计算方法是：绩点=成绩/10–5。59 分及以下的绩点记 0。在报表中创建计算控件的设计如下例题。

【例 5-10】“按学院分科成绩”查询含有学号、姓名、所属院部、课程名称和成绩 5 个字段的内容。查询中有几个成绩为 60 分以下，因而以此为基础数据再创建“学生考试成绩”查询，去掉不及格的成绩记录。最后依据“学生考试成绩”查询创建“成绩绩点”报表，通过添加计算控件的形式，将这个报表修改成能显示成绩绩点的报表。要求绩点的计算公式为“绩点=分数/10-5”。

操作步骤如下：

（1）创建“学生考试成绩”查询。以“按学院分科成绩”查询为数据源，利用查询设计器创建“学生考试成绩”查询。该查询中要含有学号、姓名、所属院部、课程名称和成绩 5 个字段内容，同时去掉成绩为 60 分以下的记录，“学生考试成绩”查询的设计视图如图 5-67 所示。

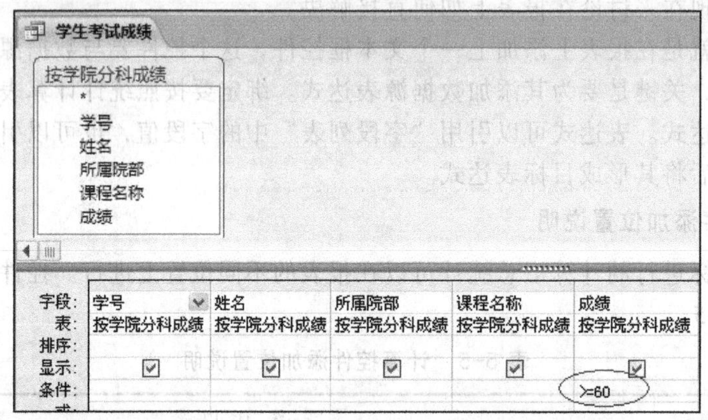

图 5-67 “学生考试成绩”查询的设计视图

（2）创建“成绩绩点”报表。打开“学生考试成绩”查询，利用“报表”快速创建“成绩绩点”报表。该报表有学号、姓名、所属院部、课程名称和成绩 5 个字段的内容。“成绩绩点”报表的设计视图如图 5-68 所示。在图中标志的位置添加计算控件。

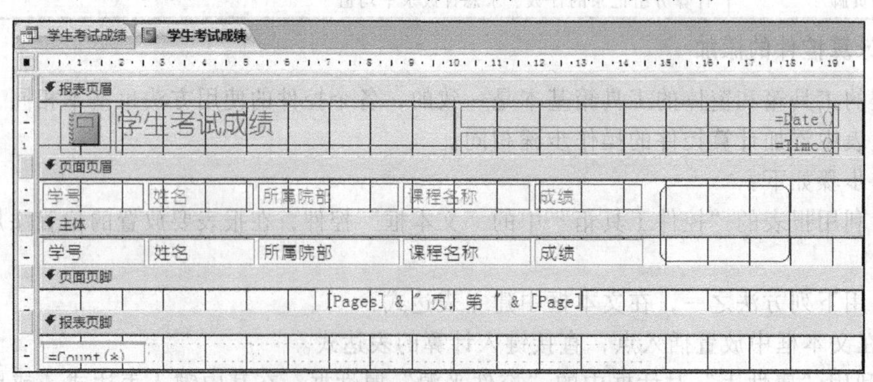

图 5-68 “成绩绩点”报表的设计视图

（3）添加计算控件。在报表的设计视图中打开“成绩绩点”报表，利用控件工具箱中的“文本框”控件工具在“主体”节的最右侧添加一个文本框控件。添加后发现这个文本框还带有附加的标签控件。将这个标签控件“剪切”掉，然后“粘贴”。不管其被“粘贴”到什么位置，都要将其移到页面页眉的右侧。将页面页眉中的标签控件与主体节中的文本框控件位置调整到原来的 5 组控件的右侧适当位置。

注意：由于文本框控件与其附加的标签控件是手工操作添加的，需要单击“报表设计工具”→“排列”→“调整大小和排序”→“对齐”按钮使其与各自横向的原有控件上下、左右对齐。还需要单击“大小/空格”中的“至最高”或“至最短”按钮将 6 个水平的控件调整为等高；单击“大小/空格”中的“至最宽”或“至最窄”按钮将添加的垂直的文本框控件与其原有的附加标签控件调整为等宽。单击“大小/空格”按钮调整控件高度与宽度的过程示意图如图 5-69 所示。

（4）设置计算控件属性。直接修改位于页面页眉中的附加标签控件的标题为“绩点”。打开添加的文本框的“属性表”对话框，将“数据”选项卡中的“控件来源”属性设置为“=([成绩] /10-5”，将“格式”选项卡中的“格式”属性设置为“标准”，“小数位数”属性设置为 1。上述针对文本框控件的属性设置示意图如图 5-70 所示。“控件来源”属性的表达式既可以直接设置也可以通过“表达式生成器”辅助完成。

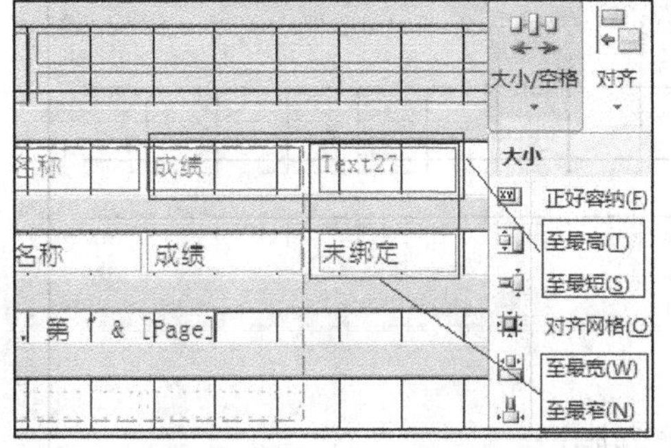

图 5-69　调整控件高度与宽度的过程示意图

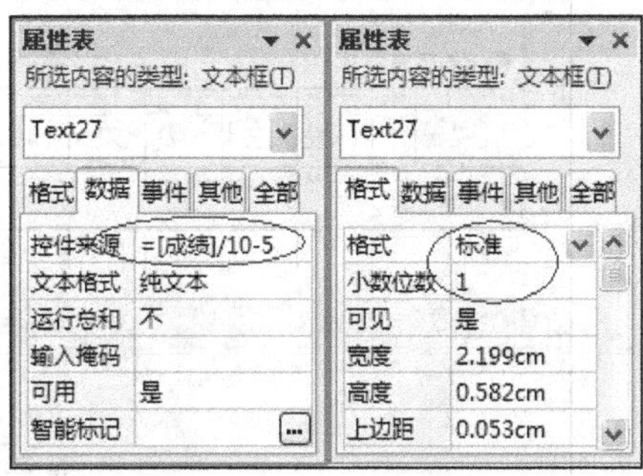

图 5-70　文本框控件的属性设置示意图

（5）保存报表。保存此报表。然后在打印预览视图下显示学生的成绩及绩点情况。打印预览视图下的该报表（局部）如图 5-71 所示。

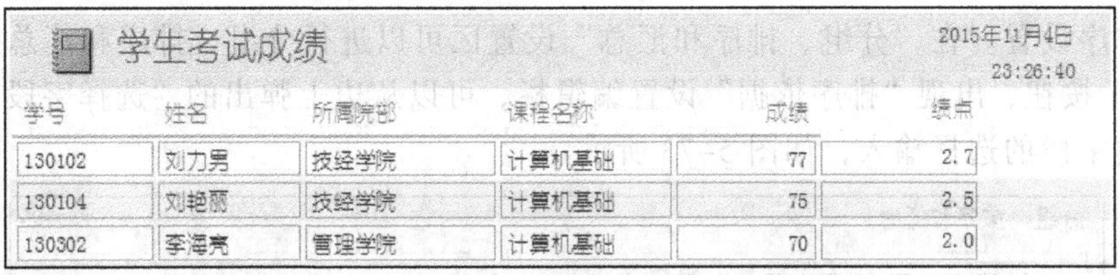

学生考试成绩　　2015年11月4日　23:26:40

学号	姓名	所属院部	课程名称	成绩	绩点
130102	刘力男	技经学院	计算机基础	77	2.7
130104	刘艳丽	技经学院	计算机基础	75	2.5
130302	李海亮	管理学院	计算机基础	70	2.0

图 5-71　打印预览视图下的该报表（局部）

5.5　报表的排序和分组

对记录进行分组是增加报表可读性的有效手段。报表数据分组需要先排序。排序是记录数据被进行重新组织的有效手段，是计算机内经常进行的一种操作。排序可以按照“关键字”的值把字段内容相同的数据集中在一起，使无序的记录序列变成为有序，从而提高数据检索的准确性与速度。排序后的数据是数据分组的基础，分组又是数据汇总的基础。本节将介绍报表数据的排序与分组。

5.5.1　记录排序

排序就是使数据以一个或几个字段为依据进行升序或降序的排序，从而使字段内容相同的数据被集中到一起。

【例 5-11】在导航窗格中将“学生考试成绩”报表，通过“复制”“粘贴”和“重命名”的方式形成“学生考试成绩_排序”报表。

对“学生考试成绩_排序”报表进行排序设置，使该报表中数据按“课程名称”升序排序。课程名称相同时再按“成绩”降序排序。

操作步骤如下：

（1）开始排序设置。在设计视图中打开“学生考试成绩_排序”报表，单击“报表设计工具”→“设计”→“分组与汇总”→“分组与排序”按钮，点击后设计视图下边出现“分组、排序和汇总”设置区，并且并列出现“添加组”“添加排序”两个按钮，可以用它们分别进行分组与排序操作，如图 5-72 所示。

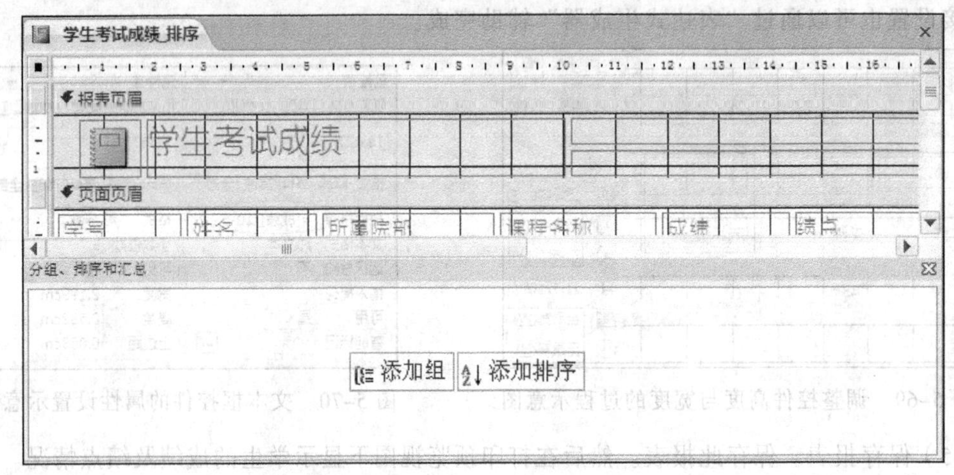

图 5-72　设计视图中的“分组、排序和汇总”设置区

（2）排序设置。在“分组、排序和汇总”设置区可以进行分组、排序和汇总操作。单击“添加排序”按钮，出现“排序依据”设置编辑栏，可以从边上弹出的“选择字段”列表中进行第一关键字段的选择输入，如图 5-73 所示。

图 5-73　排序设置编辑栏与“选择字段”列表

（3）选择排序关键字段。根据要求，分组先按“课程名称”字段进行升序排序。在“选择字段”列表中选择“课程名称”字段，并在右边选择“升序”选项，第一排序关键字段设置完毕。这时下边会出现“添加组”和“添加排序”两个按钮，可以继续进行第二关键字的设定。单击“添加排序”按钮，在“选择字段”列表中选择“成绩”字段，并在右边选择“降序”选项，第二排序关键字段设置完毕。这时下边还会继续出现“添加组”和“添加排序”

两个按钮，但不需继续。排序完成后的情形如图 5-74 所示。

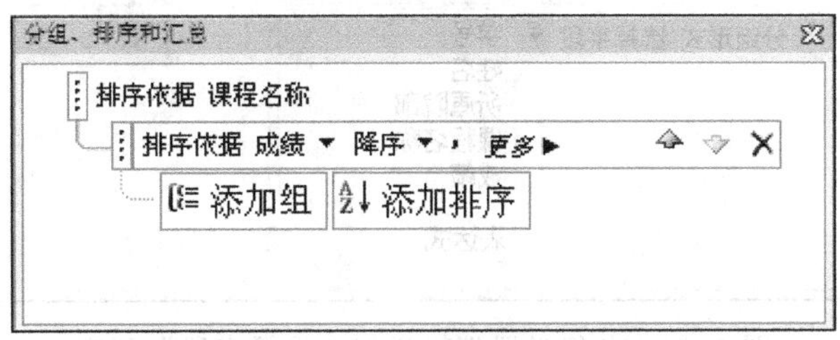

图 5-74　排序完成后的情形

（4）排序结束。关闭设计视图，对报表进行保存。然后在打印预览视图中查看排序后的报表，如图 5-75 所示。

学号	姓名	所属院部	课程名称	成绩	绩点
130303	李元	管理学院	VB程序设计	80	3.0
130307	王鹏	管理学院	VB程序设计	74	2.4
130312	文清	管理学院	VB程序设计	61	1.1
130309	张也	管理学院	高等数学	65	1.5
130302	李海亮	管理学院	高等数学	80	3.0
130102	刘力男	技经学院	高等数学	88	3.8
130104	刘艳丽	技经学院	高等数学	77	2.7

图 5-75　排序后的报表（部分）

从打印预览视图中可以看到报表中记录的排序确实是先按“课程名称”升序排序的，然后在“课程名称”相同的情况下再按“成绩”降序排序。

需要说明的是“课程名称”内容是文本，是按字符串的字符 ASCII 码进行排序的。

5.5.2　记录分组与计算

经常被要求对数据进行分组，比如按职称、按性别、按所属部门、按年代分组等。报表中可以对数据记录按指定的规则进行分组。分组中的信息通常放置在报表设计视图中的“组页眉”节和“组页脚”节中。“组页眉”可以用来在分组的开头放置信息，如组名称等；“组页脚”用于在分组的结尾放置信息，如组总计等。

报表可以有多个分组。报表的分组操作与排序操作相仿，是其递进式的后续操作。

【例 5-12】依据上例生成的“学生考试成绩_排序”报表，将其按照“所属院部”进行分组，最后生成“学生考试成绩_分组”报表。

操作步骤如下：

（1）开始分组设置。在设计视图中打开“学生考试成绩_排序”报表，单击“报表设计工具”→“设计”→“分组与汇总”→“分组与排序”按钮，点击后设计视图下边出现“分组、排序和汇总”设置区，并且并列出现“添加组”“添加排序”两个按钮，可以用它们分别进行分组与排序操作，如图 5-71 所示。

（2）分组设置。在“分组、排序和汇总”设置区可以进行排序、分组和汇总操作。单击“添加组”按钮，出现“分组形式”设置编辑栏，可以从边上弹出的“选择字段”列表中进行分组依据字段的选择输入，如图 5-76 所示。

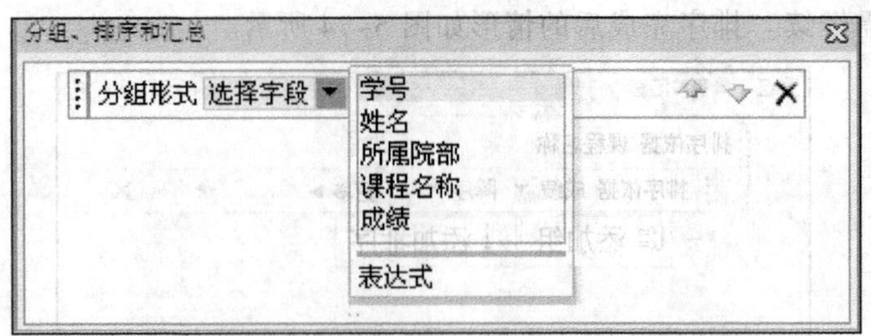

图 5-76　分组设置编辑栏与“选择字段”列表

（3）选择分组依据。在“选择字段”列表中选择“所属院部”字段，并在右边选择“升序”选项。这时下边还会继续出现“添加组”和“添加排序”两个按钮，但不继续。分组初步完成，如图 5-77 所示。

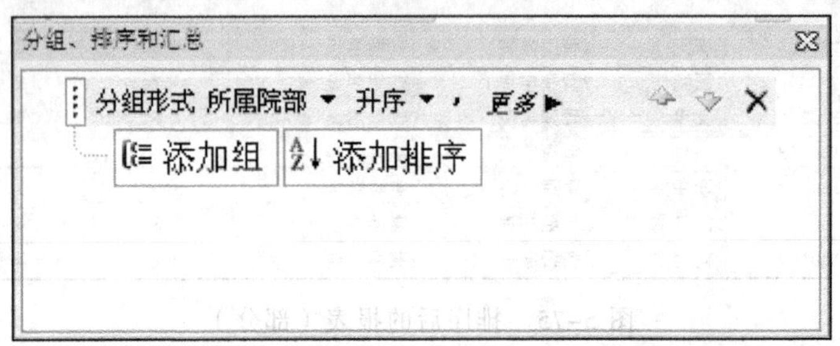

图 5-77　分组完成

（4）将分组后的报表进行保存。选择“文件”→“对象另存为”命令，将上述设置另存为“学生考试成绩_分组”报表。再重新在设计视图中打开“学生考试成绩_分组”报表，出现“所属院部页眉”节，内容目前为空。报表分组后的设计视图与打印预览视图（篇幅所限叠加在一起）如图 5-78 所示。

报表页眉
学生考试成绩
页面页眉
学号　姓名　所属院部
所属院部页眉
主体
学号　姓名　所属院部
页面页脚
报表页脚
=Count(*)

130102	刘力男	技经学院	高等数学	88	3.8
130104	刘艳丽	技经学院	计算机基础	75	2.5
130102	刘力男	技经学院	计算机基础	77	2.7
130104	刘艳丽	技经学院	英语	67	1.7
130102	刘力男	技经学院	英语	96	4.6
130104	刘艳丽	技经学院	高等数学	77	2.7
140101	吴东	外语学院	计算机基础	85	3.5
140101	吴东	外语学院	英语	78	2.8
130315	陈诚	文法学院	计算机基础	72	2.2
130314	张佳红	文法学院	英语	74	2.4

图 5-78　报表分组后的设计视图与打印预览视图

（5）修饰报表。将“主体”节中的“所属院部”文本框通过“剪切”“粘贴”的方法移至“所属院部页眉”节中，同时将“页面页眉”节中的“所属院部”标签“剪切”掉。调整其余控件的位置后保存报表，至此完成了对报表数据进行分组的操作。报表分组后的打印预览视图（局部）如图 5-79 所示。

	130104	刘艳丽	高等数学	77	2.7
外语学院					
	140101	吴东	计算机基础	85	3.5
	140101	吴东	英语	78	2.8
文法学院					
	130315	陈诚	计算机基础	72	2.2
	130314	张佳红	英语	74	2.4

图 5-79　报表分组后的打印预览视图（局部）

【例 5-13】在【例 5-2】中建立的报表“学生考试成绩”报表的打印预览视图如图 5-79 所示。本例中要计算该报表中每名学生的平均成绩。

解题分析：

（1）本题实现的前提就是要对报表进行按“姓名”分组，形成“姓名”组，将同一个学生的“成绩”放在一起。

（2）用添加计算控件的方式计算每名学生的平均成绩。由于平均成绩一般输出在各个成绩的下方，所以将计算平均成绩的计算控件添加在“姓名页脚”中。

操作步骤如下：

（1）按“姓名”进行分组。在设计视图中打开报表“学生选课成绩”报表，单击“报表设计工具”→“设计”→“分组与汇总”→“分组与排序”按钮，再单击设计视图中的“分组、排序和汇总”→“添加组”按钮，设置按“姓名”分组，同时选择“升序”选项。

（2）保存分组后的报表。单击“文件”→“对象另存为”按钮，将上述设置另存为“学生平均成绩”报表。再重新打开“学生平均成绩”报表，这时设计视图中会出现“姓名页眉”节，内容目前为空。按“姓名”分组后的报表设计视图和打印预览视图分别如图 5-80，图 5-81 所示。

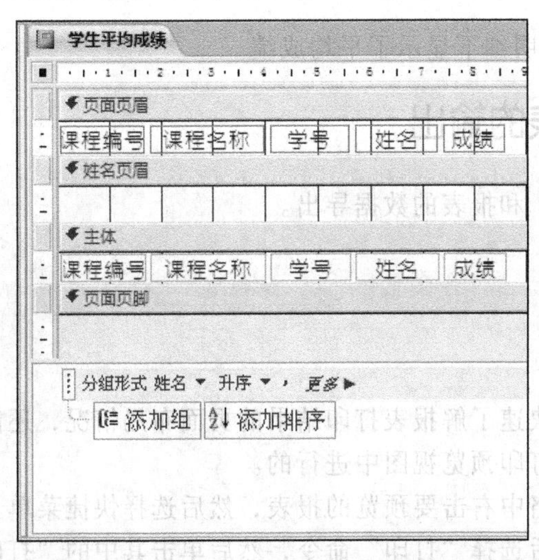

图 5-80　按“姓名”分组后的报表设计视图

课程编号	课程名称	学号	姓名	成绩
101	计算机基础	130315	陈诚	72
103	高等数学	130315	陈诚	58
101	计算机基础	130308	丛古	60
101	计算机基础	130311	崔一南	86
106	物业管理	130311	崔一南	74

图 5-81　按“姓名”分组后的打印预览视图

（3）添加组页脚。单击设计视图中的“分组、排序和汇总”→“升序”→“更多”按钮更多▸。弹出“更多选项”对话框，此时“分组、排序和汇总”设置区会出现图 5-82 所示的设置项。在“无页脚节”下拉列表中选择“有页脚节”选项，则会在设计视图中添加组页脚“姓名页脚”节，内容为空。添加“姓名页脚”节的设置如图 5-82 所示。

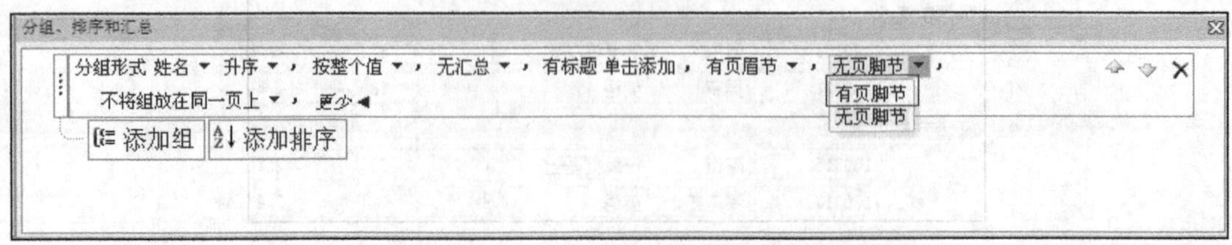

图 5-82 添加“姓名页脚”的设置说明图

（4）添加计算控件。在组页脚“姓名页脚”中添加一个文本框控件，设置附加标签控件标题为“平均成绩:”，设置文本框的“控件来源”属性为“=AVG([成绩])”、“文本对齐”属性为“居中”。适当调整其他控件位置后完成报表设计。此时的设计视图如图 5-83 所示。

（5）查看计算汇总结果。利用打印预览查看平均成绩计算结果，如图 5-84 所示。

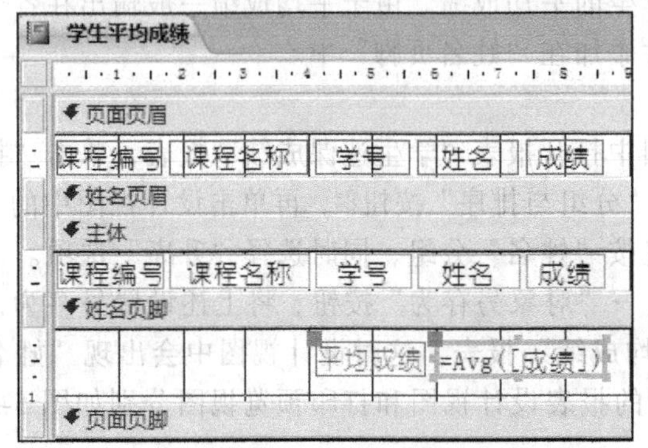

图 5-83 在“姓名页脚”中添加计算控件后的设计视图

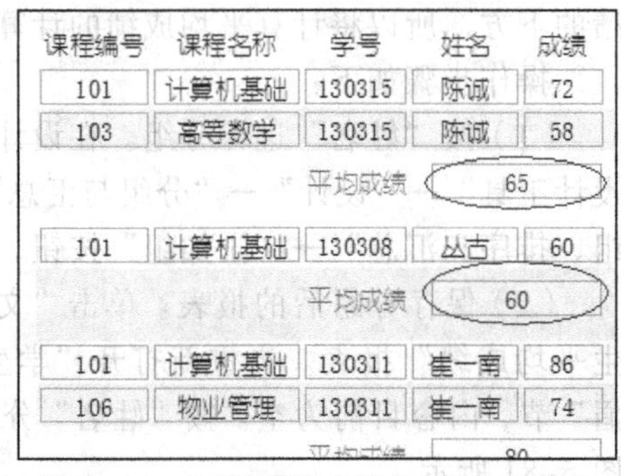

图 5-84 打印预览中平均成绩的显示

从图 5-84 中可以看到，在每个学生的成绩明细下显示了平均成绩。

5.6 报表的输出

报表的输出指的是报表的打印（打印预览）和报表的数据导出。

5.6.1 报表的打印

1. 报表的打印预览

打印预览报表可显示打印页面的版面，能快速了解报表打印结果的页面布局情况，还能在打印之前核对报表数据。打印预览报表是在打印预览视图中进行的。

（1）尚未打开的报表的预览。可在导航窗格中右击要预览的报表，然后选择快捷菜单上的“打印预览”命令，或单击“文件”选项卡后选择“打印”命令，然后单击其中的“打印预览”按钮。

（2）已打开报表的预览。右击报表数据区域外的任何位置，在出现的快捷菜单中选择“打印预览”选项；或在视图的右下角状态栏中单击“打印预览”按钮；或单击“文件”选项卡后选择“打印”命令，然后单击其中的“打印预览”按钮。

在打印预览视图下打开报表，可以使用“打印预览”选项卡上提供的诸如“页面大小”“页面布局”“显示比例”和“数据”等格式设置选项。“打印预览”选项卡如图 5-85 所示，最右边是“关闭打印预览”按钮。

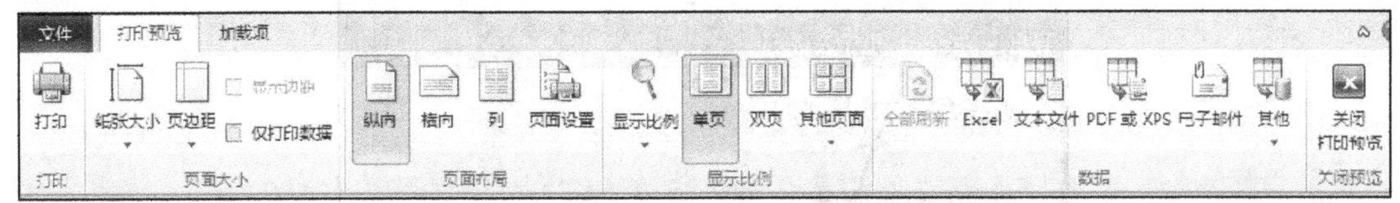

图 5-85 “打印预览”选项卡

2. 打印报表

在报表打印之前，除了要考虑纸张的大小外，还需要检查页边距、页方向等页面设置内容。上述过程可以在打印预览情况下，在“页面布局”分组中，单击“页面设置”按钮，在弹出的“页面设置”对话框中进行设置。“页面设置”对话框的 3 个选项页如图 5-86 所示。

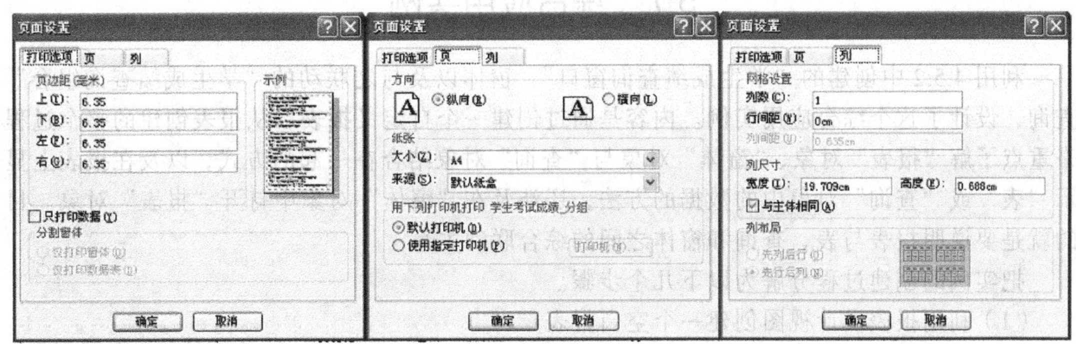

图 5-86 “页面设置”对话框的 3 个选项页

诸项选项确定后，就可以打印。单击“打印”分组中的“打印”按钮，弹出“打印”对话框，设置“打印范围”“打印份数”等参数后，单击“确定”按钮进行打印。

5.6.2 报表的导出

可以将报表中的数据以 Excel、文本文件、电子邮件等形式导出，以便其他数据库、应用程序或程序可以使用这些报表中的数据。

操作步骤如下：

（1）在导航窗格中，单击要导出报表的名称，然后在“外部数据”选项卡“导出”分组中，单击十余种转出对象按钮之一，从而打开其相应的“导出”向导的第 1 个（多数是唯一一个）对话框。

（2）选择数据导出的文件名和文件格式，再单击“确定”按钮。

（3）在向导的其他对话框中的有关参数被选定设置后，单击“完成”按钮。将报表数据导出为 Excel 数据的操作示意图如图 5-87 所示。

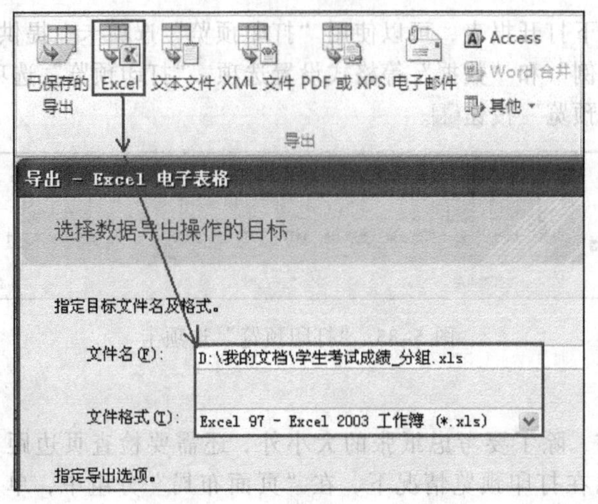

图 5-87 将报表数据导出为 Excel 数据的操作示意图

5.7 综合应用实例

利用 4.5.2 中创建的“学生成绩查询窗口” 窗体以及与之联动的“学生成绩查询组合”查询，设计了这个综合应用实例。内容是通过创建一个自定义报表，从报表创建的整个过程来重点了解“报表”对象、“窗体”对象与“查询”对象结合在一起的方式，以及在报表上显示“表”或“查询”对象中的数据的方法，还涉及在“窗体”对象中打开“报表”对象。目的就是要说明报表与表、查询和窗体之间的综合联动关系。

把实例的创建过程分解为以下几个步骤。

（1）利用报表设计视图创建一个空白报表

单击“创建”选项卡→“报表”分组→“报表设计”按钮，创建一个空的报表，空的报表中包含有页面页眉、页面页脚和主体 3 个节。单击标题栏快捷工具“保存”按钮，将空白报表保存为“学生成绩查询”。

（2）为报表指定数据源

使用设计视图创建报表时，必须指定报表的数据源。此处报表的数据源是查询“学生成绩查询组合”。这是一个多参数的查询，被窗体“学生成绩查询窗口”调用。在以前的学习过程中了解到，窗体“学生成绩查询窗口”能实现对学生成绩进行查询。这种查询是按“课程名称”“所属院部”和“姓名”3 个字段的单一或组合形式进行的。也就是说利用窗体中的“课程名称”“所属院部”和“姓名”的组合选择的结果形成具体的参数，再用这些参数来调用执行查询“学生成绩查询组合”，从而实现对一名学生、一科成绩或一个学院学生的指定单一或组合式的成绩查询。报表还需要设置一些固定信息，比如报表标题等等。

需要特殊强调说明的是：建立的这个报表和查询及窗体之间的关系是相辅相成的。此报表只是由查询、窗体、报表、宏等 Access 对象构成的大的成绩查询系统下的数据呈现工具，不能单独进行应用。成绩查询系统应首先从窗体“学生成绩查询窗口”开始运行，在获得了课程名称、学生所属院部和学生的姓名等信息后，参数查询“学生成绩查询组合”才被激活，从而给窗体反馈回用于显示的数据，同时也给建立的报表“学生成绩查询”提供数据源。

指定报表的数据源的操作是：单击“报表选择器”选项选择报表。单击“工具”→“属性表”按钮，弹出报表的“属性表”对话框，设置“记录源”属性为查询“学生成绩查询组合”。“报表选择器”位置说明和报表数据源的设置如图 5-88 所示。

图 5-88　“报表选择器”位置说明和报表数据源的设置

（3）给报表添加标题

报表的标题添加在报表页眉中，直接通过“标题”的添加完成。

① 添加标签控件。单击“报表设计工具”→“设计”→“页眉/页脚”→“标题”按钮，系统直接在“报表页眉”节插入一个报表标题的标签控件，默认标题与报表的名字“学生成绩查询”相同，默认字号较大，为 18 号字。

② 设置标题相关属性。打开标题标签的“属性表”对话框，设置相关属性：字体为黑色楷体，字号为 16 号，加粗并居中对齐，宽度为 10 cm，属性设置结果如图 5-89 所示。

图 5-89　标题属性设置示意图（缩略）

（4）为主体节添加绑定型控件

单击“报表设计工具”→“设计”→“工具”→“添加现有字段”按钮，打开“字段列表”窗格，其中列出了作为数据源的“查询”对象“学生成绩查询组合”中的所有可用字段。从“字段列表”中依次双击一个个需要的字段，将其添加到报表主体节中，系统会自动创建绑定型文本框及其附加标签，默认情况下一个字段的附加标签和文本框控件呈水平排列。添加后这些控件位置稍低，将其做整体性向上的移动即可。添加绑定字段到主体节，如图 5-90 所示。

（5）改变报表的布局方式

如果此时从窗体开始运行这个成绩查询系统，最终可以看到这个报表的布局呈纵栏式。这种布局显示不够集中，进行相关数据的横向比较时不如表格式布局方便。在表格式布局中，标签位于上面，数据位于标签的下面，字段呈水平排列，类似表格。将报表的布局从纵栏式改为表格式一般有两种方法：

① 手工剪切粘贴法。可以将用于显示表头的标签控件从主体节移动到页面页眉节中。具体方法可以通过“剪切”和“粘贴”的方式进行，并让它们呈横向的水平排列。然后再把

主体节中的几个绑定型文本框也从纵向排列改为横向的水平排列。

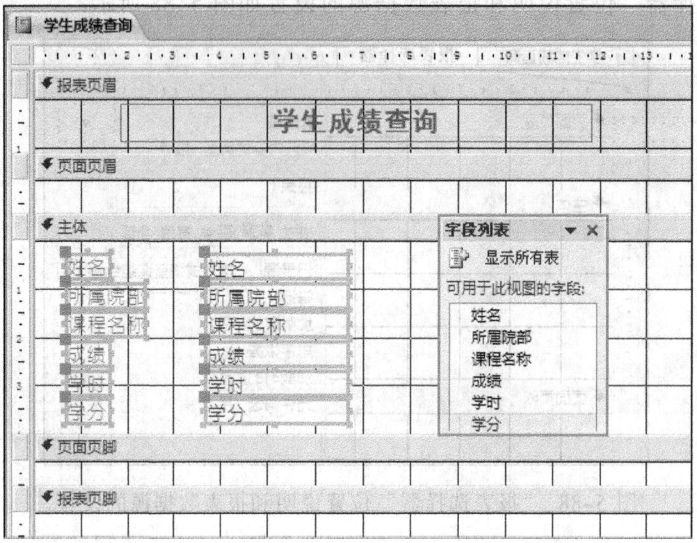

图 5-90　添加绑定字段到主体节中

注意：同一个字段在页面页眉节中的标签控件和在主体节中的文本框控件要在垂直方向上下对齐，以使报表格式整齐。

② 使用 Access 2010 新增的“布局”功能。用框选的方式选择主体节中包括附加标签控件在内的所有控件，单击“报表设计工具”→“排列”→“表”→“表格”按钮，自动创建报表的表格式布局。标签控件被自动移动到了页面页眉中，并呈水平排列。文本框控件在主体节也呈水平排列，且与页面页眉中的标签控件垂直对齐。向左移动调整它们的位置，并且调整各节的高度和宽度，如图 5-91 所示。

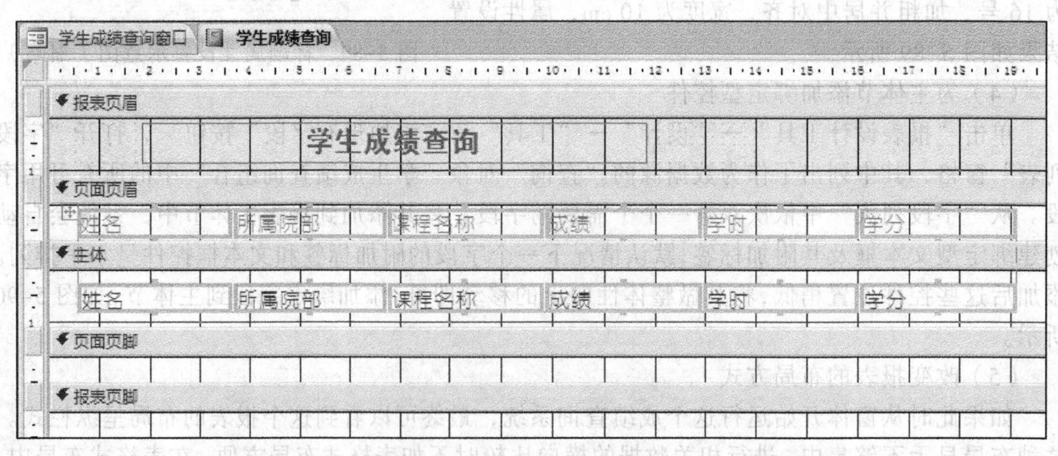

图 5-91　报表的表格式布局

（6）在窗体中添加预览报表的命令按钮

为了能在成绩查询整个系统内灵活进行数据应用，给窗体上添加一个具有控制功能的命令按钮，使得在窗体中也能使用报表对象。

在窗体设计视图中打开“学生成绩查询窗口”窗体，在控件向导激活的情况下，利用控件工具箱中的“命令按钮”控件工具，在窗体欲放置该控件的位置设置一个命令按钮。这时会自动出现“命令按钮向导”的一系列对话框，需要按步骤进行相关内容的确定。

① 确定操作类别。在对话框（一）中左侧的“类别”列表框选择“报表操作”选项，右侧的“操作”列表框选择“预览报表”选项，其设置内容如图 5-92 所示。

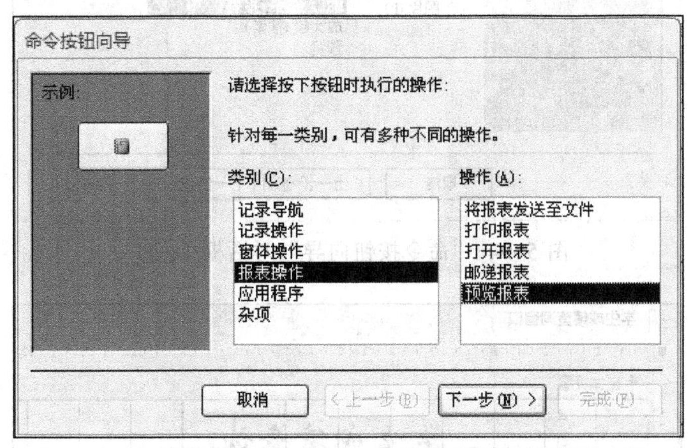

图 5-92 “命令按钮向导”对话框（一）

② 预览的报表确定。在对话框（二）中进行预览的报表确定。其设置内容如图 5-93 所示。

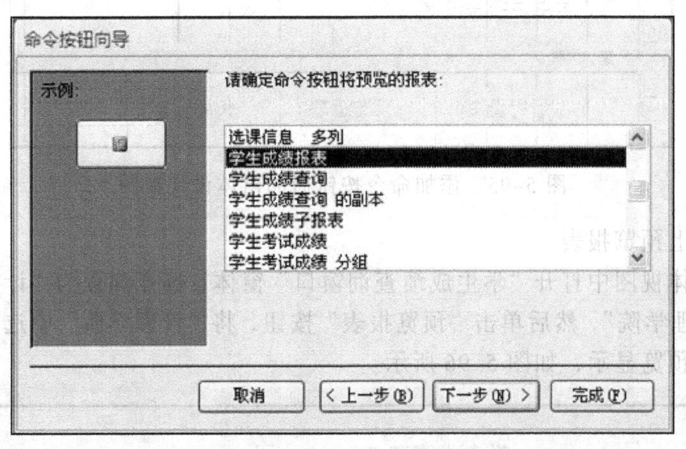

图 5-93 “命令按钮向导”对话框（二）

③ 按钮上显示内容确定。在对话框（三）中进行按钮上显示内容的确定。可以在按钮上显示文本或图片。本例选择显示文本“预览报表”，其设置内容如图 5-94 所示。

④ 按钮名称确定。在对话框（四）中进行按钮名称的确定。本例按其默认值确定即可。最后设置并调整 3 个命令按钮的大小和间距。用鼠标左键框选 3 个按钮，在“窗体设计工具”中的“排列”选项卡的“调整大小和排序”功能组中，选择“对齐”按钮下的“靠上对齐”选项，完成 3 个按钮的顶边对齐；选择“大小/空格”按钮下的“水平相等”按钮，完成间距调整，然后单击“确定”保存窗体。添加命令按钮后的窗体设计视图如图 5-95 所示。

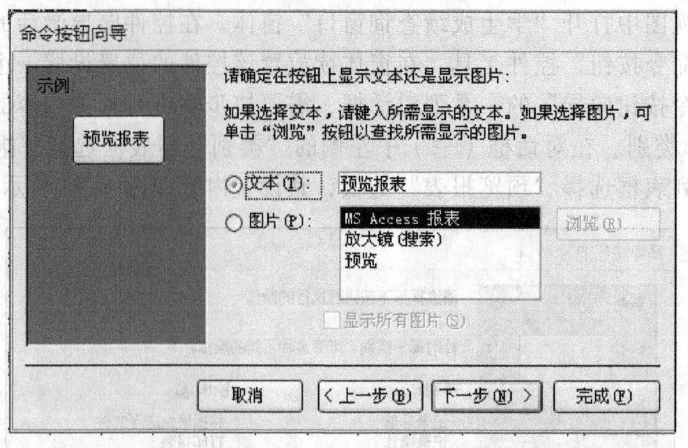

图 5-94 “命令按钮向导”对话框（三）

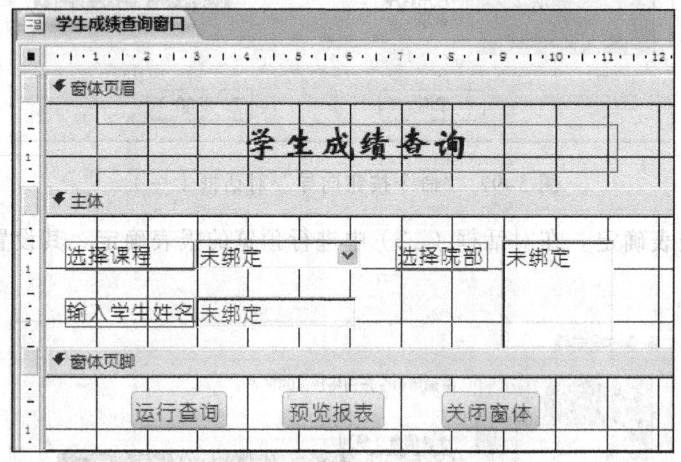

图 5-95 添加命令按钮后的窗体设计视图

（7）在窗体上预览报表

在窗体的窗体视图中打开“学生成绩查询窗口”窗体，选择课程为“计算机基础”课程，选择院部为“管理学院”，然后单击“预览报表”按钮，将“管理学院”中选择“计算机基础”课的学生的报表预览显示，如图 5-96 所示。

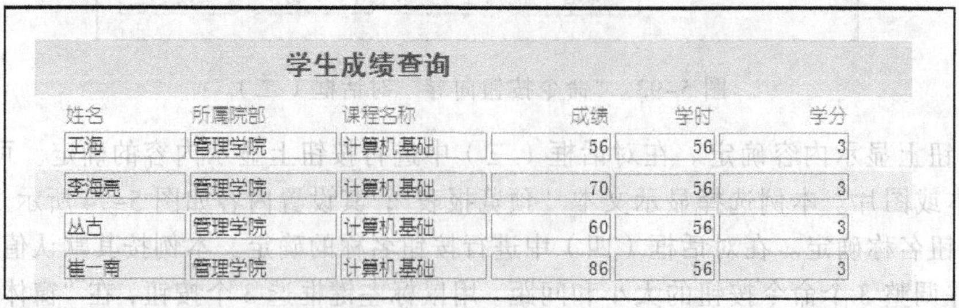

学生成绩查询

姓名	所属院部	课程名称	成绩	学时	学分
王海	管理学院	计算机基础	56	56	3
李海亮	管理学院	计算机基础	70	56	3
丛古	管理学院	计算机基础	60	56	3
崔一南	管理学院	计算机基础	86	56	3

图 5-96 报表预览视图

从窗体上对课程的选择、对院部的选择、对学生姓名的选择重新给定的话，预览该报表时实际上是重新打开该报表，所以其显示的内容会发生变化。

本章小结

Access报表与窗体很相似，创建时都需要有数据源支持。报表的数据源可以是表、查询甚至是窗体中的数据。尽管报表与窗体的创建工具几乎相同，创建过程也很相似，但报表与窗体各自有自己的服务领域，所以创建的目的存在着差异性。窗体是主要用来在窗口中显示数据和实现人机交互的，而报表主要是用来分析和汇总数据，需要打印，所以没有交互性。

Access系统提供的报表形式灵活，制作工具有5种，创建方法多样，每种方法都有一定的针对性。通常的方式是利用报表向导等快速报表生成工具生成一般性的报表，然后再利用设计视图对报表进行调整、修改与完善，并设置各种修饰效果，最后再进行打印输出。

习题 5

一、选择题

1. 如果要在整个报表的最后输出信息，需要设置（　　）。

A. 页面页脚　　B. 报表页脚　　C. 页面页眉　　D. 报表页眉

2. 可作为报表记录源的是（　　）。

A. 表　　B. 查询　　C. Select语句　　D. 以上都可以

3. 在报表中，要计算“成绩”字段的平均分，应将控件的“控件来源”属性设置为（　　）。

A. =AVG([成绩])　　B. AVG([成绩])　　C. =AVG[成绩]　　D. =AVG(成绩)

4. 若要在报表的每一页底部都输出信息，需要设置的是（　　）。

A. 页面页脚　　B. 报表页脚　　C. 页面页眉　　D. 报表页眉

5. 在使用“报表设计器”设计报表时，如果要统计报表中的某个字段，应将计算表达式放在（　　）。

A. 组页眉/组页脚　　B. 页面页眉/页面页脚

C. 报表页眉/报表页脚　　D. 主体

6. 在关于报表数据源的叙述中，以下正确的是（　　）。

A. 可以是任意对象

B. 只能是“表”对象

C. 只能是“查询”对象

D. 可以是“表”对象或“查询”对象

7. 在报表设计的工具栏中，用于修饰版面以达到更好显示效果的控件是（　　）。

A. 直线和矩形　　B. 直线和圆形　　C. 直线和多边形　D. 矩形和圆形

8. 不但可显示一条或多条记录，也可以显示一对多关系的“多”端的多条记录的区域的报表是（　　）。

A. 纵栏式报表　　B. 表格式报表　　C. 图表报表　　D. 标签报表

9. 如果要求在页面页脚中显示的页码形式为“第X页，共Y页”，则页面页脚中的页码的控件来源应该设置为（　　）。

A. ="第" & [Pages] &"页，共" & [Page] & "页"

B. ="第" & [Page] & "页，共" & [Pages] & "页"

C. ="共" & [Pages] & "页，共" & [Page] & "页"

D. ="共" & [Pages] & "页，共" & [Pages] & "页"

10. 在使用“报表设计器”设计报表时，如果要统计报表中某个组的汇总信息，应将计算表达式放在（　　）。

A. 组页眉/组页脚　　B. 页面页眉/页面页脚

C. 报表页眉/报表页脚　　D. 主体

11. 报表页面页眉主要用来（　　）。

A. 显示记录数据

B. 显示报表的标题、图形或说明性文字

C. 显示报表中字段名称或对记录的分组名称

D. 显示本页的汇总说明

12. 可设置分组字段显示分组统计数据的报表是（　　）。

A. 纵栏式报表　　B. 表格式报表　　C. 图表报表　　D. 标签报表

13. 如果设置报表上某个文本框的控件来源属性为“=3*3+3”，则预览此报表时，该文本框的显示信息是（　　）。

A. 12　　B. 3*3+3　　C. 未绑定　　D. 出错

14. 在报表的设计视图中，区段被表示成带状形状，称为（　　）。

A. 主体　　B. 节　　C. 主体节　　D. 细节

15. 关于报表叙述正确的是（　　）。

A. 报表只能输入数据　　B. 报表只能输出数据

C. 报表可以输入/输出数据　　D. 报表不能输入数据和输出数据

二、填空题

1. 报表记录分组操作时，首先要选定分组字段，在这些字段上值________的记录数据归为同一组。

2. 在报表设计中，可以通过添加________控件来控制另起一页输出显示。

3. 要在报表上显示形如“第 X 页/共 Y 页”的页码，则“控件来源”属性应设置为________。

第6章　宏

本章主要内容：

- 宏的作用与分类
- 创建宏
- 运行与调试宏
- 通过事件触发宏

Access 可以通过创建一个有序的操作序列来完成某个特定的（简单）任务，这个操作序列就是宏（Macro)。宏是一种语法替换，可将特定的输入根据其预定义的规则转换成对应的输出，这种替换在预编译时进行，称作宏展开。Access 2010 中提供了包括 4 种程序流程设计在内的 70 种宏操作。执行宏时，Access 就按着宏的程序流程设计自动地执行宏中的相应宏操作，从而完成整体的特定任务。

6.1　宏　概　述

宏是 Access 的数据库对象之一，使用宏可以控制其他数据库对象。宏一般可完成一个或几个简单的操作任务（复杂的操作就需要应用 VBA 代码来解决）。编辑宏时，有时需要进行程序流程设计。运行宏就是按宏的程序流程设计自动执行其相应的一个或一组操作。

6.1.1　宏的分类

Access 2010 中提供了包括 4 种程序流程设计在内的 70 种宏操作，可以通过程序流程设计，有机地组合这些宏操作来编辑宏。

每个宏操作都有名称，宏名称是系统规定的。如打开窗体操作的宏名称是 OpenForm、关闭窗口操作的宏名称是 CloseWindow。用户通过选择操作命令来编辑宏。

根据宏在编辑中的具体结构，可以把宏分为三类：操作序列宏、宏组和条件宏。其中宏组可由若干个宏组成；条件宏如同程序结构中的条件分支一样，通过宏的程序流程设计，使用条件表达式来决定相应的操作命令的选择与执行。

1. 操作序列宏

操作序列宏是宏的结构中最为简单的。它类似程序结构中的顺序结构，操作序列宏中所包含的操作序列被执行时会按照编辑时的先后顺序依次执行。

比如第 5 章报表部分的综合实例中有一个窗体“学生成绩查询窗口”，我们创建一个与这个窗口同名的宏，其设计视图如图 6-1 所示。

从图 6-1 中可以看到：这个宏由两个操作命令组成。“OpenForm”是打开窗体操作命令，其后括号中是要被打开的窗体的名称和窗体打开的模式等参数说明；“StopMacro”是终止宏运行命令。

图 6-1 “操作序列宏”设计视图

2. 宏组

宏中如果要操作的动作相对较多，从便于数据库系统管理的角度出发，可以将一个宏分为几个部分，每个部分是相关操作的集合。最后让多个部分被编辑在同一个宏中，这个宏称为宏组。

宏组是一个宏，宏组中每个部分也相当于一个宏，所以也需要为其指定名字。

图 6-2 所示的是宏组“宏组 1”的设计视图窗口。宏组中包含了两个部分，名称分别为“Macro-1”与“Macro-2”。

从图 6-2 中可见，宏组中每个部分内的操作应该安排在“Group: 宏名…End Group”设计结构中。“Group”属于 4 种程序流程设计之一，可以建立一个分组块，具体的宏就编辑在分组块中。

本例“Macro-1”与“Macro-2”是两个分组块，分别有两个操作。“Macro-1”的“OpenReport”为打开报表操作，报表名为“院系成绩分析”，“MaximizeWindow”为最大化激活窗口操作；“Macro-2”的“OpenTable”为打开数据表操作，表名为“选课信息”，“MessageBox”为消息框输出操作，提示信息为“打开选课信息表，是，…”。

3. 条件操作宏

条件宏如同程序结构中的条件分支一样带有判定条件。通过在“条件”列指定的条件，可以有条件的选择执行某些操作。如果指定的条件成立，Access 将继续执行一个或多个操作；如果指定的条件不成立，Access 将跳过该条件所指定的操作。

条件是一个逻辑表达式，其计算结果为“True/False”或“是/否”。宏将根据条件结果的“真”或“假”转而选择执行不同的逻辑块。

例如，“登录”就是一个条件宏，其设计视图如图 6-3 所示。

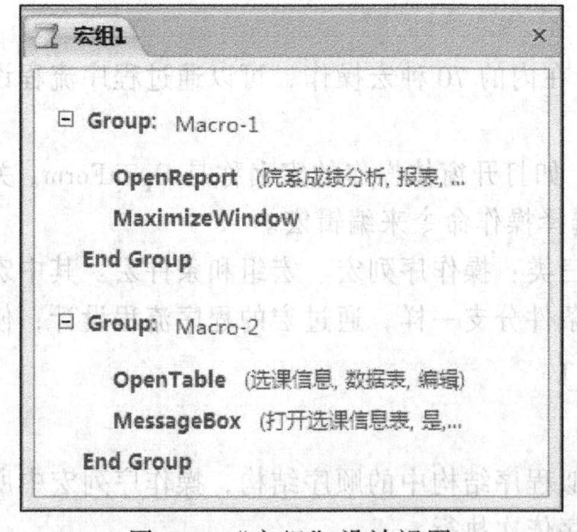

图 6-2 “宏组”设计视图

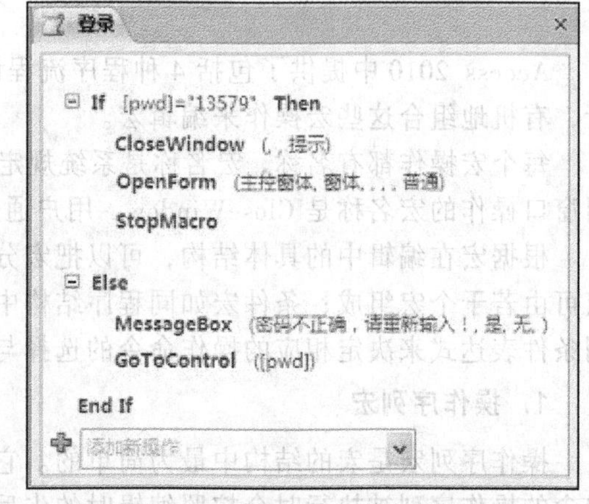

图 6-3 “条件宏”设计视图

条件宏的基本结构是“If<条件> Then…Else…End If”，这一点与程序设计中的条件分支结构是一致的。“If…Then…End If”结构是通过 4 种程序流程设计之一的“If”操作自动实现的。

本例是一个密码验证的登录操作。“密码验证”窗体中有一个密码输入文本框“pwd”。

如果密码输入正确（设定的密码是“13579”），就依次执行 CloseWindow（关闭“密码验证”窗体）、OpenForm（打开“主控窗体”）、StopMacro（终止宏运行）这几个操作构成的逻辑块1。如果密码输入不正确，则转而执行“Else”下面的由 MessageBox（打开提示消息框，给出提示信息）、GoToControl（在“pwd”文本框中建立焦点，等待重新输入密码）两个操作构成的另外一个逻辑块 2，这时在“密码验证”窗体上会出现提示消息框，关闭这个消息框，焦点被移到了窗体的“pwd”文本框上，以方便进行密码的再次输入。

“Else”及以下的逻辑块 2 也可以没有，这样条件宏的执行规则就是如果<条件>成立，则执行逻辑块 1，<条件>不成立，则直接终止宏的运行。

6.1.2　常用的宏操作

宏只有设计视图。在导航窗格中选择宏，右键单击，在打开的快捷菜单中选择“设计视图”命令进入宏的设计视图。单击“宏工具”→“设计”→“显示/隐藏”→“操作目录”按钮，可以显示或隐藏“操作目录”窗格。“操作目录”窗格中有包括 4 种程序流程设计在内的 70 种宏操作。同时在宏的设计视图中的“添加新操作”编辑栏有一个下拉列表，下拉列表中将 70 种宏操作已列好。这 70 种宏操作中 4 种程序流程在前，其余 66 个宏操作按字母顺序排列。

在宏的设计视图下，宏操作既可以在“添加新操作”输入框后的下拉列表中的 4 种程序流程设计和其他 66 个操作中选择，也可以从“操作目录”窗格中的 8 个分类中进行选择。

“操作目录”窗格将 66 个宏操作分作窗口管理（5 个）、宏命令（16 个）、筛选/查询/搜索（12 个）、数据导入/导出（6 个）、数据库对象（11 个）、数据输入操作（3 个）、系统命令（4 个）和用户界面命令（9 个）8 类操作，这分明是按功能进行管理的，我们需要时就从 8 个分类中再进行具体选择。这显然需要对宏操作的整体内容和具体的宏操作命令有较为详细的了解。图 6-4 是宏设计视图下的宏操作命令示意说明图。

图 6-4　宏设计视图下的宏操作命令示意说明图

我们将常用的 20 种最基本的宏操作用表 6-1 列出，大致分为 6 类。

表 6-1　20 种常用的宏操作

所属类别	操作命令	功　能
窗口管理	Close Window	用于关闭指定的窗口
	Maximize Window	用于最大化窗口
	Minimize Window	用于最小化窗口
	Restore Window	用于还原窗口
宏命令	Cancel Event	用于取消导致该宏运行的事件
	Run Macro	用于执行一个宏
	Stop Macro	用于终止宏运行
筛选/查询/搜索	Refresh	用于刷新视图中的记录
	Requery	刷新控件数据
	Find Record	用于查找满足指定条件的第 1 条记录
数据库对象	Open Query	用于打开查询
	Go To Control	用于将焦点移到指定控件上
	Go To Record	用于指定当前记录
	Open Form	用于打开窗体
	Open Report	用于打开报表
	Open Table	用于打开表
	Set Property	设置控件属性
系统命令	Beep	使计算机发出嘟嘟声
	Closs Database	用于关闭当前数据库
用户界面程序	MessageBox	用于显示消息框

当通过某种方式选择了一个宏操作，在宏的设计视图窗口下部将出现该宏操作所对应的参数设置界面，我们通过对参数的设置来控制宏的具体执行方式。比如选择了“OpenForm”操作，还需要指定需要打开的窗体的具体名称以及打开的方式。

操作参数就是宏所必需的附加信息。各个操作命令的参数是不同的，每当选择了一个操作参数，操作参数的右侧会显示该参数的提示信息。例如，从下拉列表中选择“OpenForm”操作命令后，宏设计视图下就会出现该操作命令及对应的参数设置界面，如图 6-5 所示。在这个界面下可以进行操作删除、参数选择和生成器调用等几乎所有的操作，并且根据操作内容的多少可以在折叠和展开两种视图模式上进行选择。

图 6-5　宏的设计视图中的操作命令及对应的参数设置界面

6.2 创 建 宏

通过宏操作可以把需要重复进行的操作动作简单化、固定化，也可以使面向对象程序设计的操作动作代码化。

在使用宏之前先要创建宏。与我们前面学习过的其他数据库对象创建方式不同，宏的创建只有使用设计视图这一种方式。创建宏的过程主要有指定宏名、添加新操作、设置操作参数以及提供备注等内容。本节将分别介绍操作系列宏、宏组、条件宏的创建过程。

6.2.1　认识宏设计视图

宏的设计视图就是宏的设计窗口，也称为“宏设计器”。

1．打开宏设计视图

（1）启动 Access 数据库，打开“教学管理 2015”数据库窗口。

（2）单击“创建”→“宏与代码”→“宏”按钮，Access 窗口切换至宏设计视图界面，默认待建的宏的名称为“宏 1”，如图 6-6 所示。

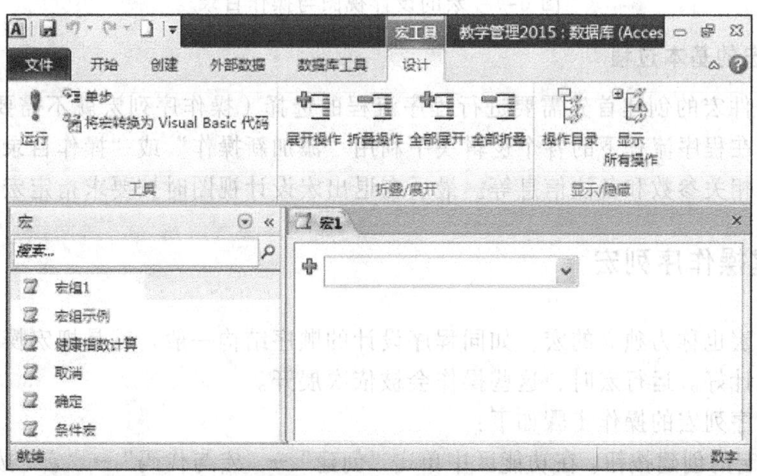

图 6-6　宏的设计视图

图 6-6 包括 3 个主要区域：

上边为功能区，其下的“设计”选项卡中显示有与宏设计视图相关的“工具”“折叠/展开”“显示/隐藏”等组别，内含相应的操作按钮。

左下为导航窗格，其中显示的 Access 包括宏在内的数据库对象。

右下为宏的设计视图，是宏的设计区域。其初始状态仅有一个“添加新操作”输入框。

可通过单击功能区“设计”→“显示/隐藏”→“操作目录”按钮，在设计视图的右侧打开“操作目录”窗格，从中可进行宏操作的选择。

2．宏的设计视图组成

我们除了使用“添加新操作”输入框后的下拉列表中列出的宏操作命令序列选择宏操作外，还可以利用“操作目录”选择宏操作。单击功能区“显示/隐藏”→“操作目录”按钮，打开“操作目录”窗格，然后从中选择。如图 6-7 所示，图中宏设计视图的操作编辑区中显示的是“登录”宏的编辑内容。在这个视图中，导航窗格被调窄了。

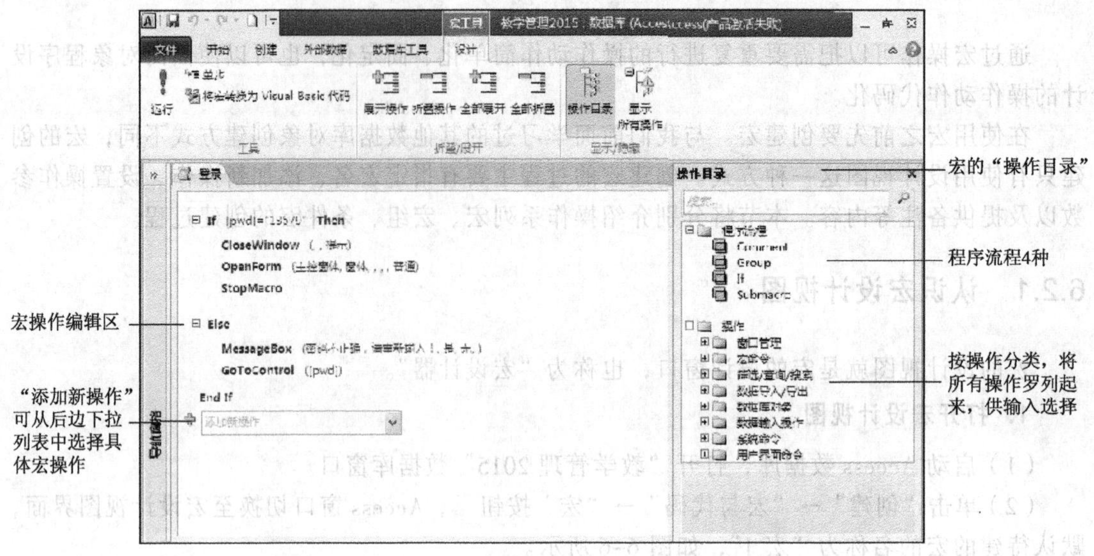

图 6-7　宏的设计视图与操作目录

3. 建立宏的基本过程

宏组和条件宏的创建首先需要进行程序流程的选择（操作序列宏就不需要），然后再根据操作内容，在程序流程下的各个逻辑块中利用“添加新操作”或“操作目录”添加一个个操作，设置其相关参数和备注信息等。最后在退出宏设计视图时按要求指定宏的名字。

6.2.2　创建操作序列宏

操作序列宏也称为独立的宏，如同程序设计的顺序结构一般，就是把宏操作命令按从上到下的顺序设计好。运行宏时，这些操作会被依次展开。

创建操作序列宏的操作步骤如下：

（1）点击宏的创建按钮。在功能区中单击“创建”→“宏与代码”→“宏”按钮，Access窗口切换至宏设计视图界面，默认的宏名为“宏 1”。这时宏的设计视图如图 6-6 所示。

（2）向宏中依次添加新操作。前面提到添加操作可利用“添加新操作”输入框，然后在后边的列表中选择某个操作。或者从打开的“操作目录”窗格中进行宏操作的选择。

操作序列宏比较简单，我们在此重点介绍操作的选择方式及相关参数、注释内容的设置。

比如打开“主控窗体”，先单击“添加新操作”列表，然后在列表中选择“OpenForm”宏操作，“添加新操作”列表（局部列表）如图 6-8 所示。弹出宏操作“OpenForm”对话框，按需要编辑相应参数。“OpenForm”宏操作编辑对话框如图 6-9 所示。

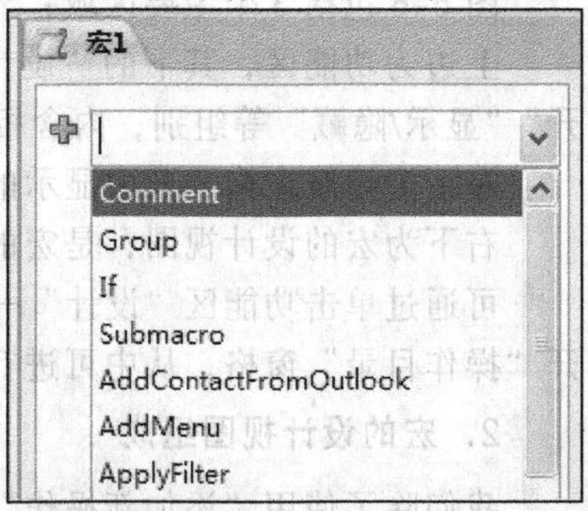

图 6-8　“添加新操作”列表

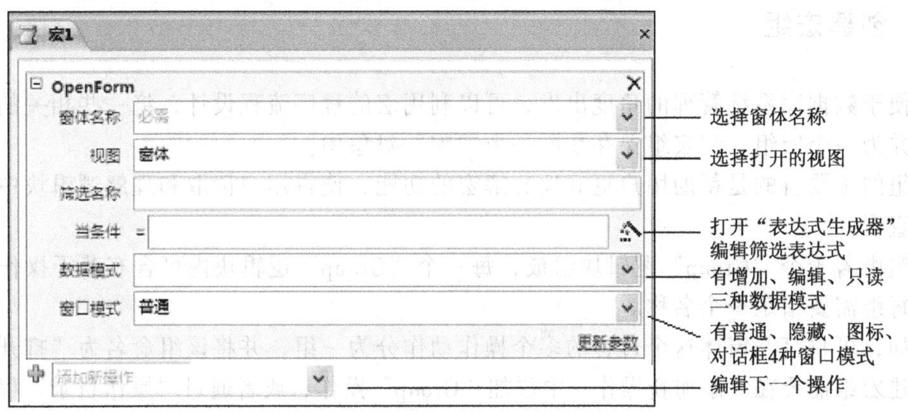

图 6-9 “OpenForm”宏操作对话框

（3）查看参数设置说明。可将指针行移至操作命令设置对话框的某个参数框，查看对该参数的说明。“添加新操作”参数设置如图 6-10 所示。

（4）添加其他操作。重复步骤（2）和（3）可继续添加需要的更多操作。

（5）操作行的插入、位置上下移动和删除。若要在两个操作行之间插入一个操作，则可在整个编辑过程的最下边的“添加新操作”输入框中编辑这个新操作，然后选择并“剪切”新操作，将要插入的新操作“粘贴”到“剪贴板”中，再选择在插入位置上面的操作，最后“粘贴”即可。

如果有了三个以上的多个操作行时，则每个操作命令设置对话框的标题栏中会有向上移动图标、向下移动图标和删除图标（若仅有两个操作行，则向上移动图标、向下移动图标会根据其所处位置仅有其中一个）三个按钮，可以利用这些图标按钮分别对操作行进行向上、向下位置的移动和对操作行的删除。操作标题栏中上移、下移、删除图标按钮如图 6-11 所示。

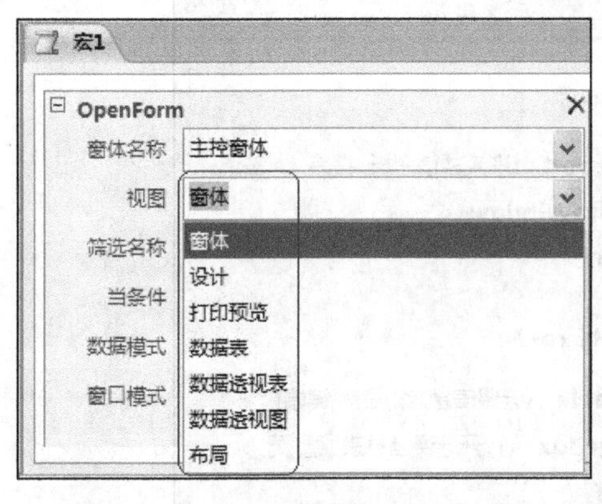

图 6-10 “添加新操作”参数设置

图 6-11 操作标题栏中上移、下移、删除图标按钮示意图

（6）保存宏。单击 Access 窗口中的标题栏快捷工具，在弹出的“另存为”对话框中，为宏输入一个名称，最后单击“确定”按钮保存宏。

直接关闭宏设计器，也会弹出保存对话框，如果是新建的宏，也可以弹出“另存为”对话框。

6.2.3 创建宏组

从便于数据库系统管理的角度出发，可以利用宏的程序流程设计，将一些相关的宏从结构上合并为一个宏组，将宏组保存在同一个“宏”对象中。

分组的主要目的是帮助用户更好地分解宏的功能，使得用户读取和理解逻辑块中的相关操作更直观。

宏组由若干个“Group”逻辑块组成，每一个“Group”逻辑块内可含有若干操作，称为一组，每组需要指定一个名称。

例如，可将打开窗体这个过程的多个操作动作分为一组，并将该组命名为“打开窗体”。

创建宏组需要在“添加新操作”中添加“Group”操作，或者通过“操作目录”程序流程添加“Group”，从而加入一个“Group”逻辑块。“Group”是一个程序流程，允许操作和程序流程在已命名、未执行的块中分组。“Group”块本身不会影响操作的执行方式，宏组中的每个组也不能单独调用或运行。

当宏组中的编辑分组较多而每一个组中的操作命令也较多时，为使显示清晰、简洁，可以单击功能区“设计”→“折叠/展开”→“折叠操作”按钮，将每个分组“Group”块内的每一个操作的参数设置窗口折叠成为单行。也可以单击功能区中“设计”→“折叠/展开”→“全部折叠”按钮，将整个宏组进行“全部折叠”，仅展示每一个组的情况，“Group”块中具体操作被折叠隐藏。上述两种折叠方式可以通过单击“展开操作”按钮、“全部展开”按钮将折叠内容展开。“折叠/展开”组中4个与“折叠”与“展开”相关的按钮如图6-12所示。

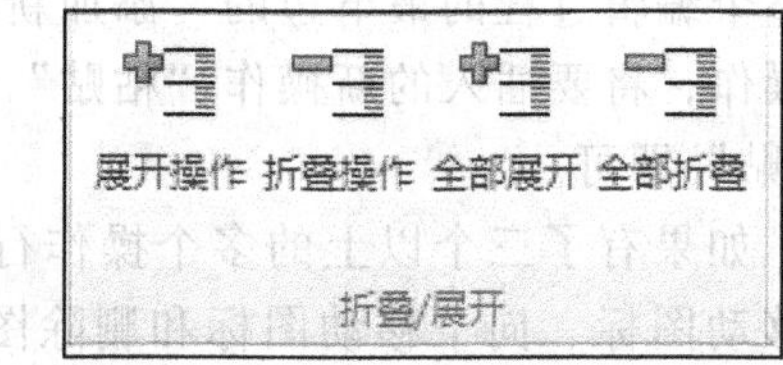

图6-12 “折叠”与“展开”按钮示意图

图6-13是完成“宏组1”的“全部折叠”与“折叠操作”命令后的示意图。

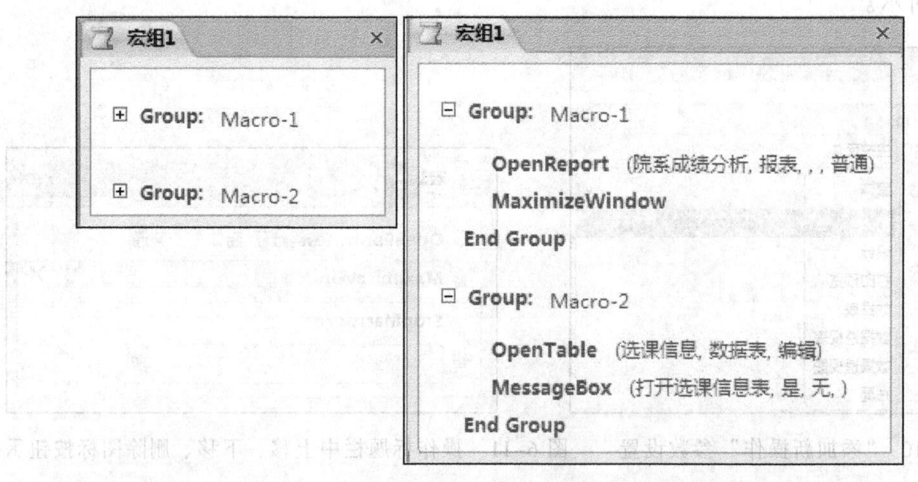

图6-13 “全部折叠”与“折叠操作”后的示意图

可以对已经创建的宏进行分组设计，从而形成宏组；也可以先制定程序流程结构，再添加相应的操作形成宏组。

要改造已有的宏为宏组，其操作步骤如下：

（1）在宏设计视图中按【Ctrl+A】键，将要进行分组的宏操作全部选定。

（2）右键单击所选择的操作，在打开的快捷菜单中选择“生成分组程序块”命令，在宏设计视图中打开“分组程序块”设置对话框，给这些操作建立一个“Group”逻辑块。

（3）在“Group”框中输入宏组名称，从而完成分组。

如果从头开始创建宏组，其操作步骤如下：

（1）通过“添加新操作”添加“Group”操作或打开“操作目录”窗格，展开“程序流程”分组，双击“Group”块，弹出分组“Group”程序块设置对话框。

（2）在“Group”框中输入宏组名称，完成分组。

（3）在分组中添加相应的若干宏操作。

（4）保存宏组时，需要指定宏组的名字。

在图 6-13 中，宏的名称为“宏组 1”，其中包含两个宏组，名称分别为“Macro-1”和“Macro-2”。宏组“Macro-1”中包含两步操作：“OpenReport”操作是打开“院系成绩分析”报表，“MaxmizeWindow”操作是最大化当前窗体；宏组“Macro-2”里也有两步操作：“OpenTable”操作是在“数据表”视图中打开数据表“选课信息”，“MessageBox”操作是指弹出一个提示信息窗口，提示信息为“打开选课信息表”。

6.2.4　创建条件操作宏

如同程序结构中的条件分支一样，可以创建条件宏。利用其带有的判定条件，可以有条件的选择执行某些操作。

条件宏需要使用程序流程控制“If 块”来进行结构设置。还可以使用“Else 块”和“Else If 块”来扩展“If 块”。

“If 块”以“If”开头，以“End If”结尾，可以在宏设计视图中，从“添加新操作”下拉列表中选择“If”选项，或从“操作目录”窗格中的程序流程中选择“If 块”结构，双击其（或拖动其）到宏设计视图中即可。此时宏设计视图的显示情形如图 6-14 所示。

图 6-14　“If 块”创建示意图

注意：条件宏的基本结构是“If <条件> Then <操作序列>组　End If”。条件宏中，如果指定的条件成立，Access 将执行一个或多个操作；如果指定的条件不成立，Access 将跳过该条件所指定的操作。

在“If”的条件表达式框中，应该输入一个逻辑表达式，从而形成一个进行判断的条件。显然该逻辑表达式的返回值为“真”或“假”。

需要特殊强调的是：构成条件的表达式一般会引用窗体、报表中的相关控件的值。其引用方式如表 6-2 所示：

表 6-2 窗体、报表中相关控件的引用方式

功　能	格　式
引用窗体	[Forms]![窗体名]
引用窗体的属性	[Forms]![窗体名].属性
引用窗体中的控件	[Forms]![窗体名]![控件名]
引用窗体中的控件的属性	[Forms]![窗体名]![控件名].属性
引用报表	[Reports]![报表名]
引用报表中属性	[Reports]![报表名].属性
引用报表中的控件	[Reports]![报表名]![控件名]
引用报表中的控件的属性	[Reports]![报表名]![控件名].属性

在编辑完成<条件>表达式后，可以向“If”块中添加需要的操作。方法如同操作序列宏的操作创建方式一样。

图 6-15 是一个带“If”块的条件操作宏示例，用流程图可以描述该程序流程，如图 6-16 所示。

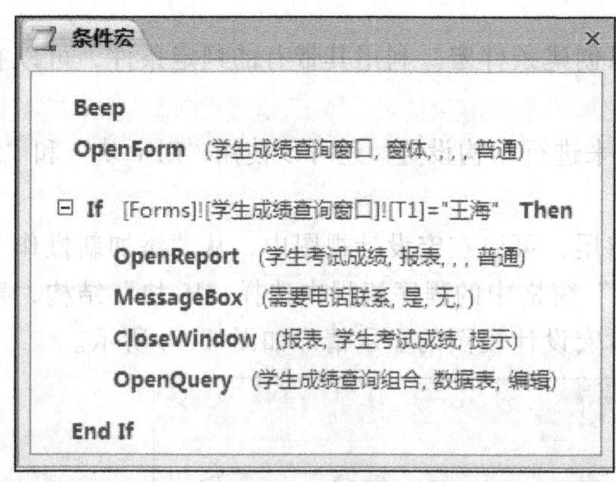

图 6-15 一个带“If”块的条件操作宏示例

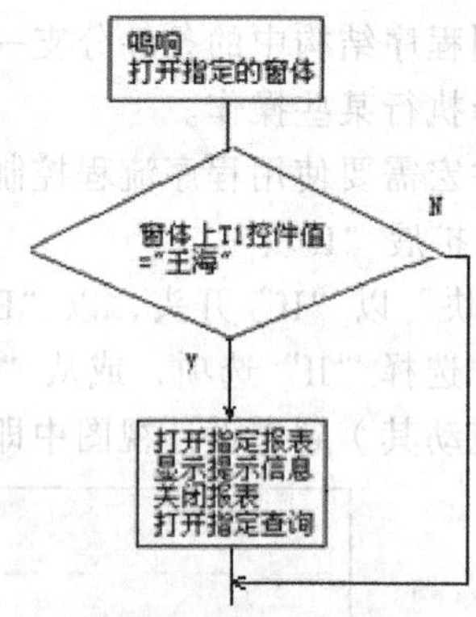

图 6-16 条件宏执行流程

逻辑表达式可以在宏设计视图的“条件”框中直接输入，也可以单击条件框右侧按钮，打开“表达式生成器”来生成逻辑表达式。表 6-3 列出了一些常用的宏的条件表达式。

表 6-3 常用的宏的条件表达式

条件表达式	含　义
[课程名称]="计算机基础"	“计算机基础”是运行宏的窗体中“课程名称”的字段值
[出生日期] Between #1 Mar 1995# And #1 Mar 1998#	执行宏的窗体上的“出生日期”字段值在 1995 年 5 月 1 日和 1998 年 5 月 1 日之间
Forms![选课信息]![成绩]<60	“选课信息”窗体内的“成绩”字段值小于 60
IsNull([姓名])	运行此宏的窗体上的“姓名”字段值是 Null(空值)
[所属院部] In ("技经学院","管理学院","外语学院","文法学院") And Len ([姓名])<>4	运行此宏的窗体上“所属院部”字段值是"技经学院""管理学院""外语学院""文法学院"之一，并且“姓名”的长度不等于 4

续表

条件表达式	含 义
MsgBox("确认？",1)=1	在 MsgBox 函数显示的对话框中的“确定”和“取消”按钮中选择了第1个“确定”按钮。如果单击了“取消”按钮，Access 将忽略这个操作

6.3 运行与调试宏

宏的运行主要是为了响应窗体、报表或者其上的控件上所发生的事件。可以直接运行某个宏或宏组中的某个分组，宏还可以调用宏。

6.3.1 运行宏

下边分别介绍直接运行宏，在其他宏中调用宏和在窗体、报表或控件的事件中运行宏。

1. 直接运行宏

直接运行宏主要是为了对建立的宏进行调试。可以用以下几种方式运行：

（1）在宏设计视图中直接执行宏。单击“宏工具”→“设计”→“工具”→“运行”按钮!。

（2）运行导航窗格中选择的宏。直接双击导航窗格中所选择的宏的名字。

（3）在窗体中通过某个命令按钮触发。如图 6-17 所示，在命令按钮的创建向导中可以触发“运行宏”。

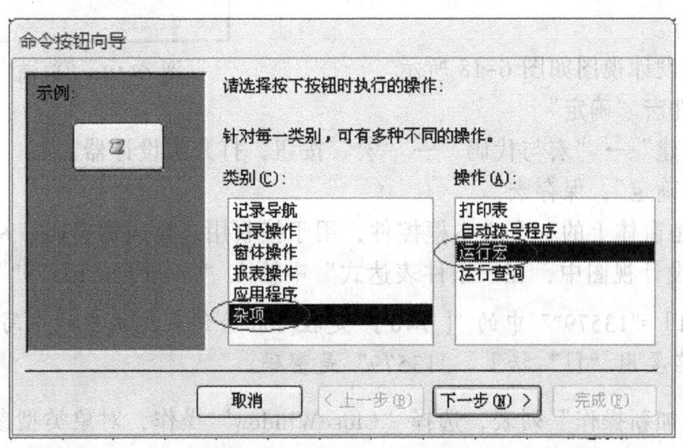

图 6-17 命令按钮创建向导中可以触发运行宏

（4）事件触发。响应窗体、报表或者其上的控件所发生的事件可以触发宏。

2. 在其他宏中调用宏

有一个宏操作“RunMacro”可以用来运行宏。如果要从其他的宏中运行宏，就要利用这个“RunMacro”操作，把这条宏操作的“宏名”参数设置为要运行的宏的名字即可。

3. 在窗体、报表或控件的事件中运行宏

一般只有在测试宏时才会直接运行宏。通常的宏的运行是将宏添加到窗体、报表或控件中，以对某事件（如单击事件）做出响应。

Access 可以对窗体、报表或其上的控件做出多种类型的事件响应，比如鼠标单击事件、数据更改事件以及窗体或报表的打开或关闭事件等。

在 Access 报表、窗体或其上的控件中添加宏以响应某个事件的操作步骤如下：

（1）在设计视图中打开窗体或报表。

（2）创建宏或事件过程。例如，可以创建一个用于在命令按钮被单击时显示某种信息的宏或事件过程。

（3）将窗体、报表或其上的控件的适当事件属性设为宏的名称。例如，如果要使宏在单击按钮时显示某种信息，可以将命令按钮的“属性表”中“事件”卡的“单击属性”设为（或选择为）某个宏的名称。

【例 6-1】 通过创建一个“密码验证”窗体来说明在窗体中的控件事件中运行宏的方式。窗体中有“确定”和“取消”两个按钮，每个按钮后分别连接一个宏。

操作步骤如下：

（1）创建操作序列宏“取消”

① 单击“创建”→“宏与代码”→“宏”按钮，打开宏设计器。

② 命名为“取消”，保存宏。

③ 单击“添加新操作”列表，选择“CloseWindow”操作，对象类型参数取默认设置，即默认为当前活动窗口。

④ 再从“添加新操作”列表中选择“StopMacro”操作。保存宏设计。

“取消”宏的设计视图如图 6-18 所示。

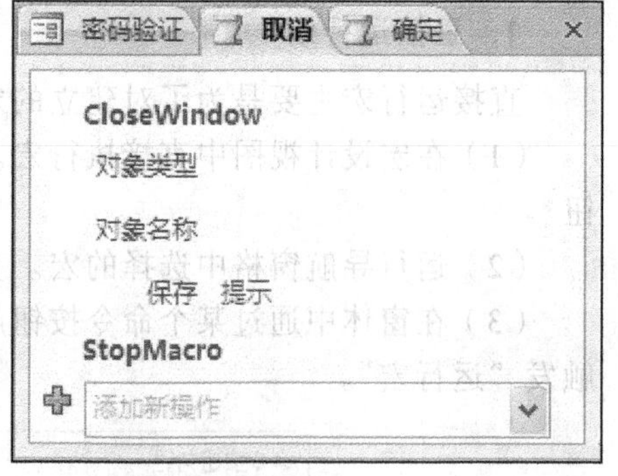

图 6-18 “取消”宏的设计视图

（2）创建条件宏“确定”

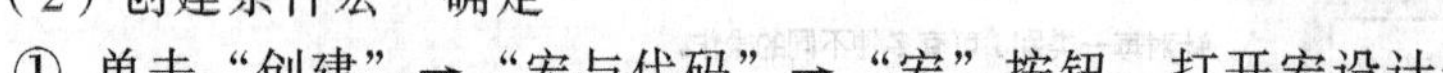

① 单击“创建”→“宏与代码”→“宏”按钮，打开宏设计器。

② 命名为“确定”，保存宏。

③ “pwd”是窗体上的一个文本框控件，用于接收用户输入的密码。从目录列表中拖动“If”块添加至宏设计视图中，在“条件表达式”中输入“[pwd] ="13579"”。

说明：“[pwd] ="13579"”中的“[pwd]”是控件在条件表达式中的书写格式，也就是说，表达式中的控件名要用“[]”括上，“13579”是密码。

④ 单击“添加新操作”列表，选择“CloseWindow”操作，对象类型参数取默认设置，设置为关闭当前活动窗体。

⑤ 再从“添加新操作”列表中选择“OpenForm”操作，设置“窗体名称”参数为“主控窗体”。

⑥ 再从“添加新操作”列表中选择“StopMacro”操作，如图 6-19 所示。

⑦ 单击“添加 Else”块，在块中添加第 1 条操作“MessageBox”，设置“消息”为“密码不正确，请重新输入!”，并设置发声操作。

⑧ 再从“添加新操作”列表中选择“GoToControl”操作，设置“控件名称”参数为“[pwd]”，当密码不正确时，将焦点置于密码输入框控件“[pwd]”上，以方便用户再次输入密码。最

后单击“保存”按钮保存宏设计。

“确定”宏的设计视图如图 6-19 所示。

（3）创建“密码验证”窗体

① 在窗体设计视图中创建窗体，保存窗体为“密码验证”。

② 在窗体中设置 1 个未绑定文本框，其带有附加标签；再设置两个命令按钮。

③ 在“属性表”的“其他”选项卡中将文本框名称改为“pwd”，将其附带标签的标题改为“输入密码:”，将两个命令按钮的标题分别改为“确定”和“取消”。

“密码验证”窗体的设计视图如图 6-20 所示。

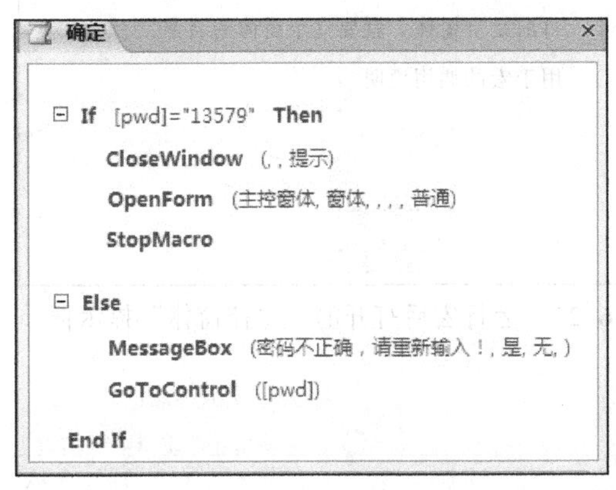

图 6-19　“确定”宏的设计视图

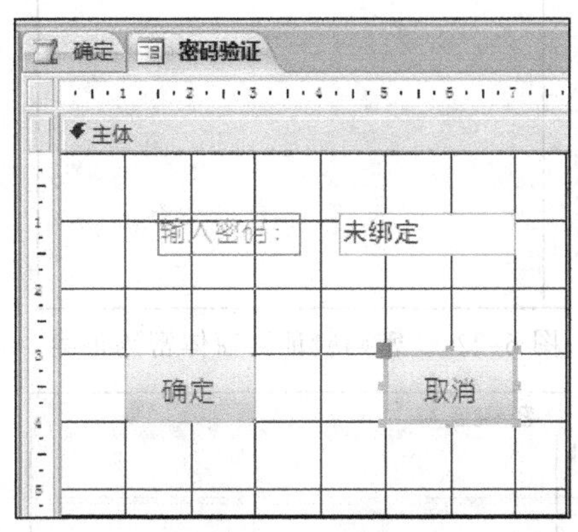

图 6-20　“密码验证”窗体的设计视图

（4）将宏连接到命令按钮上

① 在窗体设计视图中单击“确定”命令按钮。

② 打开命令按钮“属性表”对话框，选择“事件”选项卡，在“单击”属性框的下拉列表中选择“确定”宏。

③ 用上述同样的方法将“取消”命令按钮的“单击”事件属性设置为“取消”宏。然后保存这个窗体设计。

至此，完成了两个宏分别与窗体中的两个命令按钮的事件关联，可以在“密码验证”窗体中命令按钮被单击时将运行宏中定义的操作命令。“确定”宏和“取消”宏通过单击事件与“密码验证”窗体中的两个命令按钮的关联如图 6-21 所示。

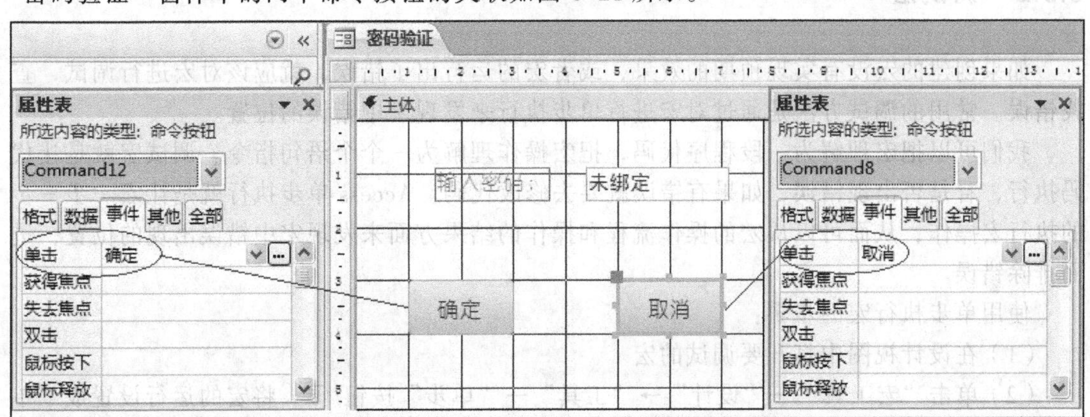

图 6-21　两个宏分别与窗体中的两个命令按钮通过单击事件关联的示意图

（5）宏的使用

运行“密码验证”窗体，在如图 6-22 所示的窗体的密码输入栏中输入正确密码“13579”，单击“确定”按钮，从而激活与“确定”按钮关联的“确定”条件宏。由于密码正确，“确定”宏将会打开如图 6-23 所示的窗体“主控窗体”。若输入如图 6-24 所示的错误密码或空值，则会弹出如图 6-25 所示的信息提示框。

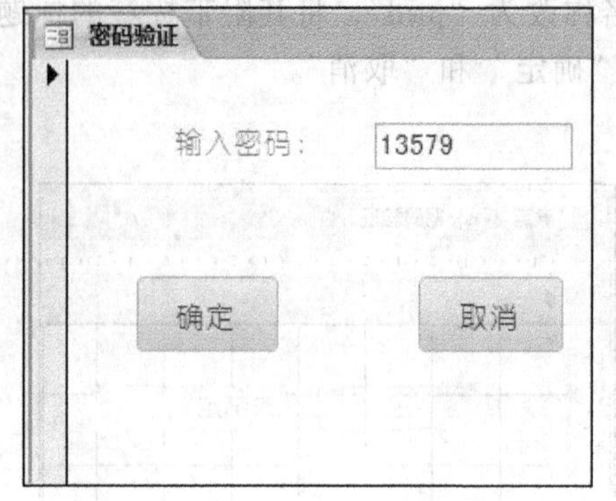

图 6-22 “密码验证”窗体密码正确

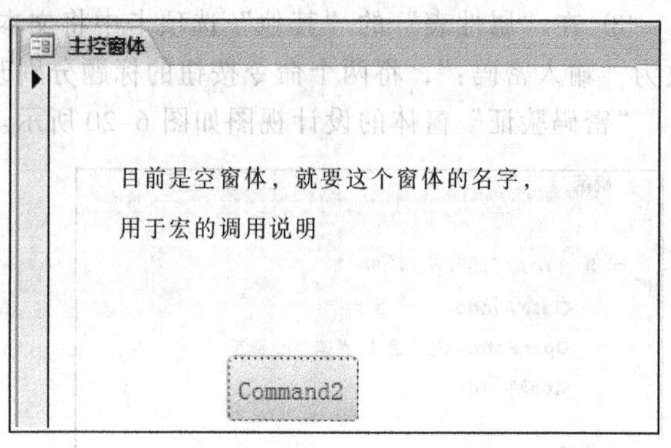

图 6-23 运行宏后打开的“主控窗体”提示框

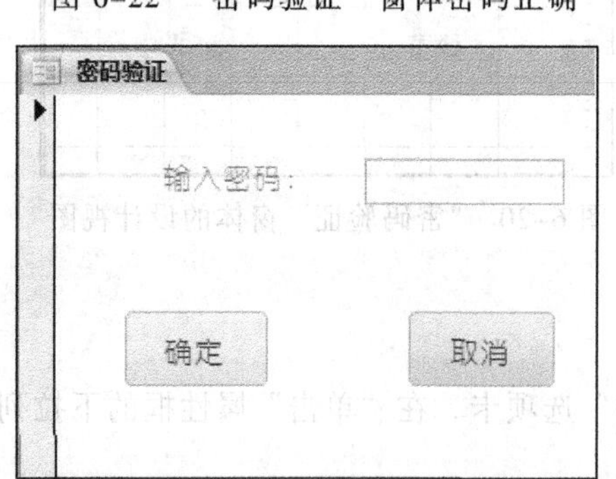

图 6-24 “密码验证”窗体密码错误

图 6-25 运行宏后打开的提示密码错误的信息提示

可以通过将文本框控件的“输入掩码”属性设置为“密码”的方式，使得在输入密码时不显示具体密码，而显示等位数的“*”。

6.3.2 调试宏

如果创建的宏没有实现预期的效果，或者宏的运行出了错误，就应该对宏进行调试，查找错误。常用的调试方法是通过对宏进行单步执行来发现宏中错误的位置。

我们可以把宏理解为一段程序代码，把宏操作理解为一个个语句指令。调试宏就是让代码执行，看是否出现错误，如果有错误就要去修改代码。Access 单步执行就是让宏一步一步的执行宏操作，从而可以从宏的操作流程和操作的结果方面来发现宏中错误出现的位置，进而排除错误。

使用单步执行宏的步骤：

（1）在设计视图中打开要调试的宏。

（2）单击“宏工具”→“设计”→“工具”→“单步”按钮，将宏的运行设置成“单步”执行方式。

（3）单击“宏工具”→“设计”→“工具”→“运行”按钮!，按单步方式运行宏。这时将弹出如图 6-26 所示的“单步执行宏”对话框。

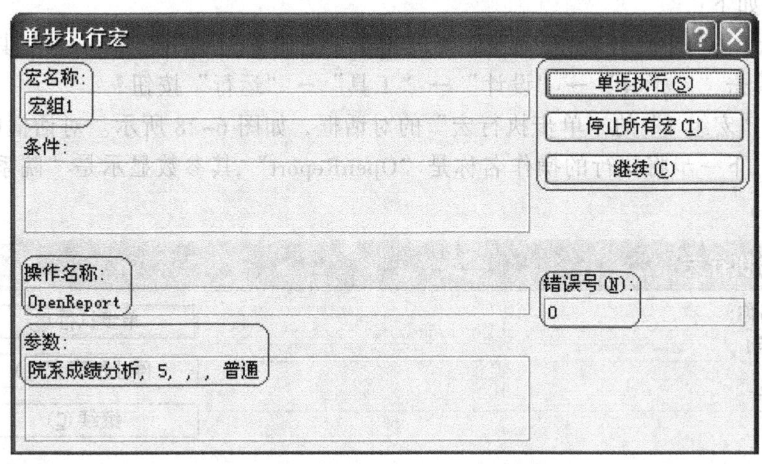

图 6-26　“单步执行宏”对话框

我们可以看到“单步执行宏”对话框中有“单步执行”“停止所有宏”和“继续”三个命令按钮，单击它们的含义是：

“单步执行”按钮就是执行显示在“单步执行宏”对话框中的操作；“停止所有宏”按钮就是停止宏的运行并关闭对话框；“继续”按钮是关闭宏的单步执行方式，转而持续执行后续的操作。

我们在“单步执行对话框”中还可以看到被单步执行的这个宏的名称、下一步具体操作的名称及其具体的操作参数。

最后我们注意到“单步执行宏”对话框中有错误号显示，显示出现错误的数量。这对我们发现宏操作的错误和位置以及错误的细节有很大帮助。

【例 6-2】图 6-27 是宏组 1 的设计视图。宏组 1 由“Macro-1”和“Macro-2”两个组组成，每个组中又分别有两步操作，所以从调试角度出发，单步执行宏组 1 中的每一个操作序列。

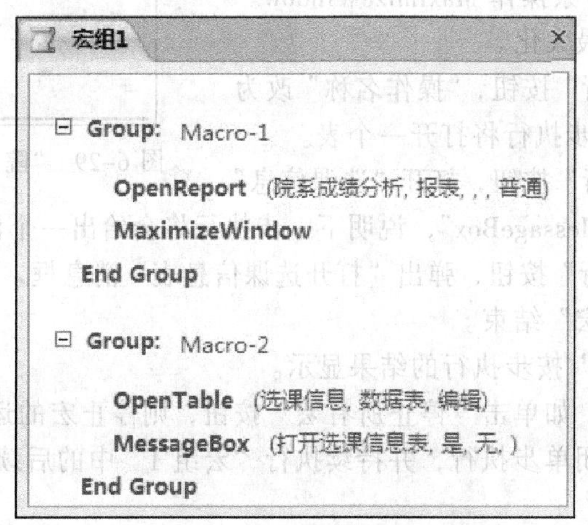

图 6-27　宏组 1 设计视图

单步执行宏让我们对宏组中的每个组和每步操作的执行流程能进行全面的观察，并且有可能发现宏中的错误。

操作步骤如下：

（1）在设计视图中打开宏组“宏组 1”，单击“宏工具”→“设计”→“工具”→“单步”按钮，再单击“宏工具”→“设计”→“工具”→“运行”按钮。

（2）打开“宏组 1”的“单步执行宏”的对话框，如图 6-28 所示。对话框中宏名称显示是“宏组 1”，下一步将执行的操作名称是“OpenReport”,其参数显示是“院系成绩分析”，错误号为“0”。

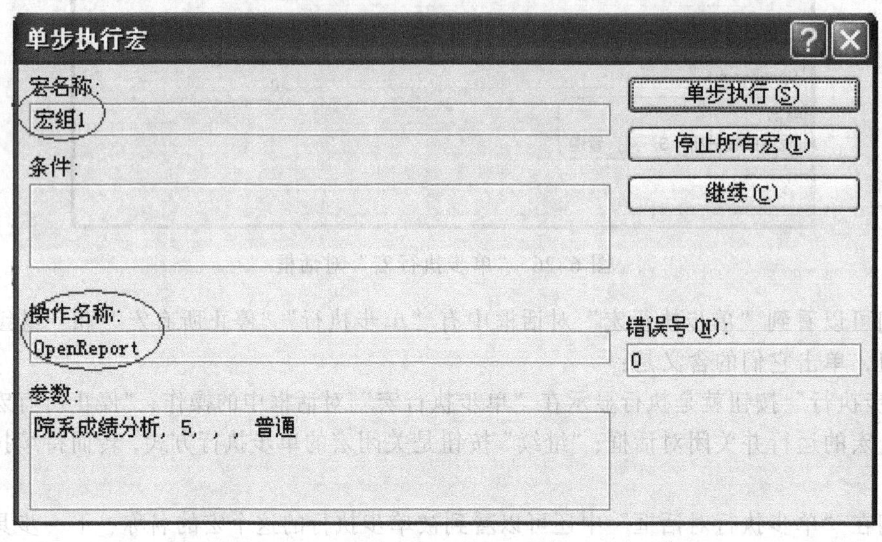

图 6-28 “宏组 1”的单步执行的第 1 步显示说明

（3）单击“单步执行宏”对话框中的“单步执行”按钮，执行第 1 条操作，打开报表“院系成绩分析”，如图 6-29 所示。

（4）此时“单步执行宏”对话框中操作名称显示的是“宏 1”中的第 2 条操作 MaximizeWindow。意味着下一步将使窗体最大化。

（5）单击“单步执行”按钮，“操作名称”改为“OpenTable”，说明下一步执行将打开一个表。

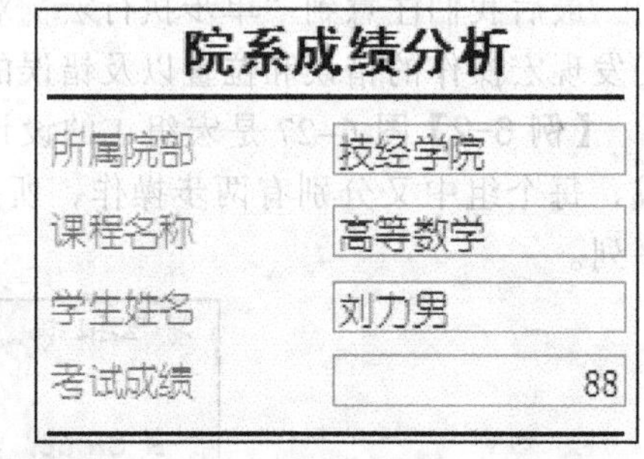

图 6-29 “院系成绩分析”报表被打开

（6）单击“单步执行”按钮，打开“选课信息”表，下一步操作将是“MessageBox”，说明下一步执行将会给出一个消息框。

（7）单击“单步执行”按钮，弹出“打开选课信息表”消息框。“单步执行宏”对话框关闭，意味着“单步执行宏”结束。

图 6-30 是“宏组 1”按步执行的结果显示。

在单步执行过程中，如单击“停止所有宏”按钮，则停止宏的运行并关闭对话框。如单击“继续”按钮，则关闭单步执行，并持续执行“宏组 1”中的后续其他操作。

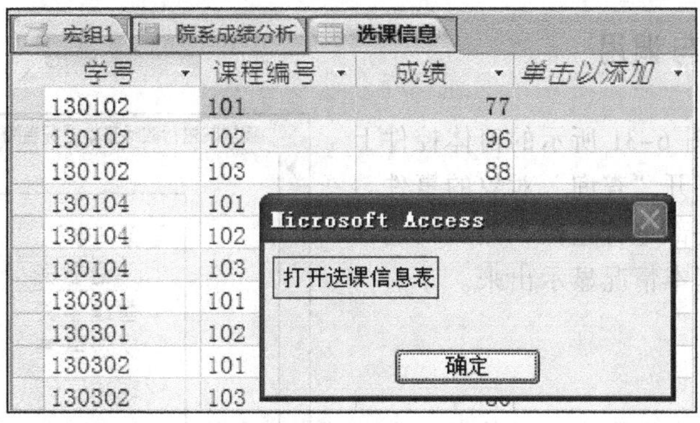

图 6-30 “宏组 1”按步执行的结果显示

6.4 通过事件触发宏

在实际的应用中，宏更多的是通过窗体、报表、查询或其上的控件所产生的事件来触发运行。

6.4.1 事件的概念

计算机中所讨论的“事件”是可以被控件识别的操作动作，如按下命令按钮，选择某个选项按钮或者选择复选框等等。每一种控件都有自己可以识别的事件，如窗体的加载、按钮被单击或双击、文本框内容被改变等等，所以事件就是用户对窗口上的各种控件进行的操作。

那些被加载各种操作的控件在这里被称为对象。一个对象拥有哪些事件是由系统定义的。用户的操作、程序代码甚至操作系统的运行都有可能引发事件。

Access 中常用的事件可在以下情形中发生：

- 发生在窗体或控件中的数据被输入、删除或更改时
- 当焦点从一条记录移动到另一条记录时
- 鼠标操作时
- 键盘输入时
- 处理错误时
- 处理同步事件时
- 在窗体上应用或创建一个筛选时
- 发生在窗体或控件获得焦点时
- 窗体、报表被激活或失去激活时
- 打开、调整窗体或报表时

例如，当 Access 在窗体和报表中产生一个错误，则会触发窗体或报表的“出错”事件(Error)；当一个没有激活或有效的控件接收到焦点时会发生“获得焦点”事件(GotFocus)。

事件被引发后要完成的动作则是由用户为此事件编写的宏或事件过程代码决定的。例如，命令按钮如果设置了单击事件响应宏，当用户单击该命令按钮时就引发了其单击事件，其相应的宏就会被执行。在窗体或报表中与宏相关的常见事件可以参见附录 B。

6.4.2 宏的触发与调用

【例 6-3】在如图 6-31 所示的窗体控件上添加宏，响应一个打开“查询”对象的事件。我们可按教师所属院部进行选择，然后将选择的院部所属教师的基本情况显示出来。

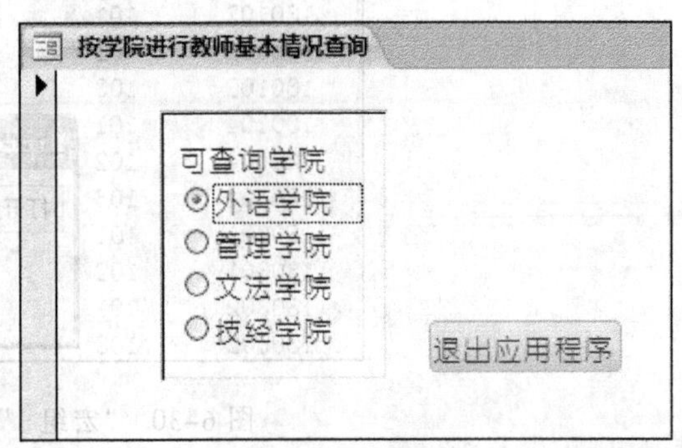

图 6-31 “按学院进行教师基本情况查询”窗体的窗体视图

操作步骤如下：

1. 创建查询

我们以“教师信息”表为基础数据。由于教师来自 4 个学院，所以我们依次创建 4 个查询来分别对 4 个学院的教师的基本情况进行查询。这 4 个查询的名称分别规定为“外语学院教师查询”“文法学院教师查询”“管理学院教师查询”和“技经学院教师查询”。4 个查询的功能相同，其中“外语学院教师查询”的设计视图如图 6-32 所示。其他 3 个查询可通过“复制”“粘贴”“重命名”的方式获得。当然重要的是要对各自的条件进行相应的内容上的调整。

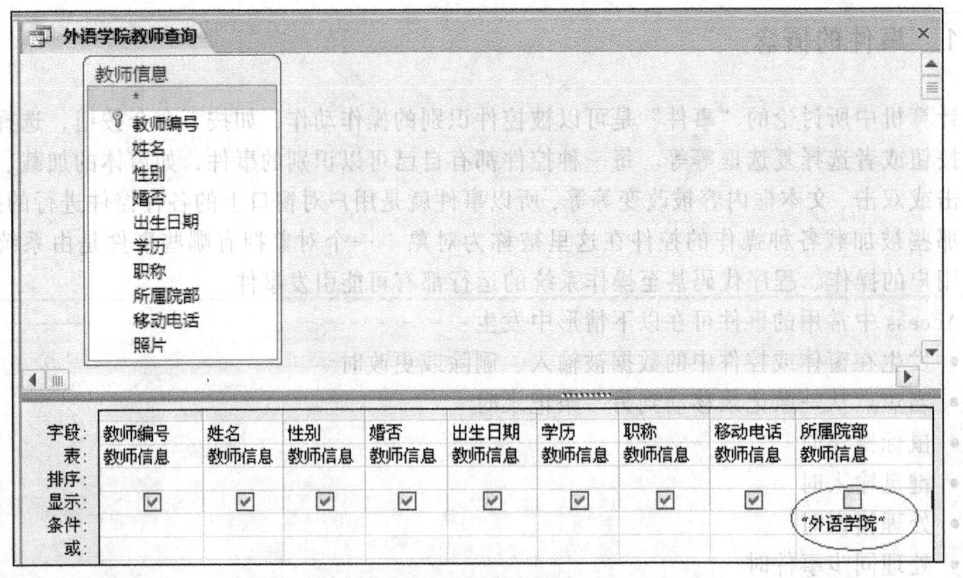

图 6-32 “外语学院教师查询”的设计视图

2. 创建窗体

在设计视图中创建窗体，将窗体命名为“按学院进行教师基本情况查询”，其窗体视图如图 6-31 所示。该窗体无绑定记录源，有 1 个标签用于选择提示，有 4 个“选项按钮”控件分别与 4 个学院对应，还有 1 个用于退出操作的命令按钮。

设置标签 Label0 的标题为“可查询学院”；4 个“选项按钮”控件 Option1～Option4 的 4 个标签 Label1～Label4 的标题分别为 4 个学院的名称；命令按钮 Command0 是用向导建立的，功能是退出应用程序；“选项组”边框其实是 1 个起装饰作用的矩形框，并将矩形框的特殊效果设置为“凹陷”效果。

3. 创建宏

把 4 个查询与窗体连在一起的是 4 个宏，这 4 个宏的内容相似，我们先来创建其中的 1 个。

操作步骤是：

（1）打开宏设计视图，单击“添加新操作”下拉列表，在下拉列表中选择“OpenQuery”命令。

（2）单击操作设置对话框的“查询名称”，在打开的下拉列表中选择“外语学院教师查询”对象。

（3）因为是查询之用，所以可以设置其“数据模式”为“只读”。其设计视图如图 6-33 所示。

（4）将宏名称设置为“外语学院教师查询”后保存，此处宏的名字与相应的查询的名字相同。

其他 3 个宏可通过“复制”“粘贴”“重命名”的方式获得，当然需要在宏的设计视图中将各自需要打开的查询进行相应的重新选择。

这样我们就有了 4 个宏：“外语学院教师查询”“管理学院教师查询”“文法学院教师查询”和“技经学院教师查询”，且宏的名字与相应的查询的名字相同。

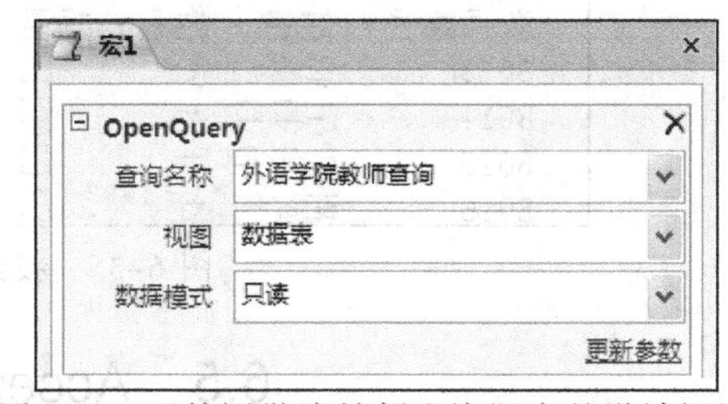

图 6-33 “外语学院教师查询”宏的设计视图

4. 将控件与宏关联

下面我们将上述的 4 个宏与窗体中的 4 个选项按钮进行关联。方式是分别建立这 4 个选项按钮的单击响应事件为 4 个宏，也就是将窗体中 4 个选项控件（注意不是选项控件的附加标签控件）的单击属性分别设为 4 个宏的名称。

操作方式是：

（1）在设计视图中打开窗体“按学院进行教师基本情况查询”，从中选中选项控件“Option1”（再次提示不是其附加的标签控件 Label1）。

（2）打开“属性表”对话框。

（3）选择“Option1”的“事件”选项卡，在左侧属性项“鼠标按下”的属性设置框中，通过下拉列表选择“外语学院教师查询”宏，如图 6-34 所示。

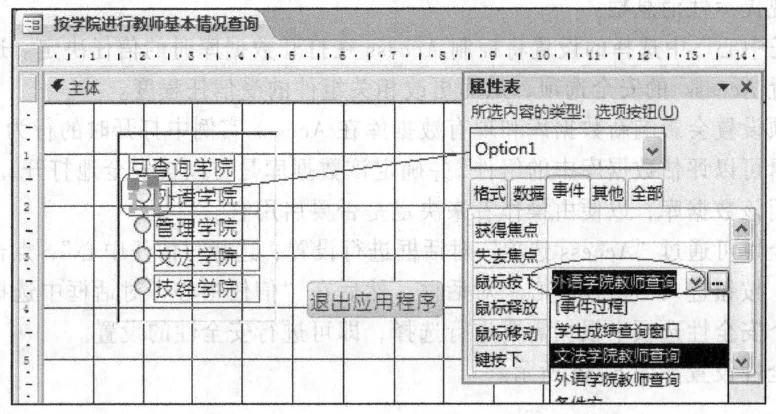

图 6-34 “Option1”的属性设置说明

（4）用上述方法把 Option2～Option4 的“鼠标按下”属性分别设定为“管理学院教师查询”宏、“文法学院教师查询”宏和“技经学院教师查询”宏。

（5）保存对窗体的修改。至此整个设计全面完成。

5．运行宏

我们需要通过窗体分别查询 4 个学院的教师的基本情况。

操作方式是：将窗体“按学院进行教师基本情况查询”在窗体视图中打开。通过单击代表学院的标签或选项按钮选择要查询的某个学院，激活相应的宏，最后打开并运行能显示这个学院的教师基本情况的查询。技经学院的教师的基本情况如图 6-35 所示。

教师编号	姓名	性别	婚否	出生日期	学历	职称	移动电话
8013	李仪	女	☐	1989-10-29	研究生	副教授	133159785××
8014	陈平平	女	☐	1987-11-3	大学本科	副教授	138884896××
8015	张玉丹	女	☐	1988-9-9	大学本科	讲师	137314159××
8016	李红	女	☐	1992-4-29	研究生	副教授	139412184××

图 6-35　技经学院的教师的基本情况

6.5　Access 的安全体系结构

Access 数据库包含有一组对象（表、查询、窗体、报表、宏等等），这些对象必须相互配合才能发挥功用。其中有几个 Access 组件会造成安全风险，因此不受信任的这些组件将被 Access 禁用。

这些组件包括用于插入、删除或更改数据的操作查询、数据定义查询、SQL 传递查询、宏、含有需要有返回值的表达式、VBA 代码及 ActiveX 控件。

为了确保数据的安全，每当打开数据库时，Access 及其“信任中心”都将执行一组安全检查。此过程如下：

在打开.accdb 文件时，Access 会将数据库的位置提交到“信任中心”。如果“信任中心”确定该位置受信任，则数据库将以完整功能运行。

“信任中心”将审核相关证据，评估该数据库是否值得信任，然后通知 Access 或者禁用数据库，或者打开具有完整功能的数据库。如果“信任中心”禁用数据库内容，则在打开数据库时将出现提示性消息栏。

在“信任中心”中选择的设置将控制 Access 在打开数据库时的信任决定。通过“信任中心”可以设置 Access 的安全选项，从而更改相关组件的受信任程度。

安全选项设置会影响新数据库和现有数据库在 Access 实例中打开时的行为，“信任中心”中包含的逻辑可以评估数据库中的组件，并确定该数据库是可以被安全地打开，还是应由“信任中心”禁用该数据库，以便由操作者来决定是否要启用它。

宏的安全性可通过“Access 选项”对话框进行设置：选择“信任中心”，点击右下的“信任中心设置”按钮进入“信任中心”对话框，然后在“信任中心”对话框中选择“宏设置”项，在其 4 个安全性选项中根据需要进行选择，即可进行安全性的设置。

宏的安全性设置如图 6-36 所示。

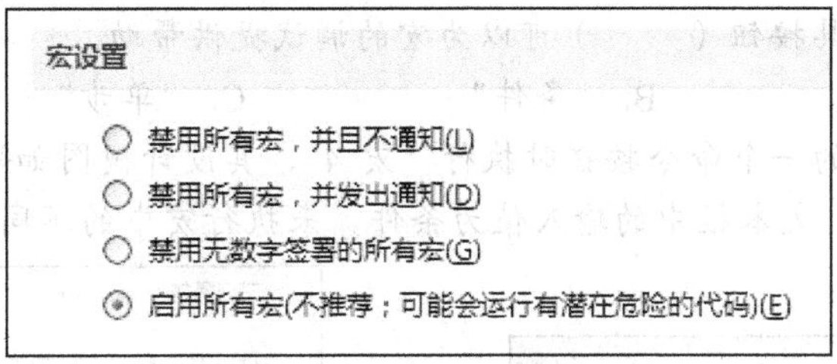

宏设置

禁用所有宏，并且不通知(L)

禁用所有宏，并发出通知(D)

禁用无数字签署的所有宏(G)

启用所有宏(不推荐；可能会运行有潜在危险的代码)(E)

图 6-36　宏的安全设置说明图

宏设置的安全性高到低有 4 种：

- 禁用所有宏，并且不通知
- 禁用所有宏，并发出通知（默认）
- 禁用无数字签署的所有宏
- 启用所有宏（不推荐；可能会运行有潜在危险的代码）

一般需要在运行宏之前通过“信任中心”对安全性进行设置，一般是将其安全性降低为后两项。

本章小结

Access 把一些简单的、常用的动作规定为 60 多种宏操作，每个宏操作都有其特定的功能。一个或多个宏操作的集合构成宏。

宏可以分为操作系列宏、宏组和条件宏 3 类。操作序列宏是由一系列的宏操作组成的序列，运行该宏时 Access 就按编辑的顺序依次执行这些宏操作；宏组是由多个相关的宏组成的，目的是为了便于进行管理和使用；条件宏带有“条件”列，通过在“条件”列的设置，可以有条件的执行某些宏操作序列。

必须通过宏的设计视图创建宏。创建宏的过程主要有指定宏名、添加操作、设置操作参数以及提供备注等内容。

宏创建完成后需要进行运行与调试。调试的目的是察看宏是否含有错误，是否能完成预期任务。可使用单步执行宏方式，观察宏的流程和每一个操作的结果。

在实际的应用中，设计好的宏更多的是被窗体、报表、查询或其上的控件中的事件触发运行。

习　题 6

一、选择题

1. 使用宏组的目的是（　　）。

　A. 设计出功能复杂的宏　　　　B. 设计出包含大量操作的宏

　C. 减少程序内的消耗　　　　　D. 对多个宏进行组织和管理

2. 题图 6-1 是“宏 2”设计视图。运行“宏 2”后，“OpenForm”操作会打开 1 个窗体，“OpenTable”操作会打开 1 个表，那么执行“CloseWindow”操作后，（　　）。

　A. 只关闭窗体　　　　B. 只关闭表

　C. 窗体和表都关闭　　D. 窗体和表都不关闭

3. 功能区上的工具按钮（　　）可以为宏的调试提供帮助。

A. “调试”　　B. “条件”　　C. “单步”　　D. “运行”

4. 单击某窗体上的一个命令按钮时执行“宏 4”，其设计视图如题图 6-2 所示，其功能是以窗体上的“Text1”文本框中的输入值为条件，来执行宏中的不同操作序列。

```
宏2
OpenForm (主控窗体, 窗体, , , , 普通)
OpenTable (教师信息, 数据表, 编辑)
CloseWindow (, , 提示)
添加新操作
```

题图　6-1

```
主控窗体　宏4
MessageBox (张三, 是, 无, )
If [Text1]=1 Then
    MessageBox (李四, 是, 无, )
    MessageBox (王五, 是, 无, )
End If
```

题图　6-2

先在文本框“Text1”中输入 1，然后单击命令按钮启用“宏 4”，则（　　）。

A.屏幕会先后弹出 3 个消息框，分别显示消息“张三”“李四”和“王五”

B.屏幕会弹出 1 个消息框，显示消息“张三”

C.屏幕会先后弹出两个消息框，分别显示消息“张三”和“李四”

D.屏幕会先后弹出两个消息框，分别显示消息“张三”和“王五”

5. 打开查询的宏操作是（　　）。

A. OpenForm　　B. OpenQuery　　C. Open　　D. OpenModule

6. 宏操作 SetProperty 可以设置（　　）。

A. 窗体或报表控件的属性　　B. 刷新控件数据

C. 字段的值　　D. 当前系统的时间

7. 不能够使用宏的数据对像是（　　）。

A. 数据表　　B. 窗体　　C. 宏　　D. 报表

8. 在宏的表达式中要引用报表 Repo1 上的控件 text1，可以使用的引用式是（　　）。

A. Repo1! text1　　B. Forms! text1

C. Reports! Repo1! text1　　D. Report! text1

9. 用于查找满足指定条件的下一条记录的宏命令是（　　）。

A. FindRecord　　B. FindFirstRecord

C. FindFirst　　D. FindNextRecord

10. 下列关于宏和宏组的说法中正确的是（　　）。

A. 宏由一系列操作组成，不能是一个宏组

B. 可以使用宏组来管理相关的一系列宏

C. 运行宏组时，Access 从第 1 个操作起执行每个宏，直至完成所有操作才中止

D. 不能从其他宏中直接运行宏，只能将执行宏作为对窗体、报表、控件中发生的事件做出的响应

11. 打开窗体需要执行的宏操作是（　　）。

A. OpenQuery　　B. OpenReport　　C. OpenForm　　D. OpenWindow

12. 宏命令 Requery 的功能是（　　）。

A. 实施指定控件重新查询　　B. 查找符合条件的第 1 条记录

C. 查找符合条件的下一条记录　　　　　　D. 指定当前记录

二、填空题

1. 打开一个表应该使用的宏操作是________。

2. 某窗体中有一个命令按钮，在窗体中单击此命令按钮打开一个报表，需要执行的宏操作是________。

3. 如果希望按满足指定条件执行宏中的一个或多个操作，这类宏称为________。

4. 用于使计算机发出“嘟嘟”声的宏操作命令是________。

5. 宏是一个或多个________的集合。

第 7 章　VBA 编 程

本章主要内容：

- VBA 的基本概念
- 模块的创建
- 语句及事件的创建
- VBA 代码调试与运行

Access 2010 支持部分 Visual Basic 编程功能，是为了更好地实现数据库操作。使用 Visual Basic 语言能够实现更多的数据库功能，以方便用户使用。本章将对 VBA 的基础知识、模块、事件，以及对象等重要概念进行介绍。

7.1　VBA 基 础

7.1.1　VBA 的编程环境

编写程序可以利用 Visual Basic 编辑器（简称 VBE），也称为 VBA 窗口，如图 7-1 所示。

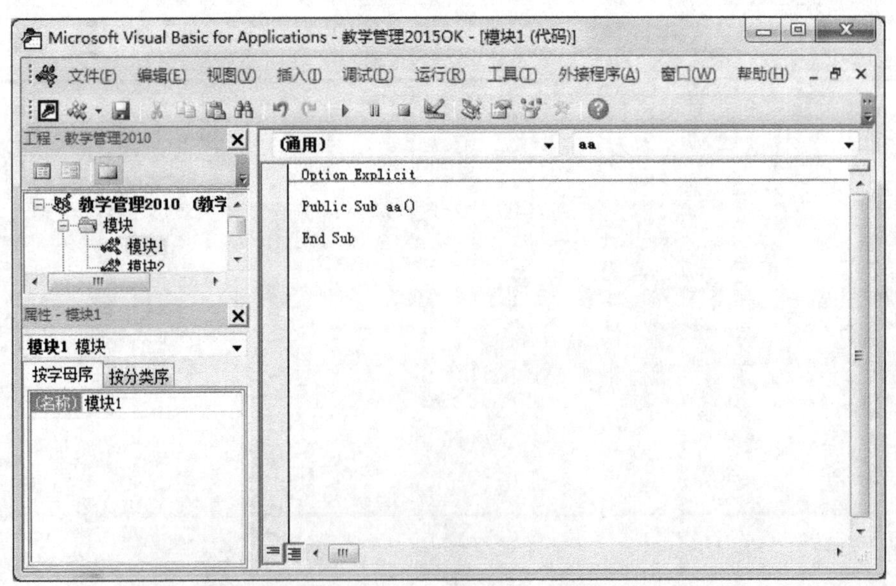

图 7-1　VBA 开发环境——VBA 窗口

1. 启动 VBA 编辑器

启动 VBA 的常用方法有 3 种。

（1）通过事件过程启动 VBA

在设计视图中选中要添加事件的控件，打开它的“属性表”对话框，选择“事件”选项页，把光标定位到要添加的事件所对应的文本框中，如图 7-2 所示，在命令按钮的“属性表”对话框中，将光标定位到“单击”事件右边的文本框，单击省略号按钮 ，弹出“选择生成器”对话框，如图 7-3 所示。在对话框中选择“代码生成器”后单击“确定”按钮，则可以打开如图 7-1 所示的 VBA 窗口。

图 7-2　控件及其属性窗口

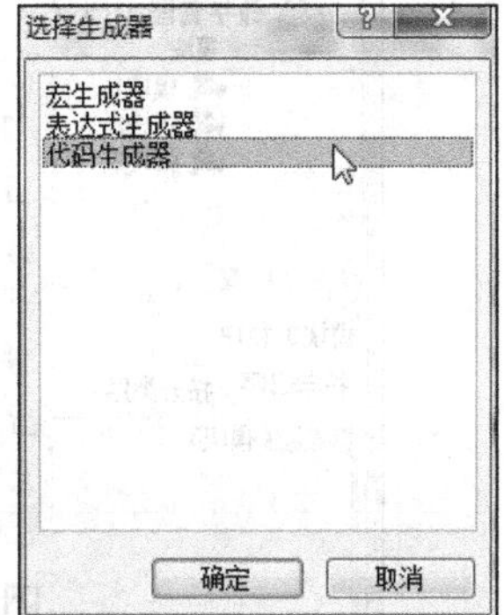

图 7-3　“选择生成器”对话框

（2）创建“模块”对象启动 VBA

模块也是 Access 数据库的一种对象。在 Access 窗口中单击“创建”→“宏与代码”→“模块”按钮，如图 7-4 所示，可启动 VBA。

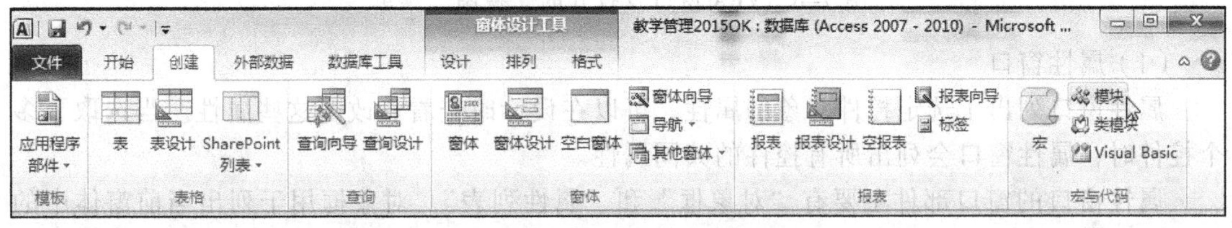

图 7-4　“创建”选项卡

（3）直接进入 VBA

在 Access 窗口，单击“数据库工具”→“宏”→“Visual Basic”按钮 ，如图 7-5 所示，启动 VBA。

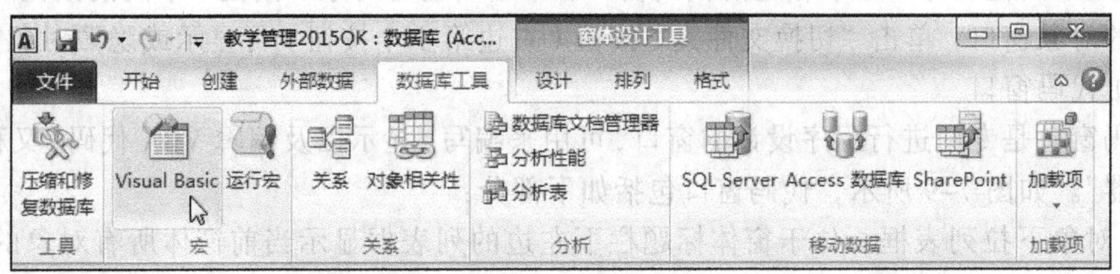

图 7-5　“数据库工具”选项卡

2. VBE 窗口

VBE 使用多个窗口来显示不同对象或是完成不同任务。在 VBE 中的窗口有：代码窗口、立即窗口、本地窗口、对象浏览器、工程资源管理器、属性窗口、工具箱、用户窗体窗口和监视窗口等。在 VBE 窗口的“视图”菜单中包括了用于打开各种窗口的菜单命令。图 7-6 所示为 VBA 窗口，其中“视图”菜单为下拉状态。下面介绍主要窗口的使用。

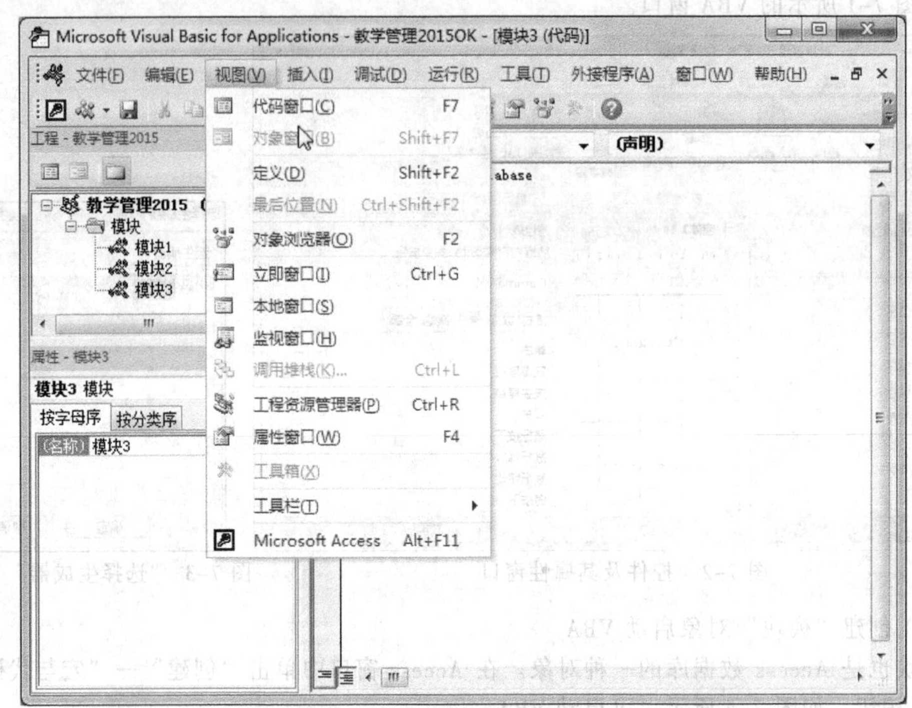

图 7-6 VBA 窗口及打开的“视图”菜单

（1）属性窗口

属性窗口列出了选定控件对象的属性，可以在设计时查看、改变这些属性。当选取了多个控件时，属性窗口会列出所有控件的共同属性。

属性窗口的窗口部件主要有“对象框”和“属性列表”。对象框用于列出当前窗体中的对象，如图 7-7 所示。

（2）工程资源管理器

在工程资源管理器中列出了组成应用程序的所有窗体文件和模块文件，如图 7-8 所示，窗体标题栏下有 3 个命令按钮：查看代码、查看对象、切换文件夹。单击“查看代码”按钮（左边第 1 个按钮）可以显示相应的代码窗口；单击“查看对象”按钮（中间的按钮）可以显示相应的对象窗口；单击“切换文件夹”按钮（右边第 1 个按钮）可显示或隐藏对象文件夹。

（3）代码窗口

代码窗口是专门进行程序设计的窗口，可用来编写、显示以及编辑 VBA 代码，又称为“代码编辑器”。如图 7-9 所示，代码窗口包括如下部分：

① 对象下拉列表框。位于窗体标题栏下左边的列表框显示当前窗体所有对象的名称。单击右侧的下拉按钮可显示此模块中的所有对象名，其中“通用”表示与特定对象无关的通

用代码，一般在此声明模块级变量或用户编写的自定义过程。

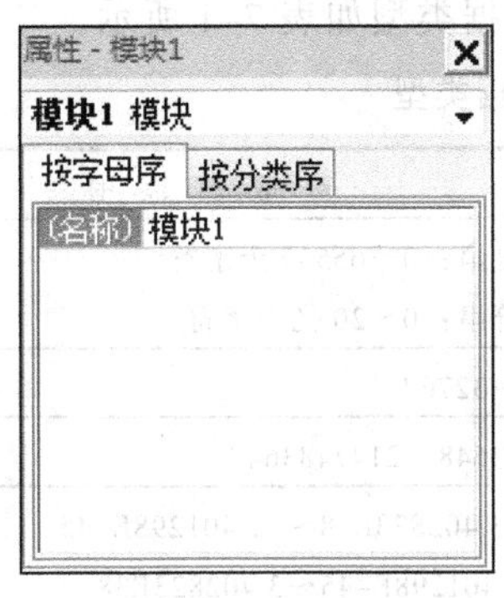

图 7-7 属性窗口

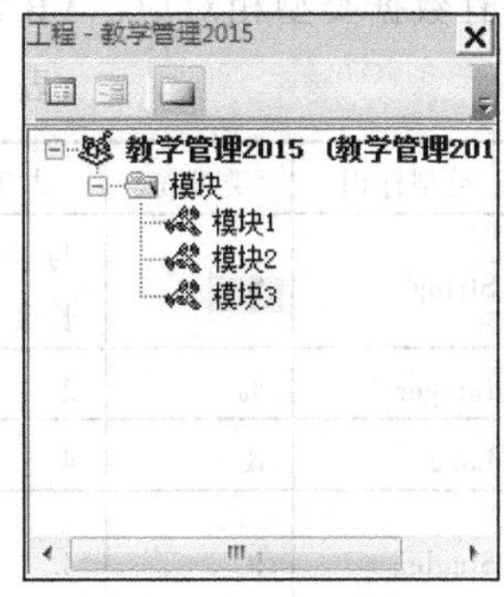

图 7-8 工程资源管理器窗口

② 过程下拉列表框。位于窗体标题栏下右边的列表框列出了“对象下拉列表框”中所对应的对象事件的过程名。在“对象下拉列表框”中选择对象名，在“过程下拉列表框”中选择事件过程名，因而在代码框中构成了选中对象的事件过程框架，用户可在这个过程框架中编写自己的代码。

③ 代码框。“代码框”用于输入程序代码。

④“过程视图”按钮。在图 7-9 中左下角的“过程视图”按钮，可控制代码框中只显示一个过程的代码。

⑤ “全模块视图”按钮。在图 7-9 中左下角的“全模块视图”按钮，可控制代码框中显示全部过程的代码。

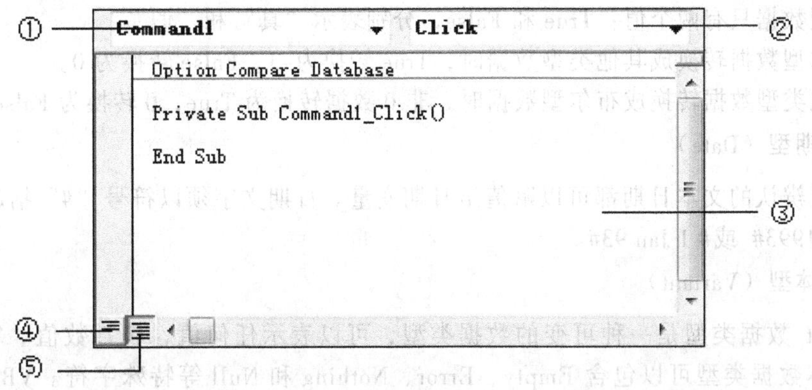

图 7-9 代码窗口

7.1.2 VBA 中的数据类型

Visual Basic For Applications（VBA）是 Access 2010 中内置的编程语言，要学习这门语言，首先应了解 VBA 中的数据类型、常量和变量等概念。

数据是程序处理的对象，是程序的必要组成部分。所有高级语言都对数据进行分类处理，不同类型数据的操作方式和取值范围不同，所占存储空间的大小也不同。VBA 提供了系统定义的标准数据类型，并允许用户根据需要定义自己的数据类型。

Access 数据库系统创建表对象时所涉及的字段数据类型（除了 OLE 和备注数据类型外），在 VBA 中都有数据类型相对应。VBA 基本的标准数据类型如表 7-1 所示。

表 7-1　VBA 的数据类型

数据类型	类型标识	类型符	占字节数	取 值 范 围
字符型	String	$	与字符串长度有关	定长字符串：0～65535 个字符 变长字符串：0～20 亿个字符
整型	Integer	%	2	-32768～32767
长整型	Long	&	4	-2147483648～2147483647
单精度型	Single	!	4	负数：-3.402823E38～-1.401298E-45 正数：1.401298E-45～3.402823E38
双精度型	Double	#	8	负数：-1.79769313486231E308～-4.94065645841247E-324 正数：4.94065645841247E-324～1.79769313486232E308
货币型	Currency	@	8	-922337203685477.5808～922337203685477.5807
逻辑型	Boolean	无	2	True 或 False
日期型	Date	无	8	01/01/100～12/31/9999
变体型	Variant	无	按需分配	

对上述数据类型说明如下：

1．布尔型（Boolean）

布尔型数据只有两个值：True 和 False，分别表示“真”和“假”。

当布尔型数据转换成其他类型数据时，True 转换为-1，False 转换为 0。

当其他类型数据转换成布尔型数据时，非 0 数据转换为 True，0 转换为 False。

2．日期型（Date）

任何可辨认的文本日期都可以赋值给日期变量。日期文字须以符号“#”括起来。例如，#January 1,1993# 或# 1 Jan 93#。

3．变体型（Variant）

Variant 数据类型是一种可变的数据类型，可以表示任何值，包括数值、字符串及日期等。变体数据类型可以包含 Empty、Error、Nothing 和 Null 等特殊字符。VBA 规定，如果没有使用 Dim 等显式声明变量，也没有类型声明字符声明变量，则默认变量是变体数据类型。

7.1.3　常量、变量与数组

在高级语言程序中，需要将内存单元命名，然后将数据存入已命名的内存单元中，以后就可在需要时通过内存单元的名字来访问其中的数据。已命名的内存单元就是常量或变量。对于常量，在程序运行期间，其内存单元中存放的数据始终不能改变；对于变量，在程序运行期间，其内存单元中存放的数据可以根据需要随时改变，即在程序运行的不同时刻，可以将不同的数据放入存储单元保存，新的数据存入后，原来的数据将被覆盖。

1. 常量或变量的命名规则

在 VBA 中，常量或变量的命名须遵循以下原则：

① 常量或变量的名字须以字母或汉字开头，后跟字母、汉字、数字或下画线组成的序列，长度不能超过 255 个字符；

② 不能使用 VBA 中的关键字命名常量或变量；

③ VBA 不区分常量或变量名中的大小写字母，如 XYZ，xyz，Xyz 等均视为相同名字。

VB 和 VBA 均推荐使用 Hungarian 符号法来作为变量命名的法则，该法则使用一组代表数据类型的码，用小写字母作为变量名的前缀。例如，代表文本框的字首码是 txt，那么，文本框的变量名为 txt Name。表 7-2 列出了最常用的变量标识符的前缀。在编写程序时，使用上述变量标识命名法则，可使代码易于阅读和理解。

表 7-2 常用的变量标识符的前缀

变　量	前　缀	变　量	前　缀
表	tbl	命令按钮	cmd
查询	qry	标签	lbl
窗体	frm	列表框	lst
报表	rpt	选项按钮	opt
复选框	chk	子窗体/子报表	sub
组合框	cbo	文本框	txt

2. 常量

常量在程序运行的过程中其值不会发生变化。VBA 支持 4 种类型的常量：直接常量、符号常量、固有常量和系统定义常量。

（1）直接常量

直接使用的数值或字符串值常量，如 3.1415926，12，HELLO 等。

（2）符号常量

在程序设计中，对于一些使用频率较高的直接常量，可以用符号常量形式来表示，这样做可以提高程序代码的可读性和可维护性。符号常量定义的一般格式如下：

Const 常量名 = 常量值

例如，以下是合法的常量说明：

```
Const PI=3.1415926
Const MYSTR="Visual Basic 6.0"
```

符号常量会涵盖全局或模块级的范围。符号常量定义时不需要为常量指定数据类型，VBA 会自动确定其数据类型。符号常量名称一般要求大写，以便与变量区分。

（3）固有常量

除了用 Const 语句定义常量之外，VBA 还自动定义了许多内部符号常量，即固有常量。它们主要作为 DoCmd 命令语句中的参数。通常，固有常量通过前两个小写字母来指明定义该常量的对象库，例如，来自 Access 的常量以“ac”开头，来自 VB 库的常量则以“vb”开头。在 VBE 中，通过选择“视图”→“对象浏览器”菜单命令打开“对象浏览器”对话框，从中可以查看所有可用对象库中的固有常量列表。

例如，vbRed 代表“红色”，vbCrLf 代表“回车换行符”等。

（4）系统定义常量

Access 系统包含一些启动时就建立的系统常量，如 True、False 和 Null 等。

3. 变量

与常量不同，变量在程序运行的过程中其值是可以发生变化的。

在程序中使用变量前，一般应先声明变量名及其数据类型，系统根据所做的声明为变量分配存储单元，在 VBA 中可以显式或隐式声明变量及其类型。

（1）显式声明变量

显式声明变量就是变量先定义后使用，定义的一般格式如下：

```
Dim 变量名 [As 数据类型]
Static 变量名 [As 数据类型]
Private 变量名 [As 数据类型]
Public 变量名 [As 数据类型]
```

Dim、Static、Private、Public 是关键字，说明这个语句是变量的声明语句。

[As 类型]：可以是 VBA 提供的各种标准类型名称或用户自定义类型名称。若省略“As 类型”，则所声明的变量默认为变体类型（Variant）。一条声明语句可同时定义多个变量，但每个变量必须有自己的类型声明，类型声明不能共用，变量声明之间用逗号分隔。

此外，还可把类型说明符放在变量名的尾部，标识不同类型的变量。例如：

```
Dim IntX As Integer, SngTotal As Single
```

上述语句等价于：

```
Dim IntX%, SngTotal!
Dim IntA, IntB As Integer, DblC As Double
```

上述语句定义了变体变量 IntA，整型变量 IntB 和双精度型变量 DblC。

（2）隐式声明变量

如果一个变量未经声明便直接使用，称为隐式声明。使用时，系统会默认该变量是变体类型（Variant）。

（3）强制声明

虽然系统允许变量未经声明便直接使用，但隐式变量声明不利于程序的调试和维护，所以是一种不好的编程习惯。为了避免使用隐式声明变量，可以使用“强制声明语句”（Option Explicit）规范变量的使用。

在程序开始处（即在代码窗口的“通用声明”部分）手动加入 Option Explicit 语句，如图 7-10 所示。或者在 VBE 窗口中选择“工具”→“选项”命令，在弹出的“选项”对话框中选择“编辑器”选项卡，选中“要求变量声明”选项，如图 7-11 所示，这样就可在任何新建模块的“通用声明”部分中自动加入 Option Explicit 语句。该语句之后的代码中，任何对变量的引用，均遵循“未定义的变量不能引用”的原则。

（4）变量的应用范围

在 VBA 编程中，随着变量定义的位置和方式不同，它存在的时间和所起的作用也有所不同，这就是变量的生命周期和作用域。

变量有如下 3 个范围级别：

① 局部范围：变量定义在模块的过程内部，过程执行时该变量才是可使用的。在子过程或者函数过程中使用 Dim 或 Static 关键字定义，或未经定义而直接使用的变量，作用范围

都是局部的。

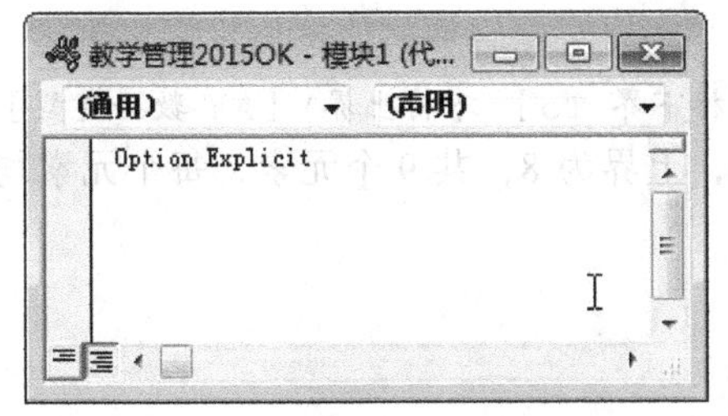

图 7-10　代码窗口的“通用声明”部分

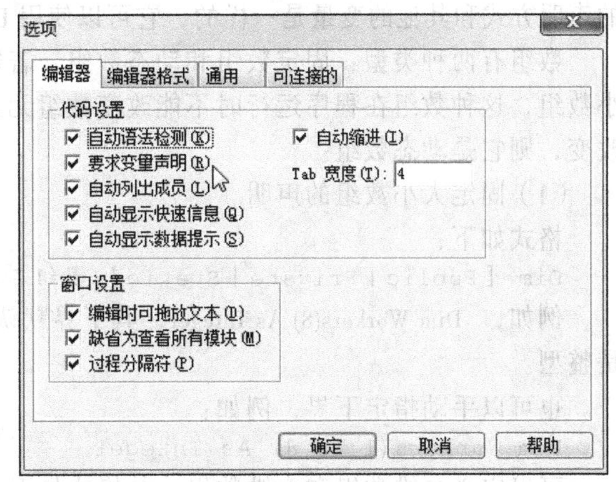

图 7-11　“选项”对话框

用 Dim 定义的局部变量只有在它所在的过程运行时才会有值，而 Static 定义的局部变量在整个程序运行期间均有值，所以它可以作为中间变量保存结果。

② 模块范围：变量定义在模块的所有过程之外的起始位置，运行时在模块所包含的所有子过程或者函数过程中可以使用。在模块（包括窗体、报表和标准模块）的变量定义区域（“通用声明”部分），用 Dim 或 Private 定义的变量是模块范围的。

③ 全局范围：变量定义在标准模块的所有过程之外的起始位置，运行时在所有模块的所有子过程或者函数过程中可以使用。在标准模块的变量定义区域（“通用声明”部分），用 Public 定义的变量是全局范围的。

（5）变量的生存周期

在给变量声明了应用范围后，变量有了一个生存周期，即变量保留数值的时间。具体地说，就是变量第一次（声明时）出现到消失时所持续的时间。

以 Dim 语句声明的局部变量的生存周期与子过程或者函数过程等长。

要在过程的实例间保留局部变量的值，可以用 Static 关键字代替 Dim 以定义静态变量。静态变量的生存周期和模块级别变量是一样的，但它的有效作用范围由其定义位置决定。

（6）数据库对象变量

Access 建立的数据库对象及其属性，均可以被看成 VBA 程序代码中的变量或值加以引用。例如，Access 中窗体与报表的引用格式为：

```
Forms! 窗体名称! 控件名称 [.属性名称]
```

或

```
Reports! 报表名称! 控件名称 [.属性名称]
```

关键字 Forms 或 Reports 分别代表窗体或报表对象集合，感叹号“!”分隔开对象名称和控件名称。若省略“属性名称”，则为控件基本属性。

如果对象名称中含有空格或标点符号，就要用方括号把名称括起来。

4. 数组

数组是一个由相同数据类型的变量构成的集合。数组中的变量也称为数组元素，可用数字下标来标识它们。

数组在使用之前应该加以声明，说明数据元素的类型、数组大小、数组的作用范围。数组的声明方式和其他的变量是一样的，它可以使用 Dim、Static、Private 或 Public 语句来声明。

数组有两种类型：固定数组和动态数组。若数组的大小在声明时被指定，则它是固定大小数组，这种数组在程序运行时不能改变数组元素的个数。若程序运行时数组的大小可以被改变，则它是动态数组。

（1）固定大小数组的声明

格式如下：

```
Dim [Public|Private|Static] 数组名([下标下界 To] 下标上界)[As 数据类型]
```

例如，Dim Workers(8) As Integer，其下界默认为 0，上界为 8，共 9 个元素，每个元素均是整型。

也可以手动指定下界，例如：

```
Dim Workers(1 To 8) As Integer
```

可以定义二维数组和多维数组，其格式如下：

```
Dim 数组名([下标 1 下界 To] 下标 1 上界,[下标 2 下界 To] 下标 2 上界 [,…])[As 数据类型]
```

例如：

```
Static Aa(19, 19) As Integer
Static Aa(1 To 20, 1 To 20) As Integer
```

（2）动态数组的声明

如果在程序运行之前不能肯定数组的大小，可以使用动态数组。

建立动态数组的步骤分为两步：

① 先声明空数组及数据类型。例如，Dim Aa( ) As Integer。

② 使用数组前再声明数组大小。例如，ReDim Aa(10)。

其中 ReDim 语句声明只能用在过程中，它是可执行语句，可以改变数组中元素的个数。但每次用 ReDim 配置数组时，原有数组的值全部清零，除非使用 Preserve 来保留以前的值。例如：

```
ReDim Preserve Aa(20)        '重新定义数组 Aa 为 20 个元素，保留以前的值
ReDim Aa(20)                 '重新定义数组 Aa 为 20 个元素，并初始化数组
```

7.1.4 运算符与表达式

VBA 编程语言提供了多种类型的运算符来完成对数据的各种运算和处理，主要包括 4 种类型的运算符：算术运算符、字符串运算符、关系运算符和逻辑运算符，分别可构成算术表达式、字符串表达式、关系表达式和逻辑表达式。

1. 算术运算符与算术表达式

算术运算符是用来进行数学计算的运算符。表 7-3 列出了这些运算符并说明了它们的作用（假设表中所用变量 x 为整型变量，值为 3）。

表 7-3 VBA 的算术运算符

运算符	含义	运算优先级	算术表达式例子	结果
^	乘方	1	x^2	9
–	负号	2	–x	–3

续表

运 算 符	含　　义	运算优先级	算术表达式例子	结　　果
*	乘	3	x*x*x	27
/	除	3	10/x	3.33333333333333
\	整除	4	10 \ x	3
Mod	取模	5	10 Mod x	1
+	加	6	10+x	13
–	减	6	x–10	–7

2．连接运算符与字符串表达式

连接运算符有两个：“&”和“+”。

（1）“&”用来强制两个表达式作字符串连接。

例如，"Visual Basic" & "6"的运行结果是"Visual Basic6"。

在字符串变量后使用运算符“&”时应注意，变量与运算符“&”间应加一个空格，如表达式 x & y 不能写成 x&y。

（2）当两个运算数都是字符串表达式时，“+”也可以用作字符串的连接。

例如，"Visual Basic""+6"的运行结果也是"Visual Basic 6"。但是为了避免混淆，增进代码的可读性，字符串连接运算符最好使用“&”。

3．关系运算符与关系表达式

关系运算符是双目运算符，也称为比较运算符，作用是将两个操作数进行大小比较。由操作数和关系运算符组成的表达式称为关系表达式。关系表达式的运算结果是一个逻辑值，若关系成立，返回 True；否则，返回 False。操作数可以是数值型、字符型。表 7-4 列出了 VBA 的关系运算符。

表 7-4　VBA 关系运算符

关系运算符	含　　义	关系表达式示例	运 算 结 果
=	等于	"ABCD"="ABR"	False
>	大于	"ABCD">"ABR"	False
>=	大于等于	"bc">="abcdef"	True
<	小于	23<3	False
<=	小于等于	"23"<= "3"	True
<>	不等于	"abc"<>"ABC"	True
Like	字符串匹配	"CDEF" Like "*DE*"	True
Is	对象引用比较		

使用关系运算符时需注意以下规则：

① 如果两个操作数是数值型，则按其大小比较。但对单精度或双精度数进行比较时，因为机器的运算误差，可能会得不到希望的结果。因此应避免直接判断两个浮点数是否相等，应改成对两个数误差的判断。

② 如果两个操作数是字符型，则按字符的 ASCII 码值从左到右一一比较，直到出现不同

的字符为止。例如：

```
"ABCDE" <>"ABCDC"                    结果为 True
"ABCDE" <"ABCDC"                     结果为 False
```

③ 关系运算符的优先级相同。

④ Like 运算符用来比较字符串表达式和 SQL 表达式中的样式，主要用于数据库查询。Is 运算符用于两个对象变量引用比较，Is 运算符还可在 Select Case 语句中使用。

4．逻辑运算符与逻辑表达式

逻辑运算又称为布尔运算，逻辑运算符的左右操作数要求为逻辑值。用逻辑运算符连接两个或多个逻辑量组成的式子称为逻辑表达式或布尔表达式。逻辑运算的结果是逻辑值 True 或 False。表 7-5 列出了 VBA 中的逻辑运算符、运算优先级等(表中 T 代表 True,F 代表 False)。

表 7-5　VBA 逻辑运算符

运 算 符	说　明	优 先 级	说　明	逻辑表达式	结　果
Not	取反	1	当操作数为假时，结果为真	Not F	T
And	与	2	两个操作数均为真时，结果才为真	T And F T And T	F T
Or	或	3	两个操作数有一个为真时，结果为真	T Or F F Or F	T F
Xor	异或	3	两个操作数为一真一假时，结果才为真	T Xor F T Xor T	T F
Eqv	等价	4	两个操作数相同时，结果才为真	T Eqv F F Eqv F	F T
Imp	蕴涵	5	第 1 个操作数为真，第 2 个操作数为假时，结果才为假，其余结果均为真	T Imp F T Imp T	F T

例如：

```
5>8                             '结果为 False
Not(5>8)                        '结果为 True
a<>b And False                  '不管 a,b 为何值，结果恒为 False
4<9 Or 1=2                      '结果为 True
5>2 Xor 8<3                     '结果为 True
5>2 Eqv 8<3                     '结果为 False
5>2 Imp True                    '结果为 True
```

算术运算符两边的操作数应是数值型，若是数字字符或逻辑型，则自动转换成数值型后再运算。

例如：

```
30-True                   '结果是 31，逻辑量 True 转换为数值-1，False 转为数值 0
False+10+ "4"             '结果是 14
```

5．表达式的运算顺序

表达式可能包含上面介绍的各种运算，计算机按规定的先后顺序对表达式求值。

(1) 表达式的运算顺序

运算顺序由高到低：函数运算→算术运算→关系运算→逻辑运算

例如，一个数值表达式的计算顺序如下：

```
x/sin (5 * x) ^ 3 * 6-4
↑  ↑       ↑     ↑   ↑   ↑
④ ②       ①     ③   ⑤   ⑥
```

又如，设 i=1,j=0,x=2,y=2，则下列逻辑表达式的运算顺序及最后所得的值为 True。

```
x=2   Or   Not   y>0  And  (x-y)/i  <>  0
  ↑    ↑    ↑     ↑    ↑     ↑  ↑    ↑
  ③    ⑧    ⑥     ④    ⑦     ①  ②    ⑤
True True False True False  0  0   False
```

（2）不同数据类型的操作数混合运算

在算术运算中，如果不同数据类型的操作数混合运算，则 VBA 规定运算结果的数据类型采用精度高的数据类型，即

```
Integer<Long<Single<Double<Currency
```

但当 Long 型数据与 Single 型数据运算时，结果为 Double 型数据。

（3）书写表达式时的注意事项

① 表达式要在同一行上书写成线性序列。例如，数学式子 $\frac{a+b}{c-d}$ 写成 VB 表达式应为 (a+b)/(c−d)。

② 乘号“ * ”不能省略，也不能用“ · ”代替。例如，2y 应写成 2 * y。

③ 括号可以改变运算顺序。表达式中只能使用圆括号，且可以嵌套，不能使用方括号和花括号。

7.1.5 常用标准函数

VBA 提供了大量内部的标准函数，可方便地完成许多操作。标准函数一般用于表达式中，其使用形式为

函数名（[〈参数 1〉][,〈参数 2〉][,〈参数 3〉] [,…]）

其中函数名必不可少，函数的参数放在函数后面的圆括号中，参数可以是常量、变量或表达式，可以有一个或多个，少数函数为无参函数。每个函数被调用时，都会返回一个具有特定类型的返回值。

VBA 的内部函数大体上可分为：转换函数、数学函数、字符串函数、时间/日期函数和随机函数等。

1. 转换函数

转换函数用于数据类型或形式的转换，包括整型、浮点型、字符串型之间以及与 ASCII 码字符之间的转换。

表 7-6 列出了 VBA 中的常用转换函数。

表 7-6 常用转换函数

函数名称	功能说明	示　例	示例结果
Str(Numerical)	将数值型数据转换成字符串型数据	Str(358)	" 358"
Val(String)	将数字字符串转换成数值型常数	Val("25.25.2868")	25.25
Chr(ASCIICode)	将 ASCII 码转换成字符串	Chr(97)	"a"
Asc(String)	将由一个字符组成的字符串转换成 ASCII 码值	Asc("C")	67

续表

函数名称	功能说明	示例	示例结果
Cint(Var)	将数值的小数部分进行四舍五入，然后返回一个整型数	Cint(23.512)	24
Fix(Var)	截去浮点数或货币型数的小数部分	Fix(217.92)	218
Int(Var)	将浮点型或货币型数转换为不大于参数的最大整数	Int(6.5) Int(-7.8)	6 -8
Ccur(Var)	将数值型量转换成货币型量，若参数小数部分多于 4 个，则将多出部分四舍五入	Ccur(123.56789)	123.5679
Lcase(String)	将大写字母转换为小写字母	Lcase("AbCdEF")	"abcdef"
Ucase(String)	将小写字母转换为大写字母	Ucase("AbCdEF")	"ABCDEF"

说明：（1）对 Str（ ）函数，若参数为正数，则返回字符串前有一前导空格，如表 7-5 中第 2 行的示例结果所示。

（2）对 Val（ ）函数，若参数字符串中包含"."，则只将最左边的一个"."转换成小数点；若参数字符串中包含有"+"或"−"，则只将字符串首的"+""−"号转换为正、负号；若参数字符串中还包含有除了数字以外的其他字符，则只将其他字符左侧的串转换成对应数值。例如，Val（"+3.14+2"）转换为 3.14，Val（"156B"）转换为 156。

（3）对 Chr（ ）函数，参数范围为 0～255，函数返回值为由一个字符组成的字符串。

（4）除上述转换函数外，VB 6.0 中还提供了 CDbl，CLng，CSng，CBool，CStr 等类型转换函数，其详细用法请查询联机帮助功能。

2．数学函数

VBA 中的数学函数与数学中的定义一致，但三角函数中的参数 x 以弧度为单位。

表 7-7 列出了 VBA 中的常用数学函数。

表 7-7 常用数学函数

函数名称	功能说明	示例	示例结果
Sin(x)	计算正弦值	Sin(0)	0
Cos(x)	计算余弦值	Cos(0)	1
Tan(x)	计算正切值	Tan(1)	1.5574077246549
Atn(x)	计算反正切值	Atn(1)	0.785398163397448
Log(x)	计算自然对数值，参数 $x>0$	Log(10)	2.3
Exp(x)	计算以 e 为底的幂	Exp(3)	20.086
Sqr(x)	计算平方根，要求参数 $x\geqslant 0$	Sqr(9)	3
Abs(x)	计算绝对值	Abs(-9)	9
Hex(x)	将十进制数值转换为十六进制数值或字符串	Hex(100)	"64"
Oct(x)	将十进制数值转换为八进制数值或字符串	Oct(100)	"144"
Sgn(x)	判断参数的符号	Sgn(5)	1

说明：（1）对函数 Tan(x)，当 x 接近 $+\dfrac{\pi}{2}$ 或 $-\dfrac{\pi}{2}$ 时，会出现溢出。

（2）对函数 Sgn(x)，当 $x>0$，返回值+1；当 $x=0$，返回值 0；当 $x<0$，返回值-1。

3. 字符串函数

字符串函数主要用于各种字符串处理。VBA 中字符串长度是以字为单位，也就是每一个西文字符和每个汉字都作为 1 个字，存储时占两个字节。这与传统概念有所不同，原因是编码方式不同。

VBA 中采用的是 Unicode 编码，使用国际标准化组织（ISO）的字符标准来存储和操作字符串。Unicode 是全部用两个字节表示一个字符的字符集。为了保持与 ASCⅡ码的兼容性，保留 ASCⅡ，仅将其字节数变为 2，增加的字节以零填入。表 7-8 列出了 VBA 中的常用字符串函数。

表 7-8　字符串函数

函 数 名 称	功 能 说 明	示　　例	示例结果
InStr([N],String1, String2,[M])	从字符串 String1 中的第 N 个字符开始找字符串 String2	InStr(2,"ABEfCDEFG","EF",0)	7
InStrRev(String1, String2,[N],[M])	与 InStr 函数的作用相似，只是从 String1 的尾部开始找 String2	InStrRev("ABCDEFGEFGH","EF")	8
Join(Array,[D])	将数组的各元素按指定的分隔符连接成字符串	Join(Array("123","ab","c"),"／")	"123/ab/c
Left(String,N)	取出字符串左边 N 个字符作为一个新的字符串	Left("ABCDEFG",3)	"ABC"
Len(String)	求字符串长度(即字符串的字符个数)	Len("AB 高等教育")	6
LenB(String)	求字符串存储时所占的字节数	LenB("AB 高等教育")	12
Ltrim(String)	去掉字符串左边的空格	Ltrim("ABCD")	"ABCD"
Mid(String,N1,N2)	从字符串的中间取子串	Mid ("ABCDEFG",2,3)	"BCD"
Right(String,N)	取出字符串右边的 N 个字符	Right("ABCDEFG",3)	"EFG"
Rtrim(String)	去掉字符串右边的空格	Rtrim("ABCD")	"ABCD"
Trim(String)	去掉字符串左右两边的空格	Trim("ABCD")	"ABCD"
Space(N)	产生 N 个空格组成的字符串	Space(3)	""
String(N,String)	产生由字符串的 N 个首字符组成的字符串	String(3, "ABCDEF")	"AAA"
StrReverse(String)	将字符串反序	StrReverse("ABCDEF")	"FEDCBA"

说明：（1）对函数 InStr ( )，要求参数至少有两个字符串型常量或变量或表达式。若省略 N，从头开始找；若有参数 N，则从 String1 的左端第 N 个字符开始找 String2。若参数 M=1，则在查找时不区分大小写，若 M=0 或 M 省略，则在查找时区分大小写。

注意：N 省略，则不能带参数 M。

返回值：若在 String1 中找到 String2，则返回 String1 中第一次和 String2 匹配的第 1 个字符的顺序号；若找不到，则函数返回 0。

（2）对函数 InStrRev( )，要求参数至少有两个字符串常量或变量或表达式。若省略 N，则从尾开始找，若有参数 N，则从 String1 的第 N 个字符开始向左端查找 String2。若参数

M＝1，则在查找时不区分大小写，若 M＝0 或 M 省略，则在查找时区分大小写。

返回值：若在 String1 中找到 String2，则返回 String1 中第一次和 String2 匹配的左端第 1 个字符的顺序号，若找不到，则函数返回 0。

（3）对函数 Join ( )，若省略 D，则将数组中各元素值顺序连接成字符串返回；若不省略 D，则按分隔符 D 将数组中各元素连接成字符串返回。

（4）对函数 Mid ( )，返回字符串 String 中从第 N1 个字符开始向右连续取 N2 个字符所组成的字符串。

4. 日期与时间函数

日期与时间函数主要是向用户显示日期与时间信息。表 7-9 列出了 VBA 中的常用日期与时间函数，其中的“DateString”表示日期字符串，“N | String”表示参数可以是数值或字符串，“TimeString” 表示时间字符串。日期的显示与 Windows“控制面板”中设置的日期格式一致。

表 7-9　日期与时间函数

函数名称	功能说明	示例	示例结果
Date[()]	返回系统的当前日期	Debug.Print Date	显示形式为：2010 05 22
Day(DateString)	返回日期值	Day("2010 5 22")	22
Month(DateString)	返回月份值	Day("2010,5,22")	10
MonthName(N | String)	返回月份名	MonthName(8) MonthName("8")	八月 八月
Year(DateString)	返回年号	Year("2010 5 20")	2010
Now	返回系统当前日期和时间	Debug.Print Now	显示形式为： "yyyy mm dd hh:mm:ss
"Time[()]	返回系统中的当前时间	Debug.Print Time	显示形式为： hh:mm:ss
Hour(TimeString)	返回小时	Hour("02:10:25")	2
Minute(TimeString)	返回分钟	Minute("02:10:25")	10
Second(TimeString)	返回秒	Second("02:10:25")	25
Weekday(DateString)	返回星期代号	Weekday("2006,9,25")	2(代表星期一)

对于函数 Weekday (DateString) 作如下说明：

参数 DateString 是一个日期字符串，函数返回值是整数（1～7），为星期代号，1 代表星期日，2 代表星期一，…，7 代表星期六。例如，执行语句：

```
Debug.Print Weekday("2001, 9, 25")
```

则输出结果：3（代表星期二）。

5. 随机函数

在测试、模拟及游戏程序中，经常使用随机数。VBA 的随机函数和随机语句就是用来产生这种随机数的。表 7-10 列出了 VBA 中随机函数及其功能。

表 7-10 随机函数及其功能

函 数 名 称	功 能 说 明	示 例	示 例 结 果
Rnd[(x)]	产生[0, 1)之间的随机数	Rnd	[0, 1)之间的单精度随机数
Randomize[(x)]	给随机函数 Rnd()重新赋予不同的种子	Randomize	

说明：(1)对随机函数 Rnd[(x)]，参数 x 可有，也可省去，参数 x 为随机数生成时的种子。

返回值：当 x>0 或省去参数时，以上一个随机数作为种子，产生序列中的下一个随机数；当 x≤0 时产生与上次相同的随机数。

例如：

```
Debug.Print Rnd(-2)                    '产生随机数：0.7133257
Debug.Print Rnd(2)                     '产生随机数：0.6624333
Debug.Print Rnd(-2)                    '产生随机数：0.7133257
Debug.Print Rnd(0)                     '产生随机数：0.7133257
Debug.Print Rnd                        '产生随机数：0.6624333
```

为了生成[A，B]范围内的随机整数，可使用公式：Int((B-A+1) * Rnd)+A。例如，Int(9 * Rnd)+1 产生[1，9]之间的随机整数。

(2)对随机数语句 Randomize[(x)]，Randomize 用 x 将 Rnd 函数的随机数生成器初始化，给它一个新的种子值；如果省略 x，则用系统计时器返回的值作为新的种子值。Rnd 函数将产生出不同的随机数序列。

如果没有使用 Randomize 语句，则无参数的 Rnd 函数将产生相同的随机数序列。

7.1.6 输入输出函数和过程

VBA 与用户之间的直接交互是通过 InputBox( )函数、MsgBox( )函数和 MsgBox 过程进行的。

1. InputBox( )函数

InputBox( )函数产生一个对话框，这个对话框作为输入数据的界面，等待用户输入数据或按下按钮，并返回所输入的内容。函数返回值是 String 类型(每执行一次 InputBox 只能输入一个数据)。

格式：`InputBox(prompt[,title][,default][,xpos][,ypos])`

参数说明：

(1)prompt：该项不能省略，是作为对话框提示消息出现的字符串表达式，最大长度为 1024 个字符。在对话框内显示 prompt 时，可以自动换行，如果想按自己的要求换行，则需插入回车、换行符进行分隔，即 Chr(13)+Chr(10)。

(2)title：作为对话框的标题，显示在对话框顶部的标题区。

(3)default：是一个字符串，用来作为对话框中用户输入区域的默认值，一旦用户输入数据，则该数据立即取代默认值，若省略该参数，则默认值为空白。

(4)xpos,ypos：是两个整数值，作为对话框左上角在屏幕上的点坐标，其单位为 twip(缇，即 1/1440 英寸)。若省略，则对话框显示在屏幕中心线向下约 1/3 处。

在由 InputBox 显示的对话框中，上述各参数的作用如图 7-12 所示。

下面用具体例子来说明：

```
Dim Prompt, Title, Default, MyValue              '说明各变量为可变类型
Prompt = "请输入0或1以代表硬币的正、反面:"      '设置提示信息
Title = "猜硬币"                                 '设置标题
Default = "0"                                    '设置输入区默认值
MyValue = InputBox(Prompt,Title,Default )  '对话框显示提示信息、标题及默认值
```

本例的完成效果如图 7-13 所示，用户的输入数据将作为字符串被赋予变量 MyValue。

图 7-12　InputBox 对话框（一）

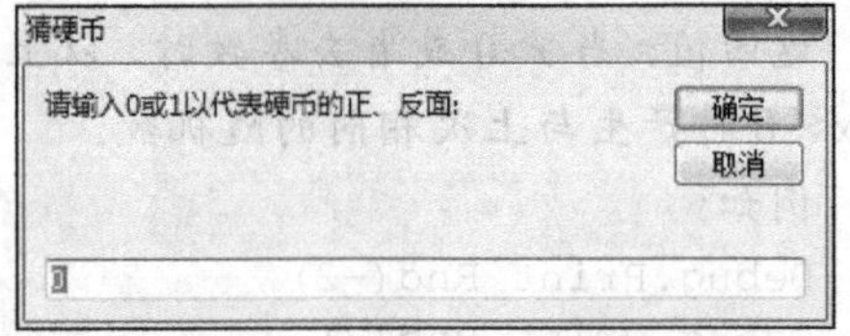

图 7-13　InputBox 对话框（二）

2. MsgBox()函数

MsgBox()函数可以向用户传送信息，并可通过用户在对话框上的选择，接收用户所作的响应，返回一个整型值，以决定其后的操作。

格式：MsgBox(msg[,type][,title])

参数说明：

（1）msg 参数与 InputBox 中的 prompt 参数定义相同。例如，M=MsgBox("时间已到")的执行结果如图 7-14 所示，单击“确定”按钮后，MsgBox 返回数值 1，并赋予变量 M。

图 7-14 “MsgBox”对话框

（2）type：指定显示按钮的数目及形式、使用的图标样式、默认按钮，以及消息框的强制返回级别等。该参数是一个数值表达式，是各种选择值的总和，默认值为 0。表 7-11 列出了 type 参数的设置值及其描述。

表 7-11　type 参数的设置值及其描述

符号常量	值	描　述
vbOkOnly	0	只显示“确定”按钮
vbOkCancel	1	显示“确定”及“取消”按钮
vbAbortRetryIgnore	2	显示“终止”“重试”及“忽略”按钮
vbYesNoCancel	3	显示“是”“否”及“取消”按钮
vbYesNo	4	显示“是”“否”按钮
vbRetryCancel	5	显示“重试”及“取消”按钮
vbCritical	16	显示图标
vbQuestion	32	显示图标
vbExclamation	48	显示图标
vbInformation	64	显示图标
vbDefaultButton1	0	第 1 个按钮是默认值
vbDefaultButton2	256	第 2 个按钮是默认值
vbDefaultButton3	512	第 3 个按钮是默认值

续表

符号常量	值	描述
vbDefaultButton4	768	第 4 个按钮是默认值
VbApplicationModal	0	应用程序强制返回，当前应用程序被挂起，直到用户对消息框作出响应才继续工作
vbSystemModal	4096	系统强制返回，系统全部应用程序都被挂起，直到用户对消息框作出响应才继续工作

第 1 组值（0～5）描述了对话框中显示的按钮的类型与数目。

第 2 组值（16，32，48，64）描述图标的样式。

第 3 组值（0，256，512，768）确定默认活动按钮。

第 4 组值（0，4096）决定消息框的强制返回值。

type 参数由上述每组值选取一个数字相加而成。参数表达式既可以用符号常数，也可以用数值，例如：

16 = 0+16+0 或 vbCritical：显示“确定”按钮，“×”图标，默认活动按钮为“确定”。

321=1+64+256 或 vbOkCancel+vbInformation+vbDefaultButton：显示“确定”和“取消”按钮，“i”图标，默认活动按钮为“取消”。

（3）title：是用来显示对话框标题的字符串。上述参数中，只有 msg 是必选的，若省略 type 参数，则对话框中仅显示一个“确定”命令按钮，且无显示图标，如果省略 title 参数，则以当前工程的名称作为对话框的标题。

MsgBox 函数的返回值是 1～7 的整数，或相应的符号常量，分别与对话框的 7 种命令按钮相对应，如表 7-12 所示。

表 7-12　MsgBox 函数的返回值

符号常量	值	命令按钮	符号常量	值	命令按钮
vbOk	1	确定	vbIgnore	5	忽略
vbCancel	2	取消	vbYes	6	是
vbAbort	3	终止	vbNo	7	否
vbRetry	4	重试			

3. MsgBox 过程

MsgBox 函数也可写成语句形式。

格式： `MsgBox [,type][,title]`

说明：各参数的含义及作用与 MsgBox 函数相同。由于 MsgBox 语句没有返回值，因此常被用于简单的信息显示。例如，MsgBox "请保存文件，系统即将关闭！"，执行后显示的消息框如图 7-15 所示。

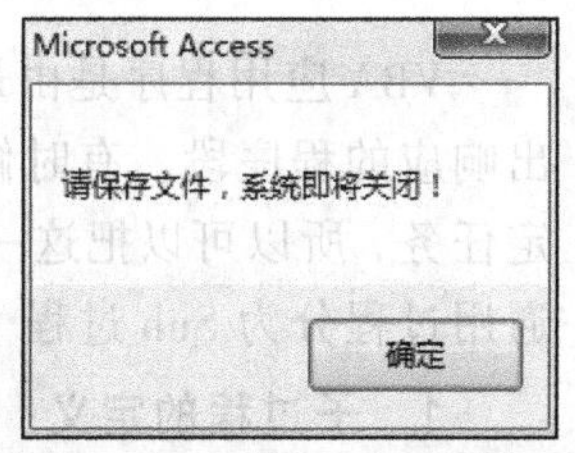

图 7-15　MsgBox 对话框

由 MsgBox()函数或 MsgBox 语句所显示的对话框有一个共同特点，即在出现对话框后，用户必须作出选择，即单击对话框中的某个按钮或按【Enter】键，否则不能执行其他任何操作，在 VBA 中，把这样的窗口（对话框）称为“模态窗口”（Modal Windows），如在 Windows 中“另存为…”对话框即是模态窗口。

与模态窗口相反，非模态窗口(Modeless Windows)允许对屏幕上的其他窗口进行操作，如“我的电脑”窗口即是如此。

7.2 模 块

模块是 Visual Basic 编程语言中的基本对象，编写的代码将放在模块的过程中。VBA 代码模块主要包括两种，一种是集成在窗体和报表中的模块，即窗体模块或报表模块；另一种就是相对于窗体或报表独立的对象，即标准模块。

7.2.1 类模块与标准模块

1. 类模块

类模块是可以定义新对象的模块，新建一个类模块就是创建了一个新对象，模块中定义的过程将变成该对象的属性和方法。

窗体模块和报表模块都属于类模块，它们从属于各自的窗体或报表。在“窗体”或报表设计视图环境下，可以用两种方法进入相应的模块代码网格区域：一是鼠标单击工具栏“代码”按钮进入；二是为窗体或报表创建事件过程时，系统自动进入相应的代码网格区域。

窗体模块和报表模块通常都含有事件过程，而过程的运行用于响应窗体或报表上的事件。使用事件过程可以控制窗体或报表的行为以及它们对用户操作的响应。

窗体模块和报表模块中的过程可以调用标准模块中已经定义好的过程。

窗体模块和报表模块具有局部特性，其作用范围局限在所属窗体或报表内部，而生命周期则是伴随着窗体或报表的打开而开始、关闭而结束的。

2. 标准模块

标准模块一般用于存放供其他 Access 数据库对象使用的公共过程。在 Access 系统中可以通过创建新的“模块”对象而进入其代码设计环境。

标准模块通常安排一些公共变量或过程，供类模块里的过程调用。在各个标准模块内部也可以定义私有变量和私有过程，仅供本模块内部使用。

标准模块中的公共变量和公共过程具有全局特性，其作用范围在整个应用程序里，生命周期是伴随着应用程序的运行而开始、关闭而结束的。

7.2.2 子过程与函数过程

VBA 应用程序是由过程组成的。事件过程构成了应用程序的主体，它是对发生的事件做出响应的程序段。有时候，多个不同的事件过程需要使用一段相同的程序代码，执行某个特定任务，所以可以把这一段程序代码独立出来，作为一个过程，这样的过程就称为通用过程。通用过程分为 Sub 过程（子过程）和 Function 过程（函数过程）。

1. 子过程的定义

子过程是一系列由 Sub 和 End Sub 语句所包含起来的 VBA 语句，只执行一个或多个操作，而不返回数值。

一般语法格式如下：

```
[Static] [Private | Public] Sub 子过程名([〈形参列表〉])
    语句块
    [Exit Sub]
    语句块
End Sub
```

说明:(1)子过程定义格式中"Sub 子过程名"和"End Sub"是必不可少的,子过程名的命名规则与变量命名规则相同。子过程由"Sub"开始定义,由"End Sub"结束,在这两者之间的程序便是完成某个功能的子过程体。

(2)Static:在过程名之前使用 Static,表示过程中的局部变量都是静态变量。当程序退出该过程时,局部变量的值仍然保留作为下次调用时的初值。Static 的说明对数组变量亦有效,但对动态数组则无论怎么定义均不可能为静态。

(3)Private:表示该过程为私有过程,只能被本模块中的其他过程访问,不能被其他模块中的过程访问。

(4)Public:表示该过程为公有过程,即可以被程序中所有模块调用。本窗体和其他窗体模块均可调用,但过程名必须唯一,否则必须在过程名前加上该过程所在的窗体名或模块名。

(5)形参列表:其他过程与本过程进行参数传递和交换的形式参数,当参数个数大于等于2时,则参数之间必须用","隔开。

(6)Exit Sub:在过程中的任意位置终止过程的运行而退出该过程时使用的语句。

(7)过程体内部不能再定义其他过程,但可以调用其他合法的过程,事件过程中也不允许定义子过程。

2. 函数过程的定义

函数过程通常情况下称为函数,是一系列由 Function 和 End Function 语句所包含的 VBA 语句。Function 过程和 Sub 过程很类似,但函数过程可以通过函数名返回一个值。

一般语法格式如下:

```
[Static] [Public | Private] Function 函数过程名 [<形参列表>] [As 类型]
    语句块
    …
    [Exit Function]
    …
    语句块
    [函数过程名 =〈表达式〉]
End Function
```

说明:(1)函数过程定义与子过程定义基本相同,子过程用 Sub…End Sub 定义,而函数过程定义由 Function … End Function 来实现。

(2)给函数名赋值:这是与子过程定义的不同之处。一般情况,程序员之所以定义一个函数过程,目的是为完成指定功能后,能返回一个值给调用程序,若无此目的则定义一个子过程,故函数过程定义一般应有一条语句给函数名赋值(即调用后的返回值),若不赋值则默认返回值为 0(数值型函数),或空串(字符串型函数),或空值(可变类型函数)。实际上函数名本是一个隐含的变量,故函数名可像变量一样在函数体内使用,其类型即为格式 As 类型中所定义的类型。

(3)与 Sub 一样,函数过程定义的函数体内不允许定义其他的函数过程和子过程。

3. 创建过程

子过程或函数过程既可以在标准模块中建立，也可以在窗体模块中建立。

（1）在 VBA 窗体代码编辑器或模块代码编辑器中单击“插入”→“过程”命令，即可弹出“添加过程”对话框，如图 7-16 所示。

（2）在“名称”右边的文本框中输入过程名称，如图 7-16 所示，“Test1”为过程名。

（3）在“类型”选项组中选择“子程序”或“函数”选项。

（4）确定所创过程是“私有的”还是“公有的”，在“范围”选项组中选择单选按钮之一。

（5）根据应用的需求，确定过程是否为静态，若选中“把所有局部变量声明为静态变量”复选框，则会在过程说明之前加上 Static 说明符。

设置示例如图 7-16 和图 7-17 所示。

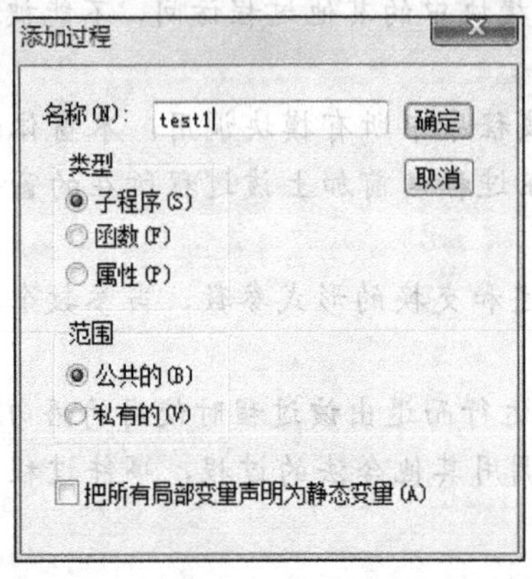

图 7-16 “添加过程”对话框（一）

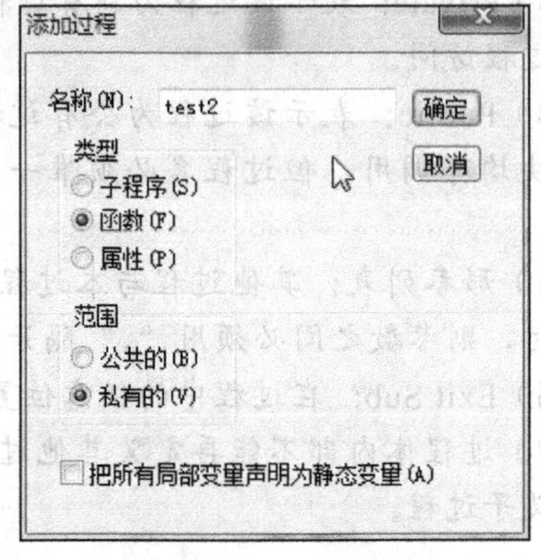

图 7-17 “添加过程”对话框（二）

（6）单击“确定”按钮，即可回到代码窗口，根据上述选择系统自动构造的过程框架，将录入光标定位在过程内第 1 行，如图 7-18 所示。

（7）可为过程添加形式参数及其类型声明、为函数过程的返回值添加类型声明。

（8）在 Sub … End Sub 之间或者在 Function … End Function 之间编写程序代码。

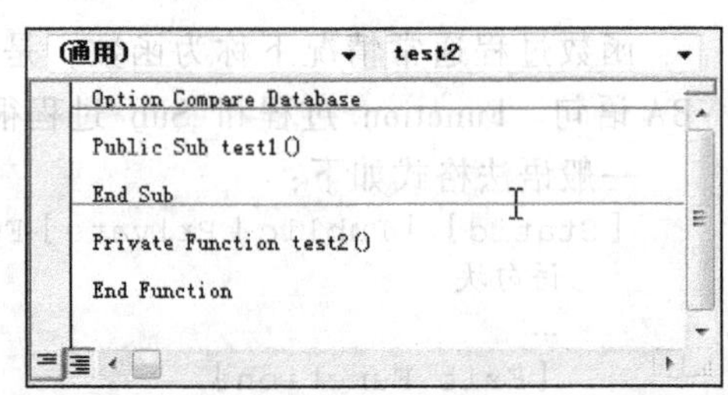

图 7-18 自动生成的过程框架和函数框架

创建子过程或函数过程的方法，除了上述使用菜单命令创建框架的方法外，也可以在代码编辑窗口中直接输入代码完成。

7.2.3 过程调用与参数传递

本节结合实例介绍子过程与函数过程的调用及参数传递。

1. 过程调用

（1）函数过程的调用

函数过程的调用与标准函数的调用相同，不能作为单独的语句使用，必须作为表达式或表达式中的一部分使用。调用格式如下：

函数过程名（[实参列表]）

说明："实参列表"是指与形参相对应的需要传递给函数过程的值或变量的引用(地址)，当参数多于 1 个时，它们之间与形参一样用逗号隔开。

（2）子过程的调用

子过程的调用有两种方式，语句格式分别为：

```
Call 子过程名 [（〈实参列表〉）]
子过程名　 [〈实参列表〉]
```

说明：第（1）种调用方式中，若有实参则须用括号括起，否则括号可省略。第（2）种调用方式中，不论是否有实参，都不用括号。

下面是上述两种调用方式的语句示例：

```
Call Test1(a,b)
Test1 a,b
```

【例 7-1】 设在一窗体上有文本框 Text0、命令按钮"C2"。编写程序，当单击"C2"按钮时，可从键盘输入长方形的长和宽，并在文本框中显示该正方形的面积。

方法一：编写求面积的函数过程，在命令按钮的单击事件过程中调用该函数过程，如图 7-19 所示，在函数过程中求解面积，再通过函数名返回到主调过程中并在文本框中显示。

方法二：编写求面积的子过程，在命令按钮的单击事件过程中调用该子过程，如图 7-20 所示，在子过程中求解面积，并在子过程中将其赋值给文本框。

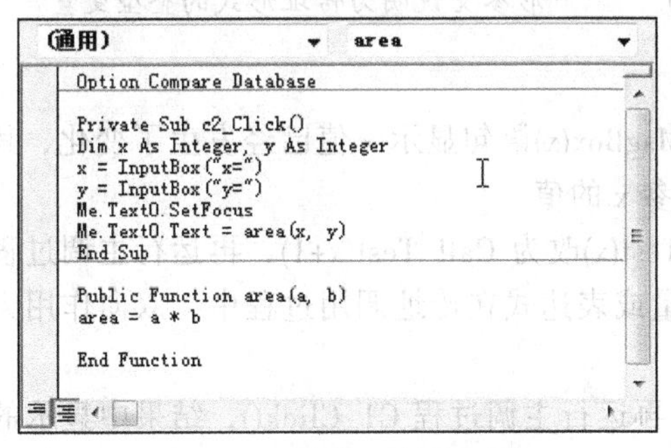

图 7-19　函数过程的调用

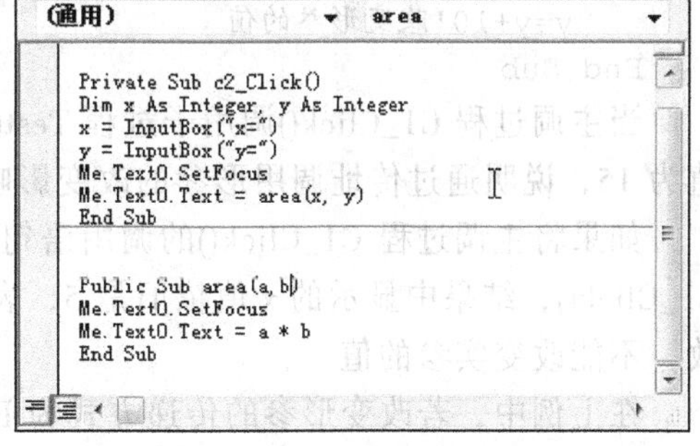

图 7-20　子过程的调用

2．参数传递

在调用过程中，一般主调过程和被调过程之间会有参数传递，即主调过程的实参传递给被调过程的形参。

（1）形式参数的定义

过程定义时可以设置一个或多个形参（形式参数的简称），多个形参之间用逗号分隔。其中每个形参的一般定义如下：

```
[ByVal | ByRef]形参名[()][As 类型名]
```

VBA 允许用两种不同的方式在过程之间传递参数。在子过程或函数过程的定义部分，可以指定参数列表中变量的传递方式：ByRef（按地址传递）或者 ByVal（按值传递）。

① ByRef（按地址传递）：这是 VBA 在过程间传递变量的默认方法。ByRef 是指按地址传递变量，即传递给被调用过程的是原变量的引用，这就使形参和实参指向同一个内存单元。因此，如果在被调用过程中改变了该变量值，其变化就会反映到调用过程中的那个变量，因为它们实际上是同一个变量。

② ByVal（按值传递）：ByVal 关键字表示按值传递变量，被调用过程获得的就是该变量的独立副本，即形参得到的是实参的副本。因此，改变被调用过程中该变量（形参）的值不会影响调用过程中该变量（实参）原来的值。

（2）调用时的参数传递

含参数的过程被调用时，主调过程中的调用式必须提供相应的实参，并通过实参向形参传递的方式完成操作。

实参可以是常量、变量或表达式。实参与形参的数目、类型以及顺序，都应一致。

如果在过程的定义时形参用 ByVal 声明，说明此参数为传值调用；若形参用 ByRef 声明，说明此参数为传址调用；没有说明传递类型，则默认为传址调用。

【例 7-2】创建有参过程 Test()，通过主调过程 C1_Click()被调用，观察实参值的变化。主调过程 C1_Click()：

```
Private Sub C1_Click()
    Dim x As Integer
    x=5
    Call Test(x)                          '以 x 作为实参调用 Test 子过程
    MsgBox(x)                             '显示 x 值
End Sub
```

被调子过程 Test()：

```
  Public Sub Test(ByRef y As Integer)     '形参 x 说明为传址形式的整型变量
    y=y+10'改变形参的值
End Sub
```

当主调过程 C1_Click()调用子过程 Test()后，MsgBox(x)语句显示 x 值已经发生了变化，其值为 15，说明通过传址调用形参的改变影响了实参 x 的值。

如果将主调过程 C1_Click()的调用语句 Call Test(x)改为 Call Test(x+1)，再运行主调过程 C1_Click()，结果中显示的 x 值依旧是 5，表明常量或表达式在传址调用过程中，双向作用无效，不能改变实参的值。

在上例中，若改变形参的传递方式为 ByVal，再运行主调过程 C1_Click()，结果中显示的 x 值依旧是 5，说明传值方式不改变实参的值。

7.3 语　　句

一个语句是能够完成某项操作的一条命令。VBA 程序就是由大量的语句构成的。VBA 程序语句按照其功能不同分为两大类型：一是声明语句，用于给变量、常量或过程定义命名；二是执行语句，用于执行赋值操作，调用过程，实现各种流程控制。执行语句又分为 3 种结构：顺序结构、分支结构和循环结构。

7.3.1 顺序语句

顺序结构是根据程序语句的上下顺序来运行语句。

1. VBA 语句书写规则

每一种高级程序设计语言源程序代码的书写都有一定的规则，以便于程序的阅读。

（1）VBA 源代码不区分字母的大小写

在代码窗口中，VBA 对用户输入的程序代码进行自动转换，以提高程序的可读性。

VBA 关键字的首字母总被转换成大写，其余字母被转换成小写。若关键字由多个英文单词组成，每个单词的首字母都将被转换成大写。

对用户自定义的变量、过程名，VBA 以第一次定义为准，以后输入时 VBA 自动向首次定义的转换。

（2）语句书写自由

在同一行可以写多个语句，语句间用冒号“:”分隔；一个语句可分为若干行书写，但须在行后加续行标志(空格加下画线“_”)。

2. VBA 的基本语句

在一个程序中，最基本的语句是赋值语句、注释语句和结束语句。

（1）赋值语句

用赋值语句可以把指定的值赋给某个变量或某个带有属性的对象，它是为变量和控件属性赋值的主要方法。

语句格式：目标操作符=源操作符

语句功能：把源操作符的值赋给目标操作符。

其中“源操作符”包括变量（简单变量及下标变量）、表达式、常量及带有属性的对象；“目标操作符”指的是变量和带有属性的对象；“=”称为赋值号。

例如：

```
Data=15                         '把数值常量 15 赋给变量 Data
x=x+1                           '把变量 x 的值加上 1 后再赋给 x
S="Welcome"                     '把字符串常量赋给字符串变量 S
```

（2）注释语句

注释语句用来对程序或程序中某些语句作注释。适当添加注释有利于程序的维护，在代码窗口中注释默认以绿色文字显示。

以关键字 Rem 开头引导的注释内容，可以添加到程序的任意位置；以撇号“'”开头引导的注释内容，可以直接出现在语句后面。例如：

```
'This is a VBA Program
Rem 计算图的面积
```

（3）结束语句

程序运行时，遇到结束语句就终止程序的运行。

语句格式为：End

End 语句提供了一种强迫中止程序的方法。VBA 程序正常结束应该卸载所有的窗体。只要没有其他程序引用该程序公共类模块创建的对象并无代码执行，程序将立即关闭。

End 语句除用来结束程序外，在不同环境下还有其他一些用途，包括：

```
End Sub                '结束一个 Sub 过程
End Function           '结束一个 Function 过程
End If                 '结束一个 If 语句块
End Type               '结束记录类型的定义
End Select             '结束情况语句
```

当在程序中执行 End 语句时，将终止当前程序，重置所有变量，并关闭所有数据文件。

7.3.2 条件语句

条件结构根据条件表达式的值来选择程序的运行语句。

1. 单行结构条件语句

格式：If〈条件〉Then〈语句 1〉[Else 〈语句 2〉]

功能：如果“条件”成立(其值为 True 或非 0 值)，则执行“语句 1”；否则，执行“语句 2”。其中“条件”通常是关系表达式或逻辑表达式，“语句 1”和“语句 2”既可以是简单语句，也可以是用冒号分隔的复合语句。例如：

```
If x>y Then z=x-y Else z=y-x
```

当“Else〈语句 2〉”省略时，If 语句简化为：

```
If〈条件〉Then〈语句〉
```

功能：条件成立执行语句(序列)，否则执行下一行语句。

2. 块结构条件语句

单行结构条件语句中，如果条件分支执行的操作比较复杂，不能在一行书写完毕，可以使用块结构条件语句。块结构条件语句格式如下：

```
If 〈条件 1〉 Then
      〈语句块 1〉
 [ElseIf 〈条件 2〉 Then
      〈语句块 2〉]
 [ElseIf 〈条件 3〉 Then
      〈语句块 3〉]
……
 [Else
      〈语句块 n〉]
End If
```

块结构条件语句的功能是：若“条件 1”为 True,执行“语句块 1”；否则若“条件 2”为 True，执行“语句块 2”……若上述条件均不成立，则执行“语句块 n”。

比较两种结构的条件语句，应注意其各自的特点，现作如下说明：

(1)条件语句中的“条件”不但可以是逻辑表达式或关系表达式，还可以是数值表达式。在 VB 中，通常把数值表达式看成是逻辑表达式的特例：非 0 值表示 True，0 值表示 False。

(2)“语句块”中的语句不能与 Then 在同一行上，否则 VBA 认为这是一个单行结构的条件语句。

(3)块结构条件语句，必须以 End If 结束，而单行结构的条件语句不需要 End If。

(4)当省略 ElseIf 子句和 Else 子句时，块结构条件语句简化为：

```
If 〈条件〉 Then
    〈语句块〉
End If
```

完全可替代单行结构的条件语句：

```
If 〈条件〉 Then 〈语句(序列)〉
```

例如，可以把上面的行 If 语句用块 If 语句表示如下：

```
If x>y Then
   z=x-y
```

```
Else
   z=y-x
End If
```

3. 多分支结构

在 VBA 中，使用情况语句实现多路分支程序设计，比用 If 语句更为简单和结构清晰。其一般格式为：

```
Select Case 〈测试表达式〉
   Case 〈表达式表列 1〉
       [〈语句块 1〉]
   [Case〈表达式表列 2〉
       [〈语句块 2〉]]
   ……
   [Case Else
       [〈语句块 n〉]]
End Select
```

情况语句以 Select Case 开头，以 End Select 结束，其功能是根据“测试表达式”的值，从多个语句块中选择符合条件的一个语句块执行。

说明：(1) 情况语句的执行过程是：先对“测试表达式”求值，然后顺序测试该值与哪一个 Case 子句中的“表达式表列”相匹配；一旦找到了，则执行该 Case 分支的语句块，然后把控制转移到 End Select 后面的语句块；如果没找到，则执行 Case Else 分支的语句块，然后把控制转移到 End Select 后面的语句块。

(2)“测试表达式”可以是数值表达式或字符串表达式，通常为变量或常量。

(3) 每个 Case 子句中的语句块可以是一行或多行 VBA 语句。

(4)“表达式表列”中的表达式必须与测试表达式的类型相同。

(5)“表达式表列”称为域值，可以是下列形式之一：

①〈表达式 1〉[，〈表达式 2〉…]

也称为枚举形式，当“测试表达式”的值与其中之一相同时，就执行该 Case 子句中的语句块。例如：

```
Case 2,4,6,8,10
```

②〈表达式 1〉 To 〈表达式 2〉

当“测试表达式”的值落在表达式 1 和表达式 2 之间时(含表达式 1 和表达式 2 的值)，则执行该 Case 子句中的语句块。书写时，必须把较小值写在前面。例如：

```
Case 2 To 10
```

③ Is〈关系表达式〉

当“测试表达式”的值满足“关系表达式”指定条件时，执行 Case 子句中的语句块。例如：

```
Case Is>18*a                    '若“测试表达式”的值大于 18*a 的值
Case Is=5                       '若测试表达式的值等于 5
Case Is>5, -1 To 2              '若“测试表达式”的值大于 5 或在-1～2 之间(含-1 和 2)
```

注意：此处关系表达式只能是简单条件，不能为组合条件。

例如：

```
Dim Score As Integer, StrX As String
Score=Val(InputBox("请输入成绩: "))
```

```
Select Case Score
     Case 0 To 59
        StrX="不及格"
     Case 60 To 69
        StrX="及格"
     Case 70 To 79
        StrX="中等"
     Case 80 To 89
        StrX="良好"
     Case 90 To 100
        StrX="优秀"
     Case Else
        MsgBox "不是 0～100 的整数", "错误提示"
End Select
```

注意：情况语句的条件判断是从上往下依次进行的，所以应注意〈表达式〉的书写顺序，以确保程序的正确性。

4. IIf 函数和 Choose 函数

（1）IIf 函数

IIf 函数用于执行简单判断及相应处理，IIf 是“Immediate If”的简写。

格式：IIf(条件，True 部分，False 部分)

功能：当“条件”为真时，返回 True 部分的值为函数值；当“条件”为假时，返回 False 部分的值为函数值。

说明：（1）“条件”是逻辑表达式或关系表达式。

（2）“True 部分”或“False 部分”是表达式。

（3）“True 部分”和“False 部分”的返回值类型必须与结果变量类型一致。

（4）IIf 函数与 If … Then … Else 的执行机制类似，如表 7-13 所示。

表 7-13 If 语句与 IIf 函数的比较

示　例	If … Then … Else	IIf 函数
1	If x=0 Then y=0 Else y=1/x	y=IIf(x=0,0,1/x)

2	d= b * b – 4 * a * c
	If d>=0 then
	Debug.Print "此方程有解"
	Else
	Debug.Print "此方程无实解"
	End If
		d= b * b–4 * a * c
		Debug.Print IIf(d>=0, "此方程有解", "此方程无实解")

（2）Choose 函数

Choose 函数可代替 Select Case 语句，适用于简单的多重判断场合。

格式：Choose(变量，值为 1 的返回值，值为 2 的返回值，…，值为 n 的返回值)

功能：当变量的值为 1 时，函数值为“值为 1 的返回值”，当变量的值为 2 时，函数值为“值为 2 的返回值”……当变量的值为 n 时，函数值为“值为 n 的返回值”。

说明：（1）变量的类型为数值型。

（2）当变量的值是 1～*n* 的非整数时，系统自动取整。

（3）若变量的值不在 1～*n* 之间，则 Choose 函数的值为 Null。

例如， op=Choose(Nop，"＋"，"－"，"×"，"÷")，则当 Nop 值为 1 时，op="＋"；当 Nop 值为 2 时，op="－"，依此类推，若 Nop 值落在[1,4]区间外时，op 值为 Null。

5. 嵌套的选择结构

在块结构条件语句中，若“语句块”本身又包含条件语句结构，则称为条件语句嵌套。

【例 7-3】给出 *a,b,c* 的值，问它们能否构成三角形的 3 边。如能构成三角形，计算出此三角形的面积。

例题解析：若 *a,b,c* 能构成三角形的 3 个边则必定有下列条件同时成立：

（1）$a>0,b>0,c>0$，即 *a,b,c* 均为正数。

（2）$a+b>c,b+c>a,c+a>b$，即三角形任意两条边之和大于第三边。

程序如下：

```
  Dim a As Single,b As Single,c As Single
  Dim p As Single,s As Single                    'p 为边长变量，s 为面积变量
  a=Val(InputBox("请输入第 1 个数"))
  b=Val(InputBox("请输入第 2 个数"))
  c=Val(InputBox("请输入第 3 个数"))
  Flag=0                                         '设标志位 Flag=0 不能构成三角形
  If a>0 And b>0 And c>0 Then
  If a+b>c And b+c>a And a+c>b Then
     Flag=1
     p=(a+b+c)/2
     s=Sqr(p*(p-a)*(p-b)*(p-c))
     Debug.Print "三角形的三边长和面积依次为"; a,b,c,s
  End If
End If
If Flag=0 then Debug.Print "这 3 个数不能构成三角形的 3 个边"
```

7.3.3 循环语句

在程序执行过程中，常常要用到循环结构。所谓循环是指对同一个程序段重复执行若干次，被重复执行的部分称为循环体，由若干语句构成。在 VBA 中有两种类型的循环语句：计数型循环语句，条件型循环语句。

1. For...Next 循环

For...Next 循环是计数型循环语句，常用于循环次数已知的程序结构中，一般格式如下：

```
For 〈循环变量〉=〈初值〉 To 〈终值〉 [Step〈步长〉]
   [〈循环体〉]
[Exit For]
Next [〈循环变量〉]
```

功能：For 循环按确定的次数执行循环体，该次数是由循环变量的初值、终值和步长确定的。

例如：

```
For i=1 To 10 Step 2
   Debug.Print i
Next i
```

该程序段循环变量 i 依次取值为 1，3，5，7，9，共执行 5 次 Print i 语句。

说明：（1）循环变量：是一个数值型变量(简单变量)。

（2）初值、终值和步长：均是数值表达式，其值若是实数，则自动取整。

当初值≤终值时，步长应为正数；反之，应为负数。步长为 1 时，可略去不写，步长不应等于 0，否则构成死循环。

（3）循环体：是需重复执行的语句，可以是一条语句或多条语句。

（4）Exit For：用于强行退出循环。一般情况下，当循环变量取值超过终值时，结束循环。

（5）Next：循环终端语句。在其后面的“循环变量”与 For 语句中的“循环变量”必须相同。

（6）循环次数的计算公式为：

循环次数=Int(终值-初值/步长)+1

【例 7-4】求自然数 n 的阶乘。

程序代码如下：

```
k=1
For i=1 To n                    '利用循环控制变量 i 取得下一个被乘数进行连乘
  k=k * I
Next i
```

2. While...Wend 循环

While...Wend 循环又称为当循环语句，属条件型循环。根据某一条件进行判断，决定是否执行循环，一般格式如下：

```
While 条件
  [循环体]
Wend
```

功能：当给定的“条件”为 True 时，执行循环体。

说明：（1）While...Wend 循环语句先对“条件”进行测试，然后才决定是否执行循环。

（2）如果“条件”总是成立，则不停地执行循环体，构成死循环。因此在循环体中应包含有对“条件”的修改操作，使循环能正常结束。

【例 7-5】求 100 以内自然数的和。

程序代码如下：

```
Dim s As Integer, n As Integer
s=0
n=1
While n<=100
   s=s+n
   n=n+1
Wend
```

3. Do...Loop 循环

Do...Loop 循环也是根据条件决定循环的语句。其构造形式较灵活：既可以指定循环条件，也能够指定循环终止条件。

格式 1：
```
Do [While|Until〈条件〉]
        [〈循环体〉]
        [Exit Do]
Loop
```
格式 2：
```
Do
        [〈循环体〉]
        [Exit Do]
Loop [While|Until〈条件〉]
```
功能：当循环“条件”为真(While 条件)或直到指定的循环结束“条件”为真之前(Until〈条件〉)重复执行循环体。

说明：（1）While 是当条件为 True 时执行循环，而 Until 则是在条件变为 True 之前重复。

（2）当只有 Do 和 Loop 两个关键字时，其格式简化为：
```
Do
    [〈循环体〉]
Loop
```
此时，为使循环能正常结束，循环体中应有 Exit Do 语句。

（3）在格式 1 中，While 和 Until 放在循环的开头是先判断条件，再决定是否执行循环体的形式。

（4）在格式 2 中，While 和 Until 放在循环的末尾，是先执行循环体，再判断条件，以决定是重复循环还是终止循环。

【例 7-6】用 Do...Loop 先判断条件，求 100 以内自然数的和。

程序代码如下：
```
Dim s As Integer, n As Integer
s=0
n=1
Do While n <=100
    s=s+n
    n=n+1
Loop
```
或改为用 Until 判断条件，程序代码如下：
```
Dim s As Integer, n As Integer
s=0
n=1
Do Until n>100
    s=s+n
    n=n+1
Loop
```
在上述 3 种循环语句中，循环体中均可以再包含循环语句，即循环语句是允许嵌套的。但是，循环语句不允许交叉。

7.4 事 件

Access 2010 中的事件是由用户的某些操作引起的。Access 采用事件驱动编程机制，其中的对象可以对多种类型的事件做出响应。在 Access 中，事件常作为特定对象的属性存在。

在 Access 中，将事件分为以下 7 类：

① Windows 事件（窗体或报表事件）：包括打开、关闭或调整大小等事件。

② 键盘事件：按下或松开一下键的事件。

③ 鼠标事件：单击、双击或按下鼠标等事件。

④ 焦点事件：激活、输入或退出。

⑤ 数据事件：使某记录成为当前记录，以及完成、删除或更新等。

⑥ 打印事件：格式化或打印。

⑦ 错误与定时事件：在出现一个错误或过去一些时间后发生。

Access 中最常用的事件是鼠标和键盘事件，窗体和大多数的控件都能够识别键盘和鼠标事件。Access 通过特殊的窗体和控件属性对事件做出响应，报表中有一组类似的事件是专为报表的特殊要求设计的。在 Access 中，事件过程是通过对象的事件属性运行的，值得注意的是，在表和查询中没有事件属性。

7.4.1 创建窗体事件

在 Access 2010 中，较常用的窗体事件见表 7-14。

表 7-14 较常用的窗体事件

事 件	触 发 条 件
打开	打开窗体，且第一条记录未显示时
加载	窗体被载入内存，但未打开时
激活	打开的窗体获得焦点，成为当前活动窗体时
成为当前	移动到一条新的记录并使该条记录成为当前记录时
插入前	首次输入数据到一条新记录之后，在实际创建该记录之前
插入后	创建新记录之后
更新前	修改的数据在记录中更新之前
更新后	修改的数据在记录中更新之后
单击	单击窗体或控件后
有脏数据时	修改记录时
删除时	删除记录时，注意应在删除之前
卸载	关闭窗体和卸载记录，并在窗体消失在屏幕上之前
关闭	窗体被关闭，从屏幕上消失时

下面以禁止用户删除表中的数据记录为例介绍如何创建窗体事件，具体操作方法如下：

（1）在设计视图中打开“学生信息表”。

（2）单击“属性表”按钮，如图 7-21 所示。

（3）在下拉列表框中选择“窗体”选项，单击“事件”标签，单击“删除”选项右侧的…按钮，如图 7-22 所示。

图 7-21　单击“属性表”按钮

（4）选择“代码生成器”选项，如图 7-23 所示。

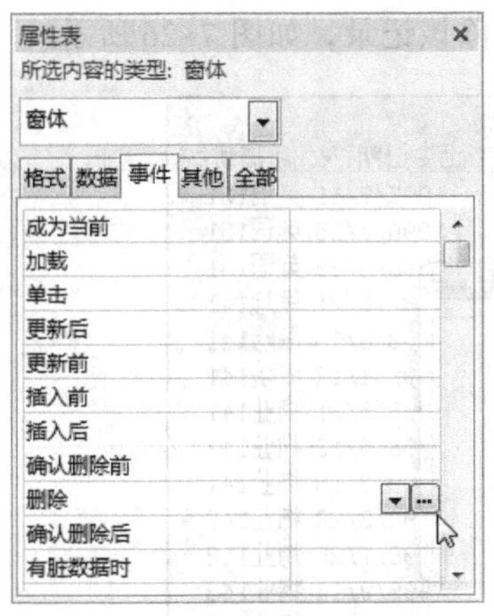

图 7-22　设置“删除”属性

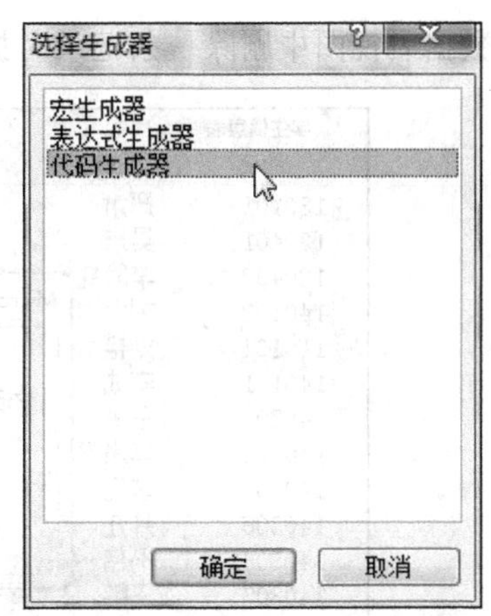

图 7-23　选择“代码生成器”选项

（5）打开 VBA 编辑器，自动创建窗体“删除”过程，在过程中添加代码，如图 7-24 所示。

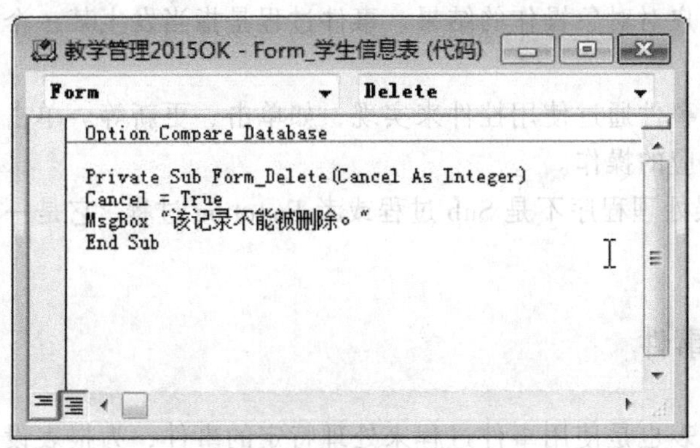

图 7-24　添加事件代码

（6）在窗体名称标签上右键单击，选择“数据表视图”选项，如图 7-25 所示。

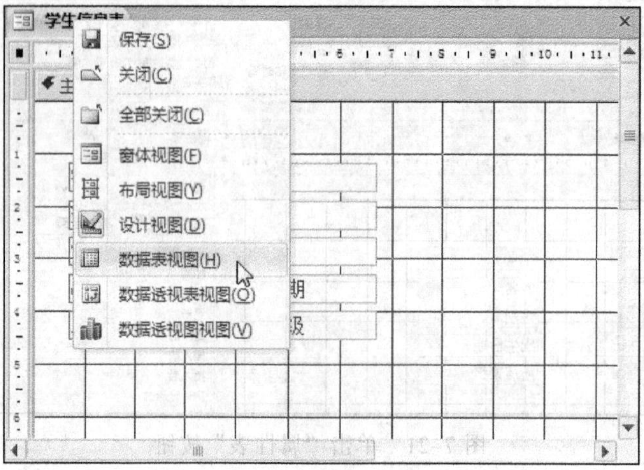

图 7-25 选择“数据表视图”

（7）在数据表视图中删除一条记录时提示不能删除该记录，如图 7-26 所示。

图 7-26 提示记录不能被删除

事件通常是指用户对对象操作的结果。事件过程是指当发生某一个事件时，对该事件做出反应的程序。

窗体中的大多数事件通过使用控件来实现，如单击、更新等。单击已经设置好事件属性的控件，即可执行相应的操作。

在 VBA 中，错误处理程序不是 Sub 过程或者 Function 过程，它是一段用行标签或者行号标记的代码。

7.4.2 创建报表事件

与窗体一样，报表也是使用事件过程来处理特定的事件，为报表设置事件属性后，无论何时打开、关闭或打印报表都会运行相应的代码。

在 Access 2010 中，较常用的报表事件见表 7-15。

表 7-15　常用的报表事件

事　件	触 发 条 件
打开	在打印之前打开报表
激活	报表成为当前活动窗口时
关闭	报表被关闭，并且在屏幕上消失之前
停用	报表失去焦点，其他窗口成为当前活动窗口时
打印页前	报表换页时
无数据	当没有数据传递给打开的报表时
出错	当 Access 产生运行错误时

有些报表事件和窗体事件基本上是相同的，对于简单的细节工作，如打开、关闭窗体或报表等，使用宏是一种很快捷的方法。

7.5　VBA 代码调试与运行

7.5.1　程序的运行错误处理

1. 错误类型

编写应用程序时，必须考虑出现错误时如何处理。有两个原因会导致应用程序中出错：

① 在运行应用程序时某个条件可能会使原本正确的代码产生错误。例如，如果代码尝试打开一个不存在的数据表，就会出错。

② 代码可能包含不正确的逻辑，导致不能运行所需的操作。例如，如果在代码中试图将数值被 0 除，就会出现错误。

可以把错误分成 4 种类型：语法错误、编译错误、运行错误和逻辑错误。

（1）语法错误

语法错误最常见，通常是由于输入错误而造成的，如 test 手误为 text 等。如果某条语句有语法错误，该语句在代码窗口中会显示为红色字，用户只要根据错误消息提示改正错误即可。

（2）编译错误

VBA 在编译代码过程中遇到问题时就会产生编译错误，如代码中的 Do 与 Loop 没有成对出现等。出现编译错误时，会出现出错提示对话框，出错的那一行用高亮显示，同时停止编译。此时需要单击“确定”按钮，关闭出错提示对话框才能对出错行进行修改。

（3）运行错误

运行错误发生在程序运行时，主要因非法运算引起，如被 0 除、打开或关闭并不存在的文档、关闭未打开的文档等。

（4）逻辑错误

如果在程序运行结束后没有得到所期望的结果，则说明程序中存在着逻辑错误，如因循环控制变量设置不当造成的死循环等。逻辑错误一般不显示任何错误消息，所以不能提供错误线索及发生的位置，需要仔细分析程序语句发现错误。

2．设置错误陷阱的 4 条语句

如果程序中没有设置任何错误处理的代码，那么程序运行出错时 VBA 将停止运行并显示一条出错消息。因此，通过把完整的错误处理例程包含在代码中来处理可能产生的所有错误，可以预防许多问题。

在 VBA 中，一般通过设置错误陷阱来纠正运行中的意外错误，即在代码中设置一个捕捉错误的转移机制，一旦出现错误，便无条件地转移到指定位置执行。Access 提供了以下几个语句来构造错误陷阱：

① On Error Goto 语句：当错误发生时，控制程序的处理。该语句的使用格式有以下几种：

```
On Error Goto 标号
On Error Resume Next
On Error Goto 0
```

“On Error Goto 标号”语句指定了当发生运行期间错误时，控制程序转移到指定的标号位置来执行。“标号”后面的代码一般为错误处理程序。一般用法是：“On Error Goto 标号”语句放在过程的开始，错误处理程序代码放在过程的最后。

“On Error Resume Next”语句指定了当发生运行期间错误时，忽略错误继续执行下一行语句。

“On Error Goto 0”语句用于关闭错误处理。

② Err 对象：返回错误代码。在程序运行发生错误后，Err 对象的 number 属性返回错误代码。

③ Error()函数：该函数返回出错代码所在的位置或根据错误代码返回错误名称。

④ Error 语句：该语句用于错误模拟，以检查错误处理语句的正确性。

在实际编程中，要对程序的运行操作有预见性，并采用相应的处理方法(用代码实现)，尽量避免运行时发生错误，而上述错误处理机制只能作为错误处理的一个补充。

7.5.2 程序的调试

为避免程序运行错误的发生，在编码阶段要对程序的可靠性和正确性进行测试与调试。VBA 编程环境提供了一套完整的调试工具与调试方法，利用这些工具与方法，可以在程序编码调试阶段快速地找到问题所在，使编程人员及时修改并完善程序。

1．测试内容

① 测试代码，检查它是否正确。为确保代码能够正常运行，必须在指定时间周期内，采用不同的样本数据运行。

② 如果代码没有按照预想方式正常作用，则需要调试该代码。可以用 VBA 提供的调试工具调试代码。

③ 尽力模拟代码运行的不同环境，并检查其正确性，重点是检查代码的可移植性。

④ 在成功地测试了代码之后，可以对观察到的现象进行存档，如代码未正常运行的某些特殊环境。

2．调试工具

要想知道代码中的变量和表达式是否按照预想的方式运行，可以使用 VBA 中的各种调试工具跟踪它们。VBA 的调试工具栏如图 7–27 所示，其中各个按钮的作用如表 7–16 所示。

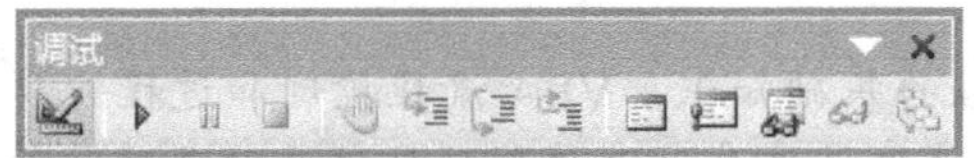

图 7–27　调试工具栏

表 7–16　调试工具栏各按钮的作用

按　钮	名　称	作　用
	设计模式/退出设计模式	打开或关闭设计模式
	运行子过程/用户窗体	如果指针在一个过程之中，则运行当前的过程；如果当前一个用户窗体是活动的，则运行用户窗体；如果既没有代码窗口也没有用户窗体是活动的，则运行宏
	中断	当程序正在运行时停止其执行，并切换到中断模式
	重新设置	清除执行堆栈及模块级变量并重置工程
	切换断点	在当前的程序行上设置或清除断点
	逐语句	一次一条语句地执行代码
	逐过程	在代码窗口中一次一个过程地执行代码
	跳出	在当前执行点所在的过程中，执行其余的程序行
	本地窗口	显示“本地窗口”
	立即窗口	显示“立即窗口”
	监视窗口	显示“监视窗口”
	快速监视	显示所选表达式当前值的“快速监视”对话框

（1）设置断点

VBA 提供的很多调试工具都是在程序处于挂起（中断）时才能使用，因此可以在程序代码中设置断点，当 Access 运行到包含断点的代码行时，会暂停代码的运行，进入中断模式，也就是使程序处于挂起状态。设置断点的方法主要有两种：

① 在“代码窗口”中，将光标定位到要设置断点的行，按【F9】键可设置/清除断点。

② 在“代码窗口”中，用鼠标单击要设置断点行的左侧边缘处，可设置/清除断点。

声明语句和注释语句不能被设置为断点，断点也不能在程序运行中设置。进入中断模式后，设置的断点将加粗和突出显示该行。如果要继续运行程序，可单击调试工具栏的“运行子过程/用户窗体”按钮。

（2）单步跟踪

在程序代码被挂起后，可以利用“立即窗口”查看有关的表达式和变量，也可以逐语句或逐过程地执行断点后的程序代码，以便找出程序中的错误。

① 逐语句执行。单步执行过程：单击调试工具栏上的“逐语句”按钮，或按【F8】键，可以一行一行地执行程序中的代码，包括被调用过程中的代码。单击调试工具栏上的“跳出”按钮，或“运行子过程/用户窗体”按钮，则一次执行完该过程中的剩余代码。

② 逐过程执行。连续单击调试工具栏上的“逐过程”按钮，也可以一行一行地执行程序中的代码，但是被调用的过程是被当成一个整体对待的。

本章小结

本章介绍了 VBA 编程的基础知识，VBA 流程控制和过程。

模块是声明、语句和过程的集合，它将各种数据库对象连接起来，使应用程序更完善。与宏相比，“模块”对象能够执行更灵活、更复杂的操作，如创建函数、进行系统级别的操作。模块分为类模块和标准模块，窗体模块和报表模块都是类模块，它们各自与某一特定窗体或报表相关联，通常都含有事件过程，事件过程的运行用于响应窗体或报表上的事件。

过程是由 VBA 代码组成的单元，它包含一系列执行操作或计算值的语句和方法，分为 Sub 过程和 Function 过程。通过运行 Sub 过程或 Function 过程，可以在 Access 中运行 VBA 代码。VBA 代码是在 Visual Basic 编辑器中编写完成的。

习 题 7

一、选择题

1. VBA 程序流程控制的方式有（　　）。

A. 顺序控制、条件控制和选择控制
B. 条件控制、选择控制和循环控制
C. 分支控制、顺序控制和循环控制
D. 顺序控制、选择控制和循环控制

2. 在 VBA 中，下列变量名中不合法的是（　　）。

A. Hello　　B. Hello World　　C. 3hello　　D. Hello—Wodd

3. 语句 Dim NewArray(10) As Integer 的含义是（　　）。

A. 定义了一个整型变量且初值为 10　　B. 定义了 10 个整数构成的数组
C. 定义了 11 个整数构成的数组　　D. 将数组的第 10 个元素设置为整型

4. VBA 表达式 3*3\3/3 的输出结果是（　　）

A. 0　　B. 1　　C. 3　　D. 9

5. 下列表达式中，能够保留变量 x 整数部分并进行四舍五入的是（　　）。

A. Fix(x)　　B. Rnd(x)　　C. Round(x)　　D. Int(x)

6. 使用 VBA 的逻辑值进行算术运算时，True 值被处理为（　　）。

A. -1　　B. 0　　C. 1　　D. 任意值

7. 在 VBA 中，如果没有显式声明或用符号来定义变量的数据类型，变量的默认数据类型为（　　）。

A. Variant　　B. Int　　C. Boolean　　D. String

8. 运行下列程序段，结果是（　　）。

```
For m=10 to 1 step 0
    k=k+3
Next m
```

A. 形成死循环　　B. 循环体不执行即结束循环
C. 出现语法错误　　D. 循环体执行一次后结束循环

9. Select Case 结构运行时首先计算（　　）的值。

A. 表达式　　B. 执行语句　　C. 条件　　D. 参数

10. 假定有以下程序段

```
for i=1 to 3
   for j=-3 to 1
      n=n+1
   next j
next i
```

运行完毕后，*n* 的值是（　　）。

A. 3　　B. 4　　C. 12　　D. 15

11. 以下关于 VBA 运算符优先级比较，正确的是（　　）。

A. 算术运算符>逻辑运算符>连接运算符

B. 逻辑运算符>关系运算符>算术运算符

C. 算术运算符>关系运算符>逻辑运算符

D. 连接运算符>逻辑运算符>算术运算符

12. 在 VBA 中，能自动检查出来的错误是（　　）。

A. 语法错误　　B. 逻辑错误　　C. 运行错误　　D. 注释错误

13. 下列特征中不是面向对象方法的主要特征的是（　　）。

A. 多态性　　B. 继承　　C. 封装性　　D. 模块化

14. VBA 代码调试过程中，能够动态了解变量和表达式变化情况的是（　　）。

A. 本地窗口　　B. 立即窗口　　C. 监视窗口　　D. 快速监视窗口

15. 在 VBA 中，错误的循环结构是（　　）。

A. Do While 条件式循环体

B. Do Until 条件式循环体

C. Do Until 循环体 Loop 条件式

D. Do 循环体 Loop While 条件式

16. 在 Access 中，如果在模块的过程内部定义变量，则该变量的作用域为（　　）。

A. 局部范围　　B. 程序范围　　C. 全局范围　　D. 模块范围

17. VBA 程序的多条语句写在一行中时其分隔符必须使用符号（　　）。

A. 冒号(:)　　B. 分号(;)　　C. 逗号(,)　　D. 单引号(')

18. 表达式“B=INT(A+0.5)”的功能是（　　）。

A. 将变量 A 保留小数点后 1 位　　B. 将变量 A 四舍五入取整

C. 将变量 A 保留小数点后 5 位　　D. 舍去变量 A 的小数部分

19. 下列关于标准函数的说法，正确的是（　　）。

A. Rnd 函数用来获得 0 到 9 之间的双精度随机数

B. Int 函数和 Fix 函数参数相同则返回值也相同

C. str 函数用于把纯数字型的字符串转换为数值型

D. Chr 函数返回 ASCII 码对应的字符

20. 以下叙述中正确的是（　　）。

A. 在一个函数中，只能有一条 return 语句

B. 函数的定义和调用都可以嵌套

C. 函数必须有返回值

D. 不同的函数中可以使用相同名字的变量

二、填空题

1．在长度为 n 的顺序存储的线性表中删除一个元素，最坏情况下需要移动表中的元素个数为________。

2．在程序设计阶段应该采取________和逐步求精的方法，把一个模块的功能逐步分解，细化为一系列具体的步骤，继而用某种程序设计语言写成程序。

3．窗体中有一命令按钮，名称为 Command1。要求在窗体视图中单击此命令按钮后，命令按钮上面的文字变为加粗，实现该操作的 VBA 语句是________。

4．VBA 中定义符号常量的关键字是________。

5．模块的独立程度可以由两个定性标准度量。其中________是度量一个模块功能强度的一个相对指标。

6．关系模型的完整性规则是对关系的某种约束条件，包括实体完整性、________和自定义完整性。

7．在标准模块的变量定义区域中，用________关键字说明的变量属于全局范围的变量。

8．对软件设计的最小单位(模块或程序单元)进行的测试通常称为________测试。

9．在 VBA 编程中检测字符串长度的函数名是________。

10．下面 VBA 程序段运行时，内层循环的循环总次数是________。

```
For m=0 To 7 step 3
  For n=m-1 To m+1
  Next n
Next m
```

11．在两种基本测试方法中，________测试的原则之一是保证所测模块中每一个独立路径至少执行一次。

12．VBA 中打开报表的命令语句是________。

13．VBA 中变量作用域分为 3 个层次，这 3 个层次是局部变量、模块变量和________。

14．下列程序的执行结果是________。

```
x=100
y=50
If x>y Then x=x-y Else x=y+x
Debug.Print x,y
```

15．下列程序，当 a 的输入值为 5，10，15 时的结果为________。

```
Dim x As Integer
x=InputBox("请输入 a 的值")
If x>10 then
    If x>=15 Then Debug.Print "A" Else Debug.Print "B"
Else
    If x>=5 Then Debug.Print "C" Else Debug.Print "D"
End If
```

16．以下程序段的输出结果是________。

```
num=0
While num<=2
    num=num+1
    Debug.Print num
Wend
```

17．某窗体已编写以下事件过程，打开窗体运行后单击窗体，消息框的输出结果为________。

```
Private Sub Form_Click()
   Dim k As integer, n As integer, m As integer
   n=10 : m=1 : k=1
   Do While k<=n
      m=m* 2
      k=k+1
   Loop
   MsgBox m
End Sub
```

18. 在窗体上添加一个命令按钮(名为 Command1)，然后编写如下程序：

```
Function M(x As integer,y As Integer) As integer
   M=IIf(x>y,x,y)
End Function
Private Sub Command1_Click()
   Dim a As integer, b As Integer
   a=10
   b=20
   MsgBox  M(a,b)
End Sub
```

打开窗体运行后，单击命令按钮，消息框的输出结果为________。

19. 下面的 For 语句循环体要执行 50 次，请填空。

```
For k=_______to -7 step -3
```

20. 设 a=2,b=3,c=4,d=5,求下列表达式的值：

（1）a>b And c<=d Or 2*a>=c　　________；

（2）3>2*b Or a=c　And b<>c Or c>d　　________；

（3）Not a<=c Or 4*c=b^2 And b<>a+c　________。

第 8 章　学生选课管理系统

本章主要介绍利用 Access 开发的应用系统实例——学生选课管理系统，包括功能介绍及详细制作过程。

8.1　系 统 分 析

建立学生选课管理系统的主要目的是通过系统对学生的成绩进行录入、修改和管理，能够方便地查询学生的成绩，并能够输出成绩统计报表，同时提供报表打印功能。系统还能够查询教师信息以方便进行选课，并查询浏览学生信息。作为一个实例，本系统包含以下几方面的功能：

① 学生信息浏览。

② 录入和维护学生成绩。

③ 查询教师信息。

④ 成绩报表打印。

⑤ 补考通知单打印。

8.2　系 统 设 计

在系统分析的基础上进行系统功能模块和数据库的设计。

8.2.1　表的设计

系统需要 3 个基本表：

（1）学生信息表：包括学号、姓名、院系班级等，其中学号是主关键字；

（2）选课信息表：包括学号、课程编号、成绩等，其中学号和课程编号是主关键字；

（3）教师信息表：包括教师编号、姓名、职称、所属院部等字段，其中教师编号为主关键字。

8.2.2　功能模块

学生选课管理系统包括学生成绩录入及维护、教师信息查询、学生成绩录入、成绩报表打印、补考通知打印等功能。图 8-1 为学生选课管理系统的主要功能模块图。

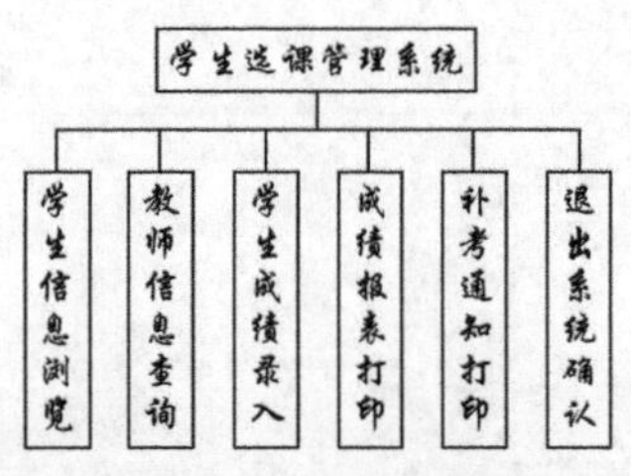

图 8-1　系统功能模块

系统启动后，通过“登录窗口”输入密码，进行身份验证，正确则进入系统的主界面。通过主界面上的按钮，调用各个功能模块。

8.3 系统实现

根据系统分析和设计的结果,就可在 Access 中创建学生选课管理系统,包括各种基本表、查询、窗体和报表等对象。

启动 Access，新建空数据库“学生选课管理系统.accdb”，然后为该数据库创建对象。

8.3.1 创建表及表间关系

1. 创建系统所需要的表

根据数据库的建表原则，将系统所需数据划分到 4 个表中，分别是学生信息表、教师信息表、课程信息表和选课信息表。

（1）学生信息表

学生信息表记载了学生的详细信息，如在第 2 章所描述的学生信息表结构：

学生信息(学号(文本，12)，姓名(文本，10)，性别(文本，1)，出生日期(日期/时间)，所属班级(文本，10)，所属院部(文本，10)，党员(是/否)，照片(OLE 对象)，E_mail(超链接)，备注(备注))

说明：“学号”字段为主关键字。

（2）教师信息表

教师信息表记载了教师的详细信息：

教师信息(教师编号(文本，4)，姓名(文本，10)，性别(文本，1)，婚否(是/否)，出生日期(日期/时间)，学历(文本，5)，职称（文本，5），所属院部(文本，10)，移动电话(文本，11)，照片(OLE 对象))

说明：“教师编号”字段为主关键字。

（3）课程信息表

课程信息(课程编号(文本，4)，课程名称(文本，15)，课程类别(文本，4)，学时(数字，整型)，学分(数字，单精度,小数位 1 位))，考核方式（文本，255））

说明：“课程编号”字段为主关键字。

（4）选课信息表

学生成绩(学号(文本，12)，课程编号(文本，4)，成绩(数字，整型))

说明：“学号”与“课程编号”字段为联合唯一关键字。

2. 创建表间关系

按照第 2 章所介绍的方法，为“课程信息”“选课信息”“学生信息”3 个数据表建立关系如图 8-2 所示，“教师信息”表没有关系。

其中“课程信息”表与“选课信息”表通过“课程编号”字段建立一对多关系；“选课信息”表与“学生信息”表通过“学号”字段建立一对多关系，设置如图 8-3 所示。

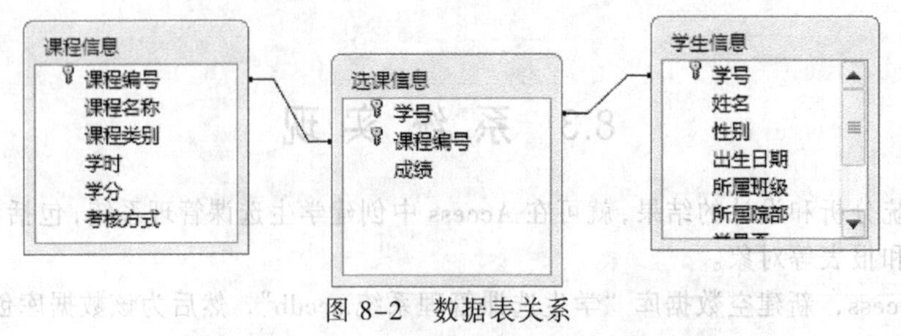

图 8-2 数据表关系

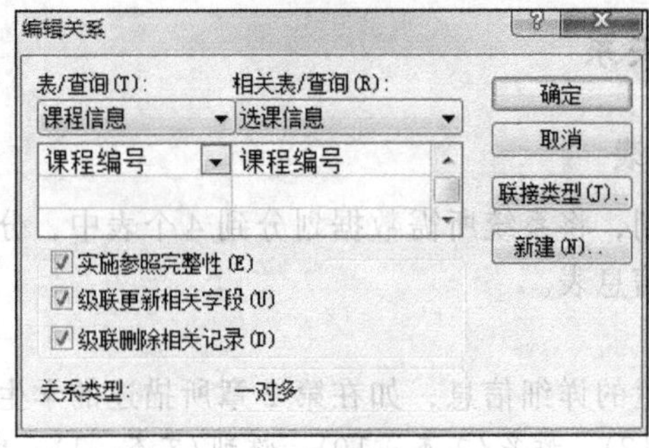

图 8-3 编辑表间关系

8.3.2 创建“系统登录”模块

启动系统首先进入“系统登录”界面，只有输入正确的密码，才能登录系统。

创建“系统登录”窗体

窗体名称：系统登录。

调用对象：登录宏。

功能：是整个系统的入口，只有输入正确的密码，才能转到系统主控界面。

创建过程如下：

(1)创建窗体如图 8-4 所示，窗体中包含两个 Label 控件、一个 Text 控件、两个 Command 控件。

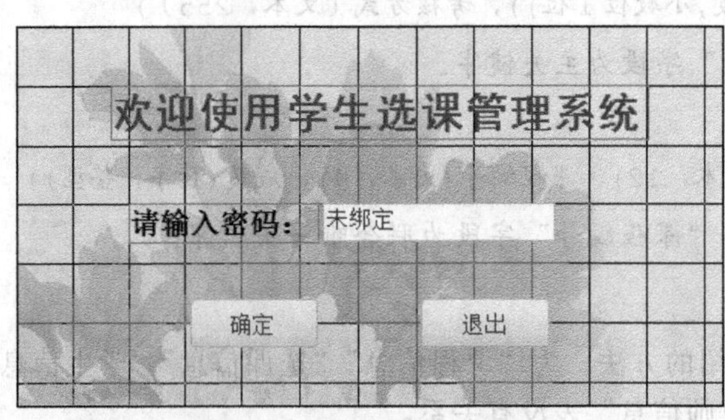

图 8-4 “系统登录”窗体

(2) 命名窗体为“系统登录”，设置“窗体”属性如下：

①“弹出方式” = “是”；

②“记录选择器” = “否”；

③“导航按钮”=“否”；

④“图片”=“03.jpg”(03.jpg 为作者做此系统时自行准备的图片文件名，可以按实际情况任意更换，以下同)，完成窗体的基本创建。

（3）设置 Labe10 控件“标题”属性为“欢迎使用学生选课管理系统”，字体字号颜色自拟。

（4）设置 Text 控件属性如下：

①“名称”=“pwd”

②“输入掩码”=“密码”

（5）设置“确定”按钮属性“标题”=“确定”，右键单击“确定”按钮，选择“事件生成器”选项，设置单击事件如图 8-5 所示，登录密码为“123”。

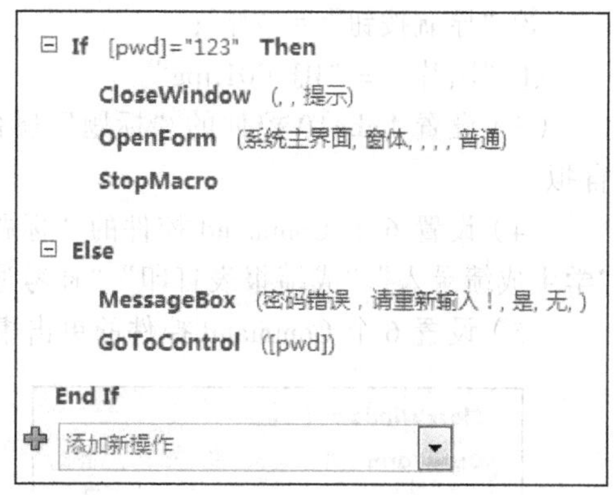

图 8-5 “确定”按钮单击事件

（6）设置“退出”按钮属性“标题”=“退出”，右键单击“退出”按钮，选择“事件生成器”选项，设置单击事件为“CloseWindow”。

8.3.3 创建“系统主界面”模块

系统主界面中包含 6 个命令按钮，分别调用 6 个分模块。

创建“系统主界面”窗体

窗体名称：系统主界面。

调用对象：6 个子模块。

功能：整个系统的主控模块。

创建过程如下：

（1）创建窗体如图 8-6 所示，窗体中包含一个 Label 控件、6 个 Command 控件。

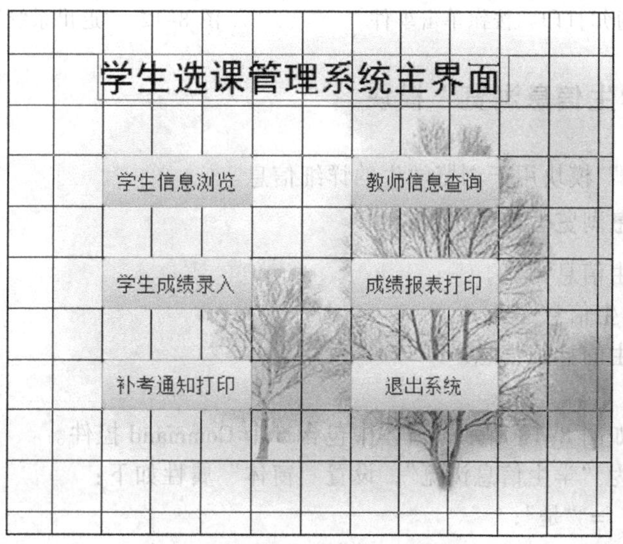

图 8-6 “系统主界面”窗体

（2）命名窗体为“系统主界面”，设置“窗体”属性如下：

①“弹出方式”=“是”；

②“记录选择器”=“否”；

③“导航按钮”=“否”；

④“图片”=“BJ_001.jpg”。

（3）设置 Labe10 控件的“标题”属性为“学生选课管理系统主界面”，字体字号颜色自拟。

（4）设置 6 个 Command 控件的“标题”属性分别为“学生信息浏览”“教师信息查询”“学生成绩录入”“成绩报表打印”“补考通知打印”“退出系统”。

（5）设置 6 个 Command 控件的单击事件分别如图 8-7～图 8-12 所示。

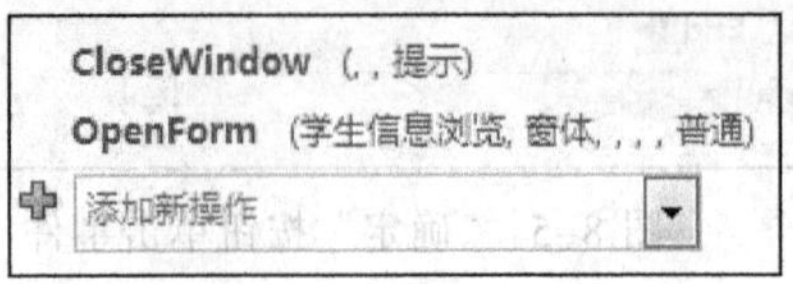

图 8-7 “学生信息浏览”按钮单击事件

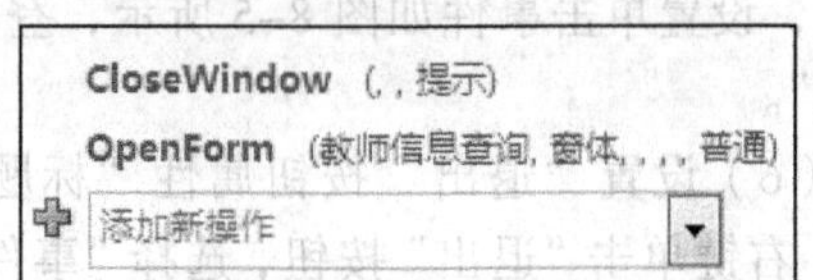

图 8-8 “教师信息查询”按钮单击事件

图 8-9 “学生成绩录入”按钮单击事件

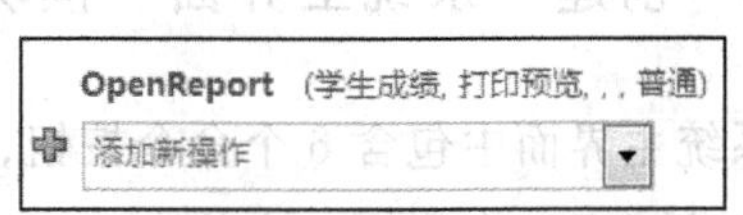

图 8-10 “成绩报表打印”按钮单击事件

图 8-11 “补考通知打印”按钮单击事件

图 8-12 “退出系统”按钮单击事件

8.3.4 创建“学生信息浏览”模块

“学生信息浏览”模块用于浏览学生的详细信息。

创建“学生信息浏览”窗体

窗体名称：学生信息浏览。

调用对象：“学生信息”表。

功能：浏览学生的详细信息。

创建过程如下：

（1）创建窗体如图 8-13 所示，窗体中包含 5 个 Command 控件。

（2）命名窗体为“学生信息浏览”，设置“窗体”属性如下：

①“弹出方式”=“是”；

②“记录选择器”=“否”；

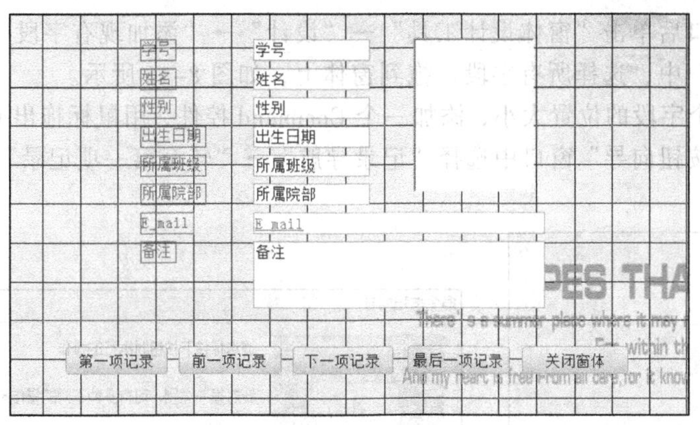

图 8-13　“学生信息浏览”窗体

③“导航按钮”=“否”；

④“图片”=“01.jpg”。

（3）单击“窗体”属性中“记录源”属性右边的省略号按钮 ...，设置窗体的数据源为“学生信息”表，如图 8-14 所示。

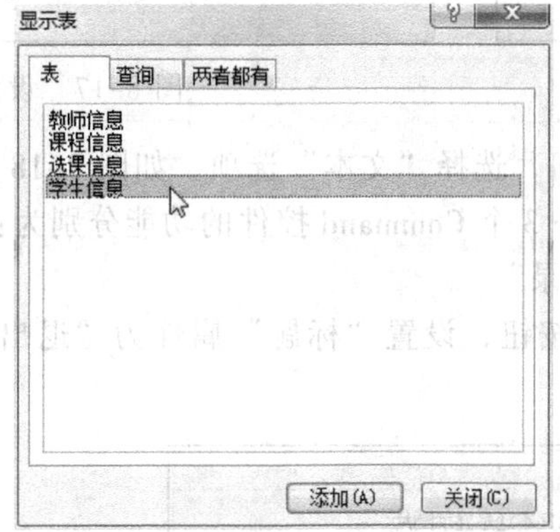

图 8-14　添加“学生信息”表为数据源

（4）单击“添加”按钮后，双击“学生信息”表中各个字段，将各个字段添加到下面的查询列表中，如图 8-15 所示。

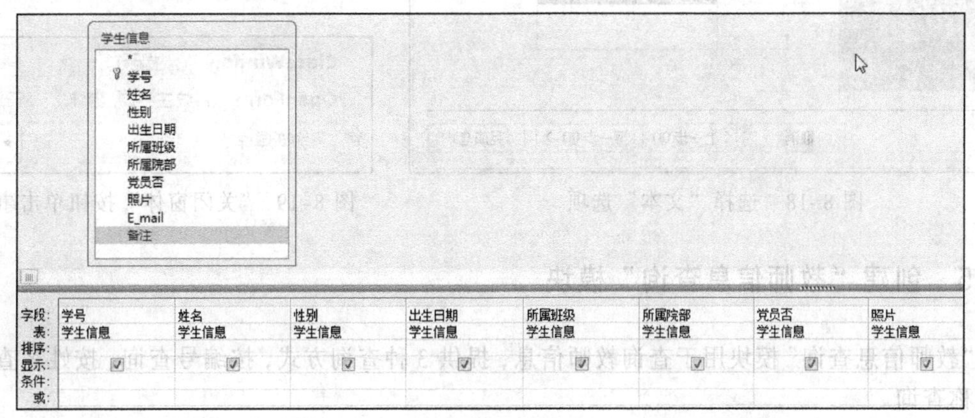

图 8-15　添加“学生信息”表中的字段

（5）关闭窗口后单击“窗体设计工具”→“设计”→“添加现有字段”按钮，在右侧展开的“字段列表”中，选择所有字段，拖到窗体上，如图 8-16 所示。

（6）调整各个字段的位置大小，添加一个 Command 控件，用鼠标拖出 Command 控件后，在弹出的“命令按钮向导”窗口中选择“记录导航”→“转至第一项记录”命令，如图 8-17 所示。

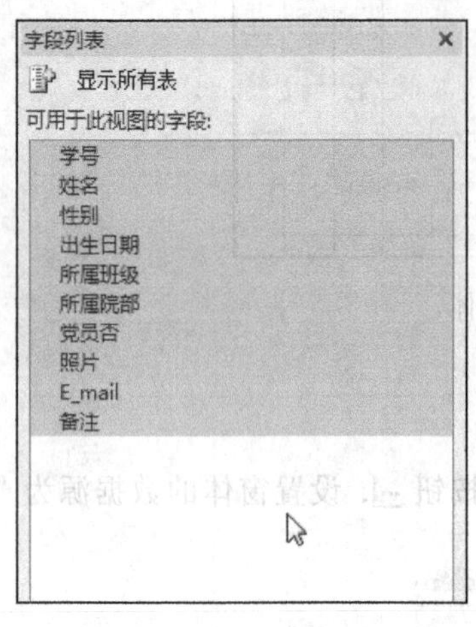

图 8-16　选择所有字段

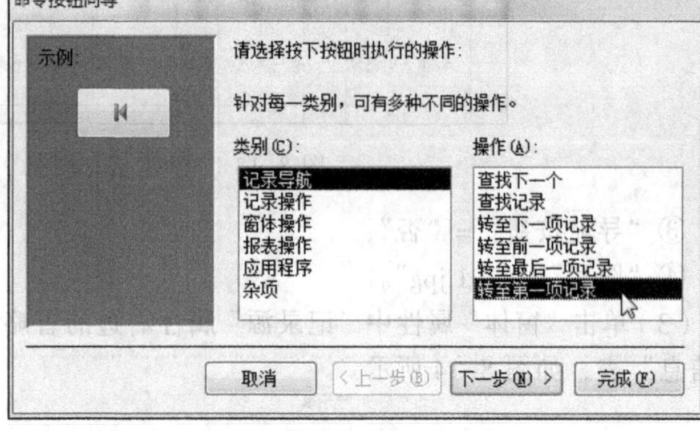

图 8-17　设置按钮功能

（7）单击“下一步”按钮，选择“文本”选项，如图 8-18 所示。

（8）同样的方式设置另外 3 个 Command 控件的功能分别为：“转至前一项记录”“转至下一项记录”“转至最后一项记录”。

（9）添加“关闭窗体”按钮，设置“标题”属性为“退出”，设置事件代码如图 8-19 所示。

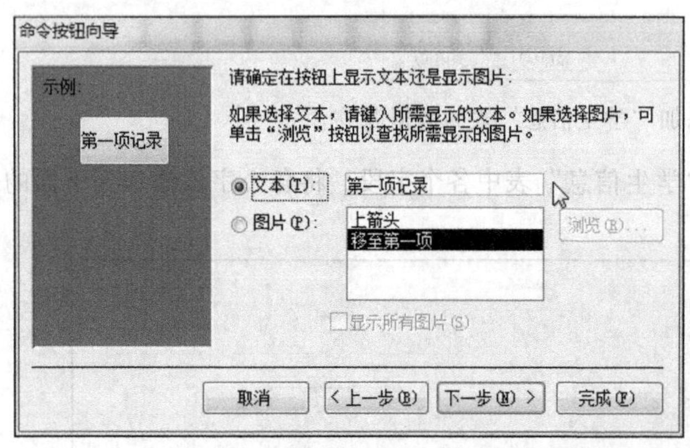

图 8-18　选择“文本”选项

图 8-19　“关闭窗体”按钮单击事件

8.3.5　创建“教师信息查询”模块

“教师信息查询”模块用于查询教师信息，提供 3 种查询方式，按编号查询、按姓名查询、按职称查询。

1. 创建“教师编号查询”查询

查询名称：教师编号查询。

数据源：“教师信息”表。

功能：根据“教师信息查询”窗体提供的教师编号，从“教师信息”表中提取出满足条件的记录生成查询对象。

创建过程如下：

（1）单击“创建”→“查询向导”按钮，选择“简单查询向导”命令，如图 8-20 所示。

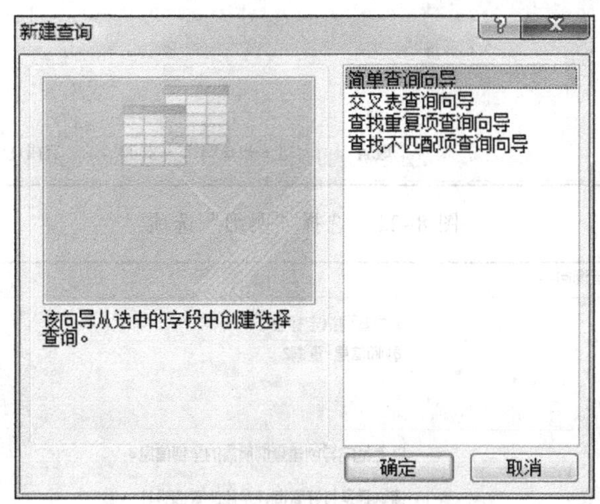

图 8-20　新建“简单查询向导”

（2）单击“确定”按钮，在“表/查询”下拉列表中选择“表：教师信息”选项，将左侧想要显示的字段选定到右侧，如图 8-21 所示。

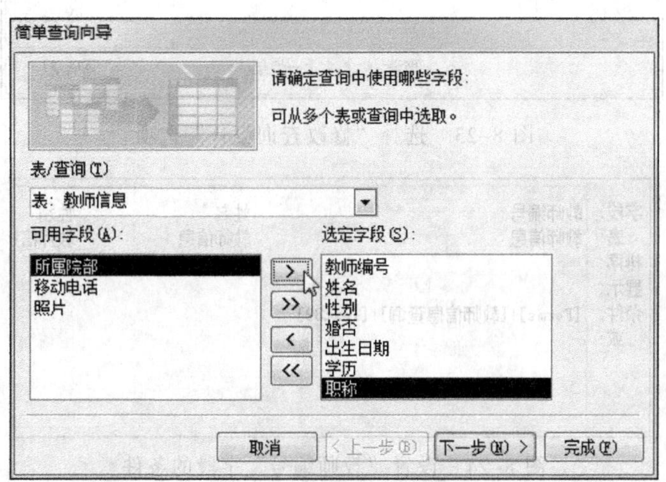

图 8-21　选择数据源字段

（3）单击“下一步”按钮，选择“明细”选项，如图 8-22 所示。

（4）选择“修改查询设计”选项，单击“完成”按钮，如图 8-23 所示。

（5）在“教师编号”字段的“条件”选项中录入[Forms]![教师信息查询]![Text39]，如图 8-24 所示。

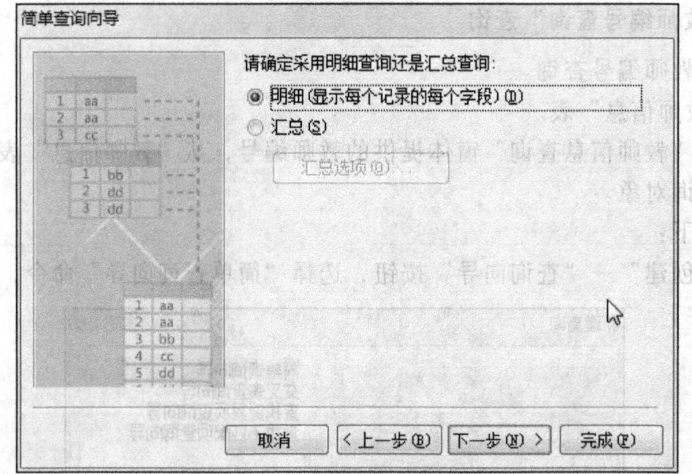

图 8-22　选择“明细”选项

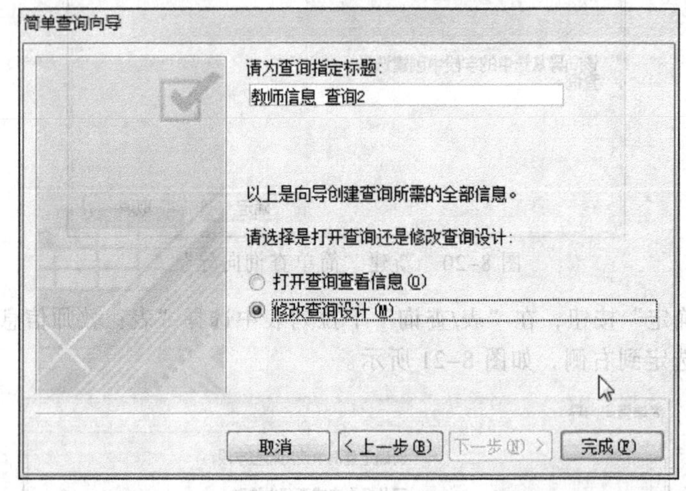

图 8-23　选择“修改查询设计”选项

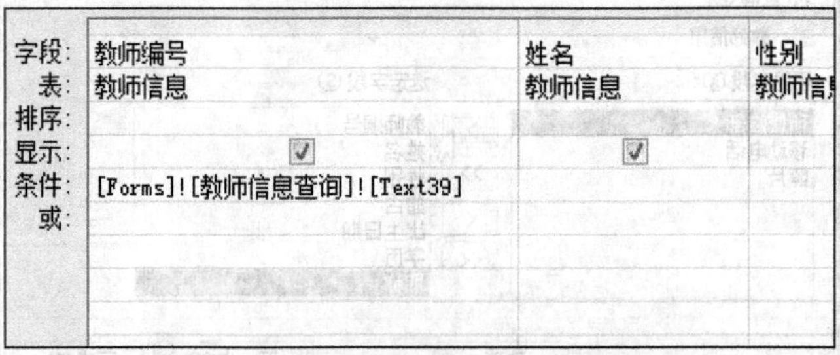

字段:	教师编号	姓名	性别
表:	教师信息	教师信息	教师信
排序:			
显示:	☑	☑	
条件:	[Forms]![教师信息查询]![Text39]		
或:			

图 8-24　设置“教师编号”字段的条件

注意：Text39 为作者演示程序中所使用的控件名称，读者在创建过程中，控件名称可变，以下同。

2. 创建“教师姓名查询”查询

查询名称：教师姓名查询。

数据源："教师信息"表。

功能：根据"教师信息查询"窗体提供的教师姓名，从"教师信息"表中提取出满足条件的记录生成查询对象。

创建过程如下：

创建方法前三步同上，在第 4 步中，在"姓名"字段的"条件"选项中录入[Forms]![教师信息查询]![Text44]，如图 8-25 所示。

字段:	教师编号	姓名	性别	学历
表:	教师信息	教师信息	教师信息	教师
排序:				
显示:	☑	☑	☑	
条件:		[Forms]![教师信息查询]![Text44]		
或:				

图 8-25　设置"姓名"字段的条件

3. 创建"教师职称查询"查询

查询名称：教师职称查询。

数据源："教师信息"表。

功能：根据"教师信息查询"窗体提供的教师职称，从"教师信息"表中提取出满足条件的记录生成查询对象。

创建过程如下：

创建方法前三步同上，在第 4 步中，在"职称"字段的"条件"选项中录入[Forms]![教师信息查询]![Text46]，如图 8-26 所示。

字段:	教师编号	姓名	性别	学历	职称	所属
表:	教师信息	教师信息	教师信息	教师信息	教师信息	教师
排序:						
显示:	☑	☑	☑	☑	☑	
条件:					[Forms]![教师信息查询]![Text46]	
或:						

图 8-26　设置"职称"字段的条件

4. 创建"编号查询结果"窗体

窗体名称：编号查询结果。

调用对象：教师编号查询。

功能：显示教师编号查询结果。

创建过程如下：

（1）创建窗体如图 8-27 所示，窗体中包含一个 Command 控件。

（2）命名窗体为"编号查询结果"，设置"窗体"属性如下：

①"弹出方式" = "是"；

②"记录选择器" = "否"；

③"导航按钮" = "否"；

④“图片” = “04.jpg”。

（3）设置“窗体”→“记录源”属性，在弹出的“显示表”对话框中选择“查询”→“教师编号查询”选项，如图 8-28 所示。

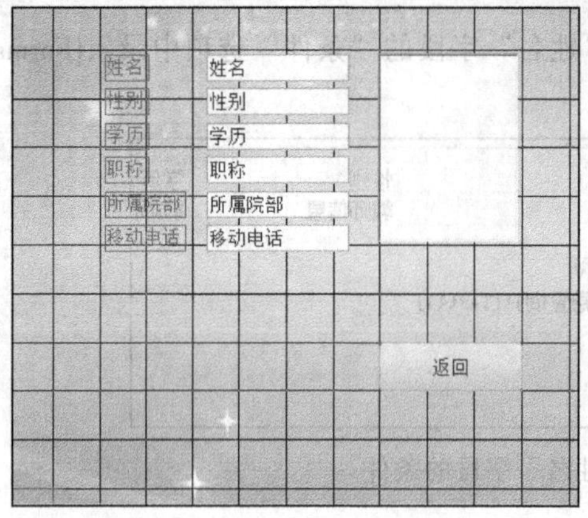

图 8-27 “编号查询结果”窗体

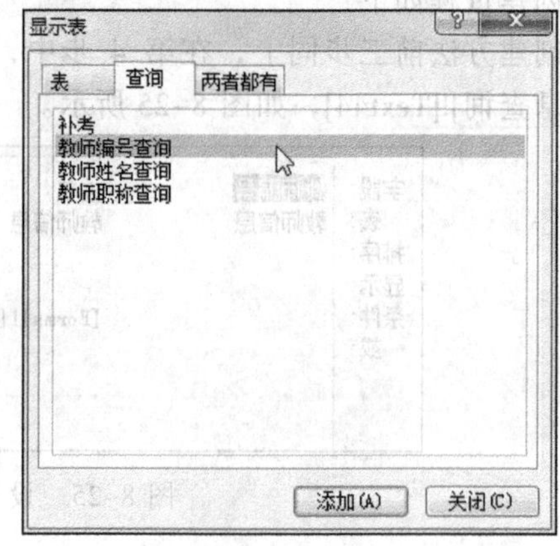

图 8-28 选择“教师编号查询”选项

（4）单击“添加”按钮，双击想要显示的字段，如图 8-29 所示。

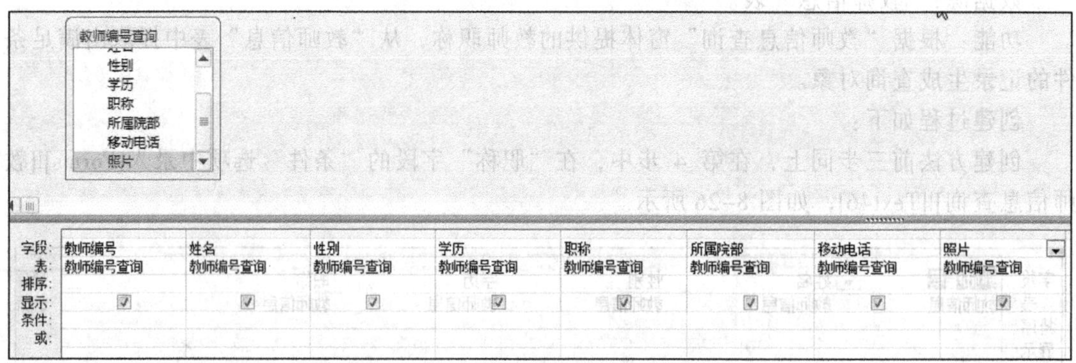

图 8-29 选择字段

（5）关闭并保存记录源窗口，单击“窗体设计工具”→“设计”→“添加现有字段”按钮，把右侧的“字段列表”中的所有字段选中拖到窗体内，并排列好位置，如图 8-27 所示。

（6）设置“返回”按钮的事件代码如图 8-30 所示，完成窗体的制作。

图 8-30 “返回”按钮的事件代码

5. 创建“姓名查询结果”窗体

窗体名称：姓名查询结果。

调用对象：教师姓名查询。

功能：显示教师姓名查询结果。

创建过程如下：

（1）创建窗体如图 8-31 所示，窗体中包含一个 Command 控件。

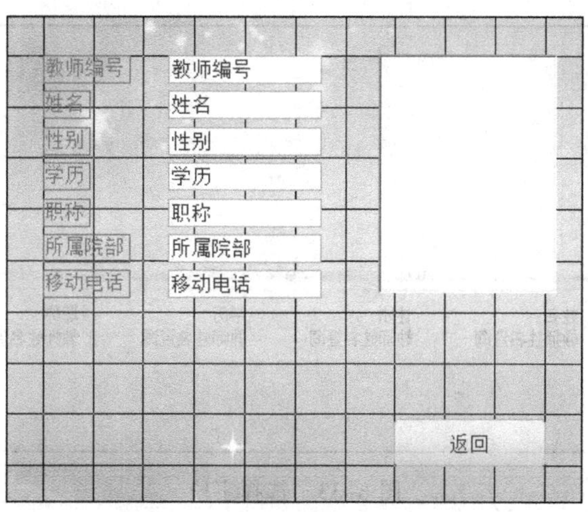

图 8-31　“编号查询结果”窗体

（2）命名窗体为“姓名查询结果”，设置“窗体”属性如下：

①“弹出方式”=“是”；

②“记录选择器”=“否”；

③“导航按钮”=“否”；

④“图片”=“04.jpg”。

（3）设置“窗体”→“记录源”属性，在弹出的“显示表”对话框中选择“查询”→“教师姓名查询”选项，如图 8-32 所示。

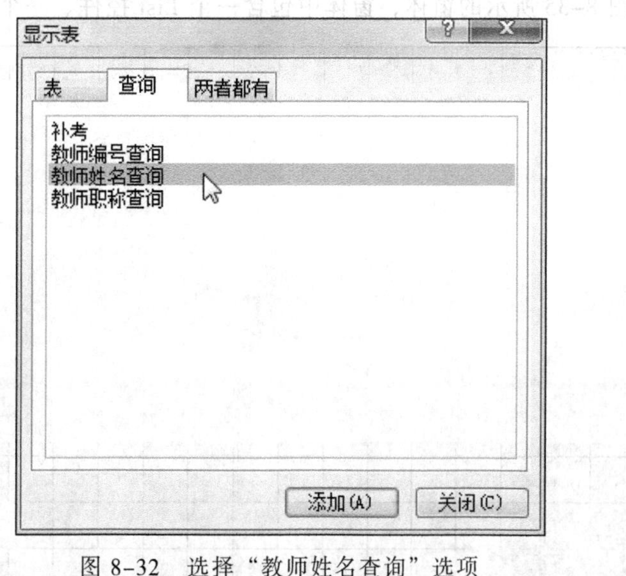

图 8-32　选择“教师姓名查询”选项

（4）点击“添加”按钮，双击想要显示的字段，如图 8-33 所示。

（5）关闭并保存记录源窗口，单击“窗体设计工具”→“设计”→“添加现有字段”按钮，把右侧的“字段列表”中的所有字段选中拖到窗体内，并排列好位置，如图 8-31 所示。

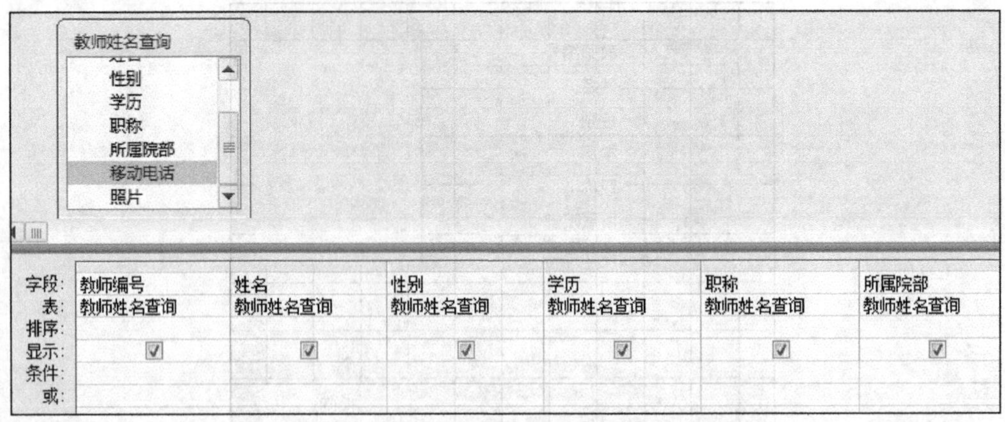

图 8-33　选择字段

（6）设置“返回”按钮的事件代码如图 8-34 所示，完成窗体的制作。

图 8-34　“返回”按钮的事件代码

6．创建“职称查询结果”窗体

窗体名称：职称查询结果。

调用对象：教师职称查询。

功能：显示教师职称查询结果。

创建过程如下：

（1）创建如图 8-35 所示的窗体，窗体中包含一个 List 控件、一个 Command 控件。

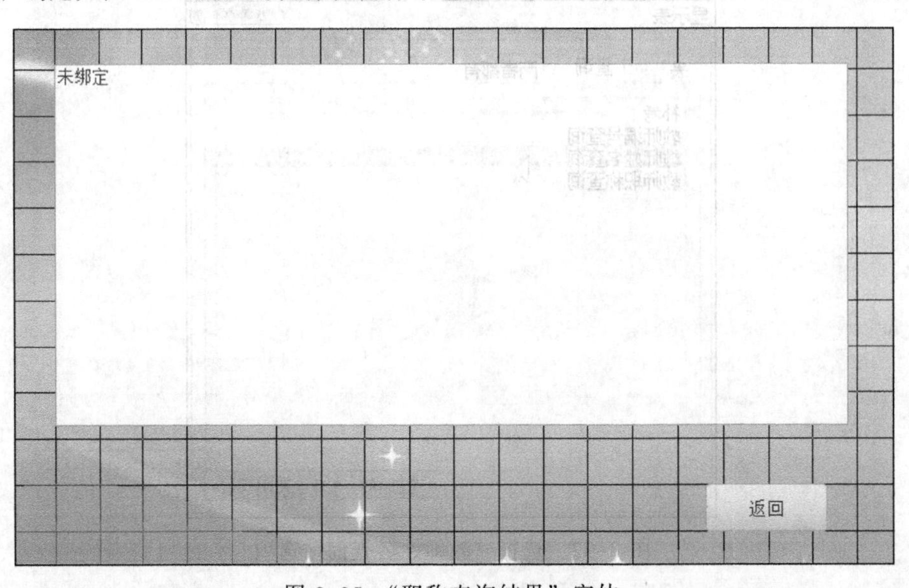

图 8-35　“职称查询结果”窗体

（2）命名窗体为“职称查询结果”，设置“窗体”属性如下：

①“弹出方式” = “是”；

②“记录选择器” = “否”；

③“导航按钮” = “否”；

④“图片” = “04.jpg”。

（3）设置“窗体”→“记录源”属性，在弹出的“显示表”对话框中选择“查询”→“教师职称查询”选项，如图 8-36 所示。

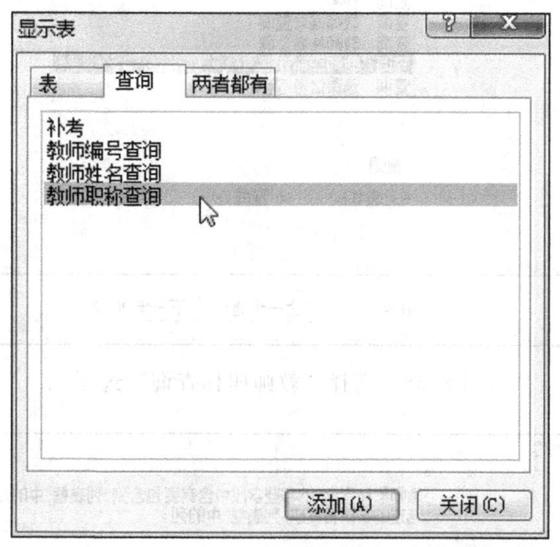

图 8-36　选择“教师职称查询”选项

（4）在窗体中拖出 List 控件后，会弹出“列表框”对话框，选中“使用列表框获取其他表或查询中的值”复选框，如图 8-37 所示。

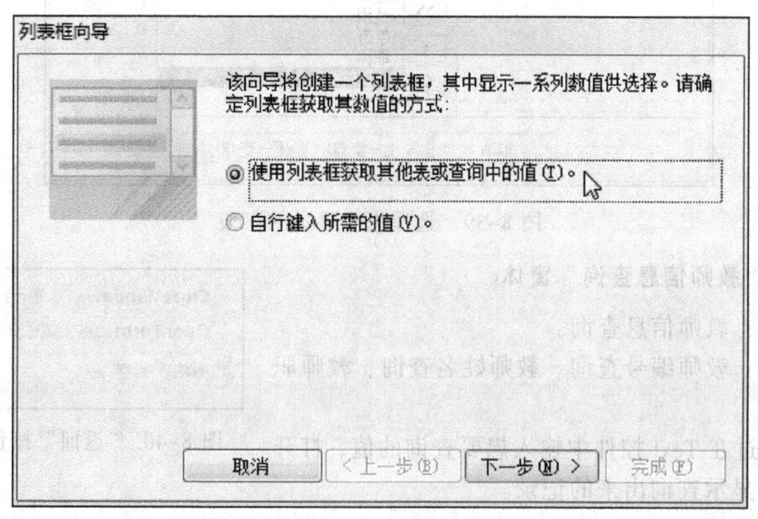

图 8-37　选择值来源

（5）单击“下一步”按钮，选中“查询”复选框，选择“查询：教师职称查询”选项，如图 8-38 所示。

（6）单击“下一步”按钮，选择想要在 List 控件中显示的字段，如图 8-39 所示。

（7）其余全部单击“下一步”按钮，完成操作。

（8）设置“返回”按钮的事件代码如图 8-40 所示，完成窗体的制作。

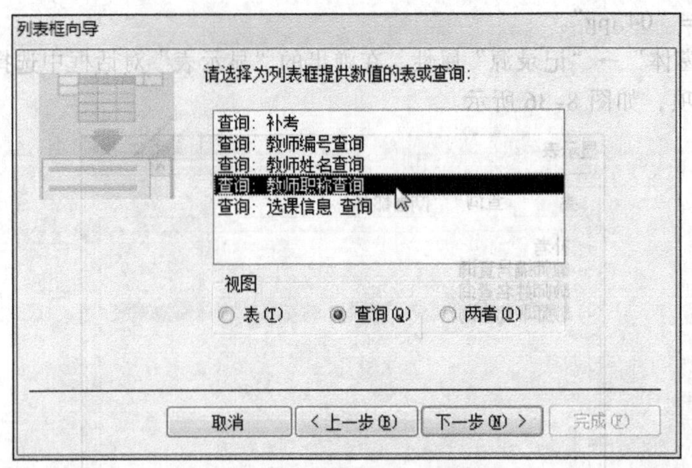

图 8-38 选择“教师职称查询”选项

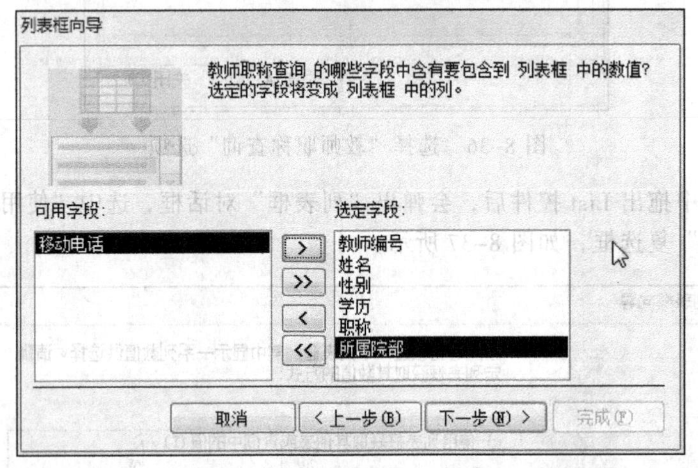

图 8-39 选择想要显示的字段

7. 创建“教师信息查询”窗体

图 8-40 “返回”按钮的事件代码

窗体名称：教师信息查询。

调用对象：教师编号查询、教师姓名查询、教师职称查询。

功能：通过在 Text 控件中输入想要查询的值，打开不同的窗体，显示查询出来的记录。

创建过程如下：

(1) 创建如图 8-41 所示的窗体，窗体中包含 4 个 Label 控件、3 个 Text 控件、4 个 Command 控件。

(2) 命名窗体为“系统登录”，设置“窗体”属性如下：

①“弹出方式”=“是”；

②“记录选择器”=“否”；

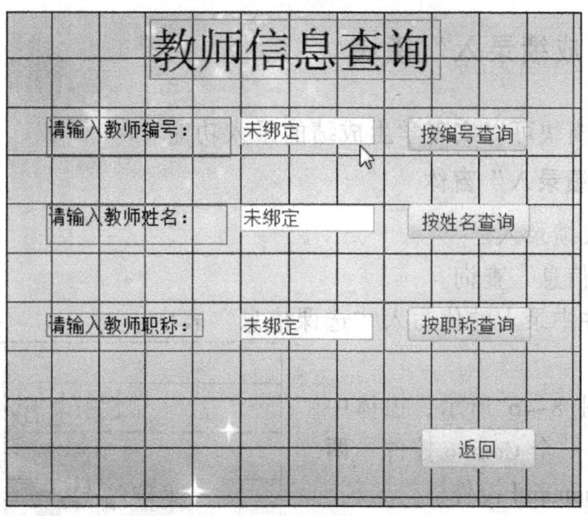

图 8-41　“教师信息查询”窗体

③ “导航按钮” = “否”；

④ “图片” = “04.jpg”。

（3）设置 4 个 Label 控件的“标题”属性分别为“教师信息查询”“请输入教师编号：”“请输入教师姓名：”“请输入教师职称：”，字体字号颜色自拟。

（4）3 个 Text 控件即为前面 3 个查询中提到的 Text39、Text44、Text46，读者实际制作时名称可变，前后对应即可。

（5）设置“按编号查询”按钮的属性“标题” = “按编号查询”，右击按钮，选择“事件生成器”选项，设置单击事件如图 8-42 所示。

（6）设置“按姓名查询”按钮的属性“标题” = “按姓名查询”，右击按钮，选择“事件生成器”选项，设置单击事件如图 8-43 所示。

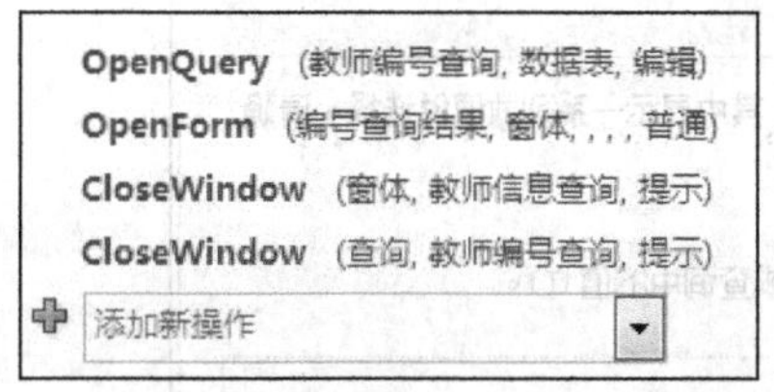

图 8-42　“按编号查询”按钮单击事件

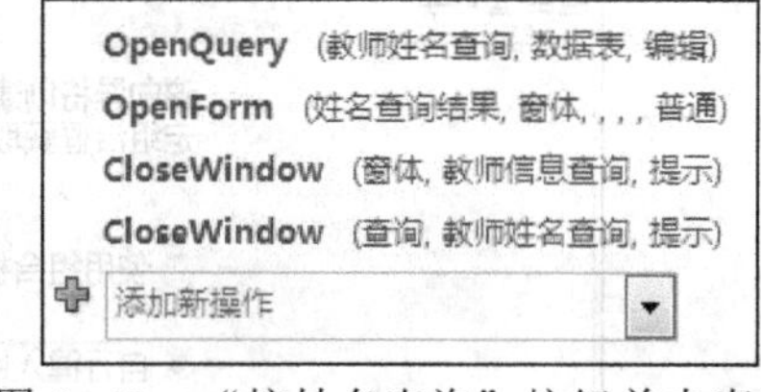

图 8-43　“按姓名查询”按钮单击事件

（7）设置“按职称查询”按钮的属性“标题” = “按职称查询”，右击按钮，选择“事件生成器”选项，设置单击事件如图 8-44 所示。

（8）设置“返回”按钮的属性“标题” = “返回”，右击按钮，选择“事件生成器”选项，设置单击事件如图 8-45 所示。

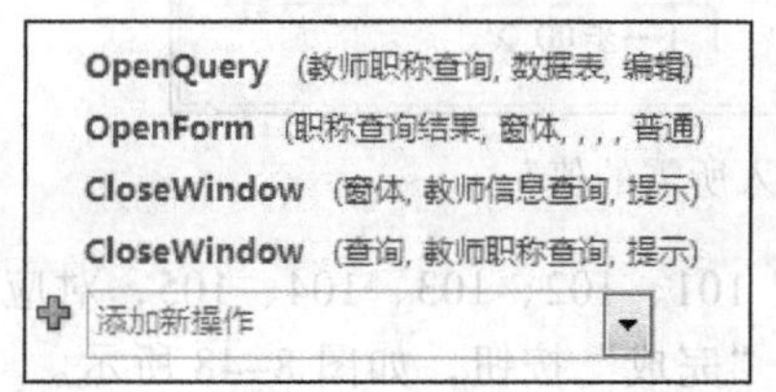

图 8-44　“按职称查询”按钮单击事件

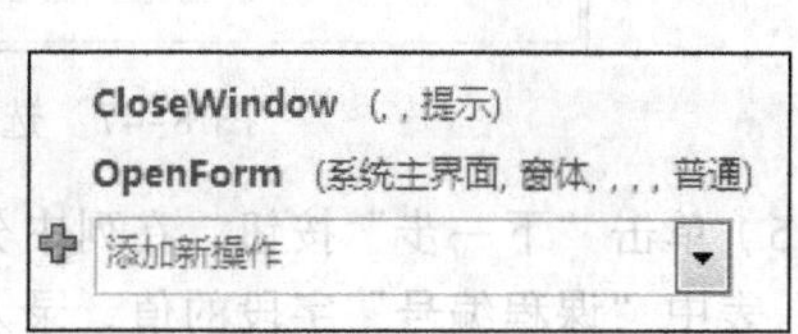

图 8-45　“返回”按钮单击事件

8.3.6 创建“学生成绩录入”模块

“学生成绩录入”模块可以实现学生成绩的录入功能。

1. 创建“学生成绩录入”窗体

窗体名称：学生成绩录入。

调用对象：“选课信息”查询。

功能：将窗体控件中录入的值写入“选课信息”表中。

创建过程如下：

（1）创建窗体如图 8-46 所示，窗体中包含四个 Label 控件、一个 Combo 控件、两个 Text 控件、三个 Command 控件。

（2）命名窗体为“学生成绩录入”，设置“窗体”属性如下：

① “弹出方式” = “是”

② “记录选择器” = “否”

③ “导航按钮” = “否”

④ “图片” = “03.jpg”

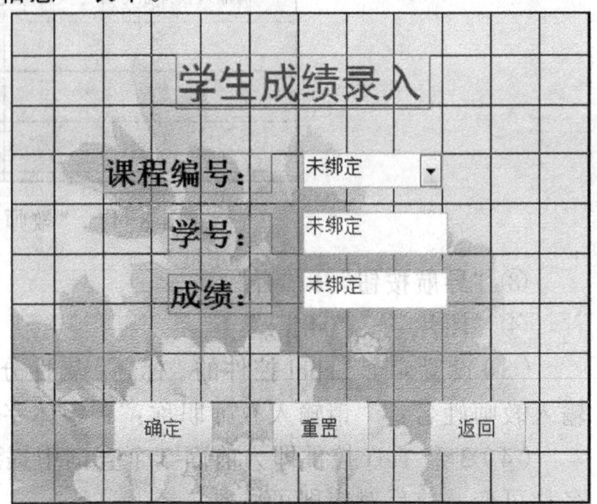

图 8-46 “学生成绩录入”窗体

（3）设置 4 个 Label 控件的“标题”属性分别为“学生成绩录入”“课程编号:”“学号:”“成绩:”，字体字号颜色自拟。

（4）选择 Combo 控件在窗体上拖出时会弹出设置窗口，选择“自行键入所需的值（V）”选项，如图 8-47 所示。

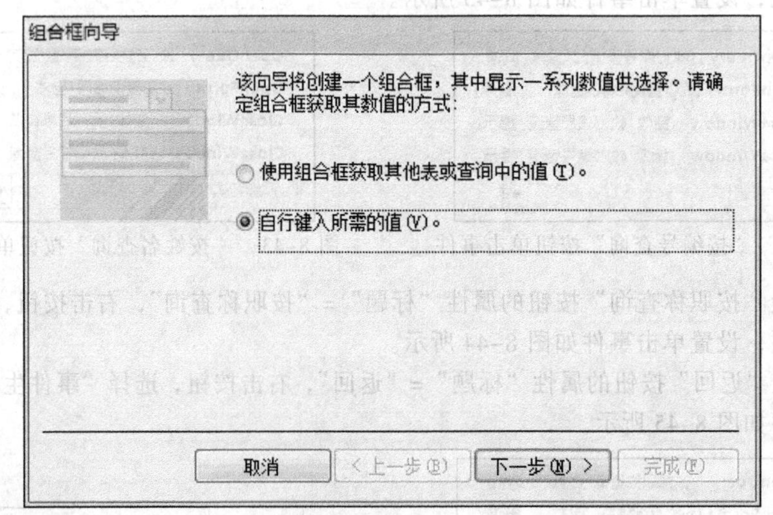

图 8-47 选择“自行键入所需的值”

（5）单击“下一步”按钮，在列中分别输入值 101、102、103、104、105，对应“选课信息”表中“课程编号”字段的值，录入后，单击“完成”按钮，如图 8-48 所示。

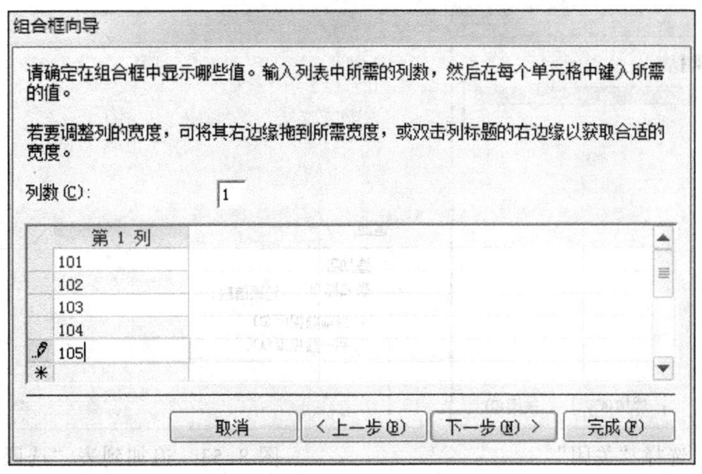

图 8-48　录入“课程编号”的值

（6）设置“确定”按钮的宏代码如图 8-49 所示。

（7）设置“重置”按钮的 Click 事件代码为：

```
Combo12.SetFocus
Combo12.Text = ""
Text6.SetFocus
Text6.Text = ""
Text7.SetFocus
Text7.Text = ""
```

如图 8-50 所示。

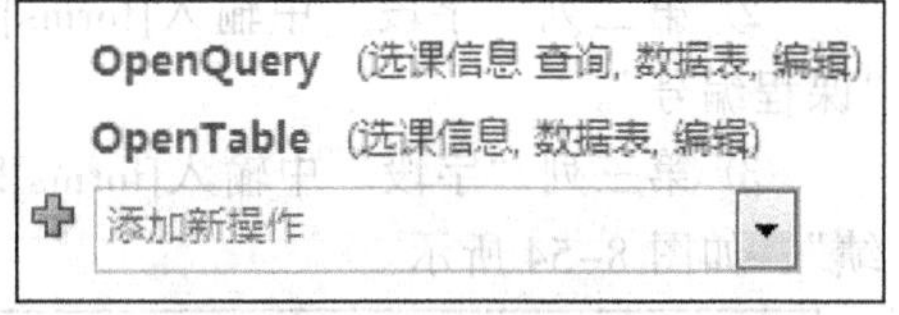

图 8-49“确定”按钮的宏代码

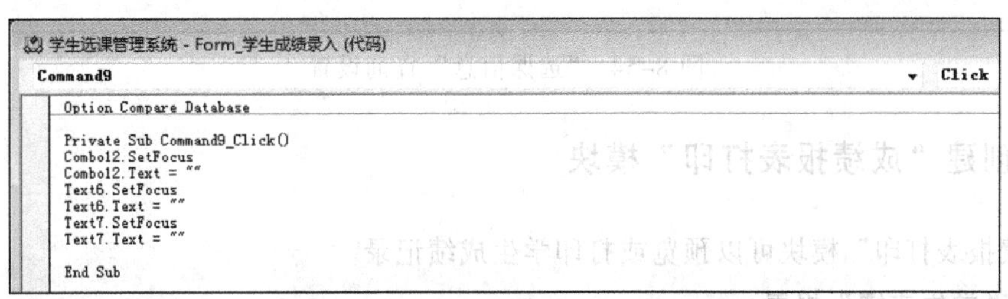

图 8-50　“重置”按钮的 Click 事件代码

（8）设置“返回”按钮的宏代码如图 8-51 所示。

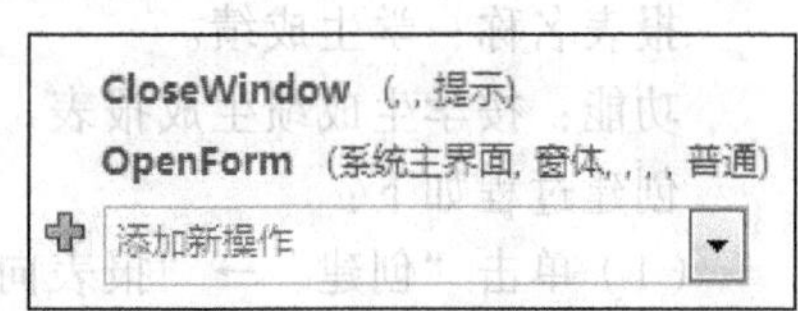

图 8-51　“返回”按钮的宏代码

2. 创建“选课信息”查询

查询名称：选课信息。

数据源：“选课信息”表。

功能：用“学生成绩录入”窗体中输入的值追加“选课信息”表中的记录。

创建过程如下：

（1）单击“创建”→“查询设计”按钮，在弹出的“显示表”对话框中单击“关闭”按钮，选择如图 8-52 所示。

（2）单击“查询工具”→“设计”→“追加”按钮，在“追加”对话框中选择“追加到表名称”为“选课信息”表，如图 8-53 所示。

图 8-52　选择“关闭”

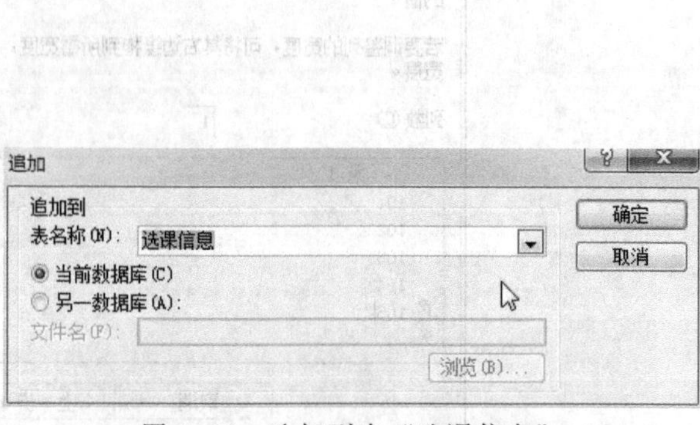

图 8-53　追加到表“选课信息”

（3）在下面的列表中进行如下设置：

① 第一列“字段”中输入[forms]![学生成绩录入]![text6]，对应“追加到”选项选择“学号”。

② 第二列“字段”中输入[forms]![学生成绩录入]![combo12]，对应“追加到”选项选择“课程编号”。

③ 第三列“字段”中输入[forms]![学生成绩录入]![text7]，对应“追加到”选项选择“成绩”，如图 8-54 所示。

字段:	表达式1: [forms]![学生成绩录入]![text6]	表达式2: [forms]![学生成绩录入]![combo12]	表达式3: [forms]![学生成绩录入]![text7]
表:			
排序:			
追加到:	学号	课程编号	成绩
条件:			
或:			

图 8-54　“选课信息”查询设置

8.3.7　创建“成绩报表打印”模块

“成绩报表打印”模块可以预览或打印学生成绩记录。

创建“学生成绩”报表

报表名称：学生成绩。

功能：按学生成绩生成报表，方便成绩管理。

创建过程如下：

（1）单击“创建”→“报表向导”按钮，在弹出的“报表向导”对话框进行如下设置：

① 在“表/查询”下拉框中选择“表：学生信息”选项，将“学号”“姓名”“性别”“所属班级”4 个字段加入到右边的“选定字段”，如图 8-55 所示。

② 继续在“表/查询”下拉框中选择“表：课程信息”选项，将“课程名称”字段加入到右边的“选定字段”，如图 8-56 所示。

③ 继续在“表/查询”下拉框中选择“表：选课信息”选项，将“成绩”字段加入到右边的“选定字段”，如图 8-57 所示

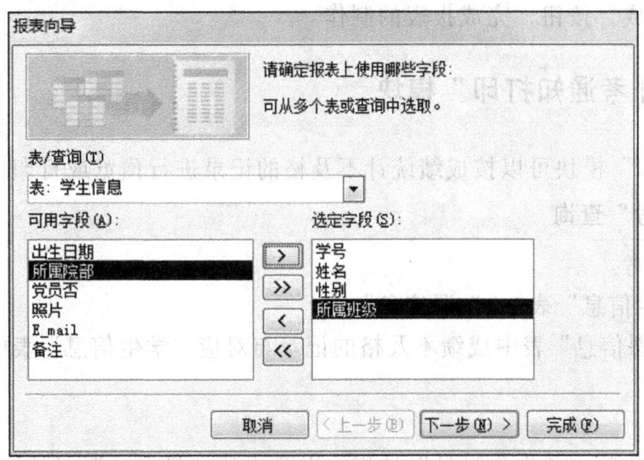

图 8-55　选择“学生信息”表中的字段

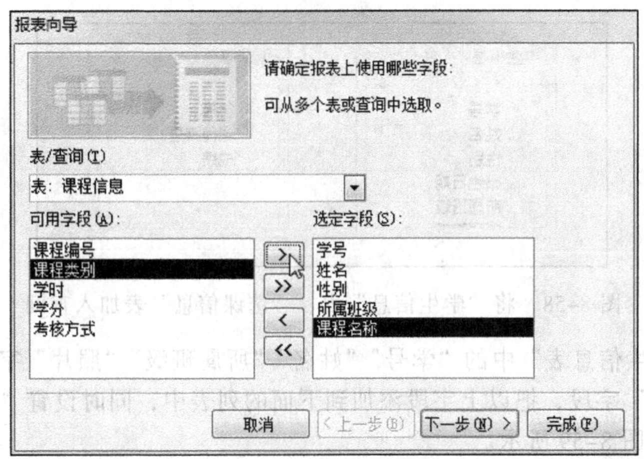

图 8-56　选择“课程信息”表中的字段

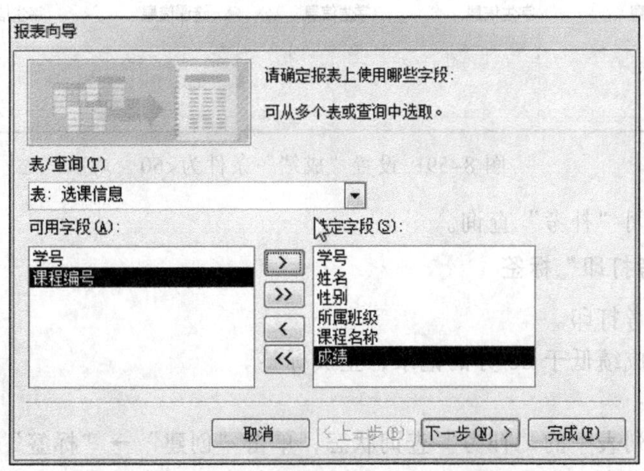

图 8-57　选择“选课信息”表中的字段

（2）点击“完成”按钮，完成报表的制作。

8.3.8　创建“补考通知打印”模块

“补考通知打印”模块可以按成绩统计不及格的记录进行预览或打印。

1. 创建“补考”查询

查询名称：补考。

数据源：“学生信息”表、“选课信息”表。

功能：用“选课信息”表中成绩不及格的记录与对应“学生信息”表中的字段合在一起，生成标签所用信息。

创建过程如下：

（1）单击“创建”→“查询设计”按钮，在弹出的“显示表”对话框中将“学生信息”表和“选课信息”表添加到查询中，如图 8-58 所示。

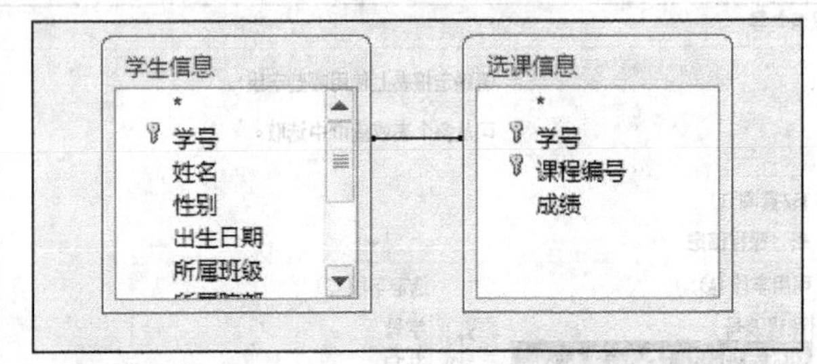

图 8-58　将“学生信息”表、“选课信息”表加入查询

（2）双击“学生信息表”中的“学号”“姓名”“所属班级”“照片”字段，双击“选课信息表”中的“成绩”字段，把以上字段添加到下面的列表中，同时设置“成绩”字段的“条件”为“<60”，如图 8-59 所示。

字段:	学号	姓名	所属班级	成绩	照片
表:	学生信息	学生信息	学生信息	选课信息	学生信息
排序:					
显示:	☑	☑	☑	☑	☑
条件:				<60	
或:					

图 8-59　设置“成绩”条件为<60

（3）保存并关闭“补考”查询。

2. 创建“补考打印”标签

标签名称：补考打印。

功能：统计出成绩低于 60 分的记录，生成标签。

创建过程如下：

（1）选中左侧列表中的“补考”查询状态，单击“创建”→“标签”按钮，在“标签向导”对话框中直接点击两次“下一步”按钮，然后任意选两个字段，比如“学号”“姓名”，如图 8-60 所示。

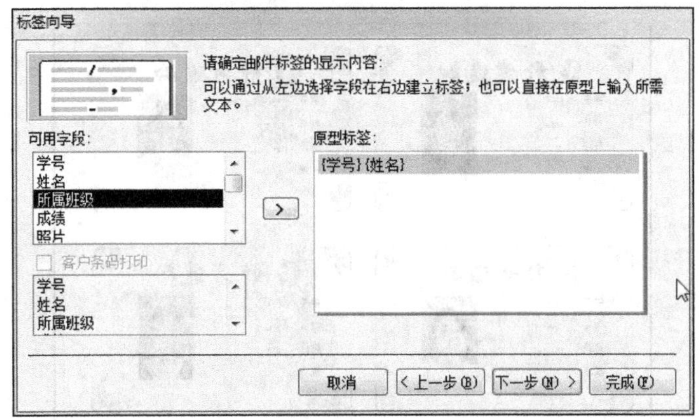

图 8-60　选择任意字段

（2）再次单击两次“下一步”按钮，选择“修改标签设计”选项，单击“完成”按钮，如图 8-61 所示。

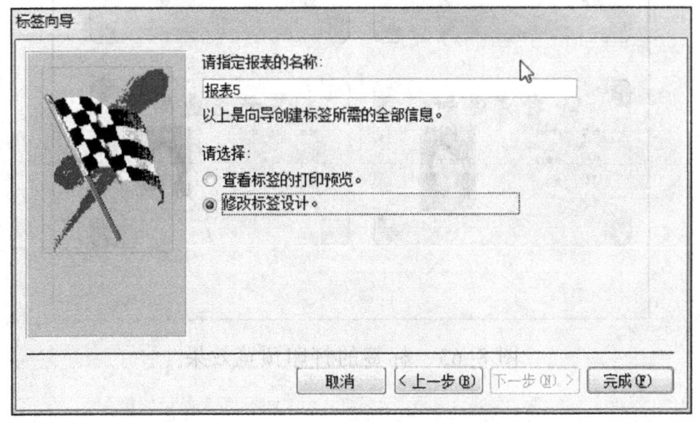

图 8-61　选择“修改标签设计”选项

（3）将标签编辑区的内容删掉，单击“报表设计工具”→“设计”→“添加现有字段”按钮，把右侧的字段全部选中后拖到标签编辑区，适当调整位置。

（4）添加 Image 控件，设置属性“图片”=“bk.jpg”，右键单击 Image 控件，选择“位置”→“置于底层”选项，调整适当大小。

（5）添加 4 个 Label 控件，分别显示“学号:”“姓名”“班级”“成绩”，适当调整大小和位置，字体字号颜色自拟，调整至如图 8-62 所示。

（6）单击左上角的“视图”下拉按钮，选择“打印预览”视图，单击“页面设置”按钮，调整上下左右边距，达到如图 8-63 所示效果，完成制作。

图 8-62　调整标签上各控件位置

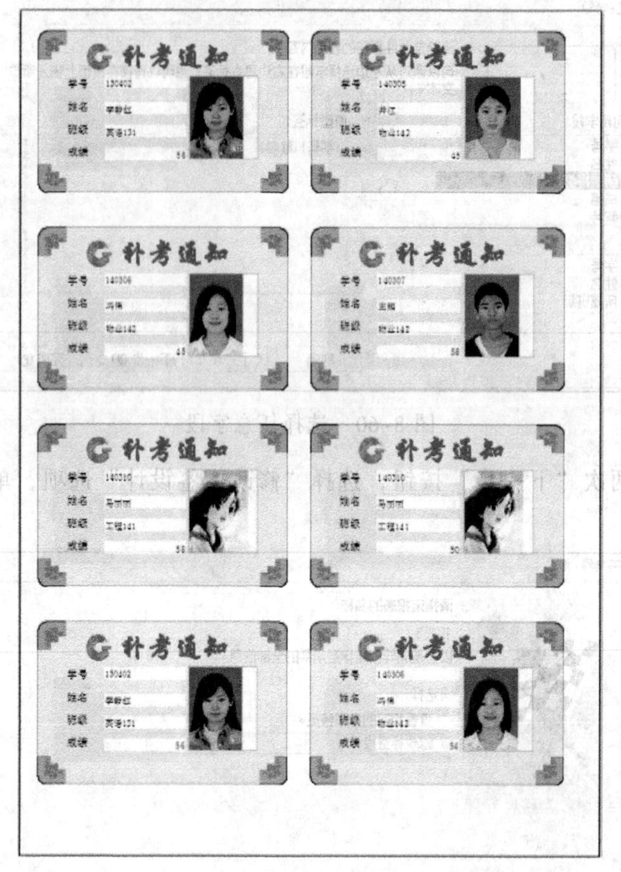

图 8-63 标签的打印预览效果

8.3.9 创建“退出系统”模块

退出系统时提供确认操作，确认后才真正退出系统。

创建“退出确认”窗体

窗体名称：退出确认。

调用对象：退出系统宏。

功能：防止用户不小心退出，提供退出确认功能。

创建过程如下：

（1）创建窗体如图 8-64 所示，窗体中包含一个 Label 控件、两个 Command 控件。

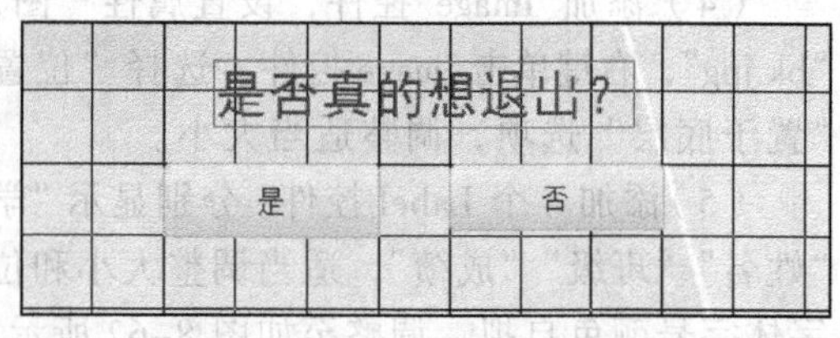

图 8-64 “退出确认”窗体

（2）命名窗体为“退出确认”，设置“窗体”属性如下：

①“弹出方式”=“是”；

②“记录选择器”=“否”；

③“导航按钮”=“否”；

④“图片”=“05.jpg”。

（3）设置 Label 控件的“标题”属性为“是否真的想退出？”，字体字号颜色自拟。

（4）设置“是”按钮的“标题”属性为“是”，右击“是”按钮，选择“事件生成器”选项，设置单击事件如图 8-65 所示。

（5）设置“否”按钮的“标题”属性为“否”，右击“否”按钮，选择“事件生成器”选项，设置单击事件如图 8-66 所示，完成制作。

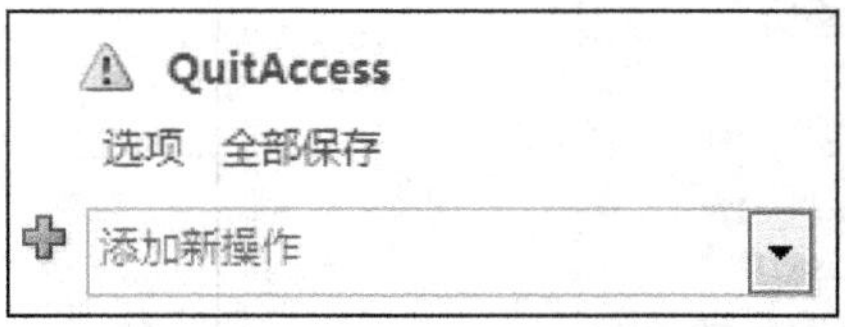

QuitAccess
选项 全部保存
添加新操作

图 8-65 “是”按钮单击事件

CloseWindow (, , 提示)
OpenForm (系统主界面, 窗体, , , , 普通)
添加新操作

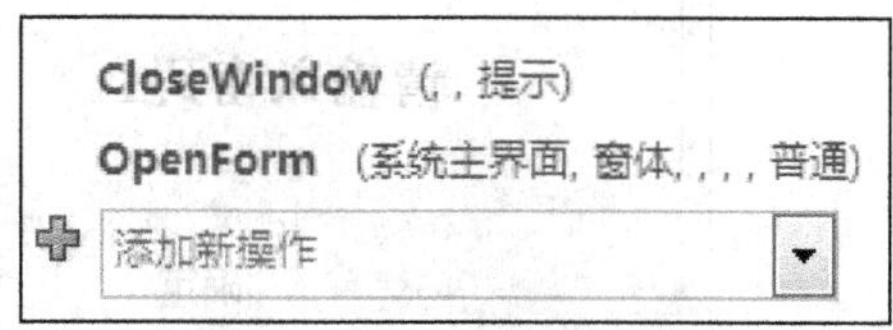

图 8-66 “否”按钮单击事件

为了系统在制作过程中调试方便，最后才设置启动窗体，设置启动窗体的方法如下：

单击“文件”→“选项”按钮，弹出“Access 选项”对话框，选择“当前数据库”选项，在“显示窗体”下拉列表中选择“系统登录”选项，如图 8-67 所示，单击“确定”按钮保存设置并退出对话框。

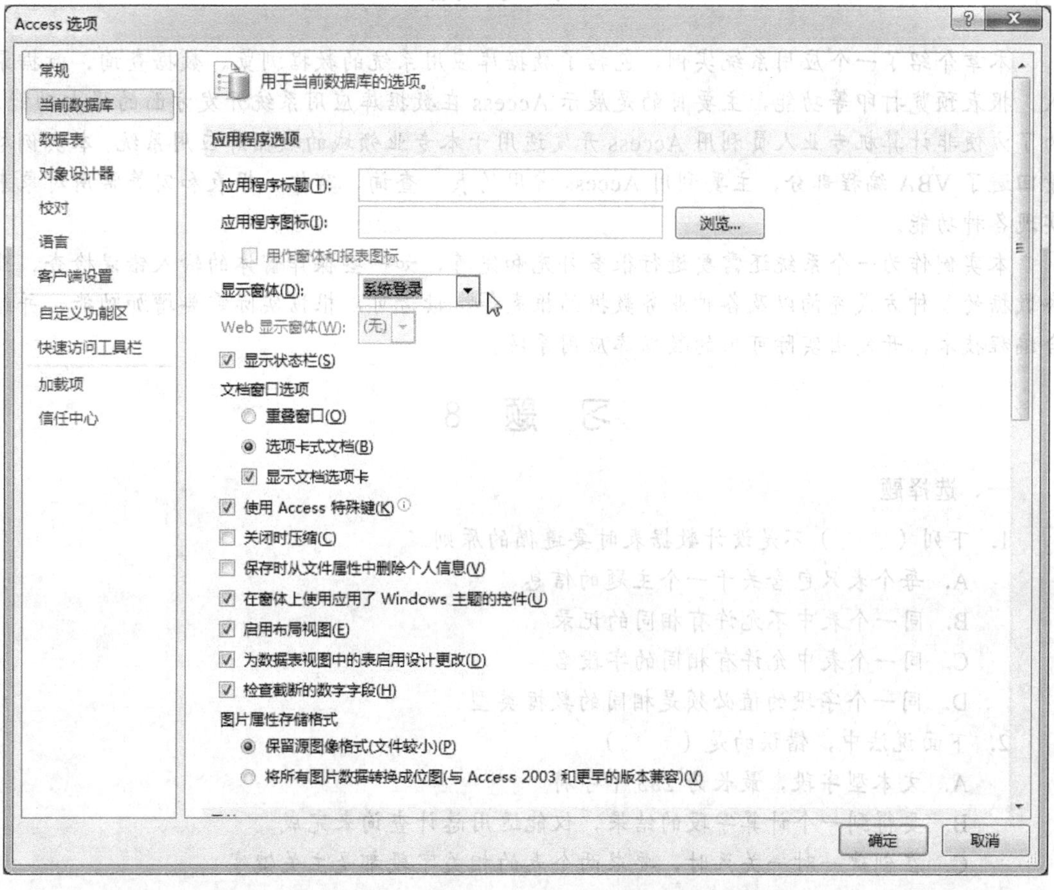

Access 选项
常规
当前数据库
数据表
对象设计器
校对
语言
客户端设置
自定义功能区
快速访问工具栏
加载项
信任中心
用于当前数据库的选项。
应用程序选项
应用程序标题(T):
应用程序图标(I):
浏览...
用作窗体和报表图标
显示窗体(D):
系统登录
Web 显示窗体(W):
(无)
显示状态栏(S)
文档窗口选项
重叠窗口(O)
选项卡式文档(B)
显示文档选项卡
使用 Access 特殊键(K)
关闭时压缩(C)
保存时从文件属性中删除个人信息(V)
在窗体上使用应用了 Windows 主题的控件(U)
启用布局视图(E)
为数据表视图中的表启用设计更改(D)
检查截断的数字字段(H)
图片属性存储格式
保留源图像格式(文件较小)(P)
将所有图片数据转换成位图(与 Access 2003 和更早的版本兼容)(V)
确定
取消

图 8-67 “Access 选项”对话框

再次启动数据库时将自动运行“系统登录”窗体，如图 8-68 所示。

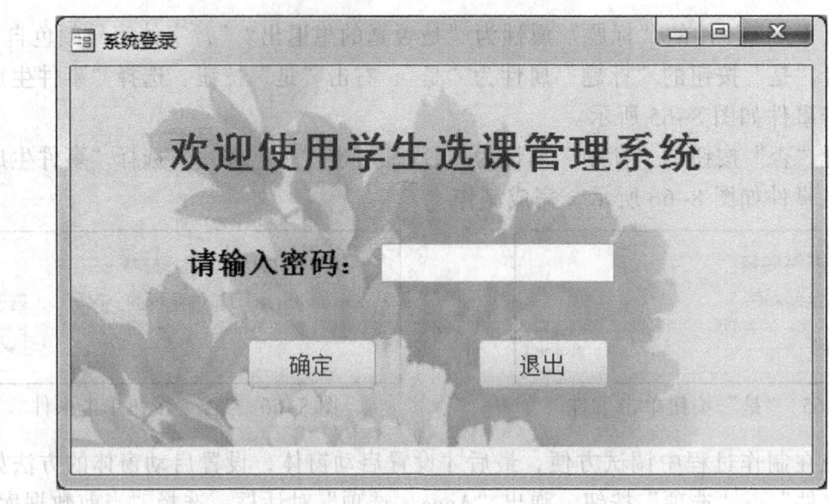

图 8-68　启动数据库时自动启动“系统登录”窗体

本章小结

本章介绍了一个应用系统实例，包括了数据库应用系统的数据浏览、数据查询、数据录入、报表预览打印等功能，主要目的是展示 Access 在数据库应用系统开发方面的强大功能。为了方便非计算机专业人员利用 Access 开发适用于本专业领域的数据库应用系统，本实例尽量回避了 VBA 编程部分，主要利用 Access 常用的表、查询、窗体、报表和宏等常用对象来实现各种功能。

本实例作为一个系统还需要进行很多补充和完善，如一些操作窗体的输入错误检查、业务数据的多种方式查询以及各种业务数据的报表等。读者可以根据实际需要增加功能，并结合编程技术，开发出实际可用的数据库应用系统。

习　题　8

一、选择题

1. 下列（　　）不是设计数据表时要遵循的原则。
   A. 每个表只包含关于一个主题的信息
   B. 同一个表中不允许有相同的记录
   C. 同一个表中允许有相同的字段名
   D. 同一个字段的值必须是相同的数据类型
2. 下面说法中，错误的是（　　）
   A. 文本型字段，最长为 255 个字符
   B. 要得到一个计算字段的结果，仅能运用总计查询来完成
   C. 在创建一对一关系时，要求两个表的相关字段都是主关键字
   D. 创建表之间的关系时，正确的操作是关闭所有打开的表

3. 假设数据库中表 A 与表 B 建立了"一对多"关系，表 B 为"多"的一方，则下述说法中正确的是（　　）。

A. 表 *A* 中的一个记录能与表 *B* 中的多个记录匹配
B. 表 *B* 中的一个记录能与表 *A* 中的多个记录匹配
C. 表 *A* 中的一个字段能与表 *B* 中的多个字段匹配
D. 表 *B* 中的一个字段能与表 *A* 中的多个字段匹配

4. Access 数据库中，为了保持表之间的关系，要求在子表（从表）中添加记录时，如果主表中没有与之相关的记录，则不能在子表（从表）中添加该记录。为此需要定义（　　）。

A. 输入掩码　　B. 有效性规则　　C. 默认值　　D. 参照完整性

5. Access 数据库中，为了保持表之间的关系，要求在主表中修改相关记录时，子表相关记录随之更改。为此需要定义参照完整性关系的（　　）。

A. 级联更新相关字段　　B. 级联删除相关字段
C. 级联修改相关字段　　D. 级联插入相关字段

6. 新建一个窗体，默认的标题为“窗体 1”，为把窗体标题改为“输入数据”，应设置窗体的（　　）属性。

A. 名称　　B. 菜单栏　　C. 标题　　D. 工具栏

7. 启动窗体时，系统首先执行的事件过程是（　　）。

A. Load　　B. Click　　C. Unload　　D. GotFocus

8. 对话框在关闭前，不能继续执行应用程序的其他部分，这种对话框称为（　　）。

A. 输入对话框　　B. 输出对话框　　C. 模态对话框　　D. 非模态对话框

9. 为使窗体每隔 5 秒钟激发一次计时器事件（timer 事件），应将窗体的计时器间隔属性值设置为（　　）。

A. 5　　B. 500　　C. 300　　D. 5000

10. 某窗体中有一命令按钮，在窗体视图中单击此命令按钮打开一个报表，需要执行的宏操作是（　　）。

A. OpenQuery　　B. OpenReport　　C. OpenWindow　　D. OpenForm

二、填空题

1. 要将一个窗体设置为弹出式窗体，应该设置窗体的________属性的值为“是”。

2. 在 Access 中，选择“文件”→“选项”命令，会弹出________对话框，允许用户对 Access 数据库的工作环境进行设置。

3. 要将一个“系统登录”窗体设置为整个应用系统的第一个界面，应该在 Access 选项对话框中，设置当前数据库的________选项为“系统登录”窗体。

4. 要设置窗体运行时，不显示记录选择器，则应该将窗体的记录选择器属性的值设置为________。

5. Msgbox 函数返回值的类型是________。

附录A　Access常用函数

类型	函　数　名	函　数　格　式	说　　明
算术函数	绝对值	Abs(〈数值表达式〉)	返回数值表达式的绝对值
	取整	Int(〈数值表达式〉)	返回不大于数值表达式值的最大整数值
		Fix(〈数值表达式〉)	返回数值表达式值的整数部分值
		Round(〈数值表达式〉,[〈表达式〉])	返回按照指定的小数位数进行四舍五入运算的结果。[〈表达式〉]是进行四舍五入运算小数点右边应保留的位数
	平方根	Sqr(〈数值表达式〉)	返回数值表达式值的平方根值
	符号	Sgn(〈数值表达式〉)	返回数值表达式的符号值：当数值表达式值大于0，返回值为1；当数值表达式值等于0，返回值为0；当数值表达式值小于0，返回值为-1
	随机数	Rnd(〈数值表达式〉)	产生一个0～1之间的随机小数，为单精度类型。如果数值表达式的值小于0，每次产生相同的随机数；如果数值表达式的值大于0，每次产生新的随机数；如果数值表达式的值等于0，产生最近生成的随机数，且生成的随机数序列相同；如果省略数值表达式参数，则默认参数值大于0
	正弦函数	Sin(〈数值表达式〉)	返回数值表达式的正弦值
	余弦函数	Cos(〈数值表达式〉)	返回数值表达式的余弦值
	正切函数	Tan(〈数值表达式〉)	返回数值表达式的正切值
	自然指数	Exp(〈数值表达式〉)	计算e的N次方，N是数值表达式
	自然对数	Log(〈数值表达式〉)	计算以e为底的数值表达式的值的对数
文本函数	生成空格字符	Space(〈数值表达式〉)	返回由数值表达式的值确定的空格个数组成的空字符串
	字符重复	String(〈数值表达式〉,〈字符表达式〉)	返回一个由字符表达式的第一个字符重复组成的、指定长度为数值表达式值的字符串
	字符串截取	Left(〈字符表达式〉,〈数值表达式〉)	返回字符表达式左侧的N个字符(N是数值表达式的值)
		Right(〈字符表达式〉,〈数值表达式〉)	返回字符表达式右侧的N个字符(N是数值表达式的值)
		Mid(〈字符表达式〉,〈数值表达式1〉[,〈数值表达式2〉])	返回字符表达式的子串，其中数值表达式1指定要取子串的起始位置，数值表达式2指定要取的字符个数。若省略了数值表达式2，则从数值表达式1指定的位置开始，一直取到字符表达式的末尾
	字符串长度	Len(〈字符表达式〉)	返回字符表达式的字符个数

续表

类型	函数名	函数格式	说明
文本函数	删除空格	LTrim(〈字符表达式〉)	返回去掉字符表达式开始空格的字符串
		RTrim(〈字符表达式〉)	返回去掉字符表达式尾部空格的字符串
		Trim(〈字符表达式〉)	返回去掉字符表达式开始和尾部空格的字符串
	字符串检索	InStr([〈数值表达式〉,] 〈字符串〉, 〈子字符串〉 [,〈比较方法〉])	返回一个值，该值是检索子字符串在字符串中最早出现的位置。其中，数值表达式为可选项，是检索的起始位置，若省略，从第一个字符开始检索。比较方法为可选项，指定字符串比较的方法。值可以为 1，2 或 0：值为 0(默认)做二进制比较；值为 1 做不区分大小写的文本比较；值为 2 做基于数据库中包含信息的比较。若指定比较方法，则必须指定数据表达式
	大小写转换	UCase(〈字符表达式〉)	将字符表达式中小写字母转换成大写字母
		LCase(〈字符表达式〉)	将字符表达式中大写字母转换成小写字母
日期/时间函数	截取日期分量	Day(〈日期表达式〉)	返回日期表达式日期的整数(1～31)
		Month(〈日期表达式〉)	返回日期表达式月份的整数(1～12)
		Year(〈日期表达式〉)	返回日期表达式年份的整数
		Weekday(〈日期表达式〉)	返回 1～7 的整数，表示星期几
	截取时间分量	Hour(〈时间表达式〉)	返回时间表达式的小时数(0～23)
		Minute(〈时间表达式〉)	返回时间表达式的分钟数(0～59)
		Second(〈时间表达式〉)	返回时间表达式的秒数(0～59)
	获取系统日期和系统时间	Date()	返回当前系统日期
		Time()	返回当前系统时间
		Now()	返回当前系统日期和时间
	时间间隔	DateAdd(〈间隔类型〉, 〈间隔值〉, 〈表达式〉)	对表达式表示的日期按照间隔类型加上或减去指定的时间间隔值
		DateDiff(〈间隔类型〉, 〈日期 1〉,〈日期 2〉 [, W1][, W2])	返回日期 1 和日期 2 之间按照间隔类型所指定的时间间隔数目
		DatePart(〈间隔类型〉, 〈日期〉[, W1] [, W2])	返回日期中按照间隔类型所指定的时间部分值
	返回包含指定年月日的日期	DateSerial(〈表达式 1〉, 〈表达式 2〉, 〈表达式 3〉)	表达式 1 值为年、表达式 2 值为月、表达式 3 值为日，返回由这 3 个表达式组成的日期值
SQL 聚合函数	总计	Sum(〈字符表达式〉)	返回字符表达式中值的总和。字符表达式可以是一个字段名，也可以是一个含字段名的表达式，但所含字段应该是数字数据类型的字段
	平均值	Avg(〈字符表达式〉)	返回字符表达式中值的平均值。字符表达式可以是一个字段名，也可以是一个含字段名的表达式，但所含字段应该是数字数据类型的字段

续表

类型	函 数 名	函 数 格 式	说 明
SQL 聚合函数	计数	Count(〈字符表达式〉)	返回字符表达式中值的个数，即统计记录个数。字符表达式可以是一个字段名，也可以是一个含字段名的表达式，但所含字段应该是数字数据类型的字段
	最大值	Max(〈字符表达式〉)	返回字符表达式中的最大值。字符表达式可以是一个字段名，也可以是一个含字段名的表达式，但所含字段应该是数字数据类型的字段
	最小值	Min(〈字符表达式〉)	返回字符表达式中的最小值。字符表达式可以是一个字段名，也可以是一个含字段名的表达式，但所含字段应该是数字数据类型的字段
转换函数	字符串转换字符代码	Asc(〈字符表达式〉)	返回字符表达式首字符的 ASCII 值
	字符代码转换字符	Chr(〈字符表达式〉)	返回与字符代码对应的字符
	空值转换成数值	Nz(〈表达式〉[,规定值])	如果表达式为 Null，Nz 函数返回 0；对零长度的空串可以自定义一个返回值(规定值)
	数字转换成字符串	Str(〈数值表达式〉)	将数值表达式转换成字符串
	字符串转换成数字	Val(字符表达式)	将数值字符串转换成数值型数字
程序流程函数	选择	Choose(〈索引式〉,〈表达式 1〉[,〈表达式 2〉]…[,〈表达式 n〉])	根据索引式的值来返回表达式列表中的某个值。索引式值为 1，返回表达式 1 的值，索引式值为 2，返回表达式 2 的值，以此类推。当索引式值小于 1 或大于列出的表达式数目时，返回无效值(Null)
	条件	IIf(条件表达式,表达式 1,表达式 2)	根据条件表达式的值决定函数的返回值，当条件表达式的值为真，函数返回值为表达式 1 的值，反之，函数返回值为表达式 2 的值
	开关	Switch(〈条件表达式 1〉,〈表达式 1〉[,〈条件表达式 2〉,〈表达式 2〉][…,〈条件表达式 n〉,〈表达式 n〉])	计算每个条件表达式，并返回列表中第一个条件表达式为 True 时与其关联的表达式的值
消息函数	利用提示框输入	InputBox(提示[，标题][，默认])	在对话框中显示提示信息，等待用户输入正文并单击按钮，返回文本框中输入的内容(String 型)
	提示框	MsgBox(提示[，按钮、图标和默认按钮][，标题])	在对话框中显示消息，等待用户单击按钮，并返回一个 Integer 型数值，告诉用户单击的是哪个按钮

附录 B　Access 常用事件

分　　类	事　　件	名称	属　　性	发 生 时 间
发生在窗体或控件中的数据被输入、删除或更改时，或当焦点从一条记录移动到另一条记录时	AfterDelConfirm	确认删除后	AfterDelConfirm (窗体)	发生在确认删除记录，并且记录实际上已经删除，或在取消删除之后
	AfterInsert	插入前	AfterInsert (窗体)	在一条新记录添加到数据库中时
	AfterUpdate	更新后	AfterUpdate (窗体)	在控件或记录用更改了的数据更新之后。此事件发生在控件或记录失去焦点时，或选择“记录 | 保存”命令时
	BeforeUpdate	更新前	BeforeUpdate (窗体和控件)	在控件或记录用更改了的数据更新之前
	Current	成为当前	OnCurrent (窗体)	当焦点移动到一条记录，使它成为当前记录时，或当重新查新窗体的数据来源时。此事件发生在窗体第一次打开，以及焦点从一条记录移动到另一条记录时，它在重新查询窗体的数据来源时发生
	BeforeDelConfirm	确认删除前	BeforeDelConfirm (窗体)	在删除一条或多条记录时，Access 显示一个对话框，提示确认或取消删除之前。此事件在 Delete 事件之后发生
	BeforeInsert	插入前	BeforeInsert (窗体)	在新记录中输入第 1 个字符但记录未添加到数据库时发生
	Change	更改	OnChange (窗体和控件)	当文本框或组合框文本部分的内容发生更改时，事件发生。在选项卡控件中从某一页移动到另一页时该事件也会发生
处理鼠标操作事件	Click	单击	OnClick (窗体和控件)	对于控件，此事件在单击时发生。对于窗体，在单击记录选择器、节或控件之外的区域时发生
	DblClick	双击	OnDblClick (窗体和控件)	当在控件或它的标签上双击时发生。对于窗体，在双击空白区或窗体上的记录选择器时发生
	MouseUp	鼠标释放	OnMouseUp (窗体和控件)	当鼠标指针位于窗体或控件上时，释放一个按下的鼠标键时发生
	MouseDown	鼠标按下	OnMouseDown (窗体和控件)	当鼠标指针位于窗体或控件上时，单击时发生
处理鼠标操作事件	MouseMove	鼠标移动	OnMouseMove (窗体和控件)	当鼠标指针在窗体、窗体选择内容或控件上移动时发生

续表

分　类	事　件	名称	属　性	发生时间
处理键盘输入事件	Keypress	击键	OnKeyPress (窗体和控件)	当控件或窗体有焦点时，按下并释放一个产生标准 ANSI 字符的键或组合键后发生
	KeyDown	键按下	OnKeyDown (窗体和控件)	当控件或窗体有焦点，并在键盘上按下任意键时发生
	KeyUp	键释放	OnKeyUp (窗体和控件)	当控件或窗体有焦点，释放一个按下键时发生
处理错误	Error	出错	OnError (窗体和报表)	当窗体或报表中发生运行错误时触发此事件
处理同步事件	Timer	计时器触发	OnTimer (窗体)	当窗体的 TimerInteral 属性所指定的时间间隔已到时发生，通过在指定的时间间隔重新查询或重新刷新数据保持多用户环境下的数据同步
在窗体上应用或创建一个筛选	ApplyFilter	应用筛选	OnApplyFilter (窗体)	当选择“记录 | 应用筛选”命令，或单击工具栏中的“应用筛选”按钮时发生；当选择“记录 | 筛选 | 按选定内容筛选”命令，或单击工具栏中的“按选定内容筛选”按钮时发生；当选择“记录 | 取消筛选/排序”命令，或单击工具栏中的“取消筛选”按钮时发生
	Filter	筛选	OnFilter (窗体)	当选择“记录 | 筛选 | 按窗体筛选”命令，或单击工具栏中的“按窗体筛选”按钮时发生；选择“记录 | 筛选 | 高级筛选/排序”命令时发生
在窗体、控件失去或获得焦点时，或窗体、报表成为激活时或失去激活事件时	Activate	激活	OnActivate (窗体和报表)	当窗体或报表成为激活窗口时发生
	Deactivate	停用	OnDeactivate (窗体和报表)	当不同的但同为一个应用程序的 Access 窗口成为激活窗口时，在此窗口成为激活窗口之前发生
	Enter	进入	OnEnter (控件)	发生在控件实际接收焦点之前，此事件在 GotFocus 事件之前发生
	Exit	退出	OnExit (控件)	正好在焦点从一个控件移动到同一窗体上的另一个控件之前发生，此事件发生在 LostFocus 事件之前
	GotFocus	获得焦点	OnGotFocus (窗体和控件)	当一个控件、一个没有激活的控件或有效控件的窗体接收焦点时发生
	LostFocus	失去焦点	OnLostFocus (窗体和控件)	当窗体或控件失去焦点时发生
打开、调整窗体或报表事件	Open	打开	OnOpen (窗体和报表)	当窗体或报表打开时发生
	Close	关闭	OnClose (窗体和报表)	当窗体或报表关闭，从屏幕上消失时发生

续表

分　　类	事　　件	名称	属　　性	发 生 时 间
打开、调整窗体或报表事件	Load	加载	OnLoad (窗体和报表)	当打开窗体，并且显示了它的记录时发生。此事件发生在Current事件之前，Open事件之后
	Resize	调整大小	OnResize (窗体)	当窗体的大小发生变化或窗体第一次显示时发生
	Unload	卸载	OnUnload (窗体)	当窗体关闭，并且从它的记录被卸载，从屏幕上消失之前发生。此事件在Close事件之前发生

习题参考答案

第 1 章

一、选择题

1. D. 2. A. 3. D. 4. A.

5. C. 6. D. 7. A. 8. B.

9. C. 10. D. 11. B. 12. A.

13. B. 14. A. 15. B.

二、填空题

1. 实体.

2. 共享、独立性.

3. 关键字.

4. 候选关键字.

5. 数据库、数据库管理系统.

6. 一对多.

7. 关系.

8. 差.

9. 实体、参照.

10. 表、窗体、模块.

第 2 章

一、选择题

1. C. 2. D. 3. B. 4. A.

5. A. 6. B. 7. C. 8. C.

9. D. 10. C. 11. C. 12. D.

13. A. 14. D. 15. C. 16. B.

二、填空题

1. 外部.

2. .accdb.

3. 输入掩码.

4. 默认值.

5. 文本　备注.

第 3 章

一、选择题

1. A. 2. C. 3. C. 4. C.

5. C. 6. C. 7. C. 8. A.

9. B. 10. A. 11. B. 12. A.

13. D. 14. C. 15. D. 16. B.

17. D. 18. C. 19. C. 20. A.

21. B.

二、填空题

1. 参数.

2. Delete.

3. 列标题.

4. 与,或.

5. 数据定义.

6. 参数.

第 4 章

一、选择题

1. C. 2. A. 3. D. 4. B.

5. B. 6. A. 7. D. 8. D.

9. D. 10. C. 11. B. 12. C.

13. C. 14. C. 15. D. 16. A.

17. B. 18. C.

二、填空题

1. 节.

2. 表.

3. Form1.caption=”work” .

4. SQL 语句.

5. 计时器触发.

三、判断题

1. 错. 2. 错. 3. 错.

4. 错. 5. 错.

四、简答题

1. 答案：按照窗体的功能来分，窗体可以分为数据窗体、切换面板窗体和自定义对话框三种类型。数据窗体主要用来输入、显示和修改表或查询中的数据；切换面板窗体一般是数据库的主控窗体，用来接受和执行用户的操作请求、打开其他的窗体或报表以及操作和控制程序的运行；自定义对话框用于定义各种信息提示窗口，如警告、提示信息、要求用户回答等。

2. 答案：Access 中的窗体共有五种视图：设计视图、窗体视图、数据表视图、数据透视表视图和数据透视图视图。

3. 答案：创建窗体有两种方式：利用向导创建新窗体和利用设计视图创建新窗体。一般可以先利用向导创建新窗体，再用设计视图对窗体进行修改，这样创建窗体既简单,又可以达到比较满意的效果。

4. 答案：文本框控件用于显示数据，或让用户输人和编辑字段数据。文本框分为绑定型、非绑定型和计算型三种。

第 5 章

一、选择题

1. B. 2. D. 3. A. 4. A.
5. C. 6. D. 7. A. 8. A.
9. B. 10. A. 11. C. 12. B.
13. A. 14. B. 15. B.

二、填空题

1. 相等.
2. 分页符.
3. ="第"&[page]&"页，共"&[Pages]&"页".

第 6 章

一、选择题

1. D. 2. B. 3. C. 4. A.
5. B. 6. A. 7. A. 8. C.
9. D. 10. B. 11. C. 12. B.

二、填空题

1. OpenTable.
2. OpenReport.
3. 条件操作宏.
4. Beep.
5. 操作.

第 7 章

一、选择题

1. D. 2. C. 3. C. 4. D.
5. C. 6. A. 7. A. 8. B.
9. A. 10. D. 11. C. 12. A.
13. D. 14. B. 15. C. 16. A.
17. A. 18. D. 19. D. 20. D.

二、填空题

1. n.
2. 自顶向下.
3. Command1.FontBold = True.
4. Const.
5. 内聚性.
6. 参照完整性.
7. Public.
8. 单元测试/模块测试.
9. LEN.
10. 9.
11. 白盒.
12. Open Report.
13. 全局变量.
14. 50 50.
15. C C A.
16. 1 2 3.
17. 1024.
18. 20.
19. 140.
20. (1) True; (2) False; (3) False.

第 8 章

一、选择题

1. C. 2. B. 3. A. 4. D.
5. A. 6. C. 7. A. 8. C.
9. D. 10. B.

二、填空题

1. 弹出方式.
2. Access 选项.
3. 当前窗体.
4. 否.
5. 数值.